面向 21 世纪高等院校课程规划教材

单片机原理与应用实例仿真
（第 2 版）

主　编　李泉溪
副主编　倪水平　李　静

北京航空航天大学出版社

内 容 简 介

本书以 MCS-51 系列单片机为主要对象,以 C 语言为主、汇编语言为辅安排全书内容。详细介绍了 51 系列单片机的结构原理和系统设计,叙述了单片机开发软件 Keil 51 的应用及调试方法,介绍了目前非常流行的单片机应用仿真工具 Proteus ISIS,最后一章讲述了单片机系统的实际开发制作过程。书中列举了大量单片机应用实例,所有实例均仿真通过,随书光盘中既有全书的应用实例,还有 30 个课外实例供读者参考选用。本书各章都有小结,并配有习题,多数习题要求仿真结果,读者通过 Proteus 仿真可以直接验证自己的设计。

本书既可作为高等院校电气、电子、计算机、信息及自动化、智能仪器仪表等专业的"单片机原理与应用"课程教材,也可作为从事单片机开发应用的技术人员的参考用书。

图书在版编目(CIP)数据

单片机原理与应用实例仿真 / 李泉溪主编. —2 版
. —北京:北京航空航天大学出版社,2012.5
ISBN 978-7-5124-0743-5

Ⅰ. 单… Ⅱ. ①李… Ⅲ. ①单片微型计算机—高等学校—教材 Ⅳ. ①TP368.1

中国版本图书馆 CIP 数据核字(2012)第 036993 号

版权所有,侵权必究。

单片机原理与应用实例仿真(第 2 版)
主编 李泉溪
副主编 倪水平 李 静
责任编辑 李 青 李 梅 胡衡兵

*

北京航空航天大学出版社出版发行

北京市海淀区学院路 37 号(100191) http://www.buaapress.com.cn
发行部电话:(010)82317024 传真:(010)82328026
E-mail:emsbook@gmail.com 邮购电话:(010)82316936
涿州市新华印刷有限公司印装 各地书店经销

*

开本:710×1 000 1/16 印张:25.75 字数:579 千字
2012 年 5 月第 1 版 2015 年 8 月第 3 次印刷 印数:6 001~8 000 册
ISBN 978-7-5124-0743-5 定价:49.00 元(含光盘 1 张)

若本书有倒页、脱页、缺页等印装质量问题,请与本社发行部联系调换。联系电话:(010)82317024

前　言

面向老师要说的话

任何专业教材都不可能赶上市场的发展，尤其是单片机这一领域的教材。但作为专业老师应有市场的洞察力。对本教材，主要器件单片机未选当前市场很流行的 AT89S52、STC89C52 等，原因之一是所用的仿真软件 Proteus 的器件库中没有 AT89S52、STC89C52 等型号。希望老师在上课时要向学生讲清楚，虽然学的是 AT89C52，但只要学好，一样可以使用 AT89S52、STC89C52 等新型号单片机，因为它们的内核都一样——都是 51 单片机内核，即它们的硬件结构和软件指令结构都是一样的。

面向读者要说的话

《单片机原理与应用实例仿真(第 2 版)》仍保留了第 1 版的基本内容、基本风格和基本框架，突出应用实例和应用仿真。对第 1 版作了一些调整，合并了第 8 章和第 9 章，对其他各章根据读者意见都作了修正。

为了让大家更快、更好地学会并掌握单片机及其应用技术，特此引进仿真工具——Proteus ISIS 软件。该软件是英国 Labcenter 公司开发的电路分析与实物仿真软件，运行于 Windows 操作系统之上，可以仿真、分析(spice)各种模拟器件和集成电路，支持主流单片机系统。目前支持的单片机类型有：8051 系列、68000 系列、AVR 系列、PIC12 系列、PIC16 系列、PIC18 系列、Z80 系列、HC11 系列以及各种外围芯片。Proteus 提供了丰富的元件库，并有强大的原理图绘制功能，在硬件仿真系统中具有全速、单步、设置断点等调试程序功能，同时可以观察各个变量、寄存器等的当前状态值。

本书以编者多年从事单片机课程教学和应用系统开发的经验与体会为基础，并参阅了大量的同类书籍编写而成。大量的实例简单易懂，并借助 Proteus 仿真软件，均可给出实例的仿真运行结果，可显著提高读者的学习兴趣和学习效率。随教材还给大家提供了 30 个可以仿真运行的单片机应用实例光盘资料，这些实例不但可以仿真实现，还可以按照本书最后一章介绍的制作方法制成实体电路。

本书主要以大学本科、专科学生为主要讲授对象，可作为高等院校电气、电子、计算机、信息及自动化等专业的"单片机原理及应用"课程教材，也可供从事工业测试、智能仪器仪表及各种电子产品开发等工作的工程技术人员参考。本书共有 10 章。第 1 章 单片机基础知识，介绍了单片机的发展历史与应用情况、单片机的分类、AT89 系列单片机的基本特性及内部结构。第 2 章　指令系统及汇编语言程序设计，介绍了 51 系列单片机的基本指令，讨论了汇编语言的基本语法和汇编语言程序设计的基本规则。第 3 章　单片机的 C 语言程序设计，叙述了 C51 的程序结构、数据结构、函数及程序流程图，介绍了 Keil C51 工具。第 4 章　单片机的 I/O 口与 Proteus 简介，讨论了 P0 口、

P1口、P2口、P3口的工作原理及应用,介绍了Proteus的应用。第5章 单片机的中断系统与实例仿真,叙述了中断系统的结构和中断的响应过程,并列举了实例仿真。第6章 定时器/计数器原理及实例仿真,叙述了定时器/计数器的结构与工作原理,定时器/计数器的初始化及应用实例仿真。第7章 单片机串行通信与实例仿真,介绍了串行接口的结构与工作原理,串行接口的应用实例和仿真。第8章 单片机扩展技术与实例仿真,介绍了存储器的扩展、I/O口的扩展和数字量与模拟量的转换技术,给出了应用实例仿真。第9章 单片机高级应用实例,介绍了CAN总线节点的设计、无源射频卡读写器的设计和基于nRF905的无线传输节点的设计。第10章 程序烧录与样机开发,讲述单片机系统的实际开发制作过程,包括集成开发环境的建立、电路板的设计与焊接、程序的烧写下载、硬件与软件的综合调试技巧等内容。全书力求概念清楚,通俗易懂,同时也考虑了一定的深度、广度和先进性。

本书由河南理工大学李泉溪教授任主编、倪水平博士和李静副教授任副主编。编写分工为:李泉溪编写第1、第8章和附录;刘静编写第2章;李静编写第3章;倪水平编写第4和第9章;苏百顺编写第5和第7章;张保定编写第6章;李长有编写第10章;倪水平博士整理了配套光盘资料,李静副教授对各章进行了修改,李泉溪教授对全书进行统稿和审核。在本书的编写过程中,得到了河南理工大学的领导和教务处以及计算机学院的大力支持,在此表示衷心的感谢。本书的出版得到了北京航空航天大学出版社的大力支持和鼓励,在此深表敬意。由于作者水平有限,书中错误和不足之处在所难免,敬请读者批评、指正。

编 者

2011年9月

目　录

第1章　单片机基础知识 ………………………………………………………… 1

1.1　单片机的发展与应用 ……………………………………………………… 1
1.1.1　单片机的发展历史 ………………………………………………… 1
1.1.2　单片机的应用 ……………………………………………………… 6
1.2　单片机的分类 ……………………………………………………………… 6
1.3　AT89系列单片机的基本特性 ……………………………………………… 7
1.3.1　标准型AT89系列单片机的基本特性 …………………………… 7
1.3.2　高档型AT89系列单片机的基本特性 …………………………… 8
1.3.3　低档型AT89系列单片机的基本特性 …………………………… 11
1.3.4　AT89系列单片机型号的编码说明及封装形式 ………………… 11
1.3.5　部分Atmel单片机的升级替代及推荐产品 …………………… 13
1.4　AT89C52单片机的内部结构 ……………………………………………… 13
1.4.1　AT89C52单片机的CPU ………………………………………… 13
1.4.2　AT89C52单片机的存储器 ……………………………………… 17
1.4.3　AT89C52单片机的I/O接口部分和特殊功能部分 …………… 19
1.5　AT89C52单片机的时钟与复位电路 …………………………………… 20
1.5.1　复位操作和复位电路 …………………………………………… 20
1.5.2　振荡电路和时钟 ………………………………………………… 22
1.6　AT89C52单片机的低功耗工作方式 …………………………………… 23
1.7　常用的名词术语和二进制编码 …………………………………………… 25
1.8　指令程序和指令执行 ……………………………………………………… 29
本章小结 ……………………………………………………………………… 30
思考题与习题 ………………………………………………………………… 30

第2章　指令系统及汇编语言程序设计 ……………………………………… 31

2.1　寻址方式 …………………………………………………………………… 31
2.2　指令系统 …………………………………………………………………… 36
2.2.1　数据传送指令 …………………………………………………… 36
2.2.2　算术运算指令 …………………………………………………… 39
2.2.3　逻辑运算指令 …………………………………………………… 41
2.2.4　位(布尔)操作指令 ……………………………………………… 43

2.2.5　控制转移指令 ………………………………………………… 44
　2.3　汇编语言指令格式 ……………………………………………………… 48
　　　2.3.1　汇编语言执行指令格式 ……………………………………… 48
　　　2.3.2　汇编伪指令 …………………………………………………… 49
　2.4　汇编语言程序设计概述 ………………………………………………… 51
　　　2.4.1　汇编语言的特点 ……………………………………………… 51
　　　2.4.2　汇编语言程序设计的步骤 …………………………………… 52
　　本章小结 ……………………………………………………………………… 52
　　思考题与习题 ………………………………………………………………… 52

第3章　单片机的C语言程序设计 ……………………………………… 54

　3.1　C51的程序结构 ………………………………………………………… 54
　3.2　数据类型、存储类型及存储模式 ……………………………………… 56
　　　3.2.1　数据类型 ……………………………………………………… 56
　　　3.2.2　常量和变量 …………………………………………………… 58
　　　3.2.3　C51的存储类型及存储模式 ………………………………… 59
　　　3.2.4　特殊功能寄存器、并行接口及位变量的定义 ……………… 61
　3.3　运算符、函数及程序流程控制 ………………………………………… 64
　　　3.3.1　C51的运算符 ………………………………………………… 64
　　　3.3.2　C51的函数 …………………………………………………… 65
　　　3.3.3　C51的流程控制语句 ………………………………………… 68
　3.4　C51的构造数据类型 …………………………………………………… 71
　　　3.4.1　数　　组 ……………………………………………………… 71
　　　3.4.2　结　　构 ……………………………………………………… 72
　　　3.4.3　联　　合 ……………………………………………………… 74
　　　3.4.4　枚　　举 ……………………………………………………… 74
　　　3.4.5　指　　针 ……………………………………………………… 74
　3.5　C51实例分析及混合编程 ……………………………………………… 77
　　　3.5.1　C51实例分析 ………………………………………………… 77
　　　3.5.2　混合编程 ……………………………………………………… 78
　3.6　Keil C51简介 …………………………………………………………… 81
　　　3.6.1　项目文件的建立、设置与目标文件的获得 ………………… 81
　　　3.6.2　程序的调试 …………………………………………………… 84
　　本章小结 ……………………………………………………………………… 88
　　思考题与习题 ………………………………………………………………… 89

目 录

第 4 章 单片机的 I/O 口及 Proteus 简介 …………………………………………… 90

4.1 P0~P3 端口的结构与功能 ……………………………………………………… 90
4.1.1 P0 端口的结构与功能 ……………………………………………………… 90
4.1.2 P1 端口的结构与功能 ……………………………………………………… 91
4.1.3 P2 端口的结构与功能 ……………………………………………………… 92
4.1.4 P3 端口的结构与功能 ……………………………………………………… 93

4.2 Proteus 简介 ……………………………………………………………………… 94
4.2.1 Proteus ISIS 的工作界面 …………………………………………………… 95
4.2.2 Proteus ISIS 的基本操作 …………………………………………………… 95
4.2.3 Proteus ISIS 的原理图绘制和仿真 ………………………………………… 99
4.2.4 Proteus 与 Keil C 相结合的设计和仿真 ………………………………… 101

4.3 I/O 口应用实例与仿真 ………………………………………………………… 108
4.3.1 LED 与数码管简介 ………………………………………………………… 108
4.3.2 LED 点阵显示屏 …………………………………………………………… 110
4.3.3 简易键盘的设计 …………………………………………………………… 110
4.3.4 I/O 口的实例仿真 ………………………………………………………… 113

本章小结 ……………………………………………………………………………… 137
思考题与习题 ………………………………………………………………………… 137

第 5 章 单片机的中断系统与实例仿真 …………………………………………… 138

5.1 中断系统结构 …………………………………………………………………… 138
5.1.1 中断概述 …………………………………………………………………… 138
5.1.2 中断系统结构与中断控制 ………………………………………………… 139

5.2 中断的实现过程 ………………………………………………………………… 144
5.2.1 中断采样 …………………………………………………………………… 144
5.2.2 中断查询 …………………………………………………………………… 145
5.2.3 中断响应 …………………………………………………………………… 145
5.2.4 中断服务 …………………………………………………………………… 146
5.2.5 中断返回 …………………………………………………………………… 148
5.2.6 中断请求的撤销 …………………………………………………………… 149

5.3 中断系统实例与仿真 …………………………………………………………… 150

本章小结 ……………………………………………………………………………… 161
思考题与习题 ………………………………………………………………………… 162

第 6 章 定时器/计数器原理及实例仿真 ………………………………………… 163

6.1 定时器/计数器模块的基本用途 ……………………………………………… 163

6.2 定时器/计数器 0 和 1 的结构与工作原理 ·· 163
　6.2.1 定时器/计数器 0 和 1 ·· 163
　6.2.2 与定时器/计数器 0 和定时器/计数器 1 相关的特殊功能寄存器 ··· 164
　6.2.3 定时器/计数器 0 和定时器/计数器 1 的工作模式 ··············· 166
6.3 定时器/计数器 2（T/C2）的结构和工作原理 ······························ 168
　6.3.1 与定时器/计数器 2 相关的特殊功能寄存器 ······················· 168
　6.3.2 定时器/计数器 2 的工作模式 ·· 169
6.4 仿真实例 ·· 173
　6.4.1 定时器工作方式实例 ·· 173
　6.4.2 计数器工作方式实例 ·· 179
　6.4.3 捕捉模式实例 ·· 183
　6.4.4 定时器/计数器复杂应用实例 ·· 189
6.5 看门狗定时器 ·· 192
　6.5.1 看门狗简介 ·· 192
　6.5.2 看门狗的工作原理 ·· 193
　6.5.3 看门狗的使用 ·· 193
本章小结 ·· 194
思考题与习题 ·· 194

第 7 章 单片机的串行通信与实例仿真 ·· 196

7.1 串行通信概述 ·· 196
7.2 串行接口结构与工作原理 ·· 198
　7.2.1 AT89C52 单片机的串行接口结构 ·· 198
　7.2.2 AT89C52 单片机的串行通信过程 ·· 199
7.3 串行接口的控制寄存器与工作方式 ·· 199
　7.3.1 串行接口的控制寄存器 ·· 199
　7.3.2 串行接口的工作方式 ·· 201
　7.3.3 波特率的确定 ·· 204
　7.3.4 定时器/计数器 T2 产生波特率 ·· 206
7.4 串行接口的实例与仿真 ·· 206
7.5 单片机多机通信 ·· 213
7.6 单片机与 PC 机串行通信 ·· 221
　7.6.1 RS-232C 接口 ·· 221
　7.6.2 RS-485 接口 ·· 226
　7.6.3 用 Proteus 软件实现 PC 机和单片机串口通信仿真 ··············· 229
　7.6.4 单片机与计算机的通信技术 ·· 235

目 录

本章小结 ……………………………………………………………………………… 247
思考题与习题 ………………………………………………………………………… 247

第 8 章　单片机扩展技术与实例仿真 ……………………………………………… 249

8.1　存储器的扩展实例与仿真 ………………………………………………… 249
8.1.1　数据存储器的扩展 ………………………………………………… 249
8.1.2　程序存储器的扩展 ………………………………………………… 254
8.1.3　数据存储器和程序存储器同时扩展 ……………………………… 257

8.2　I/O 接口的扩展实例与仿真 ……………………………………………… 260
8.2.1　可编程并行接口芯片 8255A ……………………………………… 261
8.2.2　8255A 的应用及仿真 ……………………………………………… 266

8.3　D/A、A/D 接口应用实例与仿真 ………………………………………… 270
8.3.1　D/A 转换器 ………………………………………………………… 270
8.3.2　A/D 转换器 ………………………………………………………… 277

本章小结 ……………………………………………………………………………… 284
思考题与习题 ………………………………………………………………………… 285

第 9 章　单片机高级应用实例 ……………………………………………………… 287

9.1　CAN 总线节点的设计 ……………………………………………………… 287
9.1.1　CAN 总线概述 ……………………………………………………… 287
9.1.2　CAN 总线分层协议 ………………………………………………… 288
9.1.3　报文传输 …………………………………………………………… 289
9.1.4　CAN 节点硬件设计 ………………………………………………… 291
9.1.5　CAN 节点软件设计 ………………………………………………… 296

9.2　Mifare 射频卡读写器的设计 ……………………………………………… 304
9.2.1　Mifare 卡的内部结构 ……………………………………………… 304
9.2.2　Mifare 卡读写器主要模块的设计 ………………………………… 306
9.2.3　Mifare 卡操作流程 ………………………………………………… 311
9.2.4　FM1702SL 密钥的设计与冲突检测措施 ………………………… 313
9.2.5　Mifare 卡读/写软件设计 …………………………………………… 314

9.3　基于 nRF905 的无线传输节点设计 ……………………………………… 322
9.3.1　nRF905 简介 ………………………………………………………… 323
9.3.2　nRF905 电路原理图 ………………………………………………… 327
9.3.3　nRF905 固件程序设计 ……………………………………………… 329

本章小结 ……………………………………………………………………………… 337
思考题与习题 ………………………………………………………………………… 337

第10章 程序烧录与样机开发 ··········338

10.1 项目开发流程 ············338
  - 10.1.1 项目开发概述 ·········338
  - 10.1.2 需求分析 ············338
  - 10.1.3 系统总体设计 ·········341
10.2 硬件电路设计与焊接 ······341
  - 10.2.1 准备工作 ············342
  - 10.2.2 最小系统硬件电路焊接 ···344
  - 10.2.3 电路板焊接效果检查 ····345
10.3 软件开发 ···············346
  - 10.3.1 软件开发过程 ·········346
  - 10.3.2 μVision3 软件调试 ····348
10.4 程序存储器编程 ··········352
  - 10.4.1 程序存储器编程方法 ····352
  - 10.4.2 在线编程原理 ·········353
  - 10.4.3 应用专业编程器的程序下载 ···355
  - 10.4.4 STC 系列单片机的程序下载 ···357
10.5 综合调试 ···············359
10.6 综合实例——掉电不丢失日历时钟 ···360
  - 10.6.1 系统功能要求 ·········360
  - 10.6.2 功能分析及主要元器件确定 ···360
  - 10.6.3 主要元器件性能介绍 ····361
  - 10.6.4 硬件设计 ············367
  - 10.6.5 软件设计 ············369
本章小结 ····················370
思考题与习题 ················370

附录A 主要单片机生产商网址及相关信息网址 ···371

附录B 常用数码对应关系表 ···372

附录C Proteus VSM 元件库和常用元器件说明 ···373

附录D C 语言的关键字 ···376

附录E C51 的库函数 378
  - E.1 一般 I/O 函数 STDIO. H ···378
  - E.2 绝对地址访问 ABSACC. H ···382
  - E.3 内部函数 INTRINS. H ···383

E.4　数学函数 MATH.H ……………………………………………… 384
　　E.5　字符函数 CTYPE.H ……………………………………………… 386
　　E.6　字符串函数 STRING.H …………………………………………… 388
　　E.7　访问 SFR 和 SFR_bit 地址 REGXXX.H ………………………… 389
附录 F　MCS-51 指令表 …………………………………………………… 390
附录 G　光盘及光盘内容说明 ……………………………………………… 393
　　G.1　光盘说明 …………………………………………………………… 393
　　G.2　光盘内容说明 ……………………………………………………… 393
参考文献 ……………………………………………………………………… 396

第1章 单片机基础知识

1.1 单片机的发展与应用

单片机是单片微型计算机 SCM(Single Chip Microcomputer)的简称,也称微处理器 μP(Microprocessor)或微控制器 μC(Micro-Controller),一般统称为微型处理部件 MCU(Micro Controller Unit)。

单片机是计算机大家族中的一种。计算机可以分为两大类:通用计算机和嵌入式计算机,单片机属嵌入式计算机类。

通用计算机是直接面向人类使用的计算机,一般人机界面比较完整,如 PC 机、服务器等,准确地讲应该叫通用计算机系统。通用计算机系统以发展海量高速数值计算为己任,在数据处理、模拟仿真、人工智能、图像处理、多媒体、网络通信等领域得到了广泛的应用。

嵌入式计算机是面向设备使用的计算机,体积微型化,设备嵌入了单片机后升级成"智能设备"。如普通洗衣机嵌入了单片机后升级成全自动洗衣机。单片机在家用电器、智能玩具、机器人、仪器仪表、汽车电子、工业控制单元、金融电子系统、个人信息终端及通信产品等领域得到了广泛的应用。

嵌入式计算机由 20 世纪 80 年代的 8 位单片机,后来是 16 位单片机,发展到现在的 32 位 ARM 系列微处理器。图 1.1 给出了各类单片机拥有的市场份额情况,目前市面上使用最多的是 8 位单片机,本书主要讲目前大量使用的 8051 系列 8 位单片机。8051 是美国 Intel 公司于 1980 年推出的产品,8051 是该系列最早的一款单片机,除 8051 外,典型系列产品还有 8031、8751 等,也称 MCS-51 系列单片机或 51 系列单片机。后来,利用 51 系列的内核技术发展了一系列不同用场的单片机,如:AT89C51、AT89C52、AT89S51 等,也统称 51 系列单片机。现在,MCS-51 内核实际上已经成为一个 8 位单片机的标准。

1.1.1 单片机的发展历史

单片机和微型计算机的发展历史基本同步,都始于 20 世纪 70 年代和 80 年代。单片机的发展经历了 4 个阶段:初级阶段、技术成熟阶段、发展和推广阶段、单片机百花齐放阶段。

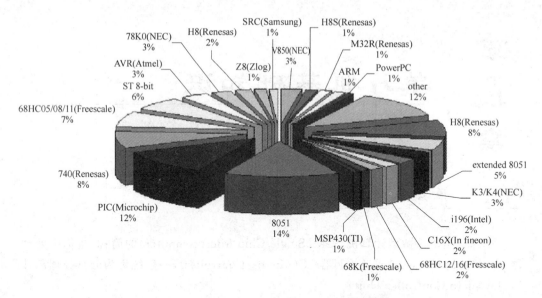

图 1.1 各类嵌入式计算机所占市场份额图

1. 第一阶段

1974—1976 年,是单片机的初级阶段。

这一阶段单片机的主要特点是功能和结构都比较简单,芯片内只包含了 8 位的 CPU、64 字节的随机读写数据储存器(RAM)和 2 个并行输入/输出(I/O)接口。并且由于受制造水平和工艺的限制,芯片采用了双片结构,还需要外接一个内含 ROM、定时器/计数器和并行 I/O 接口电路的芯片才能构成一台完整的单片微型计算机,还没有形成真正意义上的单片机。

2. 第二阶段

1976—1980 年,是单片机技术走向成熟的阶段。

这一阶段的单片机在性能和结构上有所提高和改进,但其性能仍然比较低,因此也将这一阶段的单片机称为低性能单片机阶段。

虽然这一阶段单片机的性能仍然比较低,但随着超大规模集成电路制造水平和工艺的进步,形成了真正的单片结构。这一阶段的典型代表是美国 Intel 公司于 1976 年推出的 MCS-48 系列单片机,这是第一代通用的单片机。这一通用系列单片机的推出,开辟了单片机的市场,促进了单片机技术的迅猛发展和进步。这一系列单片机的基本型产品为 8048,其内含 8 位的 CPU、64 字节的 RAM 数据储存器、1 KB 的 ROM 程序储存器、一个 8 位的定时器/计数器和 27 根 I/O 端口线,MCS-48 系列单片机的型号和性能如表 1.1 所列。从表中可以看到,P8748H 和 P8749H 是片内 ROM 采用了 EPROM 形式的 8048AH 和 8049AH,从这一阶段开始可以方便地改写控制程序。

表 1.1　MCS-48 系列单片机的型号和性能

型号	CPU	ROM	RAM/字节	定时器/计数器	I/O 端口线
8035AHL	8 位	无	64	1×8 位	15
8039AHL	8 位	无	128	1×8 位	15
8040AHL	8 位	无	256	1×8 位	15
8048AH	8 位	1 KB	64	1×8 位	27
8049AH	8 位	2 KB	128	1×8 位	27
8050AH	8 位	4 KB	256	1×8 位	27
P8748H	8 位	1 KB EPROM	64	1×8 位	27
P8749H	8 位	2 KB EPROM	128	1×8 位	27

3. 第三阶段

1980—1983 年,是单片机技术的发展和推广阶段。

进入 20 世纪 70 年代末 80 年代初,在超大规模集成电路制造水平和工艺得到迅猛发展的同时,微处理器技术也得以迅速发展,在这一阶段单片机技术更加成熟。

这一阶段单片机性能有了很大的提高,虽然 CPU 仍然是 8 位,但频率已经提高到了 12 MHz。芯片内 ROM 最大可达到 8 KB,并开始普遍应用 EPROM,寻址范围达到了 64 KB,芯片内 RAM 的数量最少也达到了 128 字节,I/O 端口线的数量也达到了 32 位,因此又将这一阶段称为高性能单片机阶段。

进入 20 世纪 70 年代后期,许多半导体公司看到了单片机巨大的市场前景,纷纷加入到这一领域的开发研制之中,推出了多个品种的系列机。这一阶段的典型代表是 Intel 公司于 1980 年推出的 MCS-51 系列单片机,MCS-51 系列单片机部分产品的型号和性能如表 1.2 所列。

表 1.2　MCS-51 系列单片机的型号和性能

型号		CPU	ROM	RAM/字节	定时器/计数器	I/O 端口线
8051	8031AH	8 位	无	128	2×16 位	32
	8051AH	8 位	4 KB	128	2×16 位	32
	8051BH	8 位	4 KB	128	2×16 位	32
	8751AH	8 位	4 KB EPROM	128	2×16 位	32
	8751BH	8 位	4 KB EPROM	128	2×16 位	32
8052	8032BH	8 位	无	256	3×16 位	32
	8052BH	8 位	8 KB ROM	256	3×16 位	32
	8752BH	8 位	8 KB EPROM	256	3×16 位	32

续表 1.2

型号		CPU	ROM	RAM/字节	定时器/计数器	I/O 端口线
80C51	80C31BH	8 位	无	128	2×16 位	32
	80C51BH	8 位	4 KB ROM	128	2×16 位	32
	80C51BHP	8 位	4 KB ROM	128	2×16 位	32
	87C51	8 位	4 KB EPROM	128	2×16 位	32
	83C51FA	8 位	8 KB ROM	256	3×16 位	32
	87C51FA	8 位	8 KB EPROM	256 B	3×16 位	32

从表1.2中可以看到，8031芯片内没有ROM，使用时需要外接EPROM芯片，其他与8051完全相同，8051AH和8051BH的区别是可以对8051BH芯片中ROM内的程序进行加密，防止被他人改写或抄袭。8751是芯片内采用了EPROM的8051。8751AH和8751BH的区别是8751BH芯片中设有二级保密位，而8751AH芯片中只设有一级保密位。8051和80C51的区别是8051采用HMOS工艺制造，而80C51采用CHMOS工艺制造，CHMOS工艺技术先进，它同时具有HOMS的高速度和CMOS的低功耗的优点，除制造工艺的区别外，其他均兼容。

8052是8051的增强型，除与8051完全兼容外，还增加了128字节的片内RAM、4 KB的ROM或EPROM、1个定时器/计数器和1个中断源。

对比表1.1和表1.2不难看到，代表着单片机两个发展阶段的典型产品在性能方面都有所提高。

虽然在20世纪90年代后期，美国Intel公司出于公司发展战略的考虑将主要精力集中在了通用计算机CPU的研发和生产上，并逐步退出了单片机市场，但MCS-51的核心技术仍然是多家单片机研发和生产公司竞相采用的内核技术。MCS-51的核心技术主要指逻辑运算、算术运算及其相关部件的设计技术。

4. 第四阶段：百花齐放阶段

1983年到现在，已出现形形色色各种型号各种用途的单片机数百种，呈现百花齐放态势。如图1.1所示，常见的有51系列单片机、PIC系列单片机、68HC05系列单片机、AVR系列单片机、89系列单片机、ARM系列单片机等。51系列单片机的特点是存量大，资料多，使用方便；PIC系列单片机的特点是低工作电压，低功耗，较大的驱动能力，其市场占有率仅次于51系列单片机；68HC05系列单片机是Freescale公司的产品，其特点是在同样的速度下所用的时钟频率较Intel类单片机低得多，因而使得高频噪声低，抗干扰能力强，更适合于工控领域及恶劣的环境；AVR单片机具有高速处理能力，在一个时钟周期内可执行复杂的指令；89系列最先将Flash ROM技术引入单片机；ARM系列单片机常用于高端嵌入式系统的开发。

图1.2～图1.6是本书重点介绍的单片机的原理图、封装图和外形照片。图1.3单片机AT89C52是图1.2单片机AT89C51的增强型；图1.4单片机AT89S51和图

1.5 单片机 AT89S52 分别是图 1.2 单片机 AT89C51 和图 1.3 单片机 AT89C52 的替代产品。图 1.6 是单片机的外形照片,此 4 类单片机外形结构相同。

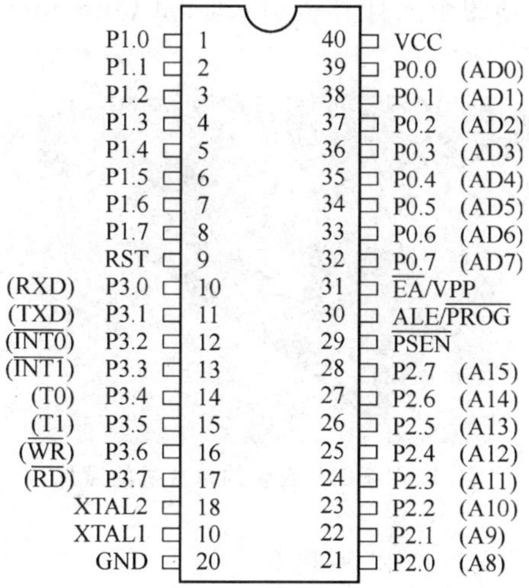

```
            ┌──∪──┐                              ┌──∪──┐
     P1.0 ─┤1   40├─ VCC                (T2) P1.0 ─┤1   40├─ VCC
     P1.1 ─┤2   39├─ P0.0 (AD0)       (T2EX) P1.1 ─┤2   39├─ P0.0 (AD0)
     P1.2 ─┤3   38├─ P0.1 (AD1)              P1.2 ─┤3   38├─ P0.1 (AD1)
     P1.3 ─┤4   37├─ P0.2 (AD2)              P1.3 ─┤4   37├─ P0.2 (AD2)
     P1.4 ─┤5   36├─ P0.3 (AD3)              P1.4 ─┤5   36├─ P0.3 (AD3)
     P1.5 ─┤6   35├─ P0.4 (AD4)              P1.5 ─┤6   35├─ P0.4 (AD4)
     P1.6 ─┤7   34├─ P0.5 (AD5)              P1.6 ─┤7   34├─ P0.5 (AD5)
     P1.7 ─┤8   33├─ P0.6 (AD6)              P1.7 ─┤8   33├─ P0.6 (AD6)
      RST ─┤9   32├─ P0.7 (AD7)               RST ─┤9   32├─ P0.7 (AD7)
(RXD) P3.0 ─┤10  31├─ EA/VPP           (RXD) P3.0 ─┤10  31├─ EA/VPP
(TXD) P3.1 ─┤11  30├─ ALE/PROG         (TXD) P3.1 ─┤11  30├─ ALE/PROG
(INT0)P3.2 ─┤12  29├─ PSEN             (INT0)P3.2 ─┤12  29├─ PSEN
(INT1)P3.3 ─┤13  28├─ P2.7 (A15)       (INT1)P3.3 ─┤13  28├─ P2.7 (A15)
 (T0) P3.4 ─┤14  27├─ P2.6 (A14)        (T0) P3.4 ─┤14  27├─ P2.6 (A14)
 (T1) P3.5 ─┤15  26├─ P2.5 (A13)        (T1) P3.5 ─┤15  26├─ P2.5 (A13)
 (WR) P3.6 ─┤16  25├─ P2.4 (A12)        (WR) P3.6 ─┤16  25├─ P2.4 (A12)
 (RD) P3.7 ─┤17  24├─ P2.3 (A11)        (RD) P3.7 ─┤17  24├─ P2.3 (A11)
    XTAL2 ─┤18  23├─ P2.2 (A10)            XTAL2 ─┤18  23├─ P2.2 (A10)
    XTAL1 ─┤19  22├─ P2.1 (A9)             XTAL1 ─┤19  22├─ P2.1 (A9)
      GND ─┤20  21├─ P2.0 (A8)               GND ─┤20  21├─ P2.0 (A8)
            └─────┘                              └─────┘
```

图 1.2　PDIP 封装形式的 AT89C51　　　　图 1.3　PDIP 封装形式的 AT89C52
　　　　　单片机引脚排列　　　　　　　　　　　　　单片机引脚排列

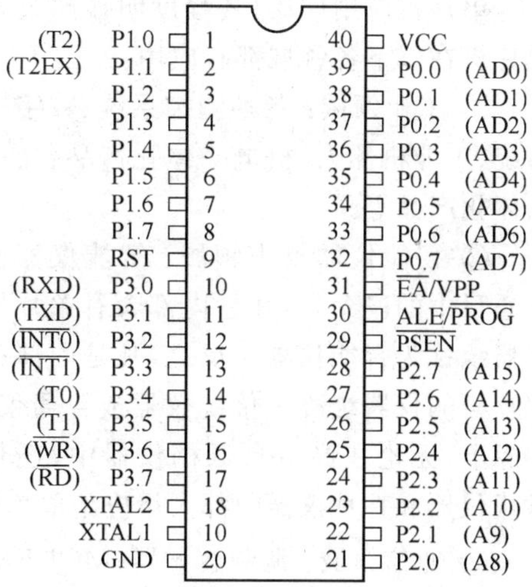

特别要注意的是,由于仿真软件 Proteus 的元件库中没有 AT89S51、AT89S52,故本书重点讲述了 AT89C51、AT89C52 的应用,但大家在实际使用中,最好优先选用新产品 AT89S51、AT89S52,其电路连接、性能等与 AT89C51、AT89C52 完全一样,区别只有两点:一是 AT89S51、AT89S52 有在线编程功能,而 AT89C51、AT89C52 没有;二是 AT89S51、AT89S52 有看门狗功能,而 AT89C51、AT89C52 没有。

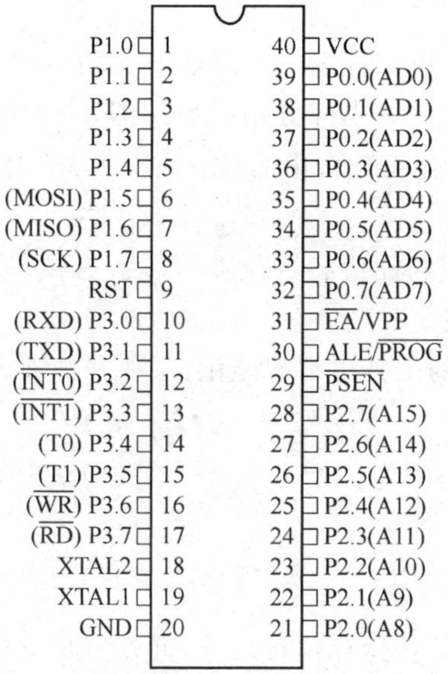

```
                ┌──∪──┐                                    ┌──∪──┐
         P1.0 ─┤1   40├─ VCC                    (T2) P1.0 ─┤1   40├─ VCC
         P1.1 ─┤2   39├─ P0.0(AD0)            (T2EX) P1.1 ─┤2   39├─ P0.0(AD0)
         P1.2 ─┤3   38├─ P0.1(AD1)                   P1.2 ─┤3   38├─ P0.1(AD1)
         P1.3 ─┤4   37├─ P0.2(AD2)                   P1.3 ─┤4   37├─ P0.2(AD2)
         P1.4 ─┤5   36├─ P0.3(AD3)                   P1.4 ─┤5   36├─ P0.3(AD3)
  (MOSI) P1.5 ─┤6   35├─ P0.4(AD4)            (MOSI) P1.5 ─┤6   35├─ P0.4(AD4)
  (MISO) P1.6 ─┤7   34├─ P0.5(AD5)            (MISO) P1.6 ─┤7   34├─ P0.5(AD5)
   (SCK) P1.7 ─┤8   33├─ P0.6(AD6)             (SCK) P1.7 ─┤8   33├─ P0.6(AD6)
          RST ─┤9   32├─ P0.7(AD7)                    RST ─┤9   32├─ P0.7(AD7)
   (RXD) P3.0 ─┤10  31├─ EA/VPP                (RXD) P3.0 ─┤10  31├─ EA/VPP
   (TXD) P3.1 ─┤11  30├─ ALE/PROG              (TXD) P3.1 ─┤11  30├─ ALE/PROG
   (INT0)P3.2 ─┤12  29├─ PSEN                  (INT0)P3.2 ─┤12  29├─ PSEN
   (INT1)P3.3 ─┤13  28├─ P2.7(A15)             (INT1)P3.3 ─┤13  28├─ P2.7(A15)
    (T0) P3.4 ─┤14  27├─ P2.6(A14)              (T0) P3.4 ─┤14  27├─ P2.6(A14)
    (T1) P3.5 ─┤15  26├─ P2.5(A13)              (T1) P3.5 ─┤15  26├─ P2.5(A13)
    (WR) P3.6 ─┤16  25├─ P2.4(A12)              (WR) P3.6 ─┤16  25├─ P2.4(A12)
    (RD) P3.7 ─┤17  24├─ P2.3(A11)              (RD) P3.7 ─┤17  24├─ P2.3(A11)
        XTAL2 ─┤18  23├─ P2.2(A10)                  XTAL2 ─┤18  23├─ P2.2(A10)
        XTAL1 ─┤19  22├─ P2.1(A9)                   XTAL1 ─┤19  22├─ P2.1(A9)
          GND ─┤20  21├─ P2.0(A8)                     GND ─┤20  21├─ P2.0(A8)
                └─────┘                                    └─────┘
```

图 1.4　PDIP 封装形式的 AT89S51　　　　图 1.5　PDIP 封装形式的 AT89S52
　　　　　单片机引脚排列　　　　　　　　　　　　　单片机引脚排列

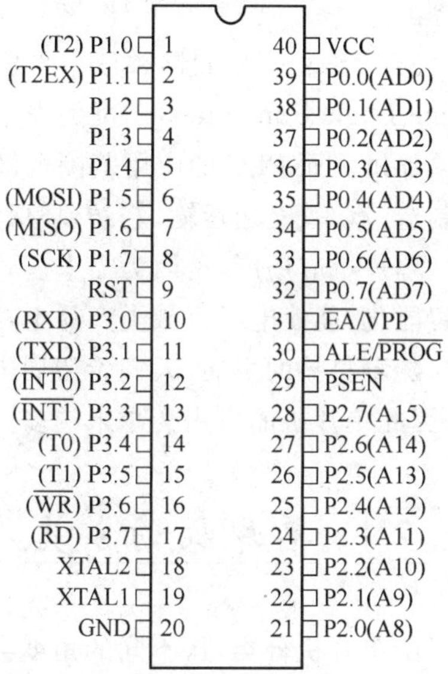

1.1.2 单片机的应用

单片机应用广泛,其程度明显超过众所周知的个人计算机(Personal Computer)。单片机在以下各领域都有应用:

① 工业领域:各种测控系统、数字采集系统、工业机器人、机电一体化产品、光机电一体化产品等。

② 智能仪器仪表领域:智能仪器在人们心目中的概念是,凡是内部含有单片机的仪器统称为智能仪器。反之,凡是内部不含单片机的仪器统称为传统仪器或普通仪器。实际上,无论在高、中、低档仪器中,还是在常规仪器和特种仪器中都大量应用单片机。

图 1.6 PDIP 封装的单片机的照片

③ 通信领域:调制解调器(MODEM)、程控交换技术、手机等。

④ 民用领域:电子玩具、录像机、摄像机、数码相机、激光唱片、MP3、MP4 等。

⑤ 军事领域:导弹控制、鱼雷制导、各种雷达系统、智能武器装备、航天飞机导航系统等。

⑥ 医疗器械领域:智能血压计、B超仪、彩超仪、普通 CT 仪、核磁共振仪、心电图仪、脑电图仪等。

⑦ 计算机外设方面:打印机、绘图仪、数字化仪、黑白/彩色复印机等。

⑧ 家用电器领域:冰箱、彩电、洗衣机、缝纫机、微波炉、空调机、摩托车、小汽车等。

⑨ 可编程序控制器领域:可编程序控制器又称可编程逻辑控制器 PLC(Programmable Logic Controller)。可编程序控制器的 CPU 中一小部分用微处理器,一大部分用单片机。而 PLC 的应用范围也极其广泛,包括冶金、石油、化工、建材、电力、矿山、机械制造、汽车、交通运输、轻纺、环保等行业。

单片机应用广,是因为需求多。需求多,是因为它能使各种仪器、仪表、器械、设备等智能化,能使电子机械类产品上档次,卖出好价钱。

随着科技的发展,人们希望周围的东西或使用的工具也都智能化,这种需要永无止境,因此单片机的应用会越来越多。

1.2 单片机的分类

给单片机分类,从不同的角度会有不同的分法。按运算位长短分,可分为 8 位单片机、16 位单片机、32 位单片机等;按使用场合的不同,可分为高端单片机和低端单片机;按应用领域分,可分为家电类单片机、工控类单片机、通信类单片机、军工类单片机等;

按是否通用来分,可分为通用型单片机和专用型单片机,各种单片机教材所讲的一般都是通用型单片机。

(1) 通用型单片机

可开发的单片机内部资源:RAM、ROM、I/O 等功能部件,全部提供给用户,用户根据需要,设计出一个以通用单片机芯片为核心的智能系统。

(2) 专用型单片机

专门针对某些产品的特定用途而制作的单片机,针对性强且数量巨大,对系统结构的最简化、成本最优化和可靠性等方面都作了全面考虑。"专用"单片机具有十分明显的综合优势。

随着单片机应用的广泛和深入,各种专用型单片机芯片将会越来越多。但无论"专用"单片机在用途上有多么"专",其基本结构与工作原理都是以通用单片机为基础的,所以学习单片机应从通用型单片机学起。

1.3 AT89 系列单片机的基本特性

AT89 系列单片机是美国 Atmel 公司生产的,用的是 8051 单片机的内核,即 AT89 系列单片机的内部 CPU 技术与 8051 单片机相同,所以都具有一样的指令系统。AT89 系列单片机与 8051 单片机的不同在于,AT89 系列单片机比 8051 单片机在片内存储器空间和功能单元方面有所扩充。本书实例所用的单片机都是性能比较好的 AT89 系列单片机,下面对 AT89 系列单片机作较系统的介绍。AT89 系列单片机有标准型、高档型和低档型三种类型。

1.3.1 标准型 AT89 系列单片机的基本特性

标准型 AT89 系列单片机包括 AT89C51、AT89C52、AT89S51 和 AT89S52 等,是 AT89 系列单片机家族中的主流机型。在标准型 AT89 单片机的基础上适当减少或增加部分硬件,便可方便地形成低档型 AT89 系列单片机或高档型 AT89 系列单片机。

1. AT89C51 的主要工作特性

- 8031CPU(即 8051 的内核);
- 4 KB 的快速擦写 Flash 存储器,用于程序存储,可擦写次数为 1 000 次;
- 256 字节的 RAM,其中高 128 字节地址被特殊功能寄存器 SFR 占用;
- 32 根可编程 I/O 端口线:P0、P1、P2、P3;
- 2 个可编程 16 位定时器:P3 口的第二功能;
- 具有 6 个中断源、5 个中断矢量、二级优先权的中断系统;
- 1 个数据指针 DPTR;
- 1 个可编程的全双工串行通信:P3 口的第二功能;
- 具有"空闲"和"掉电"两种低功耗工作方式;

- 可编程的 3 级程序锁定位；
- 工作电源的电压为 (5 ± 0.2) V；
- 振荡器最高频率为 24 MHz；
- 编程频率 3～24 MHz，编程电流 1 mA，编程电压 V_{PP} 为 5 V 或 12 V。

PDIP 封装形式的 AT89C51 单片机的引脚排列如图 1.2 所示。

2. AT89C52 的主要工作特性

AT89C52 单片机的引脚排列除 P1.0 口和 P1.1 口与 AT89C51 有所不同外，其他均相同，如图 1.3 所示。P1.0 口的 T2 为定时器/计数器，P1.1 口的 T2EX 为具备捕捉/重装操作的定时器/计数器。

3. AT89S51 的主要工作特性

AT89S51 单片机是一种低功耗、具有在线编程、Flash 程序存储器的单片机。所谓在线编程 ISP(In System Program)指的是允许单片机芯片在不离开电路板或不离开设备的情况下，实现程序固化和擦除操作，在线编程给单片机用户的研发和使用带来了极大的方便。AT89S51 与 AT89C51 单片机的工作特性相比较，主要增加了以下功能：

- 增加了在线编程功能，使程序的修改和调试极其方便，而且编程和校验也更加方便、灵活；
- 数据指针 DPTR 由 1 个增加到 2 个，使对扩展外部数据存储器的访问更加方便；
- 增加了看门狗定时器 WDT，使单片机应用系统的抗干扰能力得到提高；
- 增加了断电标志 POF；
- 增加了掉电状态下的中断恢复方式。

AT89S51 单片机的引脚排列与 AT89C51 的引脚排列基本相同，只是在 6、7、8 引脚增加了串行编程和校验时的串行数据输入、输出和移位脉冲输入功能，试比较图 1.2 和图 1.4。

4. AT89S52 的主要工作特性

与 AT89S51 单片机相比，AT89S52 单片机主要增加了以下的功能特性：

- 芯片内的 Flash 程序存储器由 4 KB 增加到 8 KB；
- 芯片内的数据存储器由 128 字节增加到 256 字节；
- 芯片内新增加了一个定时器 T2，芯片内定时器总数增加到 3 个(T0、T1 和 T2)；
- 中断源由原来的 6 个增加到 8 个。

AT89S52 单片机的引脚排列与 AT89S51 的引脚排列基本相同，只是在引脚 1(P1.0)和引脚 2(P1.1)增加了定时器 2 的外部计数输入和触发器输入。试比较图 1.4 和图 1.5。

1.3.2 高档型 AT89 系列单片机的基本特性

所谓高档型单片机是指在标准型单片机结构的基础上，增加一部分功能部件，使之具备比标准型单片机更高、更优良的性能。

高档型 AT89 系列单片机包括了 AT89C51RC、AT89S8252、AT89S53 和 AT89C55WD 等。

1. AT89C51RC 单片机

AT89C51RC 单片机是在 AT89C52 基础上开发的高档型单片机,其主要工作特性如下:

- 8031CPU(即 8051 的内核);
- 32 KB 的 Flash 程序存储器,可擦写次数为 1 000 次;
- 512 字节的片内数据存储器 RAM(不包括 128 字节的特殊功能寄存器 SFR);
- 32 条可编程 I/O 端口线(P0~P3);
- 3 个可编程 16 位定时器 T0、T1 和 T2;
- 具有 8 个中断源、6 个中断矢量、二级优先权的中断系统;
- 双数据指针 DPTR0 和 DPTR1;
- 1 个可编程的全双工串行通信口;
- 1 个看门狗定时器 WDT;
- 具有"空闲"和"掉电"两种低功耗工作方式;
- 可编程的三级程序锁定位;
- 断电标志 POF;
- 工作电源的电压为 4.0~5.5 V;
- 振荡器最高频率为 33 MHz。

与 AT89C52 单片机相比,AT89C51RC 单片机主要增加了以下的功能特性:

- 芯片内的 Flash 程序存储器由 8 KB 增加到 32 KB;
- 芯片内的数据存储器由 256 字节增加到 512 字节;
- 数据指针由 1 个增加到 2 个;
- 增加了看门狗定时器 WDT;
- 退出掉电工作方式时,由 AT89C52 单片机的单纯硬件复位增加了中断响应后复位的功能;
- 增加了断电标志 POF。

AT89C51RC 单片机的引脚排列与 AT89C52 的引脚排列完全相同。这给换代提供了方便。

2. AT89S8252 单片机

与前面介绍的各种 AT89 系列单片机不同,AT89S8252 单片机除 Flash 程序存储器外还增加了可擦写 10 万次的 2 KB E^2PROM 存储器,中断系统增加到了 9 个中断源,具有 SPI(Serial Peripheral Bus)串行总线接口,其主要工作特性如下:

- 8031CPU(即 8051 的内核);
- 8 KB 的快速擦写 Flash 程序存储器,可擦写次数为 1 000 次;

- 2 KB 的 E²PROM 程序存储器,可擦写 10 万次；
- 256 字节的片内数据存储器 RAM(不包括 128 字节的特殊功能寄存器 SFR)；
- 32 根可编程 I/O 端口线；
- 3 个可编程 16 位定时器；
- 具有 9 个中断源、6 个中断矢量、二级优先权的中断系统；
- 双数据指针 DPTR0 和 DPTR1；
- 1 个可编程的 UART 串行通信口；
- 具有"空闲"和"掉电"两种低功耗工作模式；
- 可编程的三级程序锁定位；
- 断电标志 POF；
- SPI 外围扩展串行接口；
- 工作电源的电压为 4.0～6.0V；
- 振荡器最高频率为 24 MHz。

AT89S8252 单片机的引脚排列与 AT89S52 的引脚排列基本相同,只是在引脚 5 (P1.4)新增加了从器件选择线 $\overline{SS}$ 的功能。

3. AT89S53 单片机

AT89S53 单片机是在 AT89C52 基础上开发的增强型产品,与 AT89C52 相比增加了如下功能：

- 芯片内的 Flash 程序存储器由 8 KB 增加到 12 KB；
- 新增加了 SPI 外围扩展串行口；
- 对 Flash 程序存储器可使用串行口进行编程和校验；
- 数据指针由 1 个增加到 2 个；
- 增加了看门狗定时器 WDT；
- 退出掉电工作方式时可采用外部中断方式；
- 中断源由 8 个增加到 9 个；
- 具有断电标志 POF。

AT89S53 单片机的引脚排列与 AT89S8252 的引脚排列完全相同。

4. AT89C55WD 单片机

AT89C55WD 单片机也属于 AT89C52 的增强型产品,与 AT89C52 相比增加了如下功能：

- 芯片内的 Flash 程序存储器由 8 KB 增加到 20 KB；
- 新增加了 SPI 外围扩展串行口；
- 最高工作频率由 AT89C52 的 24 MHz 提高到 33 MHz；
- 数据指针增加到 2 个；
- 增加了看门狗定时器 WDT；
- 退出掉电工作方式时可采用外部中断方式；

- 增加了断电标志 POF。

AT89C55WD 单片机的引脚排列与 AT89C52 的引脚排列完全相同。

1.3.3 低档型 AT89 系列单片机的基本特性

所谓低档,即在标准型的结构基础上,为了适应一些简单的控制系统的需要而适当地减少一些功能部件,形成一种体积更加小巧、功能简化、价格更低的单片机。低档型 AT89 系列单片机有:AT89C1051、AT89C2051、AT89C1051U、AT89C32051 和 AT89C4051 等,图 1.7 为 AT89C2051 的引脚排列。

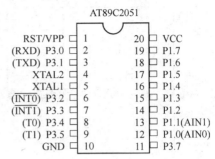

图 1.7 AT89C2051 的引脚排列

1.3.4 AT89 系列单片机型号的编码说明及封装形式

1. 编码说明

AT89 系列单片机型号的编码由前缀、型号和后缀 3 部分组成,格式如表 1.3 所列。

表 1.3 AT89 系列单片机型号的编码

前 缀	型 号		分隔符	后 缀
AT	89	C LV S	×××× (最多 4 位)	—	××××

前缀 AT 表示该产品由美国 Atmel 公司生产。型号又分为 3 部分:第一部分 89 的 9 表示单片机内含 Flash 存储器;第二部分中的 C 代表产品采用 CMOS 技术生产,LV 表示产品为低压产品,S 表示该型号的产品支持在线编程;第三部分是型号的最后部分,最多 4 位,表示产品的具体型号,如 51、52、2051 等。

型号编码的后缀由 4 个参数组成,每个参数又有不同的参数值代表不同的意义,如表 1.4 所列。

表 1.4 AT89 系列单片机型号的后缀说明

位	内 容	含 义
第 1 位 代表可以支持的最高系统时钟频率	12	振荡频率最高为 12 MHz
	16	振荡频率最高为 16 MHz
	20	振荡频率最高为 20 MHz
	24	振荡频率最高为 24 MHz

续表 1.4

位	内容	含义
第 2 位 代表封装形式	D	CERDIP
	J	表示塑料芯片载体, PLCC 封装
	L	表示陶瓷芯片载体, LCC 封装
	P	表示塑料双列直插 PDIP 形式封装
	S	表示用 SOIC 形式封装
	Q	表示用 PQFP 形式封装
	A	表示用 TQFP 形式封装
第 3 位 代表应用级别	C	表示商业用产品,温度范围 0~+70 ℃
	I①	表示工业用产品,温度范围 -40~+85 ℃
	A	表示汽车用产品,温度范围 -40~+125 ℃
	M	表示军用产品,温度范围 -55~+150 ℃
第 4 位	空	处理工艺为标准工艺
	/813	处理工艺采用 MIL-STD-883 标准
	L	表示无引线芯片载体

注：由于欧美要求使用无铅 IC, 所以 Atmel 公司将推出带"U"的单片机, 取代原来带"I"的型号。如 AT89S52-24AU 将取代 AT89S52-24AI。

例如某单片机的型号为 AT89C52-20AC, 该型号代表的含义是：Atmel 公司生产的含有 Flash 存储器的单片机,采用 CMOS 技术生产,内部为 51 结构,频率为 20 MHz,采用 TQFP 形式封装,商业用产品,温度范围为 0~+70 ℃。

2. 单片机的封装形式

单片机的封装形式有 PDIP、TQFP、PLCC 等多种形式,各种封装形式的说明如下：

PDIP(Plastic Dual Inline Package)——塑封双列直插式封装,可直接插入标准插座或焊在印制板上,此封装适合手工焊接。PDIP 双列直插式封装如图 1.8 所示。

PQFP(Plastic Quad Flat Package)——塑封方形贴片式封装,可直接将引脚敷贴在印制板上焊牢,此封装要用贴片机焊接。PQFP 方形贴片式封装如图 1.9 所示。

图 1.8 PDIP 双列直插式封装

图 1.9 PQFP 方形贴片式封装

PLCC(Plastic J-Leaded Chip Carrie)——塑封方形引脚插入式封装,可将引脚直接插入到对应的标准插座内。PLCC 方形引脚插入式封装如图 1.10 所示。

1.3.5 部分 Atmel 单片机的升级替代及推荐产品

由于 IC 制造技术及单片机技术的迅速发展,新的功能更全、性能更好的单片机应运而生,使一些早期的单片机产品由于各种原因已渐渐退出市场,为保证早期开发的产品及设备的正常应用,各公司在推出新的产品时考虑与同类型早期产品的兼容性。Atmel 公司网站(www.atmel.com)于 2006 年公布了不建议在新产品开发中继续使用的旧单片机型号以及推荐的替代新产品如表 1.5 所列。

图 1.10 PLCC 方形引脚插入式封装

表 1.5 Atmel 单片机的升级替代及推荐产品表

序 号	早期产品	产品描述	替代或推荐产品
1	AT89C51[①]	4 KB Flash 的 80C31 系列单片机	AT89S51
2	AT89C52[①]	8 KB Flash 的 80C32 系列单片机	AT89S52
3	AT89LV51[①]	2.7 V 工作电压,4 KB Flash 的 8031 系列单片机	AT89LS51
4	AT89LV52[①]	2.7 V 工作电压,4 KB Flash 的 8032 系列单片机	AT89LS52
5	AT89LV53[②]	低电压,可直接下载 12 KB Flash 单片机	AT89S8253
6	AT89LS8252[②]	低电压,可直接下载 8 KB Flash,2 KB E^2PROM 单片机	AT89S8253
7	AT89S53[②]	在线编程,12 KB Flash 单片机	AT89S8253
8	AT89S8252[②]	在线编程,12 KB Flash,2 KB E^2PROM 单片机	AT89S8253
9	T89C51RB2[①]	16 KB Flash 高性能单片机	AT89C51RB2
10	T89C51RC2[①]	32 KB Flash 高性能单片机	AT89C51RC2
11	T89C51RD2[①]	64 KB Flash 高性能单片机	AT89C51RD2

注:① 不推荐在新的产品设计中应用,可用替代产品。
② 新产品设计中建议采用推荐产品。

1.4 AT89C52 单片机的内部结构

AT89C52 单片机的内部结构如图 1.11 所示。可分为四大部分:内核 CPU 部分、存储器部分、I/O 接口部分和特殊功能部分(如定时器/计数器、外中断控制模块等)。

1.4.1 AT89C52 单片机的 CPU

AT89C52 单片机的 CPU 是 8 位字长,主要包括运算器和控制器两部分。

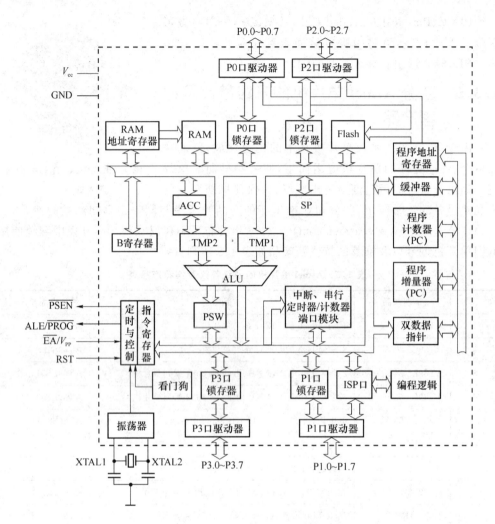

图 1.11　AT89C52 单片机原理结构图

1. 运算器

运算器的功能是进行算术逻辑运算、位处理操作和数据的传送，主要包括算术/逻辑运算单元、累加器 ACC、寄存器 B、暂存器 TMP1 和 TMP2、程序状态字寄存器 PSW 等。

(1) 算术/逻辑运算单元

算术/逻辑运算单元（ALU）是运算器的核心部件，用来完成基本的算术运算、逻辑运算和位处理操作。AT89C52 单片机具有极强的"位"处理功能，为用户提供了丰富的指令系统和极高的指令执行速度，除可以进行基本的加、减、乘、除运算外，还可以进行与、或、非、异或、左移、右移、半字节交换、BCD 码运算、位处理、位检测等运算和操作。

(2) 暂存器 TMP1 和 TMP2

从原理结构图中可以看到，运算器中包括的两个暂存器 TMP1 和 TMP2，作为

ALU 的两个输入,暂时存放参加运算的数据。

(3) 累加器 ACC

累加器 ACC 是一个 8 位寄存器,是 CPU 工作过程中使用频率最高的寄存器。ACC 既是 ALU 运算所需数据的来源之一,同时 CPU 的数据传送大多通过 ACC 实现,因此 ACC 又是数据传送的中转站。

(4) 寄存器 B

执行乘法和除法指令时,使用寄存器 B。执行乘法或除法指令前,寄存器 B 用来存放乘数或除数,ALU 的另外一个输入来自于 ACC。乘法或除法指令执行完成后,寄存器 B 用来存放乘积的高 8 位或除法的余数。

执行非乘法或除法指令时,寄存器 B 可以作为一般用途的寄存器使用。

(5) 程序状态字寄存器 PSW

程序状态字寄存器 PSW 是一个 8 位的标志寄存器,用来存放当前指令执行后的有关状态,为以后指令的执行提供状态依据,因此一些指令的执行结果会影响 PSW 的相关状态标志。

PSW 中各位的状态通常在指令执行过程中自动生成,同时 AT89C52 单片机的 PSW 是可编程的,通过程序可以改变 PSW 中各位的状态标志。程序状态字 PSW 各位的状态标志定义如图 1.12 所示。

位地址	D7H	D6H	D5H	D4H	D4H	D2H	D1H	D0H	
PSW	CY	AC	F0	RS1	RS0	OV	—	P	字节地址 D0H

图 1.12 PSW 各位的状态标志

各位定义如下:

CY:高位进位标志。若当前执行指令的运算结果产生进位或借位,该标志被置成 CY=1;否则 CY=0。在执行位操作指令时,CY 作为位累加器使用,指令中用 C 代替 CY。

AC:辅助进位标志位,又称为半字节进位标志位。在执行加减指令时,如果低半字节向高半字节产生进位或借位,则 AC=1;否则 AC=0。

F0:用户标志位。由用户根据需要进行置位、清 0 或检测。

RS1、RS0:工作寄存器组选择位。AT89C52 内部数据存储器的容量为 256 字节,其中有 4 组工作寄存器,占据了 00H~1FH 的 32 字节存储单元,每组工作寄存器有 8 个工作寄存器,对应符号(R0~R7),每个工作寄存器既可以用其名称寻址,又可以使用每个工作寄存器的直接字节地址寻址。当使用工作寄存器的名称寻址时,由 PSW 中 RS1 和 RS0 两位给出待寻址工作寄存器所在的组,因此改变 PSW 中 RS1 和 RS0 的内容,便可以选择不同的工作寄存器组。注意,不同组的 8 个寄存器均为(R0~R7)。

OV:溢出标志位。所谓溢出是指运算结果数值的绝对值超过了允许表示的最大值,该标志位就用来表示有符号数运算时是否产生了溢出。执行运算指令时,如果运算结果超出了目的寄存器 A 所能够表示的符号数的范围($-128 \sim +127$),硬件自动置位溢出标志位,即 OV=1;否则 OV=0。该标志的意义在于执行运算指令后,可以根据该标志位的值判断累加器中的结果是否正确。

——:保留位,无定义。

P:奇偶校验标志位。用来指示累加器中内容的奇偶性,该位始终跟踪指示累加器中 1 的个数,硬件自动置 1 或清 0。若逻辑运算后累加器中 1 的个数为偶数,则 P=0;否则 P=1。常用于校验串行通信中数据传送是否正确。

2. 控制器

CPU 中控制器是控制读取指令,识别指令并根据指令的性质协调、控制单片机各组成部件有序工作的重要部件,是 CPU 乃至整个单片机的中枢神经。

控制器由程序计数器 PC、指令寄存器 IR、指令译码器 ID、堆栈指针 SP、数据指针 DPTR、定时及控制逻辑电路等组成。控制器的主要功能是控制指令的读入、译码和执行,并对指令的执行过程进行定时和逻辑控制。根据不同的指令协调单片机各个单元有序工作。

(1) 程序计数器 PC

AT89C52 单片机中的程序计数器 PC 是一个 16 位计数器,存放下一条将要执行程序的地址,寻址范围为 0000H~FFFFH,可对 64 KB 的程序存储器空间进行寻址,是控制器中最重要和最基本的寄存器。所谓程序运行跑飞故障就是程序计数器 PC 的内容突然受到干扰改变了,没有按照正常的顺序指向下一条指令,不知指到哪去了。

系统复位时,PC 的内容为 0000H,表示程序必须从程序存储器 0000H 单元开始执行。

(2) 指令寄存器 IR

指令寄存器 IR 是专门用来存放指令代码的专用寄存器。从程序存储器读出指令代码后,被送至指令寄存器中暂时存放,等待送至指令译码器中进行译码。

(3) 指令译码器 ID

指令译码器的功能是根据送来的指令代码的性质,通过定时逻辑和条件转移逻辑电路产生执行此指令所需要的控制信号。

(4) 堆栈指针 SP

堆栈是一组编有地址的特殊的存储单元,其栈顶的地址由堆栈指针 SP 指示。AT89C52 单片机在片内数据存储器 RAM 中开辟栈区,允许用户通过软件定义片内 RAM 的某一连续区域单元作为堆栈区域。

堆栈指针 SP 是一个 8 位的增量寄存器,所能够指示的深度为 0~255 个存储单元。堆栈操作按照"先进后出"或"后进先出"的原则进行,数据进栈时 SP 首先自动加 1,然后将欲进栈的数据压入由 SP 指示的堆栈单元;数据出栈时,将 SP 所指示的堆栈存储单元的数据推出栈,然后将 SP 自动减 1。

上电或复位后,堆栈指针 SP 的初始值为 07H,指示栈底为 08H 单元。堆栈指针 SP 的初始值 07H 与工作寄存器组第 1 区重叠,须通过软件对 SP 重新进行定义,在内部数据存储器 RAM 中开辟一个合适的堆栈区域。但如果在程序设计中只使用工作寄存器的第 0 区,则 SP 可不用管它。

(5) 数据指针寄存器 DPTR

在 AT8C52 单片机中,内含 1 个 16 位的数据指针寄存器 DPTR。DPTR 是一个独特的 16 位寄存器,既可以用作 16 位的数据指针使用,也可分开以 8 位的寄存器单独使用(DPL、DPH)。

1.4.2 AT89C52 单片机的存储器

在单片机中,存储器分为程序存储器 ROM 和数据存储器 RAM,并且两个存储器是独立编址的。其存储器结构和通用计算机是不同的。

AT89C52 单片机芯片内配置有 8 KB(0000H~1FFFH)的 Flash 程序存储器和 256 字节(00H~FFH)的数据存储器 RAM,根据需要可外扩到最大 64 KB 的程序存储器和 64 KB 的数据存储器,因此 AT89C52 的存储器结构可分为 4 部分:片内程序存储器、片外程序存储器、片内数据存储器和片外数据存储器。如果以最小系统使用单片机,即不扩展,则 AT89C52 的存储器结构就较简单:只有单片机自身提供的 8 KB Flash 程序存储器和 256 字节数据存储器 RAM。

如图 1.13 所示给出了 AT89C52 单片机的存储器空间分布图。左侧虚线框中为单片机自身提供的 8 KB Flash 程序存储器和 256 字节数据存储器 RAM。右侧为可扩展的 64 KB 的程序存储器 ROM 和 64 KB 的数据存储器 RAM。因 AT89C52 单片机的地址总线是 16 条,故最大只能扩展 64 KB。

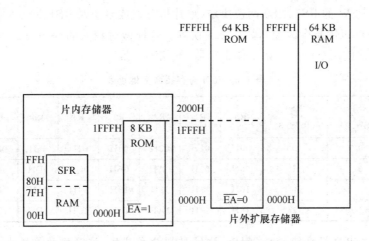

图 1.13 存储器空间分布图

1. AT89C52 单片机的程序存储器

AT89C52 单片机出厂时片内已带有 8 KB 的 Flash 程序存储器,使用时,引脚 $\overline{EA}$ 要接高电平(5 V)。这时,复位后 CPU 从片内 ROM 区的 0000H 单元开始读取指令代码,一直运行到 1FFFH 单元,如外部扩展有程序存储器 ROM,则 CPU 会自动转移到片外 ROM 空间 2000H～FFFFH 读取指令代码。若使用 8031 单片机或 80C552 单片机，因为此类单片机片内无程序存储器 ROM，只能靠外部扩展，这时引脚 $\overline{EA}$ 必须接地（$\overline{EA}=0$），复位后 CPU 从片外 ROM 区的 0000H 单元开始读取指令代码。这点一定要注意。关于 AT89C52 单片机的存储器扩展连线方法，在第 8 章介绍。

2. AT89C52 单片机的数据存储器

AT89C52 单片机出厂时片内带有 256 字节的数据存储器 RAM，如不够用，可以在片外扩展，最多能扩展 64 KB RAM，如图 1.13 所示，虚线框内左侧为片内自带的数据存储器 RAM，此 256 字节单元(00H～FFH)的低 128 字节(00H～7FH)单元为用户使用区，高 128 字节(80H～FFH)单元为特殊功能寄存器 SFR 区。片内数据存储器的结构如图 1.14 所示。

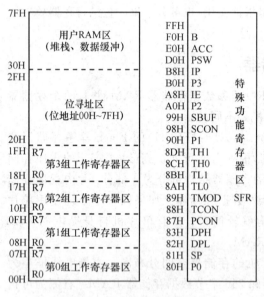

图 1.14 片内数据存储器的结构

片内数据存储器的 00H～7FH 区又划分成 3 块：00H～1FH 块是工作寄存器所用；20H～2FH 块是有位寻址功能的单元区；30H～7FH 是普通 RAM 区。

工作寄存器又分 4 组，在当前的运行程序中只有某一组是被激活的，谁被激活由程序状态字寄存器 PSW 的 RS1、RS0 两位决定(单片机开机或复位时 RS1、RS0 两位的默认值为 0、0，用户可以用指令改变)，如表 1.6 所列。这样做对较大的程序设计很有利，每个子程序模块都使用自己的一组工作寄存器，互相不干扰。

表 1.6 工作寄存器激活地址表

组号	RS1(PSW.4)	RS0(PSW.3)	R0	R1	R2	R3	R4	R5	R6	R7
0	0	0	00H	01H	02H	03H	04H	05H	06H	07H
1	0	1	08H	09H	0AH	0BH	0CH	0DH	0EH	0FH
2	1	0	10H	11H	12H	13H	14H	15H	16H	17H
3	1	1	18H	19H	1AH	1BH	1CH	1DH	1EH	1FH

注意： 片内数据存储器的 00H～7FH 区划分成 3 块，这 3 块的异同点是什么？相同点是：都是 RAM 型存储单元；不同点是：00H～1FH 块给了存储单元的名字——寄存器 R0～R7，20H～2FH 块具有位寻址功能，30H～7FH 块是普通 RAM 区，没有单元名，使用时按地址使用，如"MOV 31H，#6FH"，当然，编程者也可以先给 31H 单元定义一个名(也叫符号地址，见第 2 章)。

如表 1.7 所列给出了特殊功能寄存器 SFR 的名称、符号和地址。在程序设计中，

都可直接用寄存器名作为该寄存器的符号地址使用,如下面两句汇编语言是等效的:

```
MOV  P1,A    ;P1 口输出累加器 A 的值
MOV  90H,A   ;P1 口输出累加器 A 的值
```

表 1.7 特殊功能寄存器 SFR

特殊功能寄存器	功能名称	物理地址	可否位寻址
B	寄存器 B	F0H	可以
A(ACC)	累加器	E0H	可以
PSW	程序状态字寄存器(标志寄存器)	D0H	可以
IP	中断优先级控制寄存器	B8H	可以
P3	P3 口锁存器	B0H	可以
IE	中断允许控制寄存器	A8H	可以
P2	P2 口锁存器	A0H	可以
SBUF	串行数据缓冲器	99H	不可以
SCON	串行接口控制寄存器	98H	可以
P1	P1 口锁存器	90H	可以
TH1	T1 计数器高 8 位寄存器	8DH	不可以
TH0	T0 计数器高 8 位寄存器	8CH	不可以
TL1	T1 计数器低 8 位寄存器	8BH	不可以
TL0	T0 计数器低 8 位寄存器	8AH	不可以
TMOD	定时器/计数方式控制寄存器	89H	不可以
TCON	定时器控制寄存器	88H	可以
PCON	电源控制寄存器	87H	不可以
DPH	数据指针高 8 位	83H	不可以
DPL	数据指针低 8 位	82H	不可以
SP	堆栈指针寄存器	81H	不可以
P0	P0 口锁存器	80H	可以

1.4.3 AT89C52 单片机的 I/O 接口部分和特殊功能部分

1. AT89C52 单片机的 I/O 接口

AT89C52 单片机内部集成了 4 个可编程的并行 I/O 接口(P0~P3),每个接口电路都具有锁存器和驱动器功能,输入接口电路具有三态门控制。P0~P3 口同 RAM 统一编址,可以当作特殊功能寄存器 SFR 来寻址。AT89C52 单片机可以利用其 I/O 接口直接与外围电路相连,在实际使用中要注意,P0~P3 口在开机或复位时均呈高电平。第 4 章对 I/O 接口有专门介绍。

2. AT89C52 单片机的特殊功能部分

AT89C52 单片机内部集成有定时器/计数器、串行通信控制器、外中断控制器等特殊功能部件,从而使 AT89C52 单片机具有定时/计数功能、全双工串行通信功能、实现对外部事件实时响应的中断处理功能,详细介绍见后面有关章节。

1.5 AT89C52单片机的时钟与复位电路

单片机与通用计算机一样,其工作就是执行程序,即一条一条按序执行指令。能做到一条一条按序执行指令的硬件支持,是时钟电路。计算机中的时钟,本质上是用时钟电路产生的时钟序列脉冲,一个脉冲推动一条指令执行。程序的起始地址和起始时间由复位电路控制。

1.5.1 复位操作和复位电路

1. 复位操作

单片机的第9引脚是 RST,RST 引脚是复位信号的输入端口,高电平有效。在时钟振荡器稳定工作的情况下,该引脚若由低电平上升到高电平并持续 2 个机器周期(若晶振频率选 12 MHz,则 2 个机器周期为 2 μs),系统将实现一次复位操作。单片机在 RST 高电平有效后的第二个机器周期开始执行内部复位操作,并在 RST 变为低电平前的每个机器周期重复执行内部复位操作。直到 RST 变为稳定的低电平,程序便从 0000H 地址开始运行。

复位操作将使大部分特殊功能寄存器 SFR 置成初始值,如表 1.8 所列。

表 1.8 特殊功能寄存器 SFR 的复位值

序号	寄存器名称	寄存器符号	复位值
1	程序计数器	PC	0000H
2	P0~P3 口锁存器	P0~P3	FFH
3	堆栈指针	SP	07H
4	数据指针的低 8 位	DPL	00H
5	数据指针的高 8 位	DPH	00H
6	电源控制寄存器	PCON	0×××0000B
7	定时器 0 和 1 控制、模式寄存器	TCON、TMOD	00H
8	定时器 0 低 8 位、高 8 位	TL0、TH0	00H
9	定时器 1 低 8 位、高 8 位	TL1、TH1	00H
10	辅助寄存器	AUXR	×××0 0××0B
11	串行接口控制寄存器	SCON	00H
12	辅助寄存器 1	AUXR1	×××× ×××0B
13	中断允许寄存器	IE	0×00 000B
14	中断优先级寄存器	IP	××00 0000B
15	定时器 2 控制寄存器	T2CON	00H
16	定时器 2 模式寄存器	T2MOD	×××× ××00B
17	定时器 2 捕捉/重装寄存器低、高 8 位	RCAP2L、RCAP2H	00H
18	定时器 2 低 8 位和高 8 位	TL2、TH2	00H
19	程序状态字寄存器、累加器、寄存器 B	PSW、ACC、B	00H

复位时特殊功能寄存器 SFR 的内容归于复位值有着重要的意义,用汇编语言编程时必须知道下列情况:

① 程序计数器 PC＝0000H,复位后从程序存储器的 0000H 单元开始执行程序。

注意：$\overline{EA}=1$ 时,为片内 0000H;$\overline{EA}=0$ 时,为片外 0000H。

② P0~P3 口的复位值＝FFH,复位后的各 I/O 端口为高电平、双向,可以进行输入或输出操作,单片机运行后锁存器的内容已发生变化,各 I/O 端口成为准双向口。

③ 堆栈指针 SP 的复位值＝07H,意味着栈底为 08H 单元,因堆栈是向上生成的,故堆栈将依次覆盖工作寄存器 1 组、2 组、3 组。对于小程序,只用工作寄存器 0 组(复位时默认)即可,覆盖 1、2、3 组无所谓;对于大程序,需要用 1、2、3 组的,则要通过软件对 SP 进行重新定义。

④ 程序状态字寄存器 PSW 的复位值＝0000H,因此其工作寄存器组的选择位 RS1 和 RS0 的值均为 0,表示在复位后选择 0 组工作寄存器。

在表 1.7 中没有列出的特殊寄存器 SFR,复位后其值随机或无定义。

2. 复位电路

复位操作有手动复位和上电自动复位,图 1.15(a)为一种上电自动复位电路,图 1.15(b)为具有上电自动复位和手动复位两种操作方式的复位电路。

在复位电路上电的瞬间,RC 电路充电,由于电容上电压不能突变,所以 RST 引脚出现高电平。RST 引脚出现的高电平将会随着对电容 C 的充电过程而逐渐回落,为了保证 RST 引脚出现的高电平持续两个机器周期以上的时间,需要合理地选择其电阻和电容的参数值,而电阻和电容参数的取值随着时钟频率的不同而变化,时钟频率越低,电阻和电容参数的取值越大。

在单片机应用系统中,除单片机本身需要复位外,外部扩展接口电路等也需要复位,所以系统需要一个同步的复位信号。

为了保证系统可靠工作,CPU 应在系统所有芯片的初始化完成后再对其进行读写。因此硬件电路应保证单片机复位后 CPU 开始工作时,所有的外部扩展接口电路全部复位完毕,即外部扩展接口电路的复位操作完成在前,单片机的复位操作完成在后,也可以采用软件的方式提供这种保证,在主程序的开始部分加入延时(一般 100 ms 左右),然后再对单片机进行初始化操作。

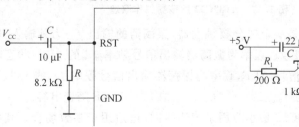

(a) 上电自动复位电路　　　　　(b) 具有上电自动复位和手动复位两种方式

图 1.15　两种复位电路

1.5.2 振荡电路和时钟

在 AT89C52 芯片内部,有一个振荡器电路和时钟发生器,引脚 XTAL1 和 XTAL2 之间接入晶体振荡器和电容后构成内部时钟方式。也可以使用外部振荡器,由外部振荡器产生的信号直接加载到振荡器的输入端,作为 CPU 的时钟源,称为外部时钟方式。大多数的单片机均采用内部时钟方式,图 1.16 为两种方式的电路连接。

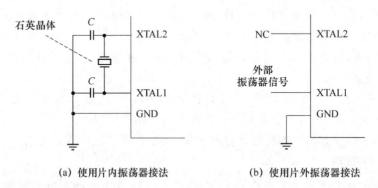

(a) 使用片内振荡器接法　　(b) 使用片外振荡器接法

图 1.16　AT89C52 振荡器的连接方式

采用外部时钟方式时,外部振荡器的输出信号接至 XTAL1,XTAL2 悬空。

在 AT89C52 单片机内部,引脚 XTAL2 和引脚 XTAL1 连接着一个高增益反相放大器,XTAL1 引脚是反相放大器的输入端,XTAL2 引脚是反相放大器的输出端,振荡器电路的工作原理如图 1.17 所示。

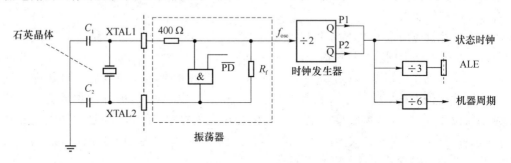

图 1.17　AT89C52 振荡器工作原理

芯片内的时钟发生器是一个二分频触发器,振荡器的输出 f_{osc} 为其输入,输出为两相的时钟信号(状态时钟信号),频率为振荡器输出信号频率 f_{osc} 的 1/2。状态时钟经三分频后为低字节地址锁存信号 ALE,频率为振荡器输出信号频率 f_{osc} 的 1/6,经六分频后为机器周期信号,频率为 $f_{osc}/12$。C_1、C_2 一般取 20～30 pF 陶瓷电容。

图 1.18 给出了 AT89C52 最小应用系统连线图,这适用于多数场合。其中晶振片一般选择 12 MHz。

如果安装 12 MHz 的晶振片,图 1.18 单片机的时钟信号频率为 12 MHz,机器周期信号的频率为 1 MHz,机器周期为 1 μs;大多数指令在两个机器周期内完成(准确时间可以查附录 F：MCS-51 指令表，确定指令周期），即使用 12 MHz 的晶振片时，单片机执行一条指令大约为 2 μs，据此便可实现程序延时子程序的编写。如果用 C 语言编程，由于一条语句包含多少指令不清楚，故用高级语言实现程序延时不准确，这时最好使用单片机提供的定时器。

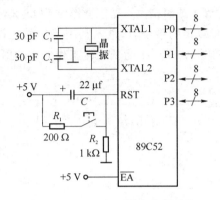

图 1.18　AT89C52 最小应用系统

1.6　AT89C52 单片机的低功耗工作方式

为了降低单片机运行时的功率消耗，AT89C52 提供了"空闲"和"掉电"两种低功耗工作方式，所以单片机除了正常的程序工作方式外，还可以用低功耗工作方式（又称省电方式）运行。采用 12 MHz 晶体振荡器，$V_{cc}=4.0\sim5.5$ V 时，AT89C52 正常工作时的电流最大值为 25 mA，空闲方式的电流最大值为 6.5 mA，掉电方式的电流最大值为 50 μA（$V_{cc}=5.5$ V）。

AT89C52 单片机的两种低功耗工作方式需要通过软件设置才能实现，设置 SFR 中电源控制寄存器 PCON 的 PD 和 IDL 位。电源控制寄存器 PCON 的格式如图 1.19 所示。

SMOD	—	—	POF	GF1	GF0	PD	IDL

最高有效位（MSB）　　　　　　　　　　　　　　　最低有效位（LSB）

图 1.19　电源控制寄存器 PCON 的格式

电源控制寄存器 PCON 是一个不可进行位寻址的寄存器，其复位值＝0×××0000B，地址＝087H。

PCON 各位的功能如下。

SMOD：波特率倍增位，串行通信时使用。SMOD=1，串行通信工作方式 1、2、3 的波特率加倍；复位时 SMOD=0。

POF：断电标志位。

GF1：通用标志位 1。

GF0：通用标志位 0。
PD：掉电方式控制位，PD＝1 时进入掉电方式。
IDL：空闲方式控制位，IDL＝1 时进入空闲方式。

电源断电标志位 POF 占据电源控制寄存器 PCON 的第 4 位，当电源上电时将 POF 置 1，POF 也可软件置 1 或者清 0。复位操作对 POF 无影响。

单片机执行完将 IDL 置 1 的指令后，进入空闲工作方式；而将 PD 置成 1 后，单片机进入掉电工作方式。如图 1.20 所示为低功耗工作方式的原理图。

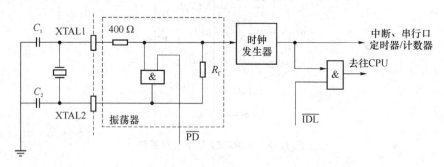

图 1.20 低功耗工作方式原理图

1. 空闲工作方式

在程序执行过程中，如果不需要 CPU 工作可以让它进入空闲工作方式，其目的是降低单片机的功率消耗。

在空闲工作方式下，IDL＝1，$\overline{\text{IDL}}$＝0，进入 CPU 的时钟信号被阻断，单片机的 CPU 停止工作进入休眠状态。此时，振荡器仍然运行，单片机内的所有外设（包括中断系统、定时器/计数器、串行接口）继续工作。CPU 进入空闲工作方式时，片内 RAM 和所有特殊功能寄存器 SFR 中的内容保持不变，ALE 和 $\overline{\text{PSEN}}$ 的输出为高电平。

AT89C52 单片机退出空闲的方式有中断响应方式和硬件复位方式两种。

任何一个可允许的中断申请被响应时，电源控制器寄存器 PCON 的 IDL 位同时会被芯片内的硬件自动清 0，单片机结束空闲工作方式，执行完中断服务程序返回时，从设置进入空闲方式指令的下一条指令处恢复程序的执行，单片机返回到正常的工作方式。

只要 RST 引脚上出现持续 2 个机器周期的复位信号，单片机便可结束空闲工作方式而返回到正常工作方式，并从设置进入空闲方式指令的下一条指令处恢复程序的执行。

需要注意的是：复位操作需要 2 个机器周期的时间才可完成。采用硬件复位方法退出空闲方式时，若 RST 引脚出现复位脉冲，将导致 PCON 的 IDL 清 0，进而退出空闲工作方式。但退出空闲工作方式所需时间小于 2 个机器周期，即单片机已经退出空闲工作方式并返回到正常工作方式后，复位操作还没有完成。虽然从退出空闲工作方式到复位操作完成期间，复位算法已经开始控制单片机的硬件并禁止对片内 RAM 的访问,但不禁止对端口引脚的访问。为了避免对端口或外部数据存储器等出现意外的写操作,在设置进入空闲工作方式指令后面的几条指令中,应该尽量避免读写端口或外部数据存储器的指令。

2. 掉电工作方式

从图 1.16 可以看出,当电源控制寄存器 PCON 的 PD 位置 1 时,$\overline{PD}=0$,这时进入时钟振荡器的信号被封锁,振荡器停止工作,时钟发生器没有时钟信号输出,单片机内所有的功能部件停止工作,但片内 RAM 和 SFR 中的内容保持不变。

AT89C52 单片机退出掉电工作方式也有硬件复位和任何一种有效的外部中断两种方法。

进入掉电工作方式时,V_{cc} 电源电压由正常工作方式下的 +5 V 下降到 +2 V,以达到低功耗运行的目的。退出掉电工作方式前 V_{cc} 电源需要恢复到正常的工作电压 +5 V,并维持一段足够长的时间(约 10 ms),以使内部振荡器重新启动并稳定之后才可进行复位操作,以退出掉电工作方式。

采用硬件复位的方法退出掉电工作方式时,将引起所有寄存器的初始化,但不改变芯片内数据存储器 RAM 中的内容。

采用外部中断的方法退出掉电工作方式时,这个外部中断必须使系统恢复到系统全部进入掉电工作方式之前的稳定状态,因此该外部中断启动后约 16 ms 中断服务程序才开始工作。

空闲工作方式和掉电工作方式期间有关的外部引脚的状态如表 1.9 所列。

表 1.9 空闲和掉电工作方式期间引脚状态

方 式	程序存储器	ALE	$\overline{PSEN}$	P0 口	P1 口	P2 口	P3 口
空闲	内部	1	1	数据	数据	数据	数据
空闲	外部	1	1	浮空	数据	地址	数据
掉电	内部	0	0	数据	数据	数据	数据
掉电	外部	0	0	浮空	数据	数据	数据

注意:初步使用单片机时,对节能等方面都不重视,所以寄存器 PCON 在编程时可以不考虑。等将来实际应用时,这部分就很有用了,要有这样的观念。

1.7 常用的名词术语和二进制编码

1. 位、字节、字及字长

位、字节、字及字长是计算机常用的名词术语。

- 位(bit)。"位"指一个二进制位,它是计算机中信息存储的最小单位。
- 字节(Byte)。"字节"指相邻的 8 个二进制位。1 024 字节构成 1 个千字节,用

KB 表示。1 024 KB 构成 1 个兆字节,用 MB 表示。1 024 MB 构成 1 个千兆字节,用 GB 表示。B、KB、MB、GB 都是计算机存储容量的单位。
- 字(Word)和字长。"字"是计算机内部进行数据传递处理的基本单位,通常它与计算机内部的寄存器、运算装置、总线宽度相一致。一个字所包含的二进制位数称为字长。常见的微型机的字长,有 8 位、16 位、32 位和 64 位之分。

但是,目前在 PC 机中,把字(word)定义为 2 字节(16 位),双字(double word)定义为 4 字节(32 位),四字(quad word)定义为 8 字节(64 位)。这一点初学者容易产生概念混乱,学习时要注意。

2. 数字编码

由于二进制有很多优点,所以计算机中的数用二进制表示,但人们与计算机打交道时仍习惯用十进制,在输入时计算机自动将十进制转换为二进制,而在输出时又将二进制转换为十进制。为便于机器识别和转换,计算机中的十进制数的每一位用二进制编码表示,这就是所谓的十进制数的二进制编码,简称二—十进制编码(BCD 码)。

二—十进制编码的方法很多,最常用的是 8421 BCD 码。8421 BCD 码有 10 个不同的数字符号,逢 10 进位,每位用四位二进制表示。例如:

83.123 对应的 8421 BCD 码是 1000 0011.0001 0010 0011。

同理,111 1001 0010.0010 0101 BCD 对应的十进制数是 792.25。

3. 字符编号

字母、数字、符号等各种字符也必须按规定的规则用二进制编码才能在计算机中表示。字符编码的方式很多,世界上采用最普遍的一种字符编码是 ASCII。

ASCII 用七位二进制编码,它有 128 种组合,可以表示 128 种字符,包括 10 个阿拉伯数字字符(0～9)、大、小写英文字母(52 个)等。在计算机中用一字节表示一个 ASCII 字符,最高位置位 0。例如,00110000～00111001(即 30H～39H)是数字 0～9 的 ASCII,而 0100001～01011010(即 41H～5AH)是大写英文字母 A～Z 的 ASCII。

4. 汉字编码

用计算机处理汉字,每个汉字必须用代码表示。键盘输入汉字是输入汉字的外部码。外部码必须转换为内部码才能在计算机内进行存储和处理。为了将汉字以点阵的形式输出,还要将内部码转换为字形码。不同的汉字处理系统之间交换信息采用交换码。

(1) 外部码

汉字主要是从键盘输入,每个汉字对应一个外部码,外部码是计算机输入汉字的代码,是代表某一个汉字的一组键盘符号,外部码也叫输入码。汉字的输入方法不同,同一个汉字的外部码可能就不一样。目前已有数百种汉字外部码的编码方案,大致可以归纳为 4 种类型:数字码、音码、形码和音形码。

数字码是将汉字按某种规律排序,然后赋予它们数字编号,这个数字编号就作为汉字的编码。常见的数字编码,如区位码等。这种编码方法无重码,可以找到其他编码方法难于找到的汉字,但是难于记忆,要有手册备查。

音码是以汉语拼音作为汉字的编码,只要学习过汉语拼音,一般不需要经过专门训练就可以掌握。但是,用拼音方法输入的汉字同音字多,需要选字,影响输入速度,不知道拼音的汉字也无法输入。

形码是把一个汉字拆成若干偏旁、部首、字根,或者拆成若干种笔画,使偏旁、部首、字根或笔画与键盘对应编码,按字形敲键输入汉字。形码输入汉字重码率低、速度快,只要能够看到的字形就可以拆分输入,但是必须经过专门训练,并须大量记忆编码规则和汉字拆分原则。最常见的形码方案有五笔字型码等。

音形码是拼音和字形相结合的一种汉字编码方案,如自然码、钱码等。

(2) 内部码

汉字内部码也称汉字内码或汉字机内码。在不同的汉字输入方案中,同一汉字的外部码不同,但同一汉字的内部码是唯一的。内部码通常使用其在汉字字库中的物理位置表示,可以用汉字在汉字字库中的序号或者用汉字在汉字字库中的存储位置表示。汉字在计算机中至少要用两字节表示(也有用三字节、四字节表示的)。在微型机中常用的是两字节汉字内码。两字节汉字内码就是汉字的国标码(用两个7位编码)的两个字节的最高位都改为"1"形成的。例如汉字"啊",国标码为0110000、0100001,即30H、21H。内码为10110000、10100001,即B0H、A1H。在计算机中通常处理的是以ASCII表示的字符,一个字符在机器内以一字节的二进制编码表示。实际上ASCII只需7位,故在计算机内的字符编码的最高位是"0"。由此可见,以字节的最高位是0还是1,很容易区分是ASCII字符还是汉字。

(3) 交换码

计算机之间或计算机与终端之间交换信息时,要求其间传送的汉字代码信息完全一致。为此国家根据汉字的常用程度制定了一级和二级汉字字符集,并规定了编码,这就是GB 2312—1980《信息交换用汉字编码字符集基本集》。GB 2312—1980中汉字的编码即国标码。该标准编码字符集共收录汉字和图形符号7 445个,其中包括:

① 一般符号202个,包括间隙符、标点、运算符、单位符号、制表符等;

② 序号60个,它们是1~20(20个)、(1)~(20)(20个)、①~⑩(10个)和(一)~(十)(10个);

③ 数字22个,它们是0~9和Ⅰ~Ⅻ;

④ 英文字母52个,大、小写各26个;

⑤ 日文假名169个,其中平假名83个,片假名86个;

⑥ 希腊字母48个,其中大、小写各24个;

⑦ 俄文字母66个,其中大、小写各33个;

⑧ 汉语拼音符号26个;

⑨ 汉语注音字母37个;

⑩ 汉字6 763个,这些汉字分为两级,第一级汉字3 755个,第二级汉字3 008个。

这个字符集中的任何一个图形符号及汉字都是用两个7位的字节表示(在计算机

中当然用两个 8 位字节,每字节的最高位为 1 来表示)。其中汉字占 6 763 个,第一级汉字 3 755 个,按汉语拼音字母顺序排列,同音字以笔画顺序为序;第二级汉字 3 008 个,按部首顺序排列。GB2312—1980 中,7 445 个字符和汉字分布在 87 个区中,每区最多 94 个字符。分布情况如下:

  1~9 图形字符;
  10~15 空间未用;
  16~55 一级汉字;
  56~87 二级汉字。

在 GB2312—1980 标准中,对每个图形字符或汉字给出了两种汉字代码:一种是用两个字节二进制数给出的国标码(即内部码中所用到的);另一种是四位十进制的区位码,其中高二位是某字符或汉字所在的区号,低二位是在区中的位置号。例如,"啊"字的国标码是 3021H,区位码是 1601D。

(4) 输出码

汉字输出码又称为汉字字形码或汉字发生器的编码。众所周知,汉字无论字形有多少变化,也无论笔画有多少,都可以写在一个方块中;一个方块可以看做 m 行 n 列的矩阵,称为点阵。一个以 m 行 n 列的点阵共有 $m \times n$ 个点。例如 16×16 点阵的汉字,共有 256 个点。每个点可以是黑点或非黑点,凡是笔画经过的点用黑点,于是利用点阵描绘出了汉字字形。汉字的点阵字形在计算机中称为字模。图 1.21(a)为汉字"你"的 16×16 点阵字模输出图。

在计算机中用一组二进制数表示点阵,用二进制数 1 表示点阵中的黑点,用二进制数 0 表示点阵中的非黑点。一个 16×16 点阵的汉字可以用 16×16=256 位的二进制数来表示,如图 1.21(b)所示。这种用二进制数表示汉字点阵的方法称为点阵的数字化。汉字字形经过点阵的数字化后转换成一串数字,称为汉字的输出码,32 字节,如图 1.21(c)所示。

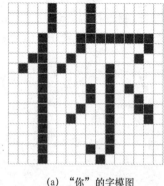
(a) "你"的字模图

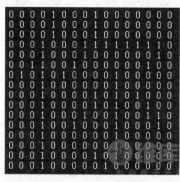
(b) "你"的位码

(c) "你"的输出码

图 1.21 16×16 点阵字模

同一个汉字的输出码,即字形码,因选择点阵的不同而不同。一字节含 8 个二进制位,所以 16×16 点阵汉字需要 2×16＝32 字节来表示;点阵的行列数越多,所描绘的汉字越精细,但占用的存储空间也越多。16×16 点阵基本上表示 GB2312—1980 中的所有简体汉字。24×24 点阵则能表示宋体、楷体、黑体等多种字体的汉字。这两种点阵是比较常用的点阵,前一种一般用于显示,而后一种一般用于打印。除此之外还有 32×32、40×40、48×48、64×64、72×72、96×96、108×108 等点阵,主要用于印刷。

1.8 指令程序和指令执行

众所周知,计算机所以能脱离人的直接干预,自动进行运算,这是由于人把实现这个运算的一步步操作用命令的形式——一条条指令(instruction)预先输入到存储器中,在运行时,机器把这些指令一条条地取出来,加以翻译和执行。

在使用计算机时,必须把要解决的问题编成一条条指令,但是这些指令必须是所用的计算机能识别和执行的指令,即每一条指令必须是一台特定计算机的指令系统中具有的指令,而不能随心所欲。这些指令的集合就称为程序。用户为解决自己的问题所编写的程序,称为源程序(source program)。

指令通常分成操作码 opcode(operation code)和操作数(operand)两大部分。操作码表示计算机执行什么操作;操作数是此指令要操作的对象。指令中的操作数部分常规定参加操作的数本身或操作数所在的地址。

因为计算机只能识别二进制码,所以计算机的指令系统中的所有指令,都必须用二进制编码的形式来表示。一字节的编码能表达的范围(256 种)较小,不能充分表示各种操作码和操作数。所以,有一字节指令,有两字节指令,也有多字节指令如四字节指令,也称四字节机器码。

计算机发展的初期,就是用指令的机器码直接来编制用户的源程序,这就是机器语言阶段。但是机器码是由一连串的 0 和 1 组成的,没有明显的特征,不好记忆,不易理解,易出错。所以,编程序成为一项十分困难、十分繁琐的工作。因而,人们就用一些助记符(mnemonic)——通常是指令功能的英文词的缩写来代替操作码。如在 51 单片机中,数的传送指令用助记符 MOV(MOVE 的缩写),加法指令用 ADD 等。这样,每条指令有明显的特征,易于理解和记忆,也不易出错,比机器码前进了一大步,此阶段被称为汇编语言阶段。该阶段用户使用汇编语言(操作码用助记符代替,操作数也用一些符号——symbol 来表示)来编写源程序。再后来逐渐流行用 C 语言来编写源程序。

要求机器能自动执行这些程序,就必须把这些程序预先存放到存储器的某个区域。程序通常是顺序执行的,所以程序中的指令也是一条条顺序存放的。计算机在执行时要能把这些指令一条条取出来加以执行,必须要有一个电路能追踪指令所在的地址,这就是程序计数器 PC(Program Counter)。在开始执行时,给 PC 赋予程序中第一条指令所在的地址,然后每取出一条指令(确切地说是每取出一个指令字节)PC 中的内容自动加 1,指向下一条指令以保证指令的顺序执行。只有当程序中遇到转移指令、调用子程序指令或遇到中断时,PC才能把控制转到所需的地方去。

本章小结

单片机是计算机大家族中的一种。计算机可以分为两大类:通用计算机和嵌入式计算机,单片机属嵌入式计算机类。

嵌入式计算机是面向设备使用的计算机,设备嵌入了单片机后升级成"智能设备",如普通洗衣机嵌入了单片机后升级成全自动洗衣机。

单片机的种类系列很多,本书主要讲MCS-51系列,此系列单片机的生产商很多,本书重点介绍了美国Atmel公司生产的89系列单片机:AT89C52。

AT89C52单片机出厂时片内带有8 KB的Flash程序存储器和256字节的数据存储器RAM,片内还带有定时器/计数器、中断控制器、串行通信控制等资源,使用很方便。

掌握计算机常用的名词术语:位、字节、字及字长;掌握数字编码、字符编码和汉字编码;了解计算机的指令程序和指令执行。

在学习中请注意:MCS-51系列、51系列和8051系列三种说法都是一个意思。

思考题与习题

1. 什么是单片机?它与一般计算机有何区别?
2. 单片机主要应用于哪些方面?请举一些你所知道的例子。
3. 了解并熟悉PDIP封装的AT89C52单片机各引脚的功能。
4. 何谓复位操作?
5. 复位操作后,AT89C52单片机程序计数器PC、堆栈指针和程序状态字寄存器PSW的复位值是什么?这些复位值对单片机有什么意义?
6. 为什么在某些情况下要使单片机进入低功耗方式?如何实现低功耗工作方式?
7. 何谓空闲工作方式?空闲工作方式的主要特征是什么?如何退出空闲工作方式?
8. 何谓掉电工作方式?掉电工作方式的主要特征是什么?如何退出掉电工作方式?
9. 汉字编码中什么叫外部码?什么叫内部码?什么叫输出码?
10. 什么叫机器语言?什么叫汇编语言?

第2章 指令系统及汇编语言程序设计

AT89C52单片机指令系统具有111条指令,若按指令执行时间进行分类,有64条单周期指令、45条双周期指令和2条四周期指令(乘法、除法指令)。若取振荡频率为12 MHz,则AT89系列单片机大多数指令的执行时间仅需 1 μs(即一个机器周期),所以该指令系统具有简单易学、存储效率高、执行速度快等特点。

指令是指示计算机执行某些操作的命令,一台计算机所能执行的全部指令的集合称为指令系统。一条指令是机器语言的一个语句,包括操作码字段和操作数字段。对于不同的指令,指令字节数可能不同,AT89C52的指令可以是1字节、2字节或3字节的指令。

机器语言是由0和1编码组成的,计算机可以直接识别。而汇编语言是用助记符表示的指令系统语言。为了便于记忆和编程,常用英文字符来代替机器语言,这些英文字符称为助记符。但用助记符编写的程序机器不能直接识别,需要汇编(编译、转换)成机器语言后才能被识别。

2.1 寻址方式

指令的机器代码由操作码和操作数组成。其中操作码规定了指令的性质和功能,操作数说明参与操作的数据或该数据所存放的地址。AT89C52的指令系统中操作数可以有1~3个,也可以没有。不同功能的指令操作数的个数和作用也不同。AT89C52汇编语言的指令格式与其他微机的指令格式一样,均由以下几个组成部分:

标号(名称):助记符(操作码)　操作数[,操作数];注释

其中,标号代表程序的起始地址、程序名称或转移的目标地址,由用户定义的符号组成。操作码与操作数应按规定要求书写,操作码是指令的核心,不可缺少。操作码和操作数之间必须用空格分隔,操作数与操作数之间必须用逗号","分隔。注释是为了提高程序的可读性对指令作的说明,注释前应加上分号";"。

根据指令格式,要正确执行指令必须要得到正确的操作数。所谓寻址就是指寻找指令中操作数所在的地址。地址泛指一个存储单元或某个寄存器。寻址方式越多样、越灵活,指令系统将越高效,计算机的功能也随之越强。用高级语言编写程序时,高级

语言程序"看不见"机器的硬件结构,是由编译系统为程序或数据分配存储空间的,所以程序员不必过多关心程序和数据的内存空间安排问题。但汇编语言不同于高级语言,用汇编语言进行程序设计时要针对系统的硬件环境编程,数据的存放、传送、运算都要通过指令来完成,程序员必须由始至终都十分清楚操作数的位置、RAM空间的占用情况等,以便将它们传送至适当的空间并有足够的空间去操作。因此,汇编编程时如何寻找存放操作数的空间位置和提取操作数就显得十分重要了。所谓寻址方式就是如何找到存放操作数的地址并把操作数提取出来的方法。它是汇编语言程序设计中最基本的内容之一,关系到程序是否能正常执行,必须牢固掌握。

AT89系列单片机指令系统的寻址方式有7种,包括寄存器寻址、直接寻址、立即寻址、寄存器间接寻址、变址寻址、相对寻址和位寻址。寻址方式通常是针对源操作数,否则需要特别指明是针对目的操作数。不管什么样的寻址方式,目的都是为了正确取出参与操作的操作数。

下面对各种寻址方式进行介绍。在介绍之前先把描述指令的一些符号作简单说明。

Rn:现行选定的寄存器区中8个寄存器$R_7 \sim R_0$。

direct:8位内部数据存储单元地址。它可以是一个内部数据RAM单元或一个专用寄存器地址。

@R_i:通过寄存器R1或R0间接寻址的8位内部数据RAM单元,i=0,1。

#data:指令中的8位立即数。

#$data_{16}$:指令中的16位立即数。

$addr_{16}$:16位目标地址,用于LCALL和LJMP指令,可指向64 KB程序存储器地址空间的任何地方。

$addr_{11}$:11位目标地址,用于ACALL和AJMP指令,转向下一条指令第一字节所在的同一个2 KB程序存储器地址空间。

rel:带符号的8位偏移量字节。用于条件转移指令中,偏移字节相对于下一条指令第一字节计算,在$-128 \sim +127$范围内取值。

bit:内部数据RAM或特殊功能寄存器里的直接寻址位。

DPTR:数据指针,可用作16位的地址寄存器。

A:累加器。**注意**:在指令中累加器一般用A表示,但在堆栈、位寻址类指令中须用ACC表示。

B:专用寄存器,用于乘法(MUL)和除法(DIV)指令中。

C:进位标志或进位位。

/bit:表示对该位操作数取反。

(X):X中的内容。

((X)):由X所指出的单元中的内容。

1. 寄存器寻址

寄存器寻址方式以指令中给出的某一寄存器的内容作为操作数。可以实现寄存器寻址操作的寄存器包括寄存器组 R0~R7,累加器 ACC,寄存器 B,数据指针 DPTR 和进位 CY 等。

【例 2.1】

```
MOV   A,R0      ;A←(R0)
MOV   P1,A      ;P1←(A)
INC   R0        ;R0←(R0)+1
```

该程序段首先将 R0 中的内容送累加器 A,经 P1 口输出后,R0 中的内容加 1。R0 代表 RAM 中的地址,如果寄存器组为 0 区,则将(00H)单元的内容送累加器 A(0E0H),A 中内容送 P1 口,存储单元(00H)中内容加 1。该寻址方式中源操作数为寄存器的内容。

2. 直接寻址

直接寻址方式在指令中直接给出操作数所在存储单元的地址,该地址指出了参与运算或传送的数据所在的字节单元或位的地址。

直接寻址方式中操作数存储的空间有 3 种:特殊功能寄存器 SFR、片内 RAM 的低 128 字节(00H~7FH)和位地址空间。

对于特殊功能寄存器直接寻址时,可使用它们的地址,也可用它们的寄存器名。访问特殊功能寄存器只能用直接寻址方式。因 89C52 内部 RAM 空间为 256 字节,高 128 字节与特殊功能寄存器被并列设置在 80H~FFH 地址空间的物理层,这意味着它们的地址相同但物理空间不同。访问高 128 字节地址空间时,使用寄存器间接寻址。

【例 2.2】

```
MOV   0A0H,#20H    ; P2←20H
MOV   A,0A0H       ; 直接寻址,A←(P2)
MOV   R0,#0A0H
MOV   @R0,#40H     ; (0A0H)←40H
MOV   A,@R0        ; 寄存器间接寻址,访问高 128 字节 RAM
```

执行结果为,P2 口(0A0H):20H;内部 RAM(0A0H):40H。应注意其区别。

3. 立即寻址

立即寻址方式在指令中直接给出参与操作的常数,操作码后面紧跟 1 个或 2 个字节的操作数(称为立即数)。立即寻址时操作数存放于程序存储器中,不占用内部 RAM 单元。在采用立即寻址的指令中立即数前面必须加上"#"号标识,可以是一个 8 位或 16 位的二进制常数,也可以用十进制或十六进制表示。

【例 2.3】

```
MOV   A,30H      ; A←(30H)
MOV   A,#30H     ; A←#30H
```

第一条指令将 RAM 中地址为 30H 的存储单元的内容送累加器 A,程序执行后 A 中的内容由 30H 单元的内容决定,采用直接寻址的方法;第二条指令是把立即数 30H

送累加器A,程序执行后A中的内容为30H,采用立即寻址的方法。

4. 寄存器间接寻址

寄存器间接寻址方式以指令中指定寄存器的内容作为地址,而该地址单元的内容才是操作数。这是一种二次寻址方式,所以称为寄存器间接寻址。

程序执行分两步完成:首先根据指令得到寄存器的内容,即操作数的地址;然后根据地址找到所需要的操作数,并完成相应的操作。

在寄存器间接寻址指令中,采用R0、R1或DPTR作为地址指针,即存放地址的寄存器、加@号标识。

利用地址指针进行寄存器间接寻址可以拓宽单片机的寻址范围,使其既可以访问内部RAM的256字节,也可以访问外部RAM的64 KB空间。其中:

@Ri用于片内RAM寻址时,地址范围为00H~FFH,如"MOV A,@R0"。

@Ri用于片外RAM寻址时,寻址空间为00H~FFH;此时片外RAM地址的低位由Ri中的内容决定,地址高8位一般由P2口决定,如"MOVX A,@R0"。应注意MOV和MOVX的区别,MOV用于内部RAM操作,MOVX用于外部RAM操作。

【例2.4】

```
MOV   R0,#06H    ; R0←06H
MOVX  A,@R0      ; A←((R0))
```

该程序将外部RAM中地址××06H单元的内容送累加器A,××代表外部RAM的高8位地址,一般由P2口决定。

@DPTR的寻址范围覆盖片外RAM的全部64 KB区域,如"MOVX A,@DPTR",注意指令中采用MOVX。

5. 变址寻址(基址寄存器+变址寄存器间接寻址)

变址寻址指令由基址寄存器和变址寄存器组成,16位寄存器DPTR(数据指针)或PC(程序计数器)作为基址寄存器,8位累加器A作为变址寄存器。基址寄存器内容和变址寄存器内容相加形成新的16位地址,该地址为操作数的存储地址。这是一种独特的寻址方式,A中的内容可以随程序的运行动态变化,所以可以实现动态寻址。变址寻址方式只能访问程序存储器,访问时只能从程序存储器中读出数据,而不能写入数据,所以这种寻址方式多用于查表操作。

【例2.5】

```
MOVC  A,  @A+DPTR
```

假设该指令存放在2040H单元,A的原内容为E0H,DPTR中的值为2000H,则操作数所存放的地址为:E0H+2000H=20E0H,即将20E0H单元中的内容传送至A中。

6. 相对寻址

相对寻址主要是针对跳转指令而言的。对于跳转指令,转去的目标指令的地址是通过正在执行的指令地址来确定的,即以当前程序计数器PC值为基准,加上指令中给定的偏移量 rel 所得结果而形成实际的转移地址。一般将相对转移指令操作码所在地址称为源地址,转移后的地址称为目的地址。目的地址的计算方法如下:

$$目的地址 = 源地址 + 相对转移指令字节数(2 或 3) + rel$$

相对转移指令字节数为 2 或 3,这是因为 AT89C52 指令系统中既有双字节转移指令,也有 3 字节转移指令。偏移量 rel 采用有符号数的存储形式即 8 位二进制补码的形式来存储的,其取值范围为 $-128 \sim +127$。

【例 2.6】

```
SJMP    08H
```

该指令代码是双字节,现假设(PC)=2000H 为该指令的地址,则转移目的地址为(2000H+02H)+08H=200AH。

7. 位寻址

AT89 系列机具有很强的位处理能力。操作数不仅可以按字节为单位进行存取和操作,而且可以按 8 位二进制数中的某一位为单位进行处理,此时的操作数地址称为位地址。位寻址方式是指将要访问的数据是一个单独的位,指定位数据的方式有:通过位地址、通过字节地址加点及位数、通过寄存器名加点及位数、通过位的名称。

AT89C52 片内 RAM 有两个区域可以进行位寻址:一是 20H~2FH 的 16 个单元共 128 位的位地址;二是字节地址为 8 的倍数的 12 个特殊功能寄存器,共 92 个位地址。

位地址常用以下 4 种方式表示:
- 直接使用位寻址空间中的位地址,如 7FH;
- 采用第几字节单元第几位的表示方法,如上述位地址 7FH 可以表示成 2FH.7;
- 对于特殊功能寄存器,可以直接用寄存器名字加位数的方法,如累加器中最低位 D0 可以表示成 ACC.0;
- 经伪指令定义过的字符名称。

【例 2.7】

```
MOV    C,00H
```

该指令将位地址为 00H 的内容送入 C 中,其中位地址 00H 为字节地址 20H 的 D0 位。该指令也可写成:

```
MOV    C,20H.0
```

位寻址的位地址与直接寻址的字节地址形式完全一样,主要由操作码来区分,使用时须注意。指令"MOV C,20H"中的 20H 是位地址,而指令"MOV A,20H"中的 20H 就是字节地址。

虽然 AT89C52 单片机的寻址方式有多种,但指令对哪一个存储器空间进行操作是由指令的操作码和寻址方式确定的。总的来说,有以下几个原则:

- 对程序存储器只能采用立即寻址和变址寻址方式；
- 对特殊功能寄存器空间只能采用直接寻址方式，不能采用寄存器间接寻址方式；
- 内部数据存储器高 128 字节只能采用寄存器间接寻址方式，不能采用直接寻址方式；
- 内部数据存储器低 128 字节既能采用寄存器间接寻址方式，又能采用直接寻址方式；
- 外部扩展数据存储器只能采用 MOVX 指令访问。

2.2 指令系统

AT89C52 单片机指令系统具有 111 条指令，按其功能可分为：数据传送指令 29 条；算术运算指令 24 条；逻辑运算指令 24 条；控制转移指令 17 条；位操作指令 17 条。

2.2.1 数据传送指令

CPU 在进行算术或逻辑操作时，绝大多数指令都有操作数，所以数据传送是一种最基本最主要的操作。在通常的应用程序中，传送指令占有极大的比例，数据传送是否灵活、迅速，对整个程序的编写和执行都起着很大的作用。

所谓"传送"是把源地址单元的内容传送到目的地址单元中去，或者源地址单元与目的地址单元内容互换。数据传送类指令分为 3 类：数据传送、数据交换和栈操作。

AT89C52 提供了极其丰富的数据传送指令，其数据传送指令操作可以在累加器 A、工作寄存器 R0～R7、内部数据存储器、外部数据存储器和程序存储器之间进行。数据传送指令助记符为 MOV、MOVX、MOVC；数据交换指令助记符为 XCH、XCHD、SWAP；栈指令助记符为 PUSH、POP。

执行数据传送类指令时，除了以累加器 A 为目的操作数的指令会对奇偶标志位 P 有影响外，其余指令执行时均不会影响任何标志位。

1. 以累加器 A 为目的操作数的指令 MOV(Move)

```
MOV    A,Rn        ;寄存器寻址,A←(Rn),n=0～7
MOV    A,direct    ;直接寻址,A←(direct)
MOV    A,@Ri       ;寄存器间接寻址,A←((Ri)),i=0 或 1
MOV    A,#data     ;立即寻址,A←data
```

注意：指令中，工作寄存器 R 的标记为 n 时，n=0～7；当标记为 i 时，i=0 或 1，以下相同。

这组指令的功能是把源操作数的内容送累加器 A，源操作数内容不变。

2. 以寄存器 Rn 为目的操作数的指令

```
MOV    Rn,A         ;寄存器寻址,Rn←(A)
MOV    Rn,direct    ;直接寻址,Rn←(direct)
MOV    Rn,#data     ;立即寻址,Rn←data
```

这组指令的功能是把源操作数的内容送当前工作寄存器组 R0～R7 的某个寄存器,源操作数的内容不变。

3. 以直接地址为目的操作数的指令

```
MOV    direct,A          ;寄存器寻址,(direct)←(A)
MOV    direct,Rn         ;寄存器寻址,(direct)←(Rn)
MOV    direct1,direct2   ;直接寻址,(direct1)←(direct2)
MOV    direct,@Ri        ;寄存器间接寻址,(direct)←((Ri))
MOV    direct,#data      ;立即寻址,(direct)←data
```

这组指令的功能是把源操作数的内容送直接地址单元,源操作数的内容不变。

4. 以间接地址为目的操作数的指令

```
MOV    @Ri,A         ;寄存器寻址,((Ri))←(A)
MOV    @Ri,direct    ;直接寻址,((Ri))←(direct)
MOV    @Ri,#data     ;立即寻址,((Ri))←data
```

这组指令的功能是把源操作数的内容送到以 R0 或 R1 的内容作为地址的内部 RAM 单元,源操作数的内容不变。

5. 16 位数据传送指令

```
MOV    DPTR,#data₁₆    ;立即寻址,(DPTR)←data₁₆
```

这条指令的功能是把 16 位立即数传送到数据指针 DPTR,16 位数据的高 8 位传送到 DPH,低 8 位传送到 DPL。复位后 DPS=0,自动选择 DPTR0。

6. 查表指令 MOVC(Move Code)

```
MOVC   A,@A+PC       ;变址寻址,A←((A)+(PC))
MOVC   A,@A+DPTR     ;变址寻址,A←((A)+(DPTR))
```

这组指令的功能是将基址寄存器(PC 或 DPTR)的内容与变址寄存器 A 的内容相加,组成新的 16 位地址,新地址单元的内容送累加器 A。

这两条指令专门用于访问程序存储器中的数据表。注意 PC 指向下一条指令的地址。由于 A 的内容在 0～255(FFH)之间,所以(A)+(PC)所得到的新地址只能在该查表指令以后 256 字节单元内,表格的大小受到了限制,称为近程查表。(A)+(DPTR)可在 64 KB 程序存储器内任意安排,称为远程查表。

【例 2.8】 共阴极数码管对应的显示代码程序。

```
ORG    0100H
MOV    A,30H                    ;PC=0000,双字节指令
```

```
        MOV     A,#80H              ; PC = 0002,双字节指令
        MOVC    A,@A+PC             ; PC = 0004,双字节指令
                                    ; PC = 0006
          ⋮
        ORG     0086H
SEGTAB: DB      3FH,06H,5BH,4FH,66H ; 对应于字符 0,1,2,3,4
        DB      6DH,7DH,07H,7FH,67H ; 对应于字符 5,6,7,8,9
```

其中,30H 中内容为要显示的数据 0~9。当要显示字符 0 时,30H 中内容为 0,累加器 A 中内容为 80H+0=80H,则执行"MOVC A,@A+PC"指令后,将 0086H 中内容送累加器 A,则 A 中内容为 3FH;当要显示字符 8 时,30H 内容为 8,累加器 A 中内容为 88H,则执行"MOVC A,@A+PC"指令后,将 008EH 中内容累加器 A,则 A 中内容为 7FH。如此可以取出对应数字的显示码。

7. 累加器 A 与片外 RAM 数据传送指令 MOVX(Move External RAM)

```
MOVX    A,@Ri       ; 寄存器间接寻址,A←((Ri)),且使 RD = 0
MOVX    A,@DPTR     ; 寄存器间接寻址,A←((DPTR)),且使 RD = 0
MOVX    @Ri,A       ; 寄存器寻址,((Ri))←(A),且使 WR = 0
MOVX    @DPTR,A     ; 寄存器寻址,((DPTR))←(A),且使 WR = 0
```

这组指令的功能是实现累加器 A 中内容与外部扩展的 256 字节、64 KB RAM、I/O 之间的数据传送。读写线的状态自动改变。前两条指令为单片机数据读入指令,所以读信号为低电平、写信号为高电平;后两条指令为单片机写出指令,写信号为低电平,而读信号为高电平。

8. 堆栈操作指令 PUSH 和 POP

```
PHSH    direct      ; 直接寻址,SP←(SP)+1,((SP))←(direct)
POP     direct      ; 直接寻址,(direct)←((SP)),SP←(SP)-1
```

堆栈指令是根据堆栈指针 SP 中栈顶地址进行数据传送的。

第 1 条为入栈指令,首先将堆栈栈顶指针 SP 内容加 1,然后把 direct 地址中的内容传送到堆栈指针 SP 指示的内部 RAM 单元。

第 2 条为出栈指令,用于把堆栈指针 SP 指示的内部 RAM 单元中的内容传送到 direct 单元,然后堆栈指针 SP 减 1,指向新的栈顶地址。

堆栈为空的标志是栈顶地址和栈底地址重合。堆栈操作遵循"先入后出"的原则。堆栈操作指令一般用于子程序调用、中断等数据保护或现场保护。单片机复位后,堆栈指针复位为 07H,所以程序中一般需重新设置堆栈指针。

9. 数据交换指令 XCH(Exchange)、XCHD(Exchange Low-order Digit)、SWAP

```
XCH     A,Rn        ; 寄存器寻址,(A)←→(Rn)
XCH     A,direct    ; 直接寻址,(A)←→(direct)
```

```
XCH    A,@Ri      ;寄存器间接寻址,(A)←→((Ri))
XCHD   A,@Ri      ;寄存器间接寻址,(A)₀~₃←→((Ri))₀~₃
SWAP   A          ;寄存器寻址,(A)₀~₃←→(A)₄~₇
```

前 3 条为字节交换指令,其功能是把累加器 A 中的内容和源操作数的内容相互交换。

第 4 条为半字节交换指令,其功能是将累加器 A 中内容的低 4 位和源操作数内容的低 4 位相互交换,各自的高 4 位则保持不变。

第 5 条指令是将累加器 A 中内容的高 4 位与低 4 位交换。

2.2.2 算术运算指令

算术运算指令包括加、减、乘、除基本四则运算和加 1(增量)、减 1(减量)运算。除加 1 和减 1 指令外,算术运算指令影响进位 CY、半进位 AC、溢出位 OV 三个标志位。所以在使用时要注意标志位的状态变化以便更好地利用。

1. 不带进位的加法指令 ADD

```
ADD    A,Rn       ;寄存器寻址,A←(A)+(Rn)
ADD    A,direct   ;直接寻址,A←(A)+(direct)
ADD    A,@Ri      ;寄存器间接寻址,A←(A)+((Ri))
ADD    A,#data    ;立即寻址,A←(A)+data
```

这组指令的功能是将工作寄存器的内容、内部 RAM 单元的内容或 8 位二进制无符号的立即数与累加器 A 的内容相加,所得结果存放在累加器 A 中。进位对运算结果无影响,但该组指令影响进位标志。

执行加法指令时单片机确定状态标志寄存器 PSW 中各标志位的规则是:
- 相加后最高位有进位输出时,则 CY 置 1,否则清 0;
- 相加后第 3 位有进位输出时,则辅助进位 AC 置 1,否则清 0;
- 相加后如果最高位有进位输出而次高位没有,或者次高位有进位而最高位没有进位时,则置溢出标志 OV,否则清 0;
- OV=1,表示两个正数相加而结果变为负数,或者两个负数相加而结果变为正数的错误结果;
- A 中结果里含有奇数个 1,则奇偶标志 P 置 1,否则清 0。

2. 带 CY 进位的加法指令 ADDC(Add with Carry Flag)和 带 CY 的减法指令 SUBB(Substract Wlth Borrow)

```
ADDC / SUBB    A,Rn       ;寄存器寻址,A←(A)±(Rn)±CY
ADDC / SUBB    A,direct   ;直接寻址,A←(A)±(dlrect)±CY
ADDC / SUBB    A,@Ri      ;寄存器间接寻址,A←(A)±((Ri))±CY
ADDC / SUBB    A,#data    ;立即寻址,A←(A)±data±CY
```

这组指令的功能是将累加器 A 的内容与工作寄存器的内容、内部 RAM 单元的内容或 8 位二进制无符号的立即数以及进位标志 CY 相加或者相减,所得结果存放在累加器 A 中。

PSW 中标志位状态的变化和不带进位的加法指令 ADD 相同。带 CY 进位的加法指令 ADDC 主要用于多字节加法。为了实现不带 CY 的减法,可以先将 CY 清 0(用指令"CLR C"),然后执行带 CY 的减法指令。

3. 加 1 指令 INC(Increment)和减 1 指令 DEC(Decrement)

```
INC / DEC    A        ;寄存器寻址,A←(A)±1
INC / DEC    Rn       ;寄存器寻址,Rn←(Rn)±1
INC / DEC    diret    ;直接寻址,(direct)←(direct)±1
INC / DEC    @Ri      ;寄存器间接寻址,((Ri))←((Ri))±1
INC          DPTR     ;寄存器寻址,(DPTR)+1→(DPTR)
```

加 1 指令又称增量指令。前 4 条为 8 位数加 1 或者减 1 指令,使指定源操作数按 8 位无符号数加 1 或者减 1。只有第 1 条指令能影响奇偶标志位 P。其他指令都不影响 PSW 标志位。若用于修改输出口(P1,P2 口等)数据,则原来的值是从口锁存器读入而不是从引脚读入的。第 5 条指令"INC DPTR"用于对地址指针 DPTR 中内容加 1,是 AT89C52 指令系统中唯一的一条 16 位算术运算指令。对于 DPTR,只能使用加 1 指令,不能使用减 1 指令。

加 1 指令用于频繁修改地址指针和实现数据加 1,通常配合寄存器间接寻址指令使用。

4. 十进制调整指令 DA(Decimal Adjust)

```
DA    A     ;①若 AC=1 或 A3~0>9,则 A←(A)+06H
            ;②若 CY=1 或 A7~4>9,则 A←(A)+60H
```

这条专用指令常跟在 ADD 或 ADDC 指令后,将相加后存放在累加器 A 中的结果调整为压缩的 BCD(Binary-Coded Decimal)码,以完成十进制加法运算功能。执行该指令仅影响进位标志 CY。为了保证 BCD 数相加的结果也是 BCD 数,该指令必须紧跟在加法指令之后。

BCD 码是用二进制编码表示的十进制数,十进制数 0～9 表示成二进制数时需 4 位编码,所以一个字节可以存放两个 BCD 码,高、低 4 位分别存放一个 BCD 码,在一个字节中存放两个 BCD 码称为压缩 BCD 码。

注意:第②步判断是在第①步判断并运算后的基础上进行的,所以实际运行时由硬件对累加器 A 进行加 06H、60H 或 66H 的操作。

5. 乘法指令 MUL(Multiply)

```
MUL   AB
```

乘法指令的功能是把累加器 A 和寄存器 B 中两个 8 位无符号数相乘,并把 16 位积的低字节存于累加器 A,高字节存于寄存器 B。如果乘积大于 255(0FFH),则置位溢出标志 OV,进位标志 CY 总是清 0。在需要保留 CY 值的程序中,需先将 CY 值转存,待乘法指令执行完成后,再恢复 CY 值。

6. 除法指令 DIV(Division)

```
DIV    AB
```

除法指令的功能是把累加器 A 中的 8 位无符号数除以寄存器 B 中的 8 位无符号数,所得商的整数部分保存在累加器 A 中,余数保存在寄存器 B 中。若寄存器 B 中除数为 0,则 OV=1,表示除法无意义;否则 OV=0。进位表示 CY 总是清 0。在需要保留 CY 值的程序中,需先将 CY 值转存,待除法指令执行完成后,再恢复 CY 的值。

2.2.3 逻辑运算指令

逻辑运算指令包括清 0、求反、移位、与、或、异或等操作。操作助记符有:CLR、CPL、RL、RLC、RR、RRC、ANL、ORL、XRL。逻辑运算符有:∧(表示"与"运算)、∨(表示"或"运算)、⊕(表示"异或"运算)等。

1. 逻辑"与"指令 ANL(And Logical)

```
ANL    A,Rn              ;寄存器寻址,A←(A)∧(Rn)
ANL    A,direct          ;直接寻址,A←(A)∧(direct)
ANL    A,@Ri             ;寄存器间接寻址,A←(A)∧((Ri))
ANL    A,#data           ;立即寻址,A←(A)∧data
ANL    direct,A          ;寄存器寻址,(direct)←(direct)∧(A)
ANL    direct,#data      ;立即寻址,(direct)←(direct)∧data
```

前 4 条指令是将累加器 A 的内容与源地址中的操作数按位进行逻辑"与"操作,结果存放在累加器 A 中。后两条指令是将直接地址单元的内容与源地址中的操作数按位进行逻辑"与"操作,结果存放在直接地址单元中。

逻辑"与"指令可从某存储单元中取出某几位,而把其他位变为 0。

2. 逻辑"或"指令 ORL(Or Logical)

```
ORL    A,Rn              ;寄存器寻址,A←(A)∨(Rn)
ORL    A,direct          ;直接寻址,A←(A)∨(direct)
ORL    A,@Ri             ;寄存器间接寻址,A←(A)∨((Ri))
ORL    A,#data           ;立即寻址,A←(A)∨data
ORL    direct,A          ;寄存器寻址,(direct)←(direct)∨(A)
ORL    direct,#data      ;立即寻址,(direct)←(direct)∨data
```

前 4 条指令是将累加器 A 的内容与源地址中的操作数按位进行逻辑"或"操作,结果存放在累加器 A 中。后两条指令是将直接地址单元的内容与源地址中的操作数按位进行逻辑"或"操作,结果存放在直接地址单元中。

逻辑"或"指令可用于使某存储单元的几位数据变为 1,而其余位不变。

3. 逻辑"异或"指令 XRL(Excelusive-Or Logical)

```
XRL    A,Rn              ;寄存器寻址,A←(A)⊕(Rn)
XRL    A,direct          ;直接寻址,A←(A)⊕(direct)
XRL    A,@Ri             ;寄存器间接寻址,A←(A)⊕((Ri))
```

XRL	A,#data	;立即寻址,A←(A)⊕data
XRL	direct,A	;寄存器寻址,(direct)←(direct)⊕(A)
XRL	direct,#data	;立即寻址,(direct)←(direct)⊕data

前4条指令是将累加器A的内容与源地址中的操作数按位进行逻辑"异或"操作,结果放在累加器A中。后两条指令是将直接地址单元的内容与源地址中的操作数按位进行逻辑"异或"操作,结果存放在直接地址单元中。

逻辑"异或"指令可用于对某些存储单元中的数据进行变换,完成其中某些位取反而其余位不变的操作。也常用于判别两操作数是否相等,若相等,结果全0;否则不为全0。

4. 累加器清0和取反指令 CLR(Clear),CPL(Complement Logical)

CLR	A	;寄存器寻址,A←00H
CPL	A	;寄存器寻址,A←(/A)

这两条指令为单字节单周期指令,分别完成对累加器A中内容清0和逐位逻辑取反。

5. 移位指令 RL(Rotate Left),RLC(Rotate Left With Carry Flag),RR(Rotate right),RRC(Rotate Right With Carry Flag)

RL	A	;寄存器寻址,循环左移1位
RR	A	;寄存器寻址,循环右移1位
RLC	A	;寄存器寻址,带进位循环左移1位
RRC	A	;寄存器寻址,带进位循环右移1位

如图2.1所示为循环移位指令执行示意图。注意不带进位CY和带进位CY的移位指令执行时的区别。指令执行时,每次左移或右移1位。经常利用"RLC A"指令将累加器A的内容作乘2运算,相对于乘法指令"MUL AB"字节数减少,指令执行速度快。

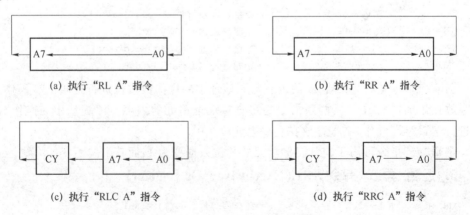

图 2.1 循环移位指令执行示意图

2.2.4 位(布尔)操作指令

AT89C52 有 1 个布尔(BOOLEAN)处理机,它具有一套处理位变量的指令集,它以进位标志 CY 作为累加器 C,以片内 RAM 地址 20H～2FH 单元中的 128 位和地址为 8 的倍数的 SFR 的位地址单元作为操作数,进行位变量的传送、修改和逻辑操作等。有助记符:MOV、CLR、CPL、SETB、ANL、ORL、JC、JNC、JB、JNB、JBC 等。

1. 位传送指令 MOV(Move)

```
MOV     C,bit          ;位寻址,CY←(bit)
MOV     bit,C          ;位寻址,(bit)←(CY)
```

第 1 条指令把由操作数指定的位变量送到 PSW 中的进位标志 CY 中,第 2 条指令传送方向相反。

2. 位清 0,置 1 及位取反指令 CLR,SETB(Set Bit),CPL

```
CLR     C              ;CY←0
CLR     bit            ;(bit)←0
SETB    C              ;CY←1
SETB    bit            ;(bit)←1
CPL     C              ;CY←(/CY)
CPL     bit            ;(bit)←(/bit)
```

这组指令的功能分别是清 0、置 1 和取反进位标志或直接寻址位。不影响其他寄存器或标志位。当直接位地址为端口中某一位时,具有"读—修改—写"功能。

3. 位运算指令 ANL 和 ORL

```
ANL     C,bit          ;CY←(CY)∧(bit)
ANL     C,/bit         ;CY←(CY)∧(/bit)
ANL     C,bit          ;CY←(CY)∨(bit)
ANL     C,/bit         ;CY←(CY)∨(/bit)
```

这组指令的功能分别是进位标志 CY 的内容与直接位地址的内容进行逻辑"与"、逻辑"或"操作,结果送 CY。其中斜杠"/"表示对该位取反后再参与运算,但不改变原来数值。

4. 位条件转移指令 JC(Jump if Carry Flag),JNC(Jump if No Carry Flag),JB(Jump if Direct Bit Set),JNB(Jump if Direct Not Set),JBC(Jump if Direct Set & Clear Bit)

```
JC      rel            ;若(CY)=1,则 PC←(PC)+2+rel
                       ;若(CY)=0,则 PC←(PC)+2
JNC     rel            ;若(CY)=0,则 PC←(PC)+2+rel
                       ;若(CY)=1,则 PC←(PC)+2
```

JB	bit,rel	;若(bit) = 1,则 PC←(PC) + 3 + rel
		;若(bit) = 0,则 PC←(PC) + 3
JNB	bit,rel	;若(bit) = 0,则 PC←(PC) + 3 + rel
		;若(bit) = 1,则 PC←(PC) + 3
JBC	bit,rel	;若(bit) = 1,则 PC←(PC) + 3 + rel,且(bit)←0
		;若(bit) = 0,则 PC←(PC) + 3

这组指令的功能是,若满足条件则转移到目的地址去执行,不满足条件则顺序执行下一条指令。指令执行过程如图 2.2 所示。

注意:目的地址一定要在以下一条指令起始地址为中心的 256 字节范围内(-128～+127 字节)。

2.2.5 控制转移指令

程序在执行过程中,有时因为操作的需要,不能按顺序逐条执行指令,而需要改变程序的运行方向,即将程序跳转到某个指定的地址处再执行,也就是需要指令具有修改程序计数器 PC 内容的功能。完成这些操作需要利用控制转移类指令。助记符为 AJMP、LJMP、SJMP、JMP、JZ、JNZ、CJNE、DJNZ、ACALL、RET、TETI、NOP。

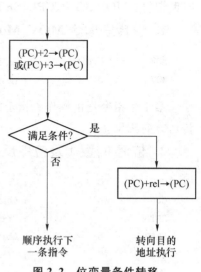

图 2.2 位变量条件转移指令执行流程图

1. 无条件转移指令 AJMP(Absolute Jump)、LJMP(Long Jump)、SJMP(Short Jump)、JMP(Jump)

AJMP	addr$_{11}$	;双字节,双周期,PC←(PC) + 2,(PC10～0)←addr$_{11}$
LJMP	addr$_{16}$	;三字节,双周期,PC←addr$_{16}$
SJMP	rel	;双字节,双周期,PC←(PC) + 2,PC←(PC) + rel
JMP	@A + DPTR	;单字节,双周期,PC←(A) + (DPTR)

此组指令无条件转移到指定的目的地址,区别是目的地址的范围和计算方法不同。

第 1 条为绝对短转移指令,11 位地址可变(2^{11} = 2 048 = 2 KB),所以转移范围为 2 KB 空间,2 KB 一页,64 KB 程序存储器共 32 页。转移的目的地址必须与 AJMP 指令的下一条指令的第一个字节在同一 2 KB 的范围内,否则转移出错。在用 Keil C 进行模拟调试时,自动计算地址是否超出范围,若超出范围则提示 TARGET OUT OF RANGE。

第 2 条为长转移指令,16 位地址可变(2^{16} = 65 536 = 64 KB),所以转移范围为 64 KB 空间。转移的目的地址可以在 64KB 程序存储器地址空间的任何地方,不影响任何标志位。不论长转移指令放在程序的什么位置,程序执行时都会转移到相应的 16 位地址处执行。

第 3 条为相对短转移指令。地址偏移量 rel 是 8 位带符号数,用补码表示,其值范围为-128~+127。当 rel 为正数时,表示正向转移;为负数时,表示反向转移。

第4条为间接转移指令,累加器 A 中的 8 位无符号数与数据指针 DPTR 中的 16 位地址相加,相加结果的 16 位新地址(即转移目的地址)送 PC。不改变累加器和数据指针内容,也不影响标志位。

2. 条件转移指令

该组指令包括累加器 A 判零转移指令、比较转移指令和减一条件转移指令。

(1) 累加器 A 判零转移指令 JZ(Jump if Accumulator is Zero),JNZ(Jump if Accumulator is Not Clear)

```
JZ      rel     ;若(A)=0,PC←(PC)+2+rel,若(A)≠0,则 PC←(PC)+2
JNZ     rel     ;若(A)≠0,PC←(PC)+2+rel,若(A)=0,则 PC←(PC)+2
```

这组指令为双字节指令,若条件满足,则转移到 rel 指定的目的地址;若条件不满足,则继续执行下一条指令,如图 2.3 所示。目的地址在以下一条指令的起始地址为中心的 256 字节范围内(-128~+127)。指令的执行不改变累加器 A 中的内容,不影响标志位。

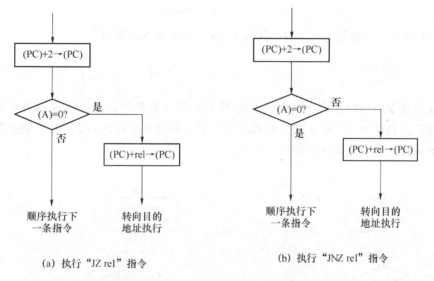

(a) 执行"JZ rel"指令   (b) 执行"JNZ rel"指令

图 2.3 JZ 和 JNZ 指令的逻辑流程图

(2) 比较转移指令 CJNE(Compare Jump if Not Equal)

```
CJNE    A,direct,rel
CJNE    A,#data,rel
CJNE    RN,#data,rel
CJNE    @Ri,#data,rel
```

这组指令为三字节指令,功能是比较两个操作数的大小,数值不相等时转移,相等则继续执行下一条指令。转移时根据操作数内容的大小,改变进位标志 CY。具体过程如下:

① 若目的操作数=源操作数,则 PC←(PC)+3,CY=0;
② 若目的操作数>源操作数,则 PC←(PC)+3+rel,CY=0;
③ 若目的操作数<源操作数,则 PC←(PC)+3+rel,CY=1。
CJNE 指令流程示意图如图 2.4 所示。

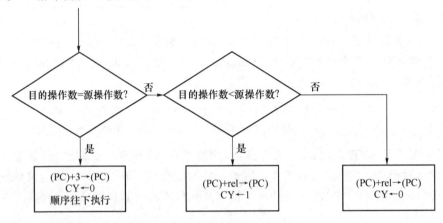

图 2.4　CJNE 指令流程示意图

(3) 减一条件转移指令 DJNZ(Decrement Jump if Not Zero)

```
DJNZ    Rn,rel
DJNZ    direct,rel
```

这组指令的功能是指令每执行一次,将目的操作数所向的地址单元的内容减 1,然后判断其值是否为 0。若不为 0,则程序转移到目的地址继续执行;若为 0,则按顺序继续往下执行。执行流程图如图 2.5 所示。

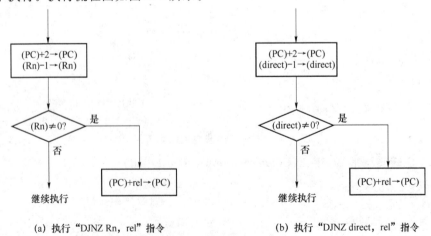

(a) 执行"DJNZ Rn, rel"指令　　　　(b) 执行"DJNZ direct, rel"指令

图 2.5　DJNZ 指令执行流程图

3. 子程序调用和返回指令

编写程序时,往往许多地方需要执行同样的操作或运算,如压缩 BCD 码变成分离 BCD

码、双字节加法程序等。这时可以把这些多次使用的程序字段从整个程序中独立出来,单独编写成一个公用程序段,这种相对独立、具有一定功能的公用程序称为子程序。调用子程序的程序称为主程序。子程序的最后一条指令为返回主程序的指令(RET)。主程序通过调用指令(ACALL,LCALL)自动转入子程序,主程序调用子程序以及从子程序返回主程序的过程如图 2.6 所示。

当主程序执行到 A 处,遇到调用子程序 ADDSUB 指令时,CPU 首先自动把 B 处(称为断点)即调用指令下一条指令第一字节的地址(PC 值)保留到堆栈中(自动压栈),然后将子程序 ADDSUB 起始地址送入 PC,于是,CPU 转向执行子程序 ADDSUB,当程序执行到 RET 指令时,CPU 自动把断点 B 处的地址从堆栈中弹出送 PC,保证 CPU 回到主程序继续执行。当程序执行到 C 处再次遇到调用子程序 ADDSUB 指令时,重复执行上述过程。

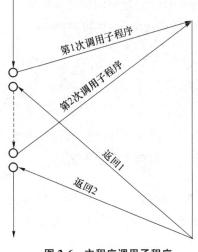

图 2.6 主程序调用子程序返回示意图

归纳子程序调用过程如下:自动压栈保存断点 PC→子程序地址送 PC→执行子程序→子程序遇到 RET 指令→自动弹栈恢复断点 PC→返回主程序→继续执行主程序。

主程序和子程序是相对的,一个子程序调用另一个子程序时,就变成了另一个子程序的主程序,称为子程序的嵌套。

子程序的优点:减小编写和调试工作量,减小程序占用的存储空间,提高程序利用率,简化程序结构。编写子程序时,应写清入口参数和出口参数,以方便调用。

(1) 调用指令 ACALL(Absolute Subroutine Call)

```
ACALL    addr₁₁        ;双字节,双周期,PC←(PC)+2
                       ;SP←(SP)+1,(SP)←PC₇~₀
                       ;SP←(SP)+1,(SP)←PC₁₅~₈
                       ;PC₁₀~₀←addr₁₁,PC 高 5 位不变
LCALL    addr₁₆        ;三字节,双周期,PC←(PC)+3
                       ;SP←(SP)+1,(SP)←PC₇~₀
                       ;SP←(SP)+1,(SP)←PC₁₅~₈
                       ;PC←addr₁₆
```

此组指令为子程序调用指令隐含两次压栈操作,压栈时先压入 PC 低 8 位,后压入 PC 高 8 位。执行过程如下:首先自动计算调用指令下一条指令的起始地址,第一条指令为双字节指令,PC 值加 2,第二条指令为三字节指令,PC 值加 3;其次将计算出的 PC 值的低 8 位和高 8 位分别压栈;最后将子程序的入口地址送 PC,CPU 转向子程序的开始执行。

ACALL 指令为 2 KB 范围内的短调用指令,用法与 AJMP 类似。所调用的目的地

址必须与 ACALL 的下一条指令的第一个字节在同一 2 KB 范围内,这是因为调用的目的地址与 ACALL 的下一条指令的第一个字节的高 5 位 $addr_{15\sim11}$ 相同。LCALL 指令为长调用指令,子程序的首地址可以设置在 64 KB 程序存储地址空间的任何位置。

(2) 返回指令 RET(Return from Subroutine)和 RETI(Return from Interrupt)

```
RET      ;PC₁₅₋₈←((SP)),弹出 PC 高 8 位,SP←(SP)-1
         ;PC₇₋₀←((SP)),弹出 PC 低 8 位,SP←(SP)-1
RETI     ;PC₁₅₋₈←((SP)),弹出 PC 高 8 位,SP←(SP)-1
         ;PC₇₋₀←((SP)),弹出 PC 低 8 位,SP←(SP)-1
```

返回指令把堆栈中的断点地址恢复到程序计数器 PC 内,使程序回到断点处继续执行。这组指令隐含两次弹栈操作,弹栈时先弹 PC 高 8 位,后弹 PC 低 8 位。

RET 为子程序返回指令,只能用在子程序末尾。

RETI 是位中断返回指令,只能用在中断程序的末尾。执行该指令后,除程序返回原断点地址处继续执行外,还清除相应的中断优先级状态位,以允许 CPU 响应低优先级的中断请求。CPU 执行 RETI 指令后至少需要再执行一条指令,才能响应新的中断请求。

4. 空操作指令

```
NOP      ;PC←(PC)+1,单字节
```

执行该单字节单周期指令仅使程序计数器 PC 值加 1,不进行任何操作,消耗时间为 12 个时钟周期,可作短时间的延时。

2.3 汇编语言指令格式

汇编指令分为两类:执行指令和伪指令。执行指令即指令系统给出的各种指令;伪指令由汇编程序规定,是提供汇编控制信息的指令。

2.3.1 汇编语言执行指令格式

AT89 系列机的汇编语言的指令格式有以下几个组成部分:

[标号:] 操作码[操作数1],[操作数2];注释

标号:代表程序的起始地址、程序名称或转移的目标地址,是用户定义的符号,必须用字母开始,后跟 1~8 个英文字母或数字,并以冒号":"结尾。如"DELAY:MOV A,♯08H",这条指令中的标号为 DELAY,程序中调用或跳转时直接利用标号即可。标号名称尽量用与该段程序内容相关且有意义的英文单词或汉语拼音等。标号的实际意义代表当前语句在程序存储器中的存放地址,如 0100H,作为程序跳转或转移的标记,该地址编译软件会自动产生。在机器语言或编译后的目标代码中没有 DELAY 这样的标号,只有标号对应的地址。

操作码也称助记符,汇编语言中由英文单词缩写而成,反映指令的功能,如 MOV、ADD 等。指令码是指令的核心,不可缺少。

操作数是指参与操作的数据或者数据存放的地址。不同功能的指令可以有 3 个、2 个、1 个或者根本没有操作数。操作数与操作码之间至少需要用一个空格隔开,反映指令的操作对象。指令中操作数 1 称为目的操作数,操作数 2 称为源操作数。

注释是指程序员对该条指令或程序段的说明,通常对程序的功能、主要内容、进入和退出子程序的条件等进行注释,以提高程序的可读性。汇编时不被编译,因而在机器代码的目标程序中并不出现,也不影响程序的执行。注释内容以分号";"开始,可以为任何字符,注释内容占多行时,每行都必须以分号开始。

每一条汇编指令都必须有操作码,一条语句必须在一行之内写完。

2.3.2 汇编伪指令

汇编语言除了定义汇编执行指令外,还定义了一些汇编伪指令,伪指令也称为汇编程序控制译码指令,属于说明性汇编指令。伪指令提供汇编时的某些控制信息,用来对汇编过程进行控制和操作。伪指令汇编时不产生机器语言代码,不影响程序的执行。

下面简单介绍汇编程序中常用的几类伪指令语句。

1. 定位伪指令,ORG(Origin)

格式: ORG   操作数

此伪指令的操作数常为一个 16 位的二进制数,它指出了该伪指令后的指令的第一个字节在程序存储器中的地址,即生成目标代码或数据块的起始存储地址。该伪指令必须放在每段源程序或数据段的开始行。在一个源程序中,可以多次使用 ORG 伪指令来定义,但每次定义不应和前面生成的机器指令的存放地址重叠。

【例 2.9】

```
            ORG    0100H
START:      MOV    A,#80H
            MOV    R1,A
             ⋮
            ORG    0200H
NEXT:       MOV    DPTR,#7FFFH
            MOV    A,@DPTR
             ⋮
```

以 START 开始的程序编译为目标代码后,从 0100H 开始连续存放,以 NEXT 开始的程序目标代码则从 0200H 存储单元开始连续存放。注意从 START 开始的程序段所占用的程序地址最多到 01FFH,否则会与从 NEXT 开始的程序段地址发生重叠。重叠程序编译时不会产生错误,但运行时肯定会发生错误,所以在设置程序段的开始地址时要保证各程序段地址不重叠。

2. 结束汇编伪指令 END

格式: END

其含义是用于通知汇编程序该程序段汇编至此结束。该伪指令必须安排在汇编源程序的末尾。在一个程序中,只允许出现一条 END 伪指令,汇编程序遇到 END 伪指令就结束,对 END 伪指令后面的所有语句都不进行编译。

3. 数据说明伪指令

数据说明伪指令的作用是把数据存入指定的存储单元。

(1) 定义字节伪指令 DB(Define Byte)

格式：[标号：] DB X1,X2,…,Xn

其含义是在程序存储器中将其右边的数据或者数据串依次存放到以左边标号为起始地址的连续存储单元中。X 为单字节数据,可以采用二进制、十进制、十六进制和 ASCII 码等多种形式。标号可有可无。

【例 2.10】

```
TAB: DB   3FH,06H,25
     DB   'MCS-51'
     :
```

汇编后,若以地址 1000H 为首地址的话,存储单元的内容为

(1000H) = 3FH   (1001H) = 06H   (1002H) = 19H
(1003H) = 4DH   (1004H) = 43H   (1005H) = 53H
(1006H) = 2DH   (1007H) = 35H   (1008H) = 31H

单引号表示其中的内容为字符,目标代码用 ASCII 码表示。DB 伪指令常用在查表程序中。

(2) 定义字伪指令 DW(Define Wod)

格式：[标号：] DW Y1,Y2,…,Yn

其含义是把字或者字串值存入由标号开始的连续存储单元中。该伪指令与 DB 伪指令的不同之处是,DW 定义的是双字节数据而 DB 定义的是单字节数据,其他用法相同。存放时按照高位字节存入高地址中,低位字节存入低地址中的原则。

(3) 定义存储空间伪指令 DS(Define Storage)

格式： DS 表达式

该伪指令是指汇编时,从指定的地址单元开始(若指定首址为 0200H),保留由表达式设定的若干存储单元作为备用空间。

【例 2.11】

```
DS    07H
DB    20H,20
DW    12H
```

汇编后,从地址 0200H(包含 0200H)开始保留 7 个存储单元,0207H 开始存储内容依次为：(0207H)=20H,(0208H)=14H,(0209H)=00H,(020AH)=12H。

注意：DB、DW、DS 伪指令都只作用于程序存储器,不能对数据存储器进行初

始化。

4. 赋值伪指令 EQU(Equal)

格式： 字符名称　EQU　项（数或汇编符号）

该伪指令将"项"赋给"字符名称"。字符名称不等于标号（注意字符名称后没有冒号），"项"可以是数据（8位或者16位），也可以是汇编符号。用 EQU 赋值的符号名可以用作数据地址、代码地址、位地址或一个立即数。"字符名称"必须先赋值后使用，通常将赋值语句放在源程序的开头。

【例 2.12】

```
AA      EQU     R1
A20     EQU     20H
DELAY   EQU     1567H
MOV     R0,A20           ; R0←(20H)
MOV     A,AA             ; A←(R1)
LCALL   DELAY            ; 调用起始地址为 1567H 的子程序
```

EQU 赋值后，AA 为寄存器 R1 的地址，A20 为 RAM 直接地址 20H，DELAY 为 16 位地址 1567H。

5. 数据地址赋值伪指令 DATA

格式： 字符名称　DATA　表达式

该伪指令将右边"表达式"的值赋给左边的"字符名称"。表达式可以是一个8位或16位的数据或地址，也可以是包含所定义"字符名称"在内的表达式，但不能是汇编符号（如 R0 等）。有些汇编程序只允许 DATA 定义 8 位的数据或地址，16 位地址需用 XDATA 伪指令定义，XDATA 伪指令的定义格式与 DATA 伪指令格式相同。

DATA 伪指令定义的"字符名称"不同于 EQU 定义的"字符名称"，没有先定义后使用的限制，DATA 伪指令通常放在程序的开头或末尾。

6. 位地址赋值伪指令 BIT

格式： 字符名称　BIT　位地址

该伪指令将位地址赋给"字符名称"，只能用于可以进行位操作的位地址单元，常用于有位操作的程序中。

2.4 汇编语言程序设计概述

2.4.1 汇编语言的特点

① 助记符指令和机器指令一一对应，所以用汇编语言编写的程序效率高，占用存储空间小，运行速度快，因此汇编语言能编写出最优化的程序。

② 使用汇编语言编程比使用高级语言困难，因为汇编语言是面向计算机的，汇编

语言的程序设计人员必须对计算机硬件有相当深入的了解。

③ 汇编语言能直接访问存储器及接口电路,也能处理中断,因此汇编语言程序能够直接管理和控制硬件设备。

④ 汇编语言缺乏通用性,程序不易移植,各种计算机都有自己的汇编语言,不同计算机的汇编语言之间不能通用;但是掌握了一种计算机系统的汇编语言后,学习其他的汇编语言就不太困难了。

2.4.2 汇编语言程序设计的步骤

① 建立数学模型;
② 确定算法;
③ 制定程序流程图;
④ 确定数据结构;
⑤ 写出源程序;
⑥ 上机调试程序。

本章小结

本章主要介绍了 AT89 系列单片机的寻址方式和汇编语言的指令系统中常用指令的用法,在此基础上简单介绍了汇编语言伪指令以及程序设计的基本步骤和方法。通过本章的学习,读者要熟悉指令的寻址方式,寻址方式是学习指令系统甚至汇编语言的敲门砖;在熟悉寻址方式的基础上,为了便于对程序设计的学习,读者必须熟练掌握指令系统。

思考题与习题

1. 写出汇编执行指令的格式,并解释各部分的含义。
2. 简述汇编伪指令的特点,说明 ORG、DB、END、EQU、DS 的用法和功能并举例。
3. 变址寻址有何特点?主要应用在什么场合?采用用 DPTR 或 PC 作为基址寄存器,其寻址范围有何不同?
4. 访问程序存储器使用哪些寻址方式?哪些指令可以实现?
5. 请指出下列指令的区别,并说明寻址方式。

```
MOV    A,60H
MOV    A,#60H
```

6. 分析下列程序执行后,RAM 的 0B0H 单元及 SFR 的 P3 后内容。

```
MOV    A,#58H
MOV    R0,#0B0H
MOV    @R0,A
MOV    0B0H,#28H
```

7. 访问内部 RAM 单元和外部 RAM 单元可使用哪些寻址方式？

8. 编写程序将内部 RAM 单元的 50H 的内容送外部 RAM 的 7FFEH 单元。

9. 编写程序将内部 RAM 单元的 0A00H 的内容送外部 RAM 的 07FEH 单元。

10. 编写查共阳极数码管的显示代码程序，要显示的数据存在 30H 单元。

11. 已知 R6、R7 中有一个 16 位二进制数，高位在 R6，低位在 R7，请编程将其求补，结果存回原处。

12. 已知减数存放在 R3、R4 中，被减数存放在 R5、R6 中，高位字节在 R3、R5，低位在 R4、R6，编写双字节减法程序，结果存于 32H、33H。

13. 编程求 4 字节 BCD 码的和，加数在 30H～33H 单元，被加数在 40H～43H 单元和保存在 33H～37H 单元。

14. 利用位操作实现下列逻辑操作，不能改变未涉及位的内容。
① P2 口的 P2.0、P2.1 置位；
② ACC.7、ACC.5、ACC.3、ACC.1 清除；
③ 清除累加器的低 4 位。

15. 编程查找在内部 RAM 单元的 20H～50H 单元是否有数据 0DH 这一数据，若有将 00H 位置 1，否则清 0。

16. 编写程序将片外 RAM 3000H 单元开始存放的 20 个数传送到片内 30H 开始的单元。

17. 有哪些分支转移指令用累加器 A 中的动态值进行选择？

18. 循环结构程序有何特点？试编写延时 1 s 的延时程序，主频为 6 HMz。

19. 试编写一段程序，把 0500H～0506H 单元中的压缩 BCD 码转换成 ASCII 码，并存放在以 0500H 为首地址的存储单元中。

第3章 单片机的 C 语言程序设计

3.1 C51 的程序结构

  C 语言是一种源于编写 UNIX 操作系统的语言,是一种结构化语言,可产生紧凑代码。它既可以用来编写系统程序,也可以用来编写应用程序。20 世纪 90 年代中期以后,用 C 语言开发单片机成为一种流行的趋势。C51 是专门用于 51 系列单片机编程的 C 语言,除一些基于描述单片机硬件的特殊部分外,可以说 C51 与标准 C 语言完全相同。而本书中所具体使用的 AT89C52 就是 51 系列单片机的一种。因此,本章将具体结合 AT89C52 这个芯片来介绍单片机 C 语言的使用。

  与汇编语言相比,C51 在功能、结构性、可读性、可维护性及可移植性上有明显的优势,因而易学易用。另外,使用 C51 可以缩短开发周期,降低开发成本,可靠性高。具体地说,C51 有如下特点:

  ① C51 在吸取了汇编语言精华的基础上又有所改进。

  C51 提供了对位、字节以及地址的操作,使程序可以直接对内存及指定的寄存器进行操作。这些细节可由 C 语言编译器管理。

  C51 吸取了宏汇编技术中的某些灵活的处理方法,提供宏代换♯define 和文件蕴含♯include 的预处理命令。其提供的库包含许多标准子程序,具有较强的数据处理能力。

  C51 能很方便地与汇编语言连接。在 C51 程序中引用汇编程序与引用 C51 函数一样,这为某些特殊功能程序的设计提供了方便。

  已编好的程序可容易地植入新程序,因为 C 语言具有方便的模块化编程技术。

  ② C51 继承和发扬了高级语言的长处。

  C51 吸取了 ALGOL 的分程序结构思想。它采用一对花括号"{ }"把一串语句括起来而成为分程序。程序有规范的结构,可分为不同的函数。C51 还继承了 PASCAL 的数据类型,提供了相当完备的数据结构。

  C51 程序中的每一个函数都是独立的,可以单独编译。对设计一个大的程序来说,有利于分工编程和调试。此外,它的任何函数都允许递归,这对某些算法实现起来就十分方便。

  ③ C51 的可移植性好。C 语言程序本身并不依赖于机器硬件系统,基本上不作修

改或稍加改动就可根据单片机的不同较快地移植过来。

④ 生成的代码质量高,在代码效率方面可以和汇编语言相媲美。

鉴于上述优点,C51已成为开发51系列单片机的流行工具。

(1) C51 程序的结构

C51程序结构与一般C语言没有差别。一个C51程序大体上是一个函数定义的集合,在这个集合中仅有一个名为main的函数(主函数)。主函数是程序的入口,只有当主函数中的所有语句执行完毕时,程序执行才结束。

函数定义由类型、函数名、参数表和函数体四部分组成。函数名是一个标识符,标识符均区分大小写,最长有255个字符。参数表是用圆括号括起来的若干参数,项与项之间用逗号隔开。函数体是用大括号括起来的若干C语句,语句之间用分号隔开,最后一个语句一般是return(在主函数中可省略)。每一个函数都返回一个值。该值由return语句中的表达式指定(省略时为零)。函数的类型就是返回值的类型,函数类型(除整型外)均需在函数名前加以指定。函数的一般格式如下:

类型　函数名(参数表)
参数说明;
{
　　数据说明部分;
　　执行语句部分;
}

一个函数在程序中可以三种形态出现:函数定义、函数调用和函数说明。函数定义即一般子程序。函数调用相当于调用子程序的CALL语句,在C语言中,更普遍地规定函数调用可以出现在表达式中。函数定义和函数调用不分先后,但若调用在定义之前,那么在调用前须先进行函数说明。函数说明是一个没有函数体的函数定义,而函数调用则要求有函数名和实参数表。

C51中的函数分为库函数和用户自定义函数两大类。库函数是C51在库文件中已定义的函数,其函数说明在相关的头文件中。这类函数,用户在编程时只要用include预处理指令将头文件包含在用户文件中,即可直接调用。用户自定义函数是用户自己定义、自己调用的一类函数。因此,C编程实际上是对一系列用户自定义函数的定义。

(2) 具体实例

注:在本例及以后的例题中,均使用AT89C52单片机。

【例3.1】 求最大值。

```
#include<stdio.h>                    /*预处理命令*/
#include<reg52.h>
main()                               /*主函数*/
{                                    /*主函数体开始*/
    int a,b,c;                       /*主函数的内部变量类型说明*/
    int max(int x,int y);            /*功能函数max及其形式参数说明*/
```

```
    SCON = 0x52;                    /* AT89C52 单片机串行接口初始化 */
    TMOD = 0x20;
    TCON = 0x69;
    TH1 = 0xF3;
    scanf("%d%d",&a,&b);            /* 输入变量 a 和 b 的值 */
    c = max(a,b);                   /* 调用 max 函数 */
    printf("max-%d",c);             /* 输出变量 c 的值 */
}                                   /* 主函数结束 */
int max(int x,int y)                /* 定义 max 函数,x,y 为形式参数 */
{                                   /* max 函数体开始 */
    int z;                          /* max 函数的内部变量类型说明 */
    if (x>y)  z = x;                /* 计算最大值 */
    else  z = y;
    return(z);                      /* 将计算得到的最大值 z 返回到调用处 */
}                                   /* max 函数结束 */
```

本程序除了 main() 函数之外,还有一个函数 max。它是一个被调用的功能函数,其作用是将变量 x 和 y 中较大者的值赋给变量 z,并通过 return 语句将它的值返回到 main() 函数的调用处。由于在该程序中,对函数 max 的调用出现在函数 max 的定义前,所以在 main() 函数的开始处,将函数 max 与变量一起进行了说明。

编写 C51 程序时应注意以下几点:

① 一个 C51 程序总是从 main 函数开始执行的,而不论 main 函数在整个程序中的位置如何。

② C 语言程序的书写格式十分自由。一条语句可以写成一行,也可以写成几行,还可以在一行内写多条语句。但每条语句都必须以分号";"作为结束符。

③ C 语言对大小字母敏感,C 语言编译器编译程序时对同一个字母的大小写作为不同的变量来处理。

④ 可以用 /* …… */ 对 C 程序中的任何部分作注释。程序加上必要的注释,可增加程序的可读性。

3.2 数据类型、存储类型及存储模式

3.2.1 数据类型

数据类型决定了数据在计算机内存中的存放情况。数据类型可分为基本数据类型和构造数据类型。构造数据类型由基本数据类型构造而成。C51 的数据类型分类如下所列:

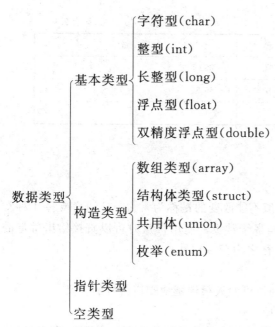

C51编译器除了支持以上数据类型之外，还支持以下扩充数据类型。

bit：位类型。利用它可以定义一个位变量，但不能定义位指针，也不能定义位数组。

sfr：特殊功能寄存器。可以定义AT89C52单片机的所有内部8位特殊功能寄存器。sfr型数据占用一个内存单元，其取值范围是0~255。

sfr16：16位特殊功能寄存器。它占用两个内存单元，取值范围是0~65 535，可以定义AT89C52单片机内部16位特殊功能寄存器。

sbit：可寻址位。可以定义AT89C52单片机内部RAM中的可寻址位或特殊功能寄存器中的可寻址位。

Keil C51编译器支持的数据类型、长度和值域如表3.1所列。

表 3.1 Keil C51 编译器的数据类型

数据类型	长 度	值 域
unsigned char	1字节	0~255
signed char	1字节	-128~127
unsigned int	2字节	0~65 535
signed int	2字节	-32 768~32 767
unsigned long	4字节	0~4 294 967 295
signed long	4字节	-2 147 483 648~2 147 483 647
float	4字节	±1.176E-38~±3.40E+38(6位数字)
double	8字节	±1.176E-38~±3.40E+38(10位数字)
指针	1~3字节	所指对象地址
bit	位	0或1

续表 3.1

数据类型	长度	值域
sfr	单字节	0～255
sfr16	双字节	0～65 535
sbit	位	0 或 1

3.2.2 常量和变量

C 语言中的数据有常量、变量之分。

常量：在程序运行的过程中，其值不能改变的量称为常量。C 语言支持 4 种常量：整数常量、浮点数常量、枚举量常量和字符常量。使用常量时可以直接给出常量的值，也可以用一些符号来代替常量的值，称之为符号常量。

使用符号常量的优点如下：

① 含义清楚。在符号常量命名时，可使人很清楚地知道符号的含义。

② 符号常量可以做到"一改全改"。

变量：在程序执行过程中，其值能不断变化的量称为变量。使用一个变量之前必须进行定义，用一个标识符作为变量名并指出它的数据类型和存储类型，以便编译系统为它分配相应的存储单元。

符号常量与变量的区别在于，符号常量的值在其作用域中不能改变，也不能用等号赋值。习惯上，总将符号常量名用大写，变量用小写，以示区别。

与面向数学运算的计算机相比，51 系列单片机对变量类型或数据类型的选择更具有关键性的意义。在 C51 的数据类型中，只有 bit 和 unsigned char 两种数据类型可以直接支持机器指令。对于 C 语言这样的高级语言，不管使用何种数据类型，虽然某一行程序从字面上看，其操作十分简单，但实际上系统的 C 编译器需要用一系列机器指令对其进行复杂的变量类型、数据类型的处理。特别是当使用浮点变量时，将明显地增加运算时间和程序的长度。因此，这就要求程序员在编程时应尽量少用不必要的变量类型，以减少 C 编译器所调用的库函数的数量，从而避免运行速度的减慢。

例如：在编写程序时，如果使用 signed 和 unsigned 两种数据类型，那么就需要使用两种格式类型的库函数。这将使占用的存储空间成倍增长。因此在编程时，如果只强调程序的运算速度而又不进行负数运算，则最好采用无符号（unsigned）格式。推而广之，无论何时，应尽可能地使用无符号字符变量，因为它能直接被 AT89C52 单片机所接受。基于同样的原因，也应尽量使用位变量。

另外，在编程时，为了书写方便，也可使用简化的缩写形式来定义变量的数据类型。其方法是在源程序开头使用 #define 语句。例如：

```
#define uchar unsigned char
#define uint  unsigned int
```

这样，在以后的编程中，就可以用 uchar 和 unit 分别代替 unsigned char 和 unsigned int 来定义变量。

3.2.3 C51 的存储类型及存储模式

C51 的数据类型与其存储类型密切相关。因为 C51 面向 51 系列单片机及其硬件控制系统的编程语言,它定义的任何数据类型必须以一定的存储类型的方式定位在 51 系列单片机的某一存储区中。

在第 1 章中曾介绍过,51 系列单片机的存储器采用哈佛结构,即其程序存储器和数据存储器分开,并有各自的寻址机构和寻址方式。以 AT89C52 为例,其具体结构如图 3.1 所示。

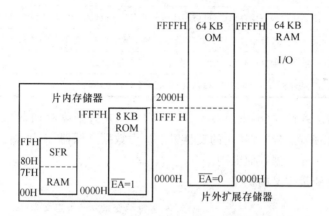

图 3.1　AT89C52 单片机存储器结构

由图 3.1 可知,AT89C52 单片机在物理上有 4 个存储空间:片内程序存储器空间、片外程序存储器空间、片内数据存储器空间和片外数据存储器空间。

其中,片内数据存储器的具体结构划分如图 3.2 所示。

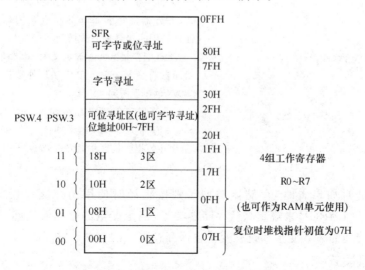

图 3.2　AT89C52 片内 RAM 区结构

C51在定义变量、常量时,将通过不同的存储类型(data、bdata、idata、pdata、xdata、code)将它们定位在不同的存储区中。

1. 存储类型

存储类型与AT89C52单片机实际存储空间的对应关系如表3.2所列。

表3.2 C51存储类型与AT89C52单片机存储空间的对应关系

存储类型	对应的存储空间
data	直接寻址片内数据存储区,访问速度快(128字节),00~7FH
bdata	可位寻址内部数据存储区,允许位与字节混合访问(16字节)
idata	间接寻址内部数据存储区,可访问片内全部RAM地址空间(256字节),00~FFH
pdata	分页寻址外部数据存储区(256字节),由"MOVX @ Ri"指令访问(高位由P2输出)
xdata	片外数据存储区(64 KB),由"MOVX @DPTR"指令访问
code	代码存储区(64 KB),由"MOVC @A+DPTR"指令访问

访问片内数据存储器(data、bdata、idata)比访问片外数据存储器(xdata 和 pdata)相对要快一些,因此可将经常使用的变量置于片内数据存储器,而将规模较大的或不常使用的数据置于片外数据存储器中。

下面是一些变量定义的例子。

```
char data var;              /*字符型变量var被定义为data存储类型,C51编
                              译器将变量var定位在片内数据存储区中*/
bit bdata flag;             /*位类型变量flag被定义为bdata存储类型,C51编译
                              器将变量flag定位在片内数据存储器的可位寻址区
                              中*/
unit idata temp;            /*无符号整型变量temp被定义为idata存储类型,
                              C51编译器将变量temp定位在片内数据存储区中,
                              且只能用间接寻址方式访问*/
float pdata press;          /*浮点型变量press被定义为pdata存储类型,C51
                              编译器将变量press定位在片外数据存储区中,由
                              "MOVX @Ri"访问*/
uchar xdata array[100];     /*无符号字符型数组变量array[100]被定义为
                              xdata存储类型,C51编译器将变量array[100]定位
                              在片外数据存储区中,由"MOVX @DPTR"访问*/
uchar code table[ ]={1,2,3,"help",0xff};/*在code区定义数组table[ ]*/
```

定义变量时如果省略"存储器类型",则按编译时使用的存储器模式SMALL、COMPACT和LARGE来规定默认存储器类型,确定变量的存储器空间,函数中不能采用寄存器传递的参数变量和过程变量也保存在默认的存储器空间。

2. 存储模式

存储模式:存储模式决定了变量的默认存储类型、参数传递区和无明确存储类型

说明变量的存储类型。存储模式的详细说明如下：

(1) SMALL

变量被定义在片内数据存储器中（默认存储类型是 data），对这种变量的访问速度最快。另外，所有的对象包括堆栈都必须位于片内数据存储器中，而堆栈的长度是很重要的，实际栈长取决于不同函数的嵌套深度。

(2) COMPACT

变量被定义在分页寻址的片外数据存储器中（默认存储类型是 pdata），每页片外数据存储器的长度为 256 字节。通过寄存器 R0 和 R1（"MOVX @Ri"）进行间接寻址访问。堆栈位于片内数据存储器中。采用这种编译模式时，变量的高 8 位地址由 P2 口确定，低 8 位地址由 R0 或 R1 的内容决定。

(3) LARGE

变量被定义在片外数据存储器中（最大 64 KB，默认存储类型是 xdata），使用数据指针 DPTR 来间接访问变量（"MOVX @DPTR"）。这种访问数据的方法效率不高，尤其是对于两个以上字节的变量，用这种方法影响程序代码长度。另外，这种数据指针不能对称操作。

C51 允许在定义变量的数据类型之前，指定存储类型。因此，定义 data uint var 与定义 uint data var 等价，但应尽量使用后一种方法。

3.2.4 特殊功能寄存器、并行接口及位变量的定义

1. 特殊功能寄存器的定义

AT89C52 单片机中除了程序计数器 PC 和 4 组通用寄存器组（R0~R7）之外，其他所有寄存器均称为特殊功能寄存器（SFR），它们分散在片内 RAM 区的高 128 字节中，它们只能采用直接寻址方式访问。为了能直接访问这些 SFR，C51 扩充了类型说明符 sfr、sfr16、sbit。利用它们可在 C 语言源程序中直接对 AT89C52 单片机的特殊功能寄存器进行定义。定义方法如下：

    sfr 特殊功能寄存器名＝地址常数
    sfr16 特殊功能寄存器名＝地址常数

这里需要注意的是，定义时必须使用特殊功能寄存器名，且必须把原来分配好的绝对地址赋给相应的 SFR 名。

例如：sfr   Acc = 0xE0;   /* Acc 的地址是 E0H */
      sfr16 P0 = 0x80;

由于 51 系列中不同单片机的寄存器数量与类型不同，所以可将所有特殊的"sfr"定义放入一个头文件中。例如：头文件 reg52.h 中有所有 AT89C52 的 SFR 及可位寻址位的定义，只要在程序的开头加上"#include <reg52.h>"即可。

SFR 一般按 8 位取，在 AT89C52 中有按 16 位取的（如：AT89C52 有 T2），它

们需用 sfr16 类型来说明。

例如：sfr16　T2 = 0xCC;　　　/* 定时器 T2 低 8 位地址 = 0CCH,T2 高 8 位地址 = 0CDH */

SFR 中有 11 个寄存器具有位寻址能力，对这些位的定义可采用 sbit。定义这些特殊位的方法有 3 种。

(1) sbit SFR 的位标示符 = 可按位寻址的 SFR 名 ^常量

其中，'^'后的常量表示所定义位在对应的 SFR 中的位置，常量是 0~7 的数。

例如：sfr　PSW = 0xD0;　/* 定义 PSW 的地址是 0xD0 */
　　　sbit　OV = PSW^2;　/* OV 位于 PSW 的第 2 位,定义 OV 位为 PSW.2,其位地址是 0xD2 */
　　　sbit　CY = PSW^7;　/* CY 位于 PSW 的第 7 位,定义 CY 位为 PSW.7,其位地址是 0xD7 */

(2) sbit SFR 的位标示符 = 可按位寻址的 SFR 的绝对地址^常量

其中，绝对地址位于 80H~FFH 之间，且该地址能被 8 整除。

例如：sbit　OV = 0xD0^2;
　　　sbit　CY = 0xD0^7;

(3) sbit SFR 的位标示符 = 可按位寻址的 SFR 的绝对位地址

其中，绝对位地址位于 80H~FFH 之间。

例如：sbit　OV = 0xD2;
　　　sbit　CY = 0xD7;

特殊功能位代表了一个独立的定义类，不能与其他位定义和位域互换。

2. 并行接口的定义

AT89C52 单片机内部有 4 个 8 位并行口，即 SFR 中的 P0~P3。这些内部并行接口既可进行字节寻址，也可进行位寻址。

除了内部 4 个并行口之外，AT89C52 单片机还可以在片外扩展硬件 I/O 口，这些 I/O 口大多只能进行字节寻址。

AT89C52 单片机没有专用的 I/O 指令，I/O 口地址是和数据存储器统一编址的，即把一个口看作是数据存储器的一个单元。程序采用访问数据存储器的指令来访问 I/O 口。

编程时，AT89C52 片内 I/O 口与片外扩展 I/O 口可统一在头文件中定义，也可在程序的开始位置定义，方法如下：

(1) 片内 I/O 口的定义(采用 sfr 定义)

例如：sfr　P0 = 0x80;
　　　sfr　P1 = 0x90;

(2) 片外扩展 I/O 口的定义

根据该 I/O 口的硬件译码地址，将其视为片外数据存储器的一个单元，用 define 定义。

例如：#include <absacc.h>
　　　#define PORTA XBYTE[0xfff0] /*将 PORTA 定义为外部 I/O 口,地址为 0xfff0,
　　　　　　　　　　　　　　　　　　　长度为 8 位*/
　　　{ i = PORTA;
　　　　PORTA = i;
　　　}

定义口地址的目的是便于 C51 编译器按 AT89C52 实际的硬件结构建立 I/O 口变量名与其实际地址的联系,以便使用软件模拟 AT89C52 的硬件操作。

3. 位变量的定义

bit 类似 unsigned int 等类型说明符,用来说明变量的数据类型。

(1) 定义位变量的语法如下

bit check_bit;/*将变量 check_bit 定义为位变量*/

定义位变量时需注意,位变量总位于 AT89C52 内部 RAM 中,且位变量不能定义成一个指针或数组。

例如：bdata bit display_flag;   /*正确*/
　　　data   bit flag;   /*正确*/
　　　idata bit flag;   /*正确*/
　　　pdata bit flag;   /*错误*/
　　　bit   *bptr;   /*错误*/
　　　bitb_barray[3];   /*错误*/

(2) 函数可包含类型为 bit 的参数,也可将其作为返回值

例如：bit function (bit x,bit y)
　　　{
　　　　⋮
　　　　return(y);
　　　}

(3) 可位寻址对象的定义和访问

可位寻址对象指可以字节或位寻址的对象。该对象应位于 AT89C52 片内可位寻址 RAM 中(20H～2FH)。允许数据类型为 idata 的对象放入 AT89C52 片内可位寻址 RAM 区中。定义可分为 2 步：

① 定义变量的数据类型和存储类型。

例如：bdata char temp;   /*temp 定义为 char 类型,位于 bdata 区,占 1 字节*/
　　　bdata int arry[2];   /*arry[2]定义为整型数组,位于 bdata 区,共占用 4 字节*/

② 使用 sbit 定义可独立寻址访问的对象位。

sbit temp3 = temp^3;   /*temp3 定义为变量 temp 的第 3 位*/
sbit arry05 = arry[0]^5;   /*arry05 定义为 arry[0]的第 5 位*/

```
sbit arry13 = arry[1]^3;        /* arry13 定义为 arry[1]的第 3 位 */
```

所定义的变量 temp 和 arry 既可以字节寻址,也可以位寻址。访问时可按需选择。

例如:arry05 = 0;   /* 位寻址,arry[0]的第 5 位赋值为 0 */
     arry[0] = 0x55;   /* 字节寻址,arry[0]这个字节的内容为 55H */

3.3 运算符、函数及程序流程控制

3.3.1 C51 的运算符

1. C51 的赋值运算符和算术运算符

C51 中的赋值运算符用"="表示,它是将一个数据的值赋给一个变量。应注意赋值运算符"="与关系运算符"=="的区别。

C51 的算术运算符有 5 种,分别是:+(加或取正值)运算符、-(减或取负值)运算符、*(乘)运算符、/(除)运算符和%(取余)运算符。

用算术运算符将运算对象连接起来的式子即为算术表达式。在求表达式的值时,要按运算符的优先级别进行。它们的优先级次序为:先乘除,后加减,括号最优先;从左到右;取负值"-"的优先级仅次于括号。

2. C51 的关系运算符

C51 有 6 种关系运算符,分别是:>(大于)、<(小于)、>=(大于或等于)、<=(小于或等于)、==(等于)和!=(不等于)。其中前 4 种和后 2 种分别具有相同的优先级,但前 4 种优先级高于后 2 种。

此外,与赋值运算符和算术运算符相比,它们的优先级关系为:

赋值运算符＜关系运算符＜算术运算符

关系运算中关系成立,结果为 1;不成立,结果为 0。

3. C51 逻辑运算符

C51 有 3 种逻辑运算符:||(逻辑或)、&&(逻辑与)和!(逻辑非)。它们用来求某个条件式的逻辑值,用逻辑运算符将关系表达式或逻辑量连接起来就是逻辑表达式。此种运算的结果只有 0 和 1 两种值。它们和以上几个运算符的优先级关系为:

赋值运算＜&& 或||＜关系运算＜算术运算＜!

4. C51 位操作运算符

C51 中共有 6 种位运算符:~(按位取反)、|(按位或)、&(按位与)、^(按位异或)、<<(左移)和>>(右移)。位运算符的作用是按位对变量进行运算,并不改变参与运算的变量的值。若希望按位改变运算变量的值,则应利用相应的赋值运算。位运算只能是整型或字符型数,不能是实型数。

5. 自增减运算符

自增减运算符有：++i、--i、i++和i--。它们是对运算对象作加1和减1运算。它们含义区别很大，如：++i是使用i之前先使i加1，而i++是在使用i之后再使i的值加1。自增减运算符只能用于变量，不能用于常数或表达式。

6. 复合运算符

C51中共有10种复合运算符：+=（加法赋值）、-=（减法赋值）、*=（乘法赋值）、/=（除法赋值）、%=（取模赋值）、<<=（左移位赋值）、>>=（右移位赋值）、&=（逻辑与赋值）、|=（逻辑或赋值）、^=（逻辑异或赋值）。采用复合运算符可以使程序简化，同时还可以提高程序的编译效率。例如：a+=b相当于a=a+b。

3.3.2 C51的函数

函数是C语言中的一种基本模块，一个C语言程序就是由若干个模块化的函数所构成的。前面已经看到，C语言程序总是由主函数main()开始，当main()函数中的所有语句执行完毕，则程序执行结束。一个C语言程序只有一个main()函数。此外，在进行程序设计的过程中，如果所设计的程序较大，一般应将其分成若干个子程序模块，每个模块完成一种特定的功能。在C语言中，子程序是由函数来实现的。对于一些需要经常使用的子程序，可以设计成一个专门的函数库，以供反复调用。这种模块化的程序设计方法，可以大大提高编程效率和速度。

1. 函数的分类

从用户使用角度划分，函数分为标准库函数和用户自定义函数。

标准库函数是编译系统为用户设计的一系列标准函数。系统的设计者早在C编译系统设计过程中，事先将一些独立的功能模块编写成公用函数，并将它们集中存放在系统的函数库中，供系统的使用者在设计应用程序时使用。用户用#include语句将其包含进来即可使用其中的函数而无需自己编写，因而可以提高效率，节省时间。

用户自定义函数是指用户根据任务自己编写的函数。从函数定义的形式上可划分为三种形式：无参数函数、有参数函数和空函数。

① 无参数函数：即该函数在被调用时，既无参数输入，也不返回结果给调用函数。仅为完成某种操作而编写。

② 有参数函数：即在调用时，调用函数用实际参数代替形式参数，调用完返回结果给调用函数。

③ 空函数：该函数内无语句，是空白的。此函数什么工作也不做。定义这种函数的目的是为了以后程序功能的扩充。

2. 函数的定义

依照上述三种形式的用户自定义函数来分别讨论。

(1) 无参数函数的定义

返回值类型　函数名()

{函数体语句}

若函数无返回值,则可将返回值类型设为 void 或省略。

(2) 有参数函数的定义

返回值类型　函数名(形式参数列表)

形式参数类型说明

{函数体语句}

【例 3.2】 求两个数的和。

```
int func(x,y)
int x,y;
{
    int  z;
    z = x + y;
    return(z);
}
```

其中,函数的结尾处有一个返回语句 return(z),z 为函数的返回变量。

(3) 空函数的定义

返回值类型　函数名( )

{ }

例如：int function( )

　　　{ }

3. 函数的参数和返回值

在进行函数调用时,主调用函数与被调用函数之间具有数据传递关系。这种数据传递通过主调用函数的实际参数和被调用函数的形式参数来实现。

(1) 形式参数和实际参数

形式参数：定义一个函数时,位于函数名后面圆括号中的变量名称为形式参数。

实际参数：在调用函数时,主调用函数名后面括号中的表达式称为实际参数。

其中,形式参数在未发生函数调用之前,不占用内存单元,因而是没有值的。只有在发生函数调用时才为它分配内存单元,同时获得从主调用函数中实际参数传递过来的值。函数调用结束后,它所占用的内存单元也被释放。

实际参数可以是常数,也可以是变量或表达式,但它们需具有确定的值。进行函数调用时,主调用函数将实际参数的值传递给被调用函数中的形式参数。为完成正确的参数传递,实际参数的类型必须与形式参数的类型一致,否则,会发生"类型不匹配"错误。

C 语言中,对于不同类型的实际参数,有三种不同的参数传递方式,分别是：基本类型的实际参数传递、数组类型的实际参数传递和指针类型的实际参数传递。

(2) 函数的返回值

通过函数调用使主调用函数获得一个确定的值,这就是函数的返回值。函数的返回值是通过 return 语句获得的,若希望从被调用函数中带回一个值到主调用函数,则被调用函数中必须包含有 return 语句。需注意的是:

① 一个函数可以有一个以上的 return 语句,但多于一个的 return 语句必须在选择结构(if 或 do/else)中使用,因为被调用函数一次只能返回一个变量值。

② return 语句中的返回值也可以是一个表达式,如使用冒号":"选择表达式:return(x>y? x: y),即若 x>y,则返回 x 值;否则返回 y 值。

③ 函数的返回值类型确定了该函数的类型,因此在定义一个函数时,函数本身的类型应与 return 语句中变量或表达式的类型一致。C 语言规定,凡不加返回类型标识符说明的函数,均按整型(int)处理。若函数返回值的类型说明和 return 语句中表达式的变量类型不一致,则以函数返回类型标识符为标准进行强制类型转换。

4. 函数的调用

函数调用的形式为:

$$函数名(实际参数表列);$$

对于参数型函数,实际参数和形式参数的数目应相等,类型应一致,顺序一一对应。对于无参数函数,则实际参数表可以省略,但函数名后面必须有一对空括号。

函数的调用方式有 3 种:

① 函数调用语句,即把被调用函数名作为调用函数的一个语句,如 func()。

② 被调用函数作为表达式的运算对象:如 x=2*func(a,b)。此时 func()函数中的 a、b 为实际参数,以 func()函数的返回值参与式中的运算。

③ 被调用函数作为另一个函数的实际参数:如 x=min(a,func(a,b));函数 func(a,b)作为函数 min()的一个实际参数。

5. 对被调用函数的说明

在调用一个函数之前,应对该函数的类型进行说明,即"先说明,后调用"。被调用函数必须是已经存在的函数(库函数或用户自定义函数)。

① 若调用的是库函数或使用了不在同一文件中的另外的自定义函数,一般应在程序的开始处用预处理命令#include 将有关函数说明的文件包含进来。如:#include "stdio.h"即将标准输入、输出头文件包含到程序中来。

② 若调用的是用户自定义函数,且该函数与调用它的主调用函数在同一文件中,则

- 若被调用函数出现在主调用函数之后,那么在主调用函数前应对被调用函数予以说明,形式为

返回值类型　被调用函数名(形式参数表列);

- 若被调用函数出现在主调用函数之前,可以不对被调用函数说明。
- 若在所有函数定义之前,在文件的开头处,在函数的外部已经说明了函数的类型,则在主调用函数中不必对所调用的函数再作说明;也可将所有用户自定义函数的说明另存为一个专门的头文件,需要时用#include将其包含到主程序中去。
- C语言程序不允许嵌套函数定义,但允许嵌套函数调用,即在调用一个函数的过程中包含另一个函数调用。

6. 函数变量的存储方式

函数变量按其有效作用范围可划分为局部变量和全局变量。局部变量在一个函数内部定义,它只在该函数范围内有效。全局变量是在函数外部定义的变量,它可为多个函数共同使用,其有效作用范围从它定义的位置开始到整个程序文件结束。

变量按其存储方式可分为4种存储种类,分别是自动变量(auto)、外部变量(extern)、静态变量(static)和寄存器变量(register),这些存储种类与变量的关系为内部变量可定义为自动变量、静态变量或寄存器变量,外部变量可定义为全局变量或静态变量。

自动变量:说明符为auto。其作用范围在定义它的函数体或复合语句内部,只有当该函数被调用或该复合语句被执行时,编译器才为其分配内存空间,开始其生存期。当函数调用结束返回或复合语句执行完毕,则自动变量释放其内部空间,其生存期结束。

外部变量:说明符为extern。一个外部变量被定义后,它就被分配了固定的内存空间。其生存期是程序的整个执行时间。它属于全局变量。

静态变量:说明符为static。局部静态变量始终存在,但只能在定义它的函数内部访问,函数结束后,变量的值仍然保持,但不能访问。全局静态变量的作用范围从它的定义点开始,一直到程序结束。它在函数外部定义。它只能在被定义的模块文件中访问,其值可为该文件内的所有函数共享,退出该文件后,变量的值仍保持,但不能被其他模块文件访问。

寄存器变量:说明符为register。其有效作用范围与自动变量相同。这种变量能够直接使用硬件寄存器。可将使用频率最高的变量定义为寄存器变量。

3.3.3　C51的流程控制语句

C语言有三种基本结构:顺序结构、选择结构与循环结构。其中选择结构又派生出串行多分支结构和并行多分支结构,循环结构又分为"while"型循环结构和"do while"型循环结构。它们的流程图分别如图3.3~图3.8所示。

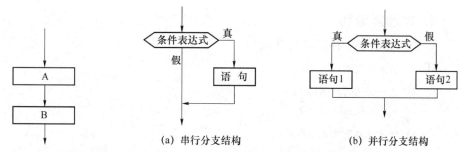

图 3.3 顺序结构流程图　　　　图 3.4 选择结构流程图

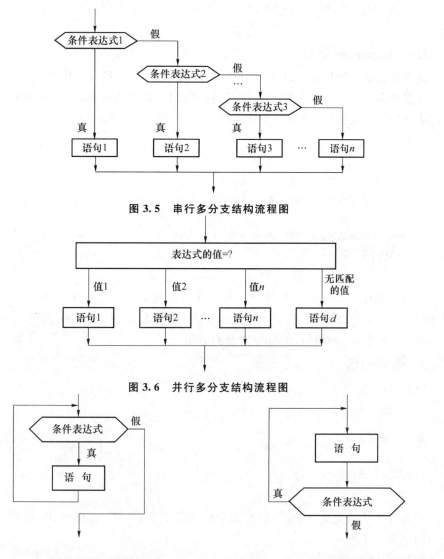

图 3.5 串行多分支结构流程图

图 3.6 并行多分支结构流程图

图 3.7 "while"型循环结构流程图　　　图 3.8 "do‐while"型循环结构流程图

1. **if 选择语句**

C 语言提供了 3 种形式的 if 语句：

① if(条件表达式){语句;}

② if(条件表达式){语句 1;}
    else{语句 2;}

③ if　(条件表达式 1){语句 1;}
 else　if　(条件表达式 2){语句 2;}
 else　if　(条件表达式 3){语句 3;}
 else　if　(条件表达式 m){语句 m;}
 else　　　　　　　　　{语句 n;}

2. **switch /case 语句**

该语句也是一种用来实现多方向条件分支的语句。虽然可以用 if 语句实现，但当分支较多时会使 if 语句的嵌套层次太多，程序冗长，可读性降低。而 switch/case 语句可直接处理多分支选择，使程序结构清晰，使用方便。该语句形式如下：

```
switch （表达式）
{
  case　常量表达式 1:{语句 1;}　break;
  case　常量表达式 2:{语句 2;}　break;
   ⋮
  case　常量表达式 n:{语句 n;}　break;
  default　:{语句 n+1;}
}
```

其执行过程是：将 switch 括号内表达式的值与 case 后各常量表达式的值逐一比较，若与某值匹配，则执行相应 case 后面的语句，然后因遇到 break 而退出 switch 语句。若无匹配的值，则执行 default 后面的语句。

3. **循环语句**

(1) while 语句

while 语句的一般形式为

```
while (条件表达式)
{
  语句; / * 循环体 * /
}
```

若条件表达式为真，则重复执行循环体内的语句；否则，退出 while 循环。其语法流程图如图 3.7 所示。

(2) do while 语句

do while 语句的一般形式为

```
do{
    语句;/*循环体*/
}
while(条件表达式);
```

该语句的执行过程为:先执行循环体语句,再判断while后的条件表达式的值是否为真。若为真,则重复执行循环体语句。直到条件表达式的值为假时,才退出循环。do while语句的特点是:其至少执行了一次循环体语句。

(3) for 语句

for循环语句的一般形式为

```
for([初值设定表达式];[循环条件表达式];[更新表达式])
{
    语句;      /*循环体*/
}
```

其执行过程是:先计算出初值设定表达式的值,以此作为循环控制变量的初值,判断是否满足循环条件表达式,若满足,则执行循环体语句并计算更新表达式。而后根据更新表达式的结果再判断是否满足循环条件。重复上述过程,直至循环条件表达式的值为假,则退出循环。

3.4 C51的构造数据类型

3.4.1 数 组

数组是一组具有固定数目和相同类型成分分量的有序集合。

1. 一维数组

(1) 一维数组的定义方式

类型说明符　数组名[整型表达式]

例如:char　temp[10]　/*数组名为temp,其中包含10个字符型元素*/

(2) 一维数组的初始化

① 在定义数组的同时对数组的全部元素赋初值。

例如:int temp[10]={0,1,2,3,4,5,6,7,8,9}

初始化后,temp[0]=0,temp[1]=1,…,temp[9]=9。

② 在定义时只对数组的部分元素初始化。

例如:int data temp[10]={0,1,2,3,4,5}

初始化后,由于花括号内只有6个初值,则数组的前6个元素被一一赋值,即:

temp[0]=0,temp[1]=1,…,temp[5]=5,而数组的后 4 个元素被赋值为 0。

③ 定义时对所有的元素均不赋初值,则全部元素默认赋值为 0。

例如：int data temp[10]

初始化后,temp 数组中的 10 个元素的值都为 0。

2. 二维数组

(1) 二维数组的定义方式

类型说明符　数组名[常量表达式]　[常量表达式]

例如：int array[7][8]

即定义一个数组,数组名是 array,它是 7 行 8 列,共 56 个元素,所有元素均为整型。

(2) 二维数组的初始化

① 定义时对数组的全部元素赋初值。

例如：int array[2][2] = {{1,2},{3,4}}

初始化后,把第一个花括号内的数据赋值给数组内第一行元素,第二个花括号内的数据赋给数组内第二行元素。也可将数据写在一个花括号内,按数组的排列顺序(先行后列)对各元素赋值。

例如：int array[2][2] = {1,2,3,4}

② 在定义时对数组中部分元素赋初值。

例如：int array[2][2] = {{1},{3}}

初始化后,数组为 $\begin{bmatrix} 1 & 0 \\ 3 & 0 \end{bmatrix}$。

例如：int array[2][2] = {1,3}

初始化后,数组为 $\begin{bmatrix} 1 & 3 \\ 0 & 0 \end{bmatrix}$。

3.4.2 结　构

前面介绍的数组类型要求数组内各元素的类型必须相同。而结构是把多个不同类型的变量结合在一起形成的一个组合型变量。组成结构的各个数据变量称为结构成员,整个结构使用一个单独的标识符作为结构变量名。

1. 结构的定义

结构是一种数据类型,通常定义结构数据类型后再用它去定义相关变量。定义结构类型的方法如下:

　　struct 结构名

{结构成员说明};

结构成员说明的格式为

类型标识符 成员名;

例如:struct person
  {
    char name;
    int age;
  }

该例中定义了一个结构类型,结构名为 person。它包含了两个结构成员,分别是 name(字符型)和 age(整型)。定义好该结构类型后,就可以用它去定义变量了。

用结构类型去定义变量的方法有三种。

(1) 先定义结构类型,再定义类型为该结构的变量

例如:struct person
  {
    char name;
    int age;
  };
  struct person data1,data2;

例中先定义了结构类型 struct person,再用它去定义了 data1 和 data2 两个变量。如此定义后,变量 data1 和 data2 就是具有 struct person 类型的结构变量。

(2) 定义结构类型的同时,定义该结构的变量

定义的一般格式为

struct 结构名

{结构成员说明}结构变量名1,结构变量名2,…,结构变量名n;

(3) 直接定义结构类型变量

定义的一般格式为

struct

{结构成员说明}结构变量名1,结构变量名2,…,结构变量名n;

这种方法省略了结构名。它一般只用于定义几个确定的结构变量的场合。

在定义结构时需注意,结构体的成员也可以是一个结构变量。此外,结构的成员可以与程序中的其他变量名相同,但代表不同的对象。

2. 结构变量的引用

定义了一个结构变量之后,就可以对它进行引用,完成赋值、存取和运算等。但结构不能作为一个整体参与操作,也不能整体地作为函数的参数或函数的返回值。只能用"&"运算符来取结构的地址,或使用成员运算符"."来引用成员。引用的方式为

结构变量名.成员名;

例如：data1.age = 25;

即给结构变量 data1 中的结构成员 age 赋值为 25。

若结构类型变量的成员本身又属于一个结构类型变量,则要用多个成员运算符"."来找到最低一级的成员去参与运算。

3.4.3 联 合

联合又称为共用体。它也是 C 语言中的一种构造数据类型。在一个联合中可以包含多个不同类型的数据元素。但这些元素都从同一个地址开始存放,即占用了同一个内存空间。这种技术可使不同的变量分时使用同一个内存空间,提高内存的利用效率。其定义格式为

```
union 联合类型名
{
    类型说明符 变量名;
};
```

联合与结构的区别在于:联合所包含的各个成员只能分时共享同一存储空间。定义联合类型变量的方法类似于定义结构变量,同样有三种,分别如下:

① 先定义联合类型,再定义联合变量;

② 定义联合类型的同时定义联合变量;

③ 直接定义联合类型变量。

对于联合变量,系统只给该变量按其各联合成员中所需空间最大的那个成员的长度分配一个内存空间。

与结构变量类似,对联合变量的引用也是通过对其联合成员的引用来实现的,引用联合成员的一般格式为

联合变量名.联合元素　或　联合变量名→联合元素

3.4.4 枚 举

枚举数据类型是一个有名字的某些整数型常量的集合。这些整数型常量是该类型变量可取的所有的合法值。枚举定义应当列出该类型变量的可取值。

定义枚举类型变量的一般格式为

enum 枚举名{枚举值表列} 变量表列;

例如: enum day{1,2,3,4,5,6,7} x1,x2;

3.4.5 指 针

指针是 C 语言的一个重要概念,也是其特色之一。使用指针可以有效地表示复杂

的数据结构,直接处理内存地址,而且可以更有效地使用数组。

1. 指针的概念

变量的指针就是变量的地址。

指向变量的指针变量:若有一个变量专门来存放另一个变量的地址,则该变量称为指向变量的指针变量。

如图 3.9 所示,变量 a 的地址是 01H,变量 a 存储的内容是 55H,而变量 ap 存储的是变量 a 的地址"01H",因此变量 ap 是指向变量 a 的指针变量。

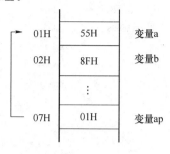

图 3.9　变量和指针的关系

2. 指针变量的定义

指针变量定义的一般形式如下:

　　类型标示符　　 * 指针变量名

其中,类型标示符是指明指针所指向的变量所具备的数据类型。

例如:int * ap; /* 定义 ap 为指针变量,指向一个整型变量,指针变量名是 ap,而不是 * ap */

3. 指针变量的引用

当定义一个指针变量时,应将它与所指向的变量联系起来。这项操作由取地址符"&"来实现。

例如:

int a;　　　/* 定义一个整型变量 a　*/
int * ap;　　/* 定义一个指向整型变量的指针变量 ap　*/
ap = &a;　　/* 令 ap 等于变量 a 的地址,从此指针 ap 就指向变量 a,&a 表示取变量 a 的地址　*/

应注意的是:" * "在指针变量定义时和在指针运算时所代表的含义是不同的。在进行指针变量定义时," * "是指针变量类型说明符。而在进行指针运算时," * "是指针运算符,表示引用指针所指向的变量。

根据上面的例子,指针运算时, * ap 和 a 等价, * ap 即表示 ap 所指向的变量。

例如:

a = 0xff;
x = * ap;　　/*　ap 所指向的变量值赋值给 x,即把 a 的值赋值给 x,所以 x = 0xff　*/

4. C51 的指针类型

C51 编译器支持"基于存储器"的指针和"一般"指针两种类型。

基于存储器的指针:在编译时一般被"行内"编码,无须库调用,即指针所指的对象所在的存储空间由定义时 C 源代码中的存储类型决定。该指针只占用 1~2 字节。

一般指针:包含 3 字节。其中 2 字节偏移量(即指针的地址)和 1 字节存储器类型。为了表示这种指针,必须用长整数来定义存储类型。

一个指针完整的定义如下:

static	data	unsigned char	data	*指针变量名
auto	idata	char	idata
register	pdata	unsigned int	pdata
extern	xdata	int	xdata
	code	unsigned long	code
	bdata	long	bdata
		float	
		struct	
		union	

在该定义中,第 2 列指出指针变量本身的存储类型,即指针变量本身存放在何处,缺省时决定于编译所采用的存储模式。第 3 列指出指针变量所指的对象变量所具备的数据类型。第 4 列指明指针变量所指的对象变量的存储类型,即对象变量存放在何处,缺省时为 3 字节的一般指针。未缺省时即为基于存储器的指针。

下面就分别具体地介绍这两种指针。

(1) 基于存储器的指针

该指针不但指出了指针本身的存储类型(缺省时由编译时的存储模式决定),而且还明确地指出了指针所指向的对象变量的存储类型(不能缺省)。例如:

```
data char xdata * px;      /*定义了指针 px,指针本身存放在 data 区中,指针所指向的对象变
                             量是字符型,存放在 xdata 区中。*/
char xdata * data px;      /*与上式等价,与早期 C51 版本兼容*/
char idata * px;           /*定义了指针 px,px 所指向的对象变量是字符型,存放在 idata 区,
                             px 本身的存储类型决定于编译器的存储模式*/
```

基于存储器的指针长度为 1~2 字节,该长度取决于指针所指的对象变量的存储类型。

例如:data char xdata * px;

px 所指的对象变量存放在 xdata 区,即外部数据存储器,该区域容量为 64 KB,因此存放在该区域的变量的地址均为 16 位。而指针 px 就是存放变量的地址,因此 px 需占用 2 字节才能存放这 16 位地址。

例如:char data * px;

px 所指的对象变量存放在 data 区(内部数据存储器),这里的变量的地址仅有 8 位,所以 px 只需占用 1 字节就能存放对象变量的 8 位地址。

因此得出结论,当指针所指的对象变量的存储类型是 idata、data 和 pdata 时,指针的长度是 1 字节。当指针所指的对象变量的存储类型是 code 和 xdata 时,指针的长度是 2 字节。

基于存储器的指针长度短,速度快,但因为它所指的对象变量有确定的存储器空间,所以这类指针缺乏兼容性。

(2) 一般指针

定义指针时若未明确指明指针所指对象变量的存储类型，则该指针为一般指针。定义一般指针的方法与标准 C 语言相同。

例如：char *ap

一般指针占用 3 字节，第一字节存放该指针的存储类型编码，第二和第三字节分别存放该指针的高位和低位地址偏移量。其结构如图 3.10 所示。

存储器类型	低地址
偏移量高位	
偏移量低位	高地址

图 3.10 一般指针结构

图 3.10 中，指针的存储类型编码如下：

存储器类型	idata/data/bdata	xdata	pdata	code
值	0x00	0x01	0xFE	0xFF

对比一般指针和基于存储器的指针，可得出以下结论：

① 基于存储器的指针长度短，运行速度快。而一般指针由于其所指对象变量的存储器空间位置只有在运行期间才能确定，编译器在编译期间无法优化存储方式，必须生成一般代码以保证能对任意空间的对象进行存取，所以一般指针所产生的代码运行速度较慢。

② 一般指针可用于存取任何变量而不必考虑变量在 AT89C52 存储器空间的位置，函数可利用一般指针来存取位于任何存储空间的数据。因此一般指针的兼容性较好。而基于存储器的指针所指的对象有确定的存储器空间，因此缺乏兼容性。

3.5 C51 实例分析及混合编程

3.5.1 C51 实例分析

【例 3.3】 设计一个程序来实现以下功能：使用拨动开关模拟从 P3.0 口输入一个脉冲，控制 P1 口按十六进制加一方式变化。在这里，选用 51 系列的 AT89C52 型号单片机。

根据要求，画出硬件连线图，如图 3.11 所示。

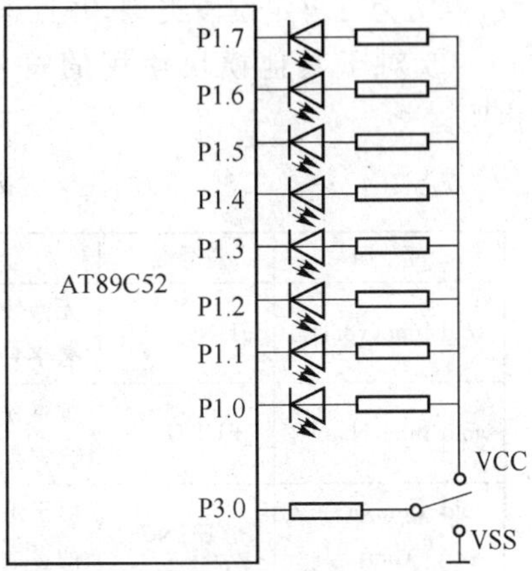

图 3.11 P3.0 控制 P1 口点亮二极管硬件连线图

程序如下：

```
#include <reg52.h>
sbit  P30 = P3^0;
void  DELAY();           /*声明延迟函数*/
void  main()
{
    unsigned  char  i=1;
```

```
    P1 = 0xff;                /*初始化 P1 口,LED 全灭*/
    while(1)
    {
        while(P30);           /*若 P3.0 = 1,则等待*/
        DELAY();              /*调用延时函数用来消除抖动,判断 P3.0 是否真正为 1*/
        while(! P30);         /*若 P3.0 = 0,则等待*/
        DELAY();              /*调用延时函数用来消除抖动,判断 P3.0 是否真正为 0*/
        P1 = ! i;
        i + + ;               /* P3.0 经过一个高电平和一个低电平,认为来了一个脉冲,
                                 则让 P1 加 1 并输出相应数值*/
    }
}
void  DELAY(void)
{
    unsigned  char  i = 0;
    for  (i = 0;i<255;i + + )
    {;}
}
```

3.5.2 混合编程

本小节介绍不同的模块、不同的语言相结合的编程方法,即混合编程。

当组合在一起的程序部分以不同语言编写时,通常情况下用高级语言编写主程序,用汇编语言编写与硬件有关的子程序,如某些特殊的 I/O 接口地址的处理、中断向量地址的安排等。高级语言不同的编译程序对汇编的调用方法不同,在 Keil C51 中,是将不同的模块(包括不同语言的模块)分别汇编或编译,再通过链接生成一个可执行文件。

C 语言程序调用汇编语言程序要注意以下几点:

① 被调用函数要在主函数中说明,在汇编程序中,要使用伪指令使 CODE 选项有效,声明为可重定位段类型,并且根据不同情况对函数名进行转换,如表 3.3 所列。

② 对于其他模块使用的符号进行 PUBLIC 声明,对外来符号进行 EXTERN 声明。

表 3.3 函数名的转换

说 明	符号名	解 释
void func(void)	FUNC	无参数传递或不含寄存器参数的函数名不进行改变即转入目标文件中,名字只是简单地转为大写形式
void func(char)	_FUNC	带寄存器参数的函数名加入"_"字符前缀以示区别,它表明这类函数包含寄存器内的参数传递
void func(void) reen – trant	_? FUNC	对于重入函数加上"_?"字符前缀以示区别,它表明这类函数包含寄存器的参数传递

1. 参数的传递

在混合语言编程中,关键是入口参数和出口参数的传递。它们必须有完整的约定。典型的规则是:所有参数以内部 RAM 的固定位置传递给程序。若是传递位,那么它们也必须位于内部可位寻址空间的顺序位中。其顺序和长度必须让调用和被调用程序一致。

Keil C51 编译器可使用寄存器传递参数,也可以使用固定存储器或使用堆栈。由于 51 系列单片机的堆栈深度有限,因此多用寄存器或存储器传递。C 语言程序函数和汇编语言函数在相互调用时,可利用 AT89C52 单片机的工作寄存器传递最多 3 个参数。参数传递的寄存器选择如表 3.4 所列。

表 3.4　参数传递的工作寄存器选择

传递的参数	char,1 字节指针	int,2 字节指针	long,float	一般指针
第 1 个参数	R7	R6(高字节),R7(低字节)	R4~R7	R3(存储类型),R2(高字节),R1(低字节)
第 2 个参数	R5	R4(高字节),R5(低字节)	R4~R7	R3(存储类型),R2(高字节),R1(低字节)
第 3 个参数	R3	R2(高字节),R3(低字节)	无	R3(存储类型),R2(高字节),R1(低字节)

若在调用时参数无寄存器可用,或是采用了编译控制命令"NOREGPARMS",则通过固定的存储区域来传递参数,该存储区域成为参数传递段,其地址空间取决于编译时所选择的存储器模式。以下是说明参数传递规则的例子。

func1(int a)	a 是第 1 个参数,在 R6、R7 中传递。
func2(int b,int c,int * d)	b 在 R6、R7 中传递,c 在 R4、R5 中传递,指针变量 d 在 R1、R2、R3 中传递。
func3(long e,long f)	e 在 R4~R7 中传递,f 不能在寄存器中传递,只能在参数传递段中传递。
func4(float g,char h)	g 在 R4~R7 中传递,h 不能在寄存器中传递,只能在参数传递段中传递。

当 C 语言程序与汇编语言程序需要相互调用,并且参数的传递发生在参数传递段时,如果传递的参数是 char、int、long 和 float 类型的数据,则参数传递段的首地址由"?函数名?BYTE"的公共符号(PUBLIC)确定;如果传递的参数是 bit 类型的数据,参数传递段的首地址由"?函数名? BIT"的公共符号(PUBLIC)确定。所有被传递的参数按顺序存放在以首地址开始递增的存储器区域内。参数传递段的存储器空间取决于所采用的编译模式,在 SMALL 模式下参数传递段位于片内 RAM 空间,在 COMPACT 和 LARGE 模式下

参数传递段位于外部 RAM 空间。

函数返回值放入 CPU 的寄存器中,如表 3.5 所列。

表 3.5 汇编语言函数返回值所占用的寄存器

返回值	寄存器	说明
bit	CY	返回值在进位标志 CY 中
(unsigned)char	R7	返回值在 R7 中
(unsigned)int	R6、R7	高位在 R6,低位在 R7
(unsigned)long	R4~R7	高位在 R4,低位在 R7
float	R4~R7	32 位 IEEE 格式,指数和符号位在 R7
一般指针	R3、R2、R1	R3 存放存储器类型,高位在 R2,低位在 R1

2. 在 C51 程序中直接嵌入汇编

在 C 文件中直接嵌入汇编代码可以用下面的方式:

＃pragma　　　ASM

汇编代码

＃pragma　　　ENDASM

若使用 Keil C 编译器,需要在项目(project)窗口中包含汇编代码的 C 文件上右击鼠标,选择"Options for ⋯."选项,并选择"Generate Assembler SRC File"和"Assemble SRC File",使它们变成黑色(有效状态)。编译文件即可。

【例 3.4】 编写一个流水灯程序,其中的延时程序用汇编语言编写。

```
＃include <reg52.h>
main()
{
    unsigned char LEDIndex = 0;
    bit LEDDirection = 1;
    while(1)
    {
        if(LEDDirection)
            P1 = ~(0x01<<LEDIndex);
        else
            P1 = ~(0x80>>LEDIndex);
        if(LEDIndex = = 7)
            LEDDirection = ! LEDDirection;
        LEDIndex = (LEDIndex + 1) % 8;
        ＃pragma ASM    /* 嵌入汇编程序,该程序用来延时 */
        mov R5,＃00H
loop1: mov R6,＃00H
loop2: mov R7,＃00H
loop3: djnz R7,loop3
```

```
            djnz R6,loop2
            djnz R5,loop1
            #pragma ENDASM  /* 汇编程序结束 */
    }
}
```

用此方法可以在 C 源代码的任意位置嵌入汇编语句。但要注意的是在直接使用形参时,在不同的优化级别下产生的汇编代码有所不同。

3.6 Keil C51 简介

单片机开发中除必要的硬件外,同样离不开软件,Keil 软件是目前最流行的开发 51 系列单片机的软件,这从近年来各仿真机厂商纷纷宣布全面支持 Keil 即可看出。运行 Keil 软件需要 Pentium 或以上的 CPU,至少 16 MB 的内存,至少 20 MB 的硬盘空间以及 Win95、Win98、Windows NT 或更高的操作系统。

在使用 Keil 工具时,其项目开发流程与其他软件开发项目的流程类似,即:
- 创建一个项目,从器件库中选择目标器件,配置工具设置;
- 用 C51 或汇编语言创建源程序;
- 用项目管理器生成应用程序文件;
- 修改源程序中的错误;
- 测试连接应用。

目前常用的 Keil C51 的集成编译环境是 μVision3,它把 C51、A51、BL51、LIB51、OH51、RTX-51 等在内的编译、汇编、定位链接、库、转换和模拟等软件集成在一个环境下,开发人员不必分别地熟悉和使用这些软件的命令规则。其中:
- C51 国际标准优化 C 交叉编译器:从 C 源代码产生可重定位的目标模块。
- A51 宏汇编器:从 51 汇编源代码产生可重定位的目标模块。
- BL51 链接器/定位器:组合由 C51 和 A51 产生的可重定位的目标模块,生成绝对目标模块。
- LIB51 库管理器:从目标模块生成链接器可以使用的库文件。
- OH51 目标文件转换器可以把前面编译链接好的目标文件转换成能写入 EPROM 中的 HEX 文件。
- RTX-51 实时操作系统:简化了复杂的实时应用软件项目的设计。

下面将通过一些实例来介绍如何使用 μVision3 创建项目及调试程序。

3.6.1 项目文件的建立、设置与目标文件的获得

1. 启动 μVision3 并创建一个项目

双击 μVision3 图标启动后,界面如图 3.12 所示。

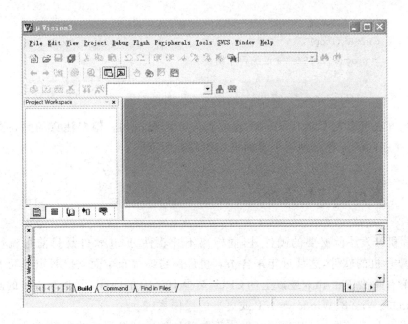

图 3.12 启动 μVision3 后的界面

选择 Project→New Project 即可创建一个新的项目文件。此时会弹出一个对话框,为新项目起名字并选择存储路径。例如这里的项目名为 test,存放的文件夹名为 temp。单击"保存"按钮后,弹出第二个对话框,用来给项目选择一个 CPU,这里选择的是 Atmel 89C52,如图 3.13 所示。

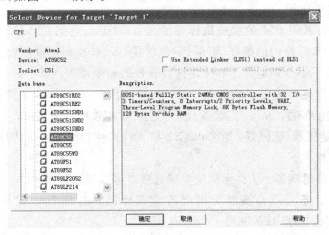

图 3.13 Select Device 对话框

单击"确定"按钮后,一个新项目就创建好了。在界面左侧的 Project Workspace 对话框中将出现一个 Target 1。

2. 创建新的源文件

选择 File→New,即可打开一个空的编辑器窗口,在此可以输入程序源代码。保存

时使用扩展名 *.C,如图 3.14 所示。

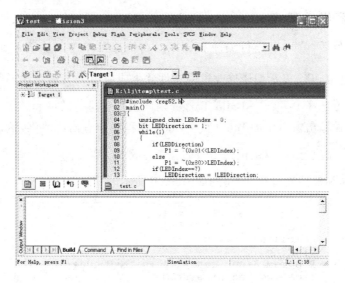

图 3.14 创建源文件对话框

接下来应该把新创建的源文件添加到刚才的项目当中去。单击 Target 1 左边的"+",出现 Source Group1,选中它并单击右键,出现一个下拉菜单,选择其中的 Add Files to Group'Source Group 1',在弹出的对话框中选中刚才编辑的源文件(这里是 test.C),就把该源文件添加到了项目当中。

3. 项目的详细设置

项目建立好后,可对其进行详细设置以满足要求。具体方法为,选择 Project→Option for Target' Target 1',即出现项目设置对话框,如图 3.15 所示。

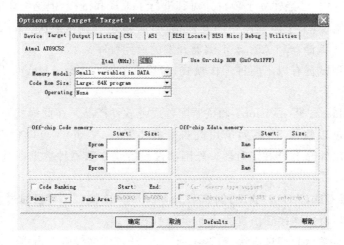

图 3.15 项目设置对话框

在这里,可以对单片机的晶振频率、编译器的存储模式、程序存储器空间大小等进行设置。

4. 编译和链接程序

设置好项目后，就可以进行编译和链接。在快捷菜单中，🔨 表示编译当前源文件，但不进行链接，🔨 表示编译修改过的文件并生成应用，🔨 表示编译所有的文件并生成应用。也可选择 Project→Build Target 对当前项目进行编译和链接。编译过程中的信息将出现在输出窗口中的 Build 页中，如果源程序中有语法错误，该窗口会有错误报告出现，双击相应行，可以定位到出错的位置。例如，单击 🔨 进行编译和链接，修改相关错误，编译和链接通过后，会得到如图 3.16 所示的结果。

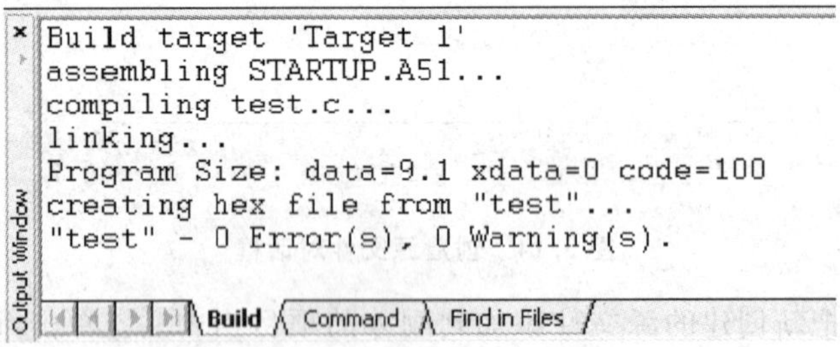

```
Build target 'Target 1'
assembling STARTUP.A51...
compiling test.c...
linking...
Program Size: data=9.1 xdata=0 code=100
creating hex file from "test"...
"test" - 0 Error(s), 0 Warning(s).
```

图 3.16　正确编译和链接后的结果

在这里，由于在图 3.15 中的 Output 选项卡中选择了"Creat HEX Fi："，因此在编译窗口提示说明已生成了一个十六进制文件，该文件即可被编程器读入并写到芯片中。

3.6.2　程序的调试

在上一部分中，已经建立了项目并对其进行了编译和链接，但是编译通过仅表示源程序没有语法错误，至于源程序中的其他错误，必须通过调试解决。μVision3 调试器可以调试用 C51 编译器和 A51 宏汇编器开发的应用程序。

μVision3 调试器有以下两种工作模式，可以在 Option for Target – Debug 对话框中选择。

Use Simulator：将 μVision3 调试器配置成纯软件产品。在此模式下，不需要实际的目标硬件就可以模拟 51 系列单片机的很多功能。μVision3 可以模拟很多外围部件，包括串行口、外部 I/O 和定时器。外围部件设置是在从器件数据库选择 CPU 时选定的。

Use：高级 GDI(AGDI)驱动，例如 Keil Monitor 51 接口。可以通过这个高级 GDI 接口将开发环境直接连接到仿真器或 Keil 监控程序。

下面将介绍常用的调试方法，有调试命令、在线汇编和设置断点等。

1. 常用调试命令

项目被成功编译链接后，选择 Debug→Start/Stop Debug Session 即可进入调试状态。在此可以使用仿真 CPU 来模拟执行程序，即使用上述的 Use Simulator 工作模式。在调试状态下，工具栏将多出一个工具条，如图 3.17 所示。

图 3.17　调试工具条

它们的作用如下：

复位 CPU；运行程序直到遇到一个中断；单步执行程序遇到子程序则进入；单步执行程序跳过子程序；打开存储器空间配置对话框；显示下一条指令；显示/隐藏反汇编窗口；显示/隐藏观察和堆栈窗口；显示/隐藏代码报告窗口；显示/隐藏串口 1 的观察窗口；显示/隐藏存储器窗口；显示/隐藏性能分析窗口；显示/隐藏逻辑分析仪窗口；显示/隐藏自定义工具条；开始/停止调试模式；取消所有的断点；禁止所有的断点。

例如：进入调试状态后，单击"运行"按钮，停止后，界面如图 3.18 所示。

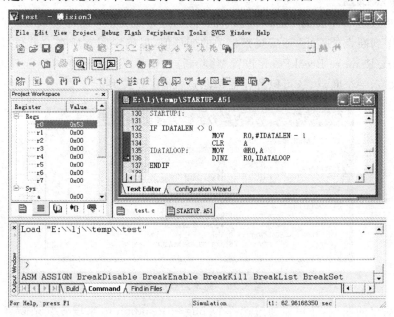

图 3.18　调试状态下对话框

启动调试后，图 3.18 中左边的 Project Workspace 窗口自动从 Files 页转到 Regs 页，用来显示各个寄存器的值。右边呈现反汇编窗口，该窗口用源程序和汇编程序的混合代码或汇编代码显示目标应用程序。

2. 在线汇编

在进入调试环境后，若程序有错，可以直接对源程序进行修改，但若要使修改后的代码起作用，必须先退出调试环境，重新进行编译链接后再次进入调试，如果只是需要对某些程序进行测试，或仅需对源程序进行临时的修改，这样的过程就有些麻烦。在这里，Keil 软件提供了在线汇编的能力，将光标定位于需要修改的程序行上，选择 Debug→Inline Assambly…，即可出现如图 3.19 所示的对话框，在 Enter New 后的文本框中直接输入对当前语句进行修改后的程序语句，输入完成后回车，将自动指向下一条语句，可继续修改，也可关闭该对话框结束修改。

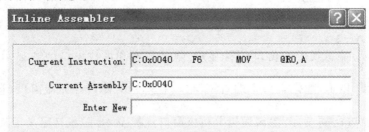

图 3.19 在线汇编窗口

3. 断点设置

设置断点是一种很实用的调试程序的方法，通常是在某一程序行设置断点，然后全速执行程序到断点处停止，然后观察相关的变量值，以确定问题所在。可通过选择 Debug→Insert/Remove BreakPoint 设置/移除断点，也可以用鼠标在相应行双击来实现。一个红块显示一个断点，这可以称作简单断点，如图 3.20 所示。

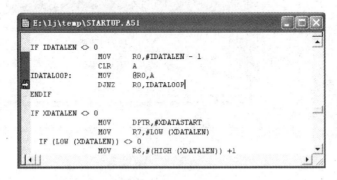

图 3.20 简单断点的设置

除了简单的断点，还可以通过选择 Debug→Breakpoints 来设置复杂断点。它允许对断点进行详细的设置，如图 3.21 所示。

图 3.21 中 Expression 后的文本框内用于输入表达式，该表达式用于确定停止运行的条件。例如，此处输入 a==0x02，再单击 Define 按钮就定义了一个断点，其含义是：如果 a 的值等于 0x02，则程序停止运行。

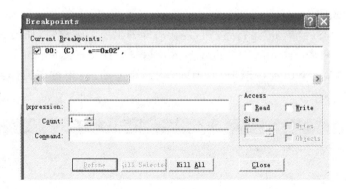

图 3.21　复杂断点的设置

4. 程序调试窗口

除了上述的调试方法外,μVision3 还在调试程序时提供了多个窗口,包括输出窗口、观察窗口、存储器窗口、反汇编窗口以及串行窗口等。通过这些窗口,可以直观地看到程序运行时相关内容的变化,从而进行调试。

(1) 存储器窗口

存储器窗口用来显示系统中各种内存中的值。进入调试状态后,选择 View→Memory Window,即弹出存储器窗口,如图 3.22 所示。

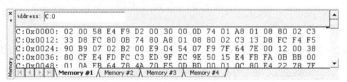

图 3.22　存储器窗口

在 Address 后的文本框中输入"字母:数字"即可显示相应内存值,其中字母可以是 C、D、I、X,分别代表程序存储器、直接寻址的片内存储器、间接寻址的片内存储器、外部数据存储器,数字代表想要查看的地址。例如,输入 C:0 即可观察程序存储器 ROM 中从地址 0x0000 开始的单元值。

(2) 观察窗口

在项目窗口的寄存器页中仅可以观察到工作寄存器和一些特殊功能寄存器,如果需要观察其他寄存器的值或者需要观察程序中自定义的变量的值,就要用观察窗口进行。在调试状态下选择 View→Watch & Call Stack Window,即弹出观察窗口,如图 3.23 所示,在此处显示了变量 i、j、count 的当前值。

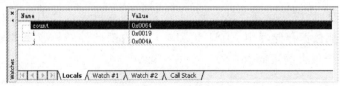

图 3.23　观察窗口

(3) 反汇编窗口

进入调试状态后,单击"运行"按钮,停止后即弹出反汇编窗口,如图 3.24 所示。也可以选择 View→Disassembly Window 进入该窗口。在反汇编窗口中可以显示反汇编后的代码,可以在该窗口进行设置/取消断点、在线汇编、利用该窗口跟踪已执行的代码,或进行单步操作。

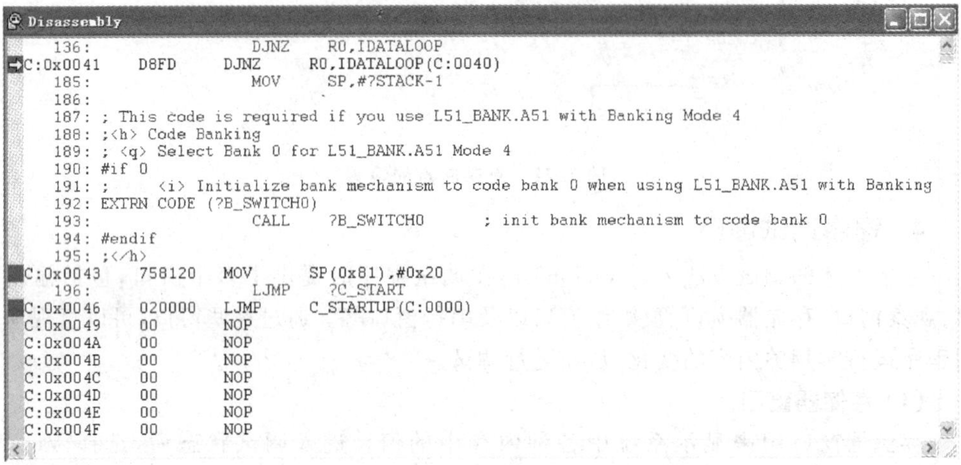

```
 Disassembly
    136:                DJNZ    R0,IDATALOOP
C:0x0041   D8FD         DJNZ    R0,IDATALOOP(C:0040)
    185:                MOV     SP,#?STACK-1
    186:
    187: ; This code is required if you use L51_BANK.A51 with Banking Mode 4
    188: ;<h> Code Banking
    189: ; <q> Select Bank 0 for L51_BANK.A51 Mode 4
    190: #if 0
    191: ;     <i> Initialize bank mechanism to code bank 0 when using L51_BANK.A51 with Banking
    192: EXTRN CODE (?B_SWITCH0)
    193:                CALL    ?B_SWITCH0       ; init bank mechanism to code bank 0
    194: #endif
    195: ;</h>
C:0x0043   758120       MOV     SP(0x81),#0x20
    196:                LJMP    ?C_START
C:0x0046   020000       LJMP    C_STARTUP(C:0000)
C:0x0049   00           NOP
C:0x004A   00           NOP
C:0x004B   00           NOP
C:0x004C   00           NOP
C:0x004D   00           NOP
C:0x004E   00           NOP
C:0x004F   00           NOP
```

图 3.24 反汇编窗口

(4) 串行窗口

在调试状态下选择 View→Serial Window..,即弹出串行窗口。如果仿真 CPU 通过串行口发送字符,那么这些字符会在串行窗口显示出来,用该窗口可以在没有硬件的情况下模拟串口通信。

综上所述,Keil C51 提供了强大的调试工具,这些工具可以让开发人员准确、方便地找到程序中的错误,从而提高编程效率。

本章小结

本章介绍了 C51 的程序结构、数据类型、存储类型及函数等内容。除了介绍 C 语言的基础知识外,重点讲解了 C51 与标准 C 不同的地方。例如存储类型、C51 对单片机内部部件的定义及指针等。而后通过编程实例介绍了 C51 的应用。最后介绍了 C51 的开发工具 Keil C51。C 语言是编写单片机程序的基础,应该掌握并灵活运用。在本章中,应注意的问题有:

1. 定义变量

在定义变量时,应注意其存储类型,通常常用的变量放入片内数据存储器,不常用的变量放入外部数据存储器中。C51 是和单片机内部硬件结构紧密相联的,这是 C51 和标准 C 的一个很大的不同点。

2. 指 针

本章介绍了基于存储器的指针和一般指针,并对它们进行了比较。在编写程序时究竟使用哪一种指针,应结合单片机硬件及程序效率权衡利弊。

思考题与习题

1. C语言程序结构的主要特点是什么？
2. AT89C52单片机直接支持哪些变量类型？
3. 请按以下要求定义变量：
   ① 变量x,字符型,位于内部数据存储器；
   ② 变量y,位类型,位于可位寻址区；
   ③ 变量z,整型,位于外部数据存储器。
4. C51为什么要对特殊功能寄存器进行定义？
5. 对于片外扩展的I/O口,若其名字为PORT,硬件设定的端口地址为0xFFE0,则如何对该端口进行定义？
6. 定义位变量应注意什么？
7. 若在C语言中的switch操作漏掉break,会发生什么？
8. 结构类型和联合类型的区别是什么？
9. 基于存储器的指针长度由什么决定？以下各指针定义中,指针本身存放在何处？指针所指的对象存放在何处？指针的长度是多少？（设存储模式为SMALL）

```
data    char    bdata   *px
xdata   int     data    *px
int     xdata   *px
```

10. 一般指针与基于存储器的指针有何区别？
11. 函数的调用有哪几种方式？
12. μVision3集成了哪些模块？

第4章 单片机的 I/O 口及 Proteus 简介

AT89C52 单片机的输入输出系统主要使用的是它的 4 个 8 位并行 I/O 口：P0、P1、P2、P3。P0 口为三态双向口，负载能力为 8 个 LSTTL 门电路，P1～P3 口为准双向口（用作输入时，3 个 P 口的引脚被拉成高电平，故称为准双向口），负载能力为 4 个 LSTTL 门电路。各口中的每一位都是由锁存器、输出驱动器和输入缓冲器组成的。这种结构，在数据输出时可锁存，但对输入信息是不锁存的，所以从外部输入的信息必须保持到取数指令执行完为止。

4.1 P0～P3 端口的结构与功能

4.1.1 P0 端口的结构与功能

P0 口除可以作为通用的 8 位 I/O 口外，当进行外部存储器的扩展时，还可以将其作为分时复用的低 8 位地址/数据总线。P0 口的一位结构图如图 4.1 所示。

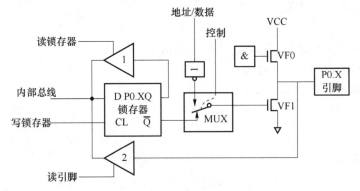

图 4.1 P0 口的一位结构图

1. P0 口用作通用 I/O 口

用作通用 I/O 口时，CPU 令控制信号为低电平，其作用有二个：一是使模拟开关 MUX 接通下端，即锁存器输出端 $\overline{Q}$；二是令与门输出低电平，VF0 截止，致使输出级为开漏输出电路。

(1) 作为输出口

当 P0 口用作输出口时,因输出端处于开漏状态,必须外接上拉电阻。当写信号加在锁存器的时钟 CL 上,此时 D 触发器将内部总线 D 上的信号反相输出到 $\overline{Q}$ 端。若 D 端信号为 0,则 $\overline{Q}=1$,VF1 导通,P0.X 引脚输出 0;反之,若 D 端信号为 1,则 $\overline{Q}=0$,VF1 截止,因 P0.X 引脚已经外接上拉电阻,所以 P0.X 引脚输出为 1。

(2) 作为输入口

当 P0 口用作输入口时,必须保证 VF1 截止。因为若 VF1 导通,则从 P0 口引脚上输入的信号被 VF1 短路。为使 VF1 截止,必须先向该端口锁存器写入 1,即 D 端口信号为 1,$\overline{Q}=0$,VF1 截止。输入信号从 P0 口引脚输入后,先进入读引脚输入缓冲器 2,CPU 执行端口输入指令后,"读引脚"信号使输入缓冲器打开,输入信号进入内部数据总线。

(3) "读-修改-写"操作

单片机对端口的操作除了输入输出外,还能对端口进行"读-修改-写"操作,其中"读"不是读 P0 引脚上的输入信号,而是读 P0 端口原来的输出信号,即锁存器 Q 端的信号,其目的是避免因外部电路的原因使端口引脚的状态发生变化而造成误读。

2. P0 口用作地址/数据总线

(1) P0 口分时输出低 8 位地址、输入数据

P0 口工作在这种方式时,控制信号为 1,模拟开关将非门与 VF1 接通、输出的地址和数据都从地址/数据总线驱动 VF0、VF1。若地址/数据总线的状态为 1,则场效应管 VF0 导通、VF1 截止,引脚输出为 1;若地址/数据总线状态为 0,则 VF0 截止、VF1 导通,引脚输出为 0。可见,引脚的状态与地址/数据总线的信息相同。

(2) P0 口分时输出低 8 位地址、输出数据

CPU 在执行此操作时,若首先将低 8 位信息出现在地址/数据线上,则引脚上的信息为地址信息。之后,CPU 会自动将模拟开关接到锁存器,并自动向锁存器写"1",同时从引脚将数据读入内部总线,此时的过程同 P0 口作为通用 I/O 输入口。

可以看出,P0 口作为地址/数据总线用时,是一个标准的双向口。

4.1.2 P1 端口的结构与功能

对于通常的 51 内核单片机而言,P1 口是唯一一个单功能口,只能作为通用的 I/O 端口。P1 口某一位的结构如图 4.2 所示。由该结构图可以看出,在输出驱动部分,P1 口与 P0 口不同,它接有内部的上拉电阻,因此在进行硬件连线时,可以不外接电阻。P1 口也是通用的准双向口,当从端口读入数据时,应先向端口写入 1,再读数据。

而对于 AT89S52 单片机,P1 口的 P1.0、P1.1、P1.5、P1.6、P1.7 也具有第二功能。P1.0 和 P1.2 分别作为定时器/计数器 2 的外部计数输入或时钟输出(P1.0/T2)和定时器/计数器 2 的触发输入(P1.1/T2EX),P1.5、P1.6、P1.7 则是在对 AT89S52 单片机在线编程时使用到。AT89C52 由于不具备在线编程功能,因此它的 P1.5~P1.7 不具备第二功能,P1.0 和 P1.1 则与 AT89S52 一样。具体功能如表 4.1 所列。

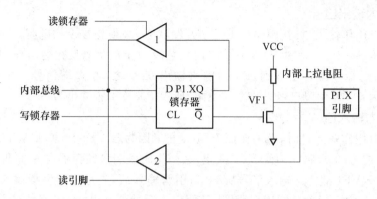

图 4.2　P1 口的一位结构图

表 4.1　AT89S52 单片机 P1 口引脚的第二功能

口线	第二功能	信号名称
P1.0	T2	定时器/计数器 2 的外部计数输入或时钟输出
P1.1	T2EX	定时器/计数器 2 的捕捉/重载触发信号和方向控制
P1.5	MOSI	SPI 主机输出/从机输入,在线编程时使用
P1.6	MISO	SPI 主机输入/从机输出,在线编程时使用
P1.7	SCK	SPI 时钟,在线编程时使用

4.1.3　P2 端口的结构与功能

P2 口的某一位结构如图 4.3 所示。

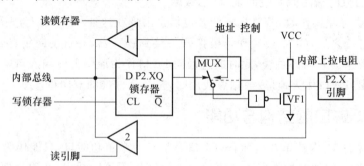

图 4.3　P2 口的一位结构图

P2 口可以作为一般的通用 I/O 口,其工作方式与 P0 口类似。当作为通用的 I/O 口使用时,读引脚状态下需要向端口写 1,也属于准双向口。其输出驱动电路与 P0 口不同,内部已经设有上拉电阻,因此不需要外接上拉电阻。当需要在单片机外部进行扩展时,P2 口也可以作为高 8 位地址总线,与 P0 口的低 8 位地址总线一起形成 16 位 I/O 地址。此时,CPU 发出控制信号使模拟开关 MUX 接到地址线,地址信息通过非门和场效应管输出到引脚。

4.1.4 P3 端口的结构与功能

P3 口是单片机中使用最灵活、功能最多的一个并行端口,不仅具有通用的输入输出功能,而且还具有多种用途的第二功能。其某一位的结构如图 4.4 所示。

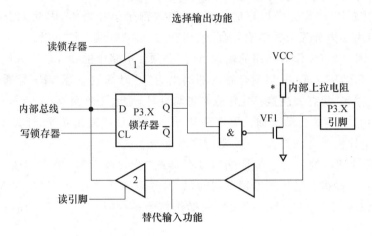

图 4.4 P3 口的一位结构图

使用 P3 口时多数是将 8 根 I/O 线单独使用,既可将其设置为第二功能,也可设置为第一功能。当工作于通用的 I/O 功能时,单片机会自动将第二功能输出线置 1。与其他的 I/O 口一样,在向端口写数据时,锁存器的状态与输出引脚的状态一致;当读端口的状态时,则需先向端口写 1,再将数据读入内部数据总线,因此是准双向口。

单片机工作于第二功能时,自动将锁存器的 Q 端置 1,此时,P3 口的各引脚功能如表 4.2 所列。

表 4.2 AT89C52P3 口引脚的第二功能

口 线	第二功能	信号名称
P3.0	RXD	串行数据接收
P3.1	TXD	串行数据发送
P3.2	$\overline{INT0}$	外部中断 0 请求信号输入
P3.3	$\overline{INT1}$	外部中断 1 请求信号输入
P3.4	T0	定时器/计数器 0 计数输入
P3.5	T1	定时器/计数器 1 计数输入
P3.6	$\overline{WR}$	外部 RAM 写选通
P3.7	$\overline{RD}$	外部 RAM 读选通

作为第二功能的输出口,由于该位的锁存器已自动置 1,使与非门对第二功能输出端是畅通的,引脚状态与第二功能输出端状态一致。作为第二功能输入口线,锁存器和第二功能输出都已置 1,使场效应管 VF1 截止,引脚状态通过第一个输入缓冲器进

入第二功能输入端。

从上面的叙述可以看出,单片机的并行 I/O 接口有以下应用特性:

① P0、P1、P2、P3 作为通用 I/O 口使用时,输入操作是读引脚状态;输出操作是对口的锁存器的写入操作,锁存器的状态立即反映到引脚上。

② P1、P2、P3 口作为输出口时,由于电路内部带上拉电阻,因此无需外接上拉电阻,而 P0 口由于内部无上拉电阻,因此使用它时,必须外接上拉电阻。

③ P0、P1、P2、P3 作为通用的输入口时,必须使电路中的锁存器写入高电平"1",使场效应管(FET)VF1 截止,以避免锁存器输出为"0"时场效应管 VF1 导通使引脚状态始终被钳位在"0"状态。**注意**:P0 作为数据端口时,它才是双向口。

④ I/O 口功能的自动识别。无论是 P0、P2 口的总线复用功能,还是 P3 口的第二功能复用,单片机会自动选择,不需要用户通过指令选择。

⑤ 两种读端口的方式。包括端口锁存器的"读－改－写"操作和读引脚的操作。在单片机中,有些指令是读端口锁存器的,如一些逻辑运算指令、置位/复位指令、条件转移指令以及将 I/O 口作为目的地址的操作指令;有些指令是读引脚的,如以 I/O 口作为源操作数的指令。

⑥ I/O 口的驱动特性。P0 口每一个 I/O 口可驱动 8 个 LSTTL 输入,而 P1、P2、P3 口每一个 I/O 口可驱动 4 个 LSTTL 输入。在使用时应注意口的驱动能力。

4.2 Proteus 简介

Proteus ISIS 是英国 Labcenter 公司开发的电路分析与实物仿真软件。它运行于 Windows 操作系统上,可以仿真、分析(SPICE)各种模拟器件和集成电路,该软件的特点是:

① 实现了单片机仿真和 SPICE 电路仿真相结合。具有模拟电路仿真、数字电路仿真、单片机及其外围电路组成的系统的仿真、RS232 动态仿真、I^2C 调试器、SPI 调试器、键盘和 LCD 系统仿真的功能;有各种虚拟仪器,如示波器、逻辑分析仪、信号发生器等。

② 支持主流单片机系统的仿真。目前支持的单片机类型有:68000 系列、8051 系列、AVR 系列、PIC12 系列、PIC16 系列、PIC18 系列、Z80 系列、HC11 系列以及各种外围芯片。

③ 提供软件调试功能。在硬件仿真系统中具有全速、单步、设置断点等调试功能,同时可以观察各个变量、寄存器等的当前状态,因此在该软件仿真系统中,也必须具有这些功能;同时支持第三方的软件编译和调试环境,如 Keil μVision2 等软件。

④ 具有强大的原理图绘制功能。

总之,该软件是一款集单片机和 SPICE 分析于一身的仿真软件,功能极其强大。本节主要介绍 Proteus ISIS 软件的工作环境和一些基本操作。

4.2.1 Proteus ISIS 的工作界面

Proteus ISIS 的工作界面是一种标准的 Windows 界面,如图 4.5 所示。包括:标题栏、主菜单、标准工具栏、绘图工具栏、状态栏、对象选择按钮、预览对象方位控制按钮、仿真进程控制按钮、预览窗口、对象选择器窗口、图形编辑窗口。

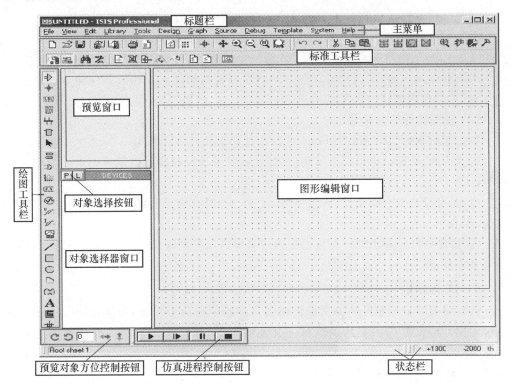

图 4.5　Proteus ISIS 的工作界面

4.2.2 Proteus ISIS 的基本操作

1. 图形编辑窗口

图形编辑窗口用来完成电路原理图的编辑和绘制,为了方便作图,需要了解以下基本概念。

(1) 坐标系统(Co-ordinate System)

ISIS 中坐标系统的基本单位是 10 nm,主要是为了和 Proteus ARES 保持一致。但坐标系统的识别(read-out)单位被限制在 1th。坐标原点默认在图形编辑区的中间,图形的坐标值能够显示在屏幕的右下角的状态栏中。

(2) 点状栅格(The Dot Grid)与捕捉栅格(Snapping to a Grid)

编辑窗口内有点状的栅格,可以通过 View 菜单的 Grid 命令在打开和关闭间切换。点与点之间的间距由当前捕捉的设置决定,捕捉的尺度可以由 View 菜单的 Snap

命令设置,或者直接使用功能键 F4、F3、F2 和 CTRL+F1。若键入 F3 或者通过 View 菜单的选中 Snap 100th,则鼠标在图形编辑窗口内移动时,坐标值是以固定的步长 100th 变化,这称为捕捉。如果想要确切地看到捕捉位置,可以使用 View 菜单的 X-Cursor 命令,选中后将会在捕捉点显示一个小的或大的交叉十字。

(3) 实时捕捉(Real Time Snap)

当鼠标指针指向引脚末端或者导线时,鼠标指针将会被捕捉到这些物体,这种功能被称为实时捕捉,该功能可以方便地实现导线和管脚的连接。可以通过 Tools 菜单的 Real Time Snap 命令或者是 CTRL+S 切换该功能,也可以通过 View 菜单的 Redraw 命令来刷新显示内容,同时预览窗口中的内容也将被刷新。当执行其他命令导致显示错乱时,可以使用该特性恢复显示。

(4) 视图的缩放与移动

如果想对视图进行缩放与移动,可以通过如下几种方式来实现:

① 单击预览窗口中想要显示的位置,这将使编辑窗口显示以鼠标单击处为中心的内容。

② 在编辑窗口内移动鼠标,按下 Shift 键,用鼠标"撞击"边框,这会使显示平移,称为 Shift-Pan。

③ 用鼠标指向编辑窗口并按缩放键或者操作鼠标的滚动键,会以鼠标指针位置为中心重新显示。

2. 预览窗口

该窗口通常显示整个电路图的缩略图。在预览窗口上单击,将会有一个矩形蓝绿框标示出在编辑窗口中显示的区域。其他情况下,预览窗口显示将要放置的对象的预览。

3. 对象选择器窗口

通过对象选择按钮,从元件库中选择对象,并置入对象选择器窗口,供今后绘图时使用。显示对象的类型包括:设备、终端、引脚、图形符号、标注和图形。

4. 对象的放置和编辑

(1) 对象的添加和放置

单击工具箱的元器件按钮(Component Mode) ,使其选中,再单击 ISIS 对象选择按钮 P,出现 Pick Devices 对话框,在这个对话框里可以选择元器件和一些虚拟仪器。下面以添加单片机 AT89C52 为例来说明怎么把元器件添加到编辑窗口的。在 Gategory(器件种类)下面,找到 Micoprocessor IC 选项,鼠标左键单击一下,在对话框的右侧,会发现这里有大量常见的各种型号的单片机,找到单片机 AT89C52,双击 AT89C52,如图 4.6 所示。如果还需要选择其他的器件,可以继续在 Key Words 文本框输入器件名或关键词继续添加,完毕后单击右下角的 OK 按钮,关闭对话框,返回 ISIS 工作界面。

这样在左边的对象选择器就有了 AT89C52 这个元件了。单击一下这个元件,然

第 4 章　单片机的 I/O 口及 Proteus 简介

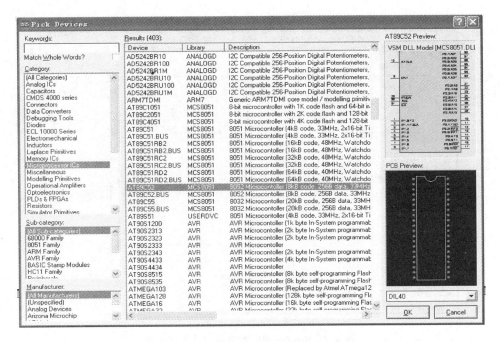

图 4.6　Proteus ISIS 的选择器件界面

后把鼠标指针移到右边的原理图编辑区的适当位置,单击鼠标的左键,就把 AT89C52 放到了原理图区。

(2) 放置电源及接地符号

放置器件时,许多器件隐藏 VCC 和 GND 引脚,仿真的时候默认器件的电源和地线是连好的。如果需要加电源,可以单击工具箱的终端按钮 Terminals Mode,这时对象选择器将出现一些接线端,如图 4.7 所示。在器件选择器里单击 GROUND,鼠标移到原理图编辑区,单击一下即可放置接地符号,同理也可以把电源符号 POWER 放到原理图编辑区。

(3) 对象的编辑

调整对象的位置和放置方向以及改变元器件的属性等,有选中、删除等基本操作,方法很简单,选中为左键单击对象,删除是先选中对象,再单击右键。其他操作还有:

① 拖动标签:许多类型的对象有一个或多个属性标签附着。可以很容易地移动这些标签使电路图看起来更美观。移动标签的步骤如下:首先单击选中对象,然后用鼠标指向标签,按下鼠标左键,一直按着左键就可以拖动标签到你需要的位置,释放鼠标左键即可。

② 对象的旋转:许多类型的对象可以调整旋转为 0°、90°、180°、270°,或通过 x 轴 y 轴镜像旋转。当该类型对象被选中后,"旋转工具按钮"图标会从蓝色变为红色,然后就可以改变对象的放置方向。旋转的具体方法是:首先选中对象,然后根据要求用鼠标左键单击旋转工具的 4 个按钮。

③ 编辑对象的属性:对象一般都具有文本属性,这些属性可以通过一个对话框进

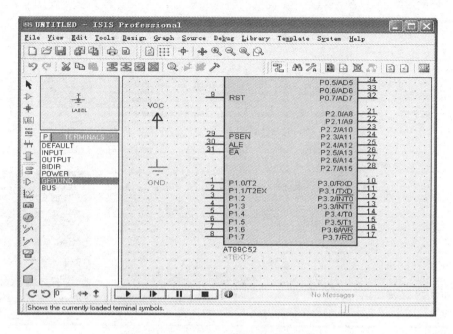

图 4.7　Proteus ISIS 的电源和地放置界面

行编辑。编辑单个对象的具体方法是：先选中对象，然后用鼠标左键单击对象，此时出现属性编辑对话框。也可以单击工具箱的按钮，再单击对象，也会出现编辑对话框。如图 4.8 所示是 AT89C52 的编辑对话框，这里可以改变标号、名称、PCB 封装、加载的程序文件、时钟频率以及是否把这些东西隐藏等，修改完毕，单击 OK 按钮即可。

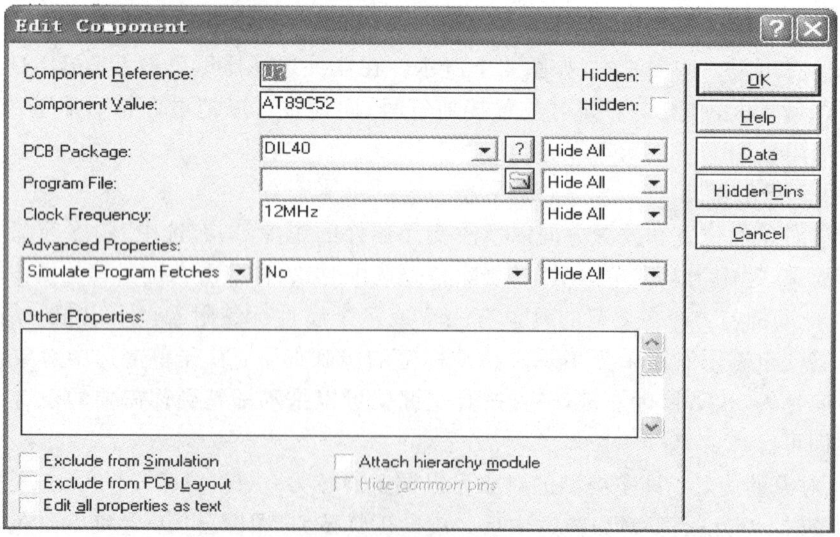

图 4.8　编辑对象的属性界面

4.2.3 Proteus ISIS 的原理图绘制和仿真

1. 原理图的绘制

(1) 画导线

Proteus 的智能化可以在想要画线的时候进行自动检测。当鼠标的指针靠近一个对象的连接点时,鼠标的指针就会出现一个"×"号,单击元器件的连接点,移动鼠标(不用一直按着左键)就出现了深绿色连接线。如果想让软件自动定出线路径,只需单击另一个连接点即可。这就是 Proteus 的线路自动寻径功能 WAR(Wire Auto Router),如果只是在两个连接点用鼠标单击,WAR 将选择一个合适的线径。WAR 可通过使用工具栏里的"WAR"命令按钮 来关闭或打开,也可以在菜单栏的"Tools"下找到这个图标。如果想自己决定走线路径,只需在想要拐点处单击即可。在此过程的任何时刻,都可以按 ESC 或者单击鼠标的右键来放弃画线。

(2) 画总线

为了简化原理图,可以用一条导线代表数条并行的导线,这就是所谓的总线。单击工具箱的总线按钮(Bus Mode) ,即可在编辑窗口画总线。

(3) 画总线分支线

单击工具的按钮,画总线分支线,它是用来连接总线和元器件引脚的。画总线的时候为了和一般的导线区分,常用画斜线来表示分支线,但这时如果 WAR 功能打开是不行的,需要把 WAR 功能关闭。画好分支线还需要给分支线起个名字,即放置一个标签。放置方法是用鼠标单击连线工具条中图标 或者右击连线执行 Place Wire Label 菜单命令,如图 4.9 所示,这时系统弹出 Edit Wire Label 对话框,在 String 项定义网络标号,确认,如图 4.10 所示。将设置好的网络标号放在第(1)步放置

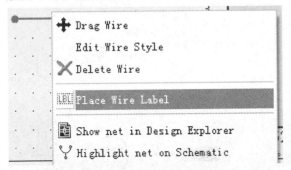

图 4.9 Place Wire Label 界面

的短导线上(注意一定是上面),单击鼠标左键即可将之定位。当电路中多根数据线、地址线、控制线并行时建议使用总线设计。

(4) 放置线路节点

如果在交叉点有电路节点,则认为两条导线在电气上是相连的,否则就认为它们在电气上是不相连的。ISIS 在画导线时能够智能地判断是否要放置节点,但在两条导线交叉时是不放置节点的,这时要想两个导线电气相连,只有手工放置节点了。单击工具箱的节点放置按钮 ,当把鼠标指针移到编辑窗口,指向一条导线的时候,会出现一个"×"号,单击就能放置一个节点。

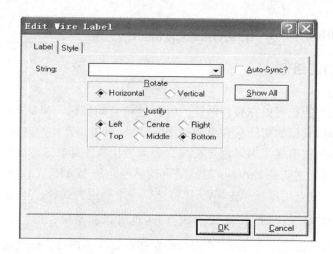

图 4.10　Edit Wire Label 对话框

2. 一般电路的模拟调试

在此用一个简单的电路来演示如何进行模拟调试。电路如图 4.11 所示。设计这个电路的时候需要在 Category(器件种类)里找到 BATTERY(电池)、FUSE(保险丝)、LAMP(灯泡)、POT—LIN(滑动变阻器)、SWITCH(开关)这几个元器件并添加到对象选择器里。另外还需要一个虚拟仪器——电流表。单击虚拟仪表按钮,在对象选择器找到 DC AMMETER(电流表),添加到原理图编辑区按照图 4.11 布置元器件,并连接好。在进行模拟之前还需要设置各个对象的属性。选中电源 B1,再单击左键,出现了属性对话框,在 Component Reference 后面填上电源的名称,在 Voltage 后面填上电源的电动势的值,这里设置为 12 V。在 Internal Resistance 后面填上内电阻的值 0.1 Ω。其他元器件的属性设置如下:滑动变阻器的阻值为 50 Ω;灯泡的电阻是

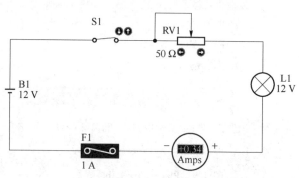

图 4.11　Lamp 的电路图

10 Ω,额定电压是 12 V;保险丝的额定电流是 1 A,内电阻是 0.1 Ω。单击菜单栏 Debug(调试)下的按钮或者单击模拟调试按钮的运行按钮,也可以按下组合键 Ctrl+F12 进入模拟调试状态。把鼠标指针移到开关的⊕这时出现了一个"+"号,单击一下,就合上了开关,如果想打开开关,鼠标指针移到⊖将出现一个"一"号,单击一下就会打开开关。开关合上后灯泡点亮,电流表也有了示数。把鼠标指针移到滑动变阻器附近的⊕⊖分别单击,使电阻变大或者变小,会发现灯泡的亮暗程度发生了变化,电流表的示数也发生了变化。如果电流超过了保险丝的额定电流,保险丝就会熔断。不过在调试状态下没有修复的命令。可以这样修复:按下按钮停止调试,然后再进入调试状态,保险丝就

修复好了。

4.2.4 Proteus 与 Keil C 相结合的设计和仿真

下面以一个简单的实例来完整的展示一个 Keil C 与 Proteus 相结合的仿真过程。

1. 6 位数码管显示的电路设计

如图 4.12 所示,实现 6 位 LED 数码管的选通并显示字符,需要说明的是数码管的原理将在 4.3 节作详细介绍。电路的核心是单片机 AT89C52。单片机的 P1 口 8 个引脚接 LED 显示器的段选码(a、b、c、d、e、f、g、dp)的引脚上,单片机的 P2 口 6 个引脚接 LED 显示器的位选码(1、2、3、4、5、6)的引脚上,电阻起限流作用,总线使电路图变得简洁,完整的步骤如下。

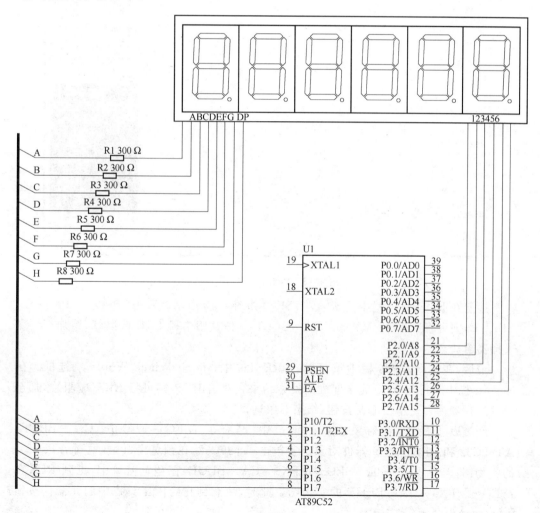

图 4.12 单片机驱动 6 位 8 段数码管的电路图

(1) 电路图的绘制

① 将所需元器件加入到对象选择器窗口

单击对象选择器按钮 P,弹出 Pick Devices 页面,在 Keywords 输入 AT89C52,系统在对象库中进行搜索查找,并将搜索结果显示在 Results 中,在 Results 栏中的列表项中,双击 AT89C52,则可将 AT89C52 添加至对象选择器窗口,如图 4.13 所示。

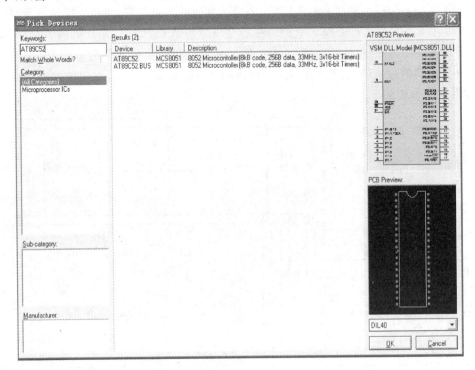

图 4.13 Pick Devices 对话框

接着在 Keywords 栏中重新输入 7SEG,如图 4.13 所示。双击 7SEG-MPX6-CA-BLUE,则可将 7SEG-MPX6-CA-BLUE(6 位共阳 7 段 LED 数码管)添加至对象选择器窗口。

最后,在 Keywords 栏中重新输入 RES,选中 Match Whole Words 单选框。在 Results 栏中获得与 RES 完全匹配的搜索结果。双击 RES,则可将 RES(电阻)添加至对象选择器窗口。单击 OK 按钮,结束对象选择。

经过以上操作,在对象选择器窗口中,已有了 7SEG-MPX6-CA-BLUE、AT89C52 和 RES 三个元器件对象。若单击 AT89C52,在预览窗口中,见到 AT89C52 的实物图;若单击 RES 或 7SEG-MPX6-CA-BLUE,在预览窗口中,见到 RES 和 7SEG-MPX6-CA-BLUE 的实物图。此时,注意到在绘图工具栏中的元器件按钮 处于选中状态。

② 放置元器件至图形编辑窗口

在对象选择器窗口中,选中 7SEG-MPX6-CA-BLUE,将鼠标置于图形编辑窗口中欲放该对象的位置、单击鼠标左键,该对象被完成放置。同理,将 AT89C52 和 RES 放置到图形编辑窗口中,如图 4.14 所示。

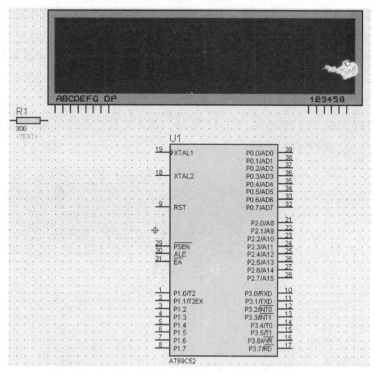

图 4.14　元器件放置界面

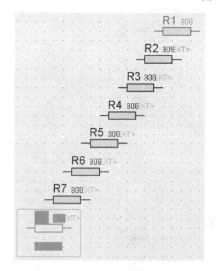

图 4.15　电阻复制的界面

若对象位置需要移动,将鼠标移到该对象上右击,此时注意到,该对象的颜色已变至红色,表明该对象已被选中,按下鼠标左键,拖动鼠标,将对象移至新位置后,松开鼠标,完成移动操作。

由于电阻 R1~R8 的型号和电阻值均相同,因此可利用复制功能作图。先选中 R1,在标准工具栏中,单击复制按钮,拖动鼠标,按下鼠标左键,将对象复制到新位置,如此反复,直到按下鼠标右键,结束复制。此时注意到,电阻名的标识系统自动加以区分,如图 4.15 所示。

③ 放置总线至图形编辑窗口

单击绘图工具栏中的总线按钮,使之处于选中状态。将鼠标置于图形编辑窗口,单击鼠标左键,确定总线的起始位置;移动鼠标,屏幕出现粉红色细直线,找到总线的终点位置,单击鼠标左键,再单击鼠标右键,以表示确认并结束画总线操作。

④ 元器件之间的连线

Proteus 的智能化可以在想要画线的时候进行自动检测。下面来操作将电阻 R1 的右端连接到 LED 显示器的 A 端。当鼠标的指针靠近 R1 右端的连接点时,跟着鼠标的指针就会出现一个"×"号,表明找到了 R1 的连接点,单击鼠标左键,移动鼠标(不用拖动鼠标),将鼠标的指针靠近 LED 显示器的 A 端的连接点时,跟着鼠标的指针就会出现一个"×"号,表明找到了 LED 显示器的连接点,单击鼠标左键,同时,线形由直线自动变成了 90°的折线,这是因为选中了线路自动寻径功能。

同理,可以完成其他连线,如图 4.16 所示。在此过程的任何时刻,都可以按 Esc 键或者单击鼠标的右键来放弃画线。

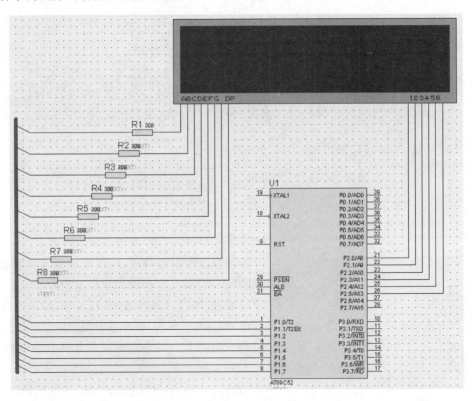

图 4.16 完成连线的电路图

⑤ 元器件与总线的连线

画总线的时候为了和一般的导线区分,一般喜欢画斜线来表示分支线。此时需要决定走线路径,在画线的同时,按住 Ctrl 键,就可以画出任意的斜线。

⑥ 给与总线连接的导线贴标签

单击绘图工具栏中的导线标签按钮,使之处于选中状态。将鼠标置于图形编辑窗口的欲标标签的导线上,跟着鼠标的指针就会出现一个"×"号,表明找到了可以标注的导线,单击鼠标左键,弹出编辑导线标签窗口,在 string 栏中,输入标签名称(如 a),

单击 OK 按钮,结束对该导线的标签标定。同理,可以标注其他导线的标签,如图 4.17 所示。注意,在标定导线标签的过程中,相互接通的导线必须标注相同的标签名,由于 Proteus 不区分大小写,因此 A 和 a 是相同的标签名。

至此,完成了整个电路图的绘制,如图 4.17 所示。

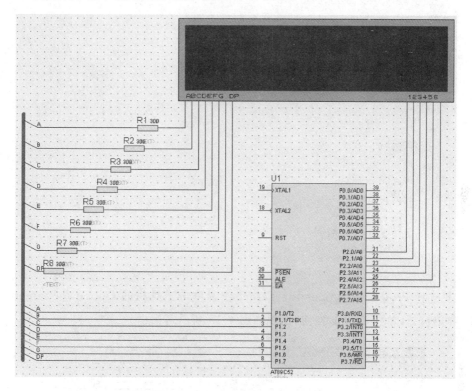

图 4.17　完成导线贴标签的电路图

(2) Keil C 与 Proteus 连接调试

① 假若 Keil C 与 Proteus 均已正确安装在 C:\Program Files 的目录里,把光盘中附带的"VDM51.dll"复制到 C:\Program Files\keilC\C51\BIN 目录中。

② 用记事本打开 C:\Program Files\keilC\C51\TOOLS.INI 文件,在[C51]栏目下加入:TDRV5=BIN\VDM51.DLL ("Proteus VSM Monitor－51 Driver"),其中"TDRV5"中的"5"要根据实际情况写,不要和原来的重复。步骤①和②只需在初次使用设置。

③ 进入 Keil C μVision3 集成开发环境,创建一个新项目(Project),并为该项目选定合适的单片机 CPU 器件(如 Atmel 公司的 AT89C52),并为该项目加入 Keil C 源程序,具体的细节请查阅第 3 章中有关 Keil C 的使用说明。源程序如下:

```
#define LEDS 6
#include <reg52.h>    //AT89C52 系列单片机的头文件,早期 Keil C 版本为 AT89X52
unsigned char code Select[] = {0x01,0x02,0x04,0x08,0x10,0x20};   //LED 数码管选通信号
```

/*下面的数组内容为共阳极数码管的段代码,具体使用说明请参看4.3节*/
unsigned char code LED_CODES[] =
{
    0xC0,0xF9,0xA4,0xB0,0x99,0x92,0x82,0xF8,0x80,0x90,//0～9
    0x88,0x83,0xC6,0xA1,0x86,0x8E,//A,b,C,d,E,F
};
void main()
{
    char i = 0;
    long int j;
    while(1)
    {
        P2 = 0;
        P1 = LED_CODES[i];
        P2 = Select[i];
        for(j = 3000;j>0;j--);
        i++;
        if(i>5) i = 0;
    }
}

④ 选择 Project→Options for Target 或者单击工具栏的 Option for target 按钮,弹出窗口,单击 Debug 按钮,出现如图 4.18 所示对话框。

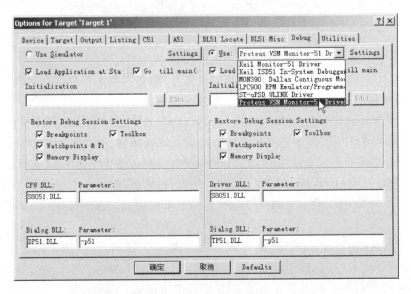

图 4.18　Keil C 的 Options for Target 对话框

在出现的对话框里在右栏上部的下拉菜单里选中 Proteus VSM Monitor - 51Driver,并且还要单击一下 Use 前面表明选中的小圆点。

再单击 Setting 按钮,设置通信接口,在 Host 后面添上"127.0.0.1",如果使用的不是同一台电脑,则需要在这里添上另一台电脑的 IP 地址(另一台电脑也应安装 Proteus)。在 Port 后面添加"8000"。设置好的情形如图 4.19 所示,单击 OK 按钮即可。最后将工程编译,进入调试状态,并运行。

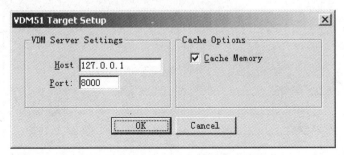

图 4.19　VDM51 Target Set 对话框

⑤ Proteus 的设置

进入 Proteus 的 ISIS,选择 Debug→Use Remote Debug Monitor,如图 4.20 所示。此后,便可实现 KeilC 与 Proteus 连接调试。

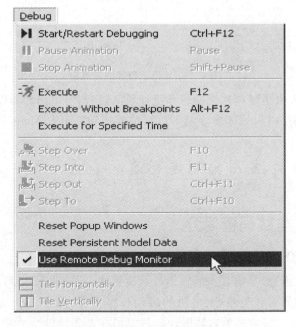

图 4.20　Proteus ISIS 的 Debug 菜单

⑥ Keil 与 Proteus 连接仿真调试

在 Keil 中执行菜单命令 Debug→Start/Stop Debug Session,进入 Keil 调试环境,按 F5 键全速运行程序,切换到 Proteus ISIS 窗口后,能清楚地观察到每一个引脚的电平变化,红色代表高电平,蓝色代表低电平。在 LED 显示器上,循环显示 0、1、2、3、4、5。

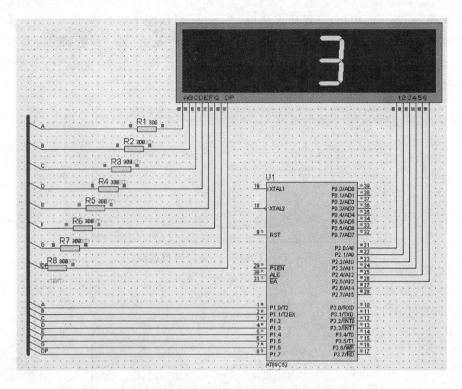

图 4.21　6 位数码管的仿真图

　　本例只是让大家了解单片机的仿真设计及其过程,对电路和程序均未作讲解。4.3 节将以实例来说明 AT89C52 单片机 I/O 口的使用和基于 Proteus 的仿真。

4.3　I/O 口应用实例与仿真

4.3.1　LED 与数码管简介

1. LED 简介

　　LED(发光二极管)是最基本的输出显示装置之一,通过 LED 可以直观地看出控制系统状态,如按键的闭合与断开、电机的启动与停止等,另外 LED 还可以用于制作彩灯。LED 具有普通二极管的单向导电性。只要加在发光二极管两端的电压超过导通电压(一般为 1.7~1.9 V),它就会导通,而当流过它的电流超过一定时间时(一般为 2~3 ms),它就会发光。

2. 数码管的原理与使用方法

　　数码管是工业控制中使用非常多的一种显示输出设备,数码管的应用就在身边,如温度显示、电梯楼层显示、电子万年历等系统中经常使用数码管进行显示。

　　LED 数码管显示器内部由 7 个条形发光二极管和一个小圆点发光二极管组成,每个发光二极管称为一字段,数码管外形图如图 4.22(c)所示。因而它的控制原理和发光二极管的控制原理是相同的。根据各管的接线形式,可分成共阴极型和共阳极型。发光二极管的阳极连在一起,为一个公共端,这种显示器称为共阳极显示器,如图 4.22(a)所示。发光二极管的阴极连在一起,为一个公共端,这种显示器称为共阴极显示器,如图 4.22(b)。给 LED 数码管的 7 个发光二极管加不同的电平,二极管显示不同亮暗的组合就可以形成不同的字型,这种组合称之为字型码。下面以 1 为高电平,0 为低电平,给出字形码表,如表 4.3 所列。

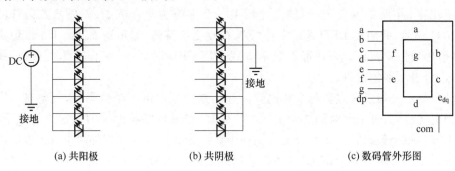

(a) 共阳极　　　　　(b) 共阴极　　　　　(c) 数码管外形图

图 4.22　数码管接线方式与外形图

表 4.3　数码管字型码表

显示字型	dp	g	f	e	d	c	b	a	共阴极字型码	共阳极字型码
0	0	0	1	1	1	1	1	1	0x3F	0xC0
1	0	0	0	0	0	1	1	0	0x06	0xF9
2	0	1	0	1	1	0	1	1	0x5B	0xA4
3	0	1	0	0	1	1	1	1	0x4F	0xB0
4	0	1	1	0	0	1	1	0	0x66	0x99
5	0	1	1	0	1	1	0	1	0x6D	0x92
6	0	1	1	1	1	1	0	1	0x7D	0x82
7	0	0	0	0	0	1	1	1	0x07	0xF8
8	0	1	1	1	1	1	1	1	0x7F	0x80
9	0	1	1	0	1	1	1	1	0x6F	0x90
A	0	1	1	1	0	1	1	1	0x77	0x88
B	0	1	1	1	1	1	0	0	0x7C	0x83
C	0	0	1	1	1	0	0	1	0x39	0xC6
D	0	1	0	1	1	1	1	0	0x5E	0xA1
E	0	1	1	1	1	0	0	1	0x79	0x86
F	0	1	1	1	0	0	0	1	0x71	0x8E

以共阴极 LED 数码管为例,如果要使数码管显示"4"字型,需向各控制端 a,b,…,g,dp 顺次送入 01100110 信号。**注意**:为了保护数码管不被损坏,使用时需要加限流电阻。

LED 显示器常用的显示方式有静态显示和动态显示。静态显示是当显示器显示某个字符时,相应的字段(发光二极管)恒定地导通或截止。这种显示方式的每个数码管相互独立,公共端恒定接地(共阴极)或接电源(共阳极)。LED 数码管的每个字段分别与一个 I/O 口或硬件译码电路相连,这时只要在字段上输入所需电平,相应字符就会显示出来,并保持不变,直到需要显示下一个字符为止。例如,如果给数码管输入 01111001 信号,共阴极 LED 显示字符"E",在改变字符前,显示器 a、d、e、f、g 段恒定导通,其他码段恒定截止。采用静态显示方式占用 CPU 时间少,编程简单,但占口线较多,不适合显示多位字符。

动态显示是指逐次点亮每个数码管。方法是先选中第一个数码管,把要显示字符的字型码送给它,过一段时间选中第二个数码管,把显示字符的字型码送给它显示,这样逐次点亮每个数码管。每次只能点亮一个数码管。只要点亮相邻两个数码管的时间间隔远远小于人眼视觉停留时间,动态显示的效果在人眼看来是同时点亮的。采用动态显示可以节省 I/O 口,但其亮度不如静态显示时的亮度。由于动态显示要循环扫描每个数码管,编程复杂,占用 CPU 时间多,所以要注意优化编程。为了充分利用单片机有限的 I/O 资源,在实际生活中,数码管动态显示方式应用较多。

4.3.2 LED 点阵显示屏

LED 点阵显示屏是一种通过控制半导体发光二极管的显示方式,用来显示文字、图形、图像、动画、行情、视频、录像信号等各种信息的显示屏幕。LED 显示屏按显示器件可以分为 LED 数码显示屏和 LED 点阵图文显示屏。LED 数码显示屏的显示器件为许多发光二极管组成的 7 段码数码管,如交通灯中显示时间的 7 段数码管;LED 点阵图文显示屏的显示器件是由许多均匀排列的发光二极管组成的点阵显示模块。点阵 LED 显示屏有单色大屏幕、单色条幅屏、彩色大屏幕、彩色条幅屏等,广泛应用于车站、码头、机场、商场、医院、宾馆等公共场所的室内外大型广告招牌。常见的基本单元是 8×8 点阵 LED,其实物外观和引脚图以及等效电路图分别如图 4.23 和图 4.24 所示。

8×8 点阵共由 64 个发光二极管组成,且每个发光二极管是放置在行线和列线的交叉点上。当点阵中的某一行置高电平,某一列置低电平,则该行列线交叉点的二极管就点亮。因此若实现某一列的发光二级管都点亮,则该列的列线上应送低电平,所有行线送高电平;若实现某一行的发光二级管都点亮,则该行的行线上送高电平,所有列线送低电平,这一操作可以利用软件扫描的方法实现,后面将给出实例具体讲解。

4.3.3 简易键盘的设计

在单片机应用系统中,经常使用简易的键盘作为系统的输入,本小节介绍简易键盘的设计和单片机对它的控制。

第 4 章 单片机的 I/O 口及 Proteus 简介

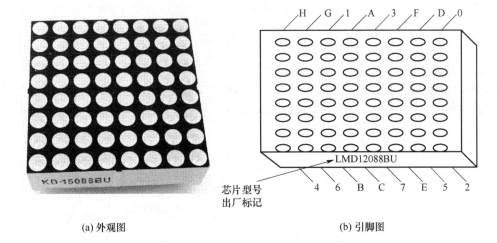

(a) 外观图　　　　　　　　　　　　　(b) 引脚图

图 4.23　8×8 点阵 LED 外观及引脚图

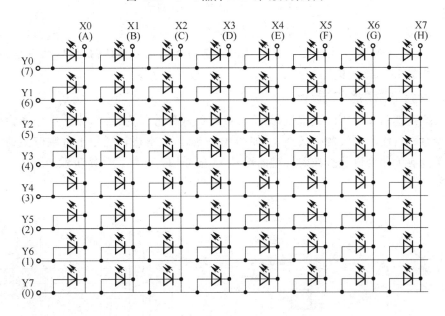

图 4.24　共阳极 LED 点阵的结构图

1. 独立式键盘的设计

键盘由一组常开的按键组成,可以通过键盘输入数据或命令。每个按键都被赋予一个代码,称为键码。键码分为编码键盘和非编码键盘。编码键盘是通过一个编码电路识别闭合键的键码,如 BCD 码。非编码键盘是通过软件来识别键码。由于非编码键盘的硬件电路简单,用户可以方便地改变键的数量,因此在单片机系统中应用广泛。这里主要介绍非编码键盘的设计。

非编码键盘可以分为两种结构形式:独立式键盘和行列式键盘。图 4.25(a)所示为处于常开状态的独立式键盘。当按键闭合时,P3.0 为低电平;当按键为常态时,P3.0

为高电平。由于机械触点的弹性作用,触点在闭合和断开瞬间的电接触情况不稳定,造成了电压信号的抖动现象,如图 4.25(b) 所示。键的抖动时间一般为 5~10 ms。为了避免一次闭合引起的 CPU 多次处理,应采用措施消除抖动。去抖动的方法有硬件和软件两种:硬件去抖一般采用双稳态去抖电路,如图 4.26 所示;软件消抖方法是在 CPU 检测到有键按下时,延时 10~20 ms,再次检查该键电平是否仍保护闭合状态,如保持闭合状态,则确认有键按下,否则从头检测。

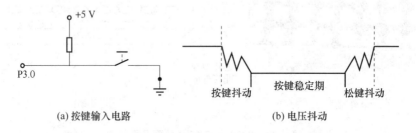

图 4.25 按键电路及电压抖动

由图 4.25 可知,独立式非编码键盘中每个按键都独立地占用一条数据线,当某按键闭合时,相应的 I/O 线变为低电平,因此,它的优点是电路结构简单,缺点是当键数多时占用 I/O 线也多。

2. 行列式键盘的设计

行列式键盘又叫矩阵式键盘,是将 I/O 线的一部分作为行线,另一部分作为列线,按键设置在行线和列线的交叉点上,如图 4.27 所示。本接口适用于键数较多的场合。检测键盘有无闭合以及查找闭合键的键号,一般采用扫描法。具体步骤如下:

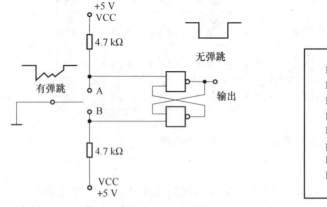

图 4.26 双稳态去抖动电路

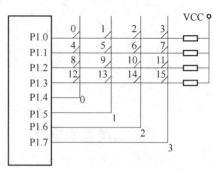

图 4.27 行列式键盘

① 先向所有连接线的 I/O 线输出 0,然后检测连接行线的按键状态,由相应的 I/O 线读入累加器 A 中。有键按下时,对应的行线输入 0;无键按下时,所有的行线输入为 1。

② 如果有键闭合,依次从一条列线上逐列输出低电平,然后检测各线的状态。若

都为1,说明闭合键不在该列;若有的行线为0,则说明闭合键在该列与为0的行线的交点上。由于每个按键所有的行号与列号不相同,所以每个按键都按行列号赋予了一个键号。

键盘的工作方式有程序扫描方式、定时扫描方式和中断扫描方式三种。

(1) 程序扫描方式

程序扫描方式是 CPU 在工作空余,主动调用键盘扫描子程序,响应键输入要求。在程序扫描键盘中,应完成以下几个功能:

① 判断键盘中有无键闭合;
② 消除键抖动影响;
③ 若有键闭合,则确定闭合键的键号;
④ 等待闭合键的释放。

(2) 定时扫描方式

定时扫描方式是利用定时器产生定时(如 10 ms)中断,CPU 响应中断后对键盘进行扫描并在有键闭合时转入该功能程序。定时扫描利用时间去抖动,需要两个标志:去抖动标志 QUDOU 和处理标志 CULI。定时扫描的优点是能及时响应键输入,缺点是无论有无键闭合,CPU 都要定时扫描,浪费 CPU 时间。

(3) 中断扫描方式

为了提高 CPU 的利用效率,可以让键盘工作在中断方式。有键闭合时,产生中断请求,完成消抖,确定键码等工作;无键闭合时,不产生中断。

4.3.4　I/O 口的实例仿真

由于本节是初次介绍 Proteus 的实例仿真,因此每个实例尽可能地给出详细分析,一般实例只给出 C 语言源程序,部分实例给出了汇编语言和 C 语言源程序,以便读者对照学习。熟悉了本节的多个实例后,后续章节的实例将主要侧重相关知识的应用,对于一些简单的程序和电路不再赘述。本节的实例都是在 Proteus 7.2 版上通过的,如果使用其他版的 Proteus 仿真,可能会因为一些元件库的不同而出现仿真错误,请选择相应的元件库。另外,AT89C52 控制 LED 或数码管等简单的元器件时,请尽量使用 P1 端口,只有在 P1 端口不够用时,才考虑使用 P0、P2 或 P3 端口。在设计电路板时,也最好把没用到的 P 端口引出来,以备扩展使用。后面的例子有的没有使用 P1 端口,而是直接使用 P0 或 P2 端口,它只是为了说明 P 口的用法,读者在做实际的电路设计时,请注意遵循各个 P 端口的用法。

【例 4.1】　闪烁灯的 Proteus 仿真及 C 语言程序设计。

设计要求

如图 4.28 所示,在 P1.0 端口上接一个发光二极管 D1,使 D1 周期性地一亮一灭,一亮一灭的时间间隔为 0.2 s。

闪烁灯的仿真电路原理图(见图 4.28)

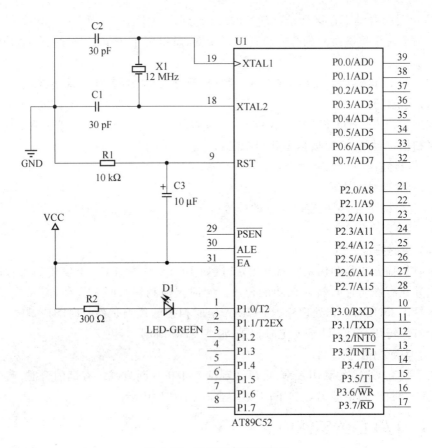

图 4.28 闪烁灯电路原理图

元器件选取

① AT89C52：单片机；②RES：电阻；③CRYSTAL：晶振；④CAP、CAP‐ELEC：电容、电解电容⑤LED‐GREEN：绿色发光二极管。

程序设计内容

① 延时程序的设计方法

AT89C52常用的延时方法有两种：一是程序延时；二是使用定时器延时。定时器延时请参考第6章有关定时器的知识，本节凡是需要延时的地方，均使用程序延时。程序延时是指单片机多次执行空操作指令 NOP，每个空操作指令均是一个指令周期，因此，指令周期×空操作指令数＝延时时间。对于 AT89C52 而言，1个指令周期＝12时钟周期，如本例外接时钟频率为 12 MHz，则 1 个指令周期＝12/12 MHz≈1 μs。这种方法用于延时时间精度要求不高的场合，如果需要精度很高的延时，则须使用定时器。

② 输出控制

如图 4.28 所示，当 P1.0 端口输出高电平，即 P1.0＝1 时，根据发光二极管的单向导电性可知，这时发光二极管 D1 熄灭；当 P1.0 端口输出低电平，即 P1.0＝0 时，发光二极管 D1 亮。

③ 限流电阻的选取

R2 是一个限流电阻,其作用是防止经 LED 灯 D1 流入单片机的电流过大,从而烧坏单片机。选择 R2 阻值大小的依据如下:AT89C52 的 I/O 口单个引脚的最大输入电流 I_{MAX} 为 15 mA,LED 的导通电压 V_{LED} 约为 2 V,这样分在 R2 上的电压 V_{R2} 约为 3 V,而 $I_{MAX} > 3$ V/R2,故 R2 > 200 Ω,而 LED 发光需要 10 mA 左右的电流,因此限流电阻 R2 一般选择 300 Ω 左右,如果是高亮的 LED,则其发光电流约为 5 mA,这时 R2 可选择 600 Ω。

程序流程图(见图 4.29)

C 语言源程序

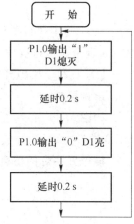

图 4.29 闪烁灯的程序流程图

```
#include <reg52.h>         //也可使用头文件 regx52.h
sbit L1 = P1^0;            //位定义,不能直接用 P1^0
/***********延时 0.2 s 子程序*************/
void delay02s(void)
{
    unsigned char i,j,k;
    for(i = 20;i>0;i--)
    for(j = 40;j>0;j--)
    for(k = 248;k>0;k--);
}
void main(void)
{
    while(1)
    {
        L1 = 0;delay02s();
        L1 = 1;delay02s();
    }
}
```

调试与仿真

打开 Keil 程序,执行菜单命令 Project→New Project 创建"闪烁灯"项目,并选择单片机型号为 AT89C52。

执行菜单命令 File→New 创建文件,输入上述 C 语言源程序,保存为"闪烁灯.c"。在 Project Workspce 项目管理窗口中,右击 Source Group 1,选择 Add File to Group ′Source Group 1′,将源程序"闪烁灯.c"添加到项目中。

在 Project Workspce 项目管理窗口中,选中 Target 1,执行菜单命令 Project→Options for Target ′Target 1′,在弹出的对话框中选择 Output 选项卡,选中 Creat HEX File。在 Debug 选项卡中,选中 use:Proteus VSM Monitor−51 Driver。在已经绘制好原理图的 Proteus ISIS 菜单栏中,执行菜单命令 Debug→Use Romote Debuger Monitor,为 Keil 和 Proteus 连调作准备,具体步骤请查阅 4.2 节 Keil C 与 Proteus 连接调试的内容。

在 Keil 中执行菜单命令 Debug→Start/Stop Debug Session,进入 Keil 调试环境,按 F5 键全速运行程序,切换到 Proteus ISIS 窗口后,就会看到 D1 周期性的闪烁。

【例 4.2】 模拟开关灯的 Proteus 仿真及 C 语言程序设计。

设计要求

如图 4.30 所示,监视开关 K1(接在 P3.0 端口上),用发光二极管 L1(接在单片机 P1.0 端口上)显示开关状态,若果开关合上,则 L1 亮;若开关打开,则 L1 熄灭。

模拟开关灯的仿真电路原理图(见图 4.30)

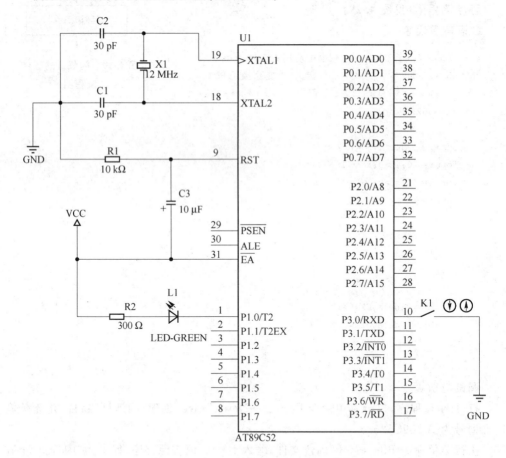

图 4.30 模拟开关灯的电路原理图

元器件选取

① AT89C52:单片机;②RES:电阻;③CRYSTAL:晶振;④CAP、CAP - ELEC:电容、电解电容;⑤LED - GREEN:绿色发光二极管;⑥SWITCH:开关。

程序设计内容

① 开关状态的检测过程

单片机对开关状态的检测相对于单片机来说,是从单片机的 P3.0 端口输入信号,而输入的信号只有高电平和低电平两种,当拨动开关 K1 拨上去时,即输入高电平,相当开关断开,当拨动开关 K1 拨下去时,即输入低电平,相当开关闭合。单片机可以采用 if(K1==1)或者是 if(K1==0)指令来完成对开关状态的检测。

② 输出控制

本例的输出控制同例 4.1。如图 4.30 所示,当 P1.0 端口输出高电平,即 P1.0=1 时,根据发光二极管的单向导电性可知,这时发光二极管 L1 熄灭;当 P1.0 端口输出低电平,即 P1.0=0 时,发光二极管 L1 亮。

程序流程图(见图 4.31)

C 语言源程序

```
#include <reg52.h>
sbit K1 = P3^0;
sbit L1 = P1^0;
void main(void)
{
    while(1)
    {
        if(K1!=1)L1 = 0;      //控制灯亮
        else    L1 = 1;       //控制灯灭
    }
}
```

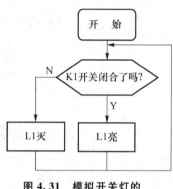

图 4.31 模拟开关灯的程序流程图

调试与仿真

本例也可采取 Keil 与 Proteus 连调的方式,具体步骤同例 4.1。另外也可单独使用 Proteus 仿真。

打开 Keil 程序,执行菜单命令 Project→New Project 创建"模拟开关灯"项目,并选择单片机型号为 AT89C52。

执行菜单命令 File→New 创建文件,输入上述 C 语言源程序,保存为"模拟开关灯.c"。在 Project Workspce 项目管理窗口中,右击 Source Group 1,选择 Add File to Group 'Source Group 1',将源程序"模拟开关灯.c"添加到项目中。

在 Project Workspce 项目管理窗口中,选中 Target 1,执行菜单命令 Project→Options for Target' Target 1',在弹出的对话框中选择 Output 选项卡,选中 Creat HEX File。关闭对话框,执行菜单命令 Project→Rebuild all target files,或直接单击工具栏中的 图标,编译所有的目标文件,生成"模拟开关灯.HEX"。

切换工作界面到 Proteus ISIS 的模拟开关灯仿真电路,在 AT89C52 元件上双击鼠标左键或单击右键再单击左键打开 Edit Component 对话框。设置 Program File 为"模拟开关灯.HEX",Clock Frequency 为 12 MHz。单击 OK 按钮关闭对话框。单击仿真运行

开始按钮 ▶ ,单击开关 K1,闭合或断开 K1,灯也会随之亮或灭。

【例 4.3】 报警器的 Proteus 仿真及 C 语言程序设计。

设计要求

如图 4.32 所示,用 P1.0 输出 1 kHz 和 500 Hz 的音频信号驱动扬声器,作报警信号,要求 1 kHz 信号响 100 ms,500 Hz 信号响 200 ms,交替进行,P1.7 接一开关进行控制,当开关闭合时报警信号响,当开关断开时报警信号停止。

报警器的仿真电路原理图(见图 4.32)

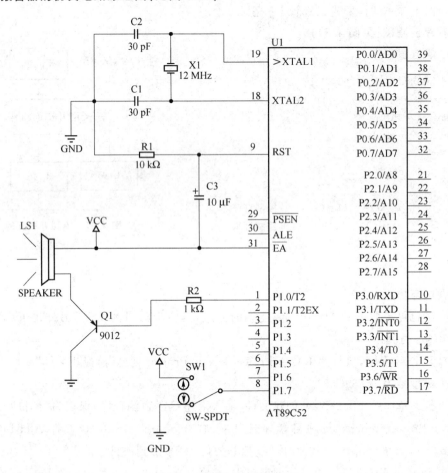

图 4.32 报警器的电路原理图

元器件选取

① AT89C52:单片机;②RES:电阻;③CRYSTAL:晶振;④CAP、CAP - ELEC:电容、电解电容;⑤SPEAKER:扬声器;⑥SW - SPDT:单刀双掷开关 SW1;⑦9012:PNP 三极管。

程序设计内容

报警信号产生的方法:500 Hz 信号周期为 2 ms,信号电平为每 1 ms 变反 1 次,1

单片机的 I/O 口及 Proteus 简介

第 4 章

kHz 的信号周期为 1 ms,信号电平每 500 μs 变反 1 次。不同频率的信号经过 9012 三极管放大后,送给扬声器 LS1,就会发出不同频率的报警声。

程序流程图(见图 4.33)

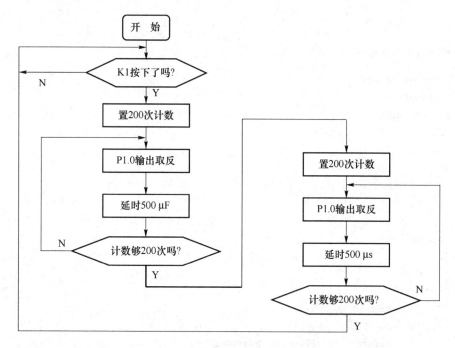

图 4.33 报警器的程序流程图

汇编语言与 C 语言源程序

① 汇编语言源程序

```
FLAG    BIT  00H
        ORG  00H
START:  JB   P1.7,START
        JNB  FLAG,NEXT
        MOV  R2,#200
DV:     CPL  P1.0
        LCALL DELY500
        LCALL DELY500
        DJNZ R2,DV
        CPL  FLAG
NEXT:   MOV  R2,#200
DV1:    CPL  P1.0
        LCALL DELY500
        DJNZ R2,DV1
        CPL  FLAG
        SJMP START
```

```
DELY500: MOV     R7,#250
LOOP:    NOP
         DJNZ    R7,LOOP
         RET
         END
```

② C语言源程序

```c
#include <reg52.h>
unsigned char count;
sbit LS1 = P1^0;
sbit SW1 = P1^7;
void dely500(void)
{
    unsigned char i;
    for(i = 250;i>0;i--);
}
void main(void)
{
    while(1)
    {
        if(SW1 == 0)
        {
            for(count = 200;count>0;count--)
            {
                LS1 = ~LS1;            //输出交变的频率信号,驱动扬声器发声
                dely500();             //延时,控制扬声器发声音调
            }
            for(count = 200;count>0;count--)
            {
                LS1 = ~LS1;
                dely500();
                dely500();
            }
        }
    }
}
```

调试与仿真

打开 Keil 程序,执行菜单命令 Project→New Project 创建"报警器"项目,并选择单片机型号为 AT89C52。

执行菜单命令 File→New 创建文件,输入上述汇编语言源程序,保存为"报警器.asm",或输入 C 语言源程序,保存为"报警器.c"。在 Project Workspce 项目管理窗口中,右击 Source Group 1,选择 Add File to Group 'Source Group 1',将源程序"报警器

单片机的 I/O 口及 Proteus 简介

第 4 章

121

".asm"或"报警器.c"添加到项目中。

在 Project Workspce 项目管理窗口中,选中 Target 1,执行菜单命令 Project→Options for Target'Target 1',在弹出的对话框中选择 Output 选项卡,选中 Creat HEX File。关闭对话框,执行菜单命令 Project→Rebuild all target files,或直接单击工具栏中的 图标,编译所有的目标文件,生成"报警器.HEX"。

切换工作界面到 Proteus ISIS 的报警器仿真电路,在 AT89C52 元件上双击鼠标左键或单击右键再单击左键打开 Edit Component 对话框。设置 Program File 为"报警器.HEX",Clock Frequency 为 12 MHz。单击 OK 按钮关闭对话框。单击仿真运行开始按钮 ,就可以听到"嘀…嗒…"的声音。也可单击 (Step)单步执行程序,查看程序单步执行的效果。

【例 4.4】 广告灯的 Proteus 仿真及程序设计(利用查表方式)。

设计要求

如图 4.34 所示,利用查表的方法,使端口 P1 作单一灯的变化:左移 2 次,右移 2 次,闪烁 2 次(延时时间为 0.2 s)。

广告灯的仿真电路原理图(见图 4.34)

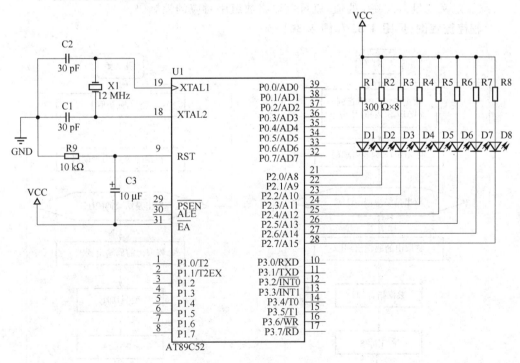

图 4.34 广告灯的电路原理图

元器件选取

①AT89C52:单片机;②RES:电阻;③CRYSTAL:晶振;④CAP、CAP-ELEC:电容、电解电容;⑤LED-GREEN:绿色发光二极管。

程序设计内容

查表法是单片机程序设计中常用的一种方法,它多用于一些较复杂的控制场合,如判断键盘按键的键值,利用I/O口控制外部设备作一些预先设定好的复杂动作(本例是其简单的示意),输出正余弦、三角、梯形或更复杂的波形,甚至可以利用查表法实现一些更复杂的算法。

由于查表法在单片机的程序设计中有着重要的地位,下面将对如何使用汇编语言和C语言实现查表法分别作出讲解。

汇编语言实现查表法步骤如下:

① 把控制码建成一个表TABLE;

② 利用"MOV DPTR,♯TABLE"指令来使数据指针寄存器指到表的开头;

③ 利用"MOVC A,@A+DPTR"的指令,根据累加器的值再加上DPTR的值,就可以使程序计数器PC指到表格内所要取出的数据。

C语言实现查表法步骤如下:

① 定义一维数组TABLE[](复杂情况也可以用二维数组,另外,为节省单片机的RAM资源,数组一般放在代码段中);

② 把控制码按顺序放入数组TABLE[]中;

③ 定义变量i,改变i的值,就可以取出数组中对应的控制码。

程序流程图(见图4.35和图4.36)

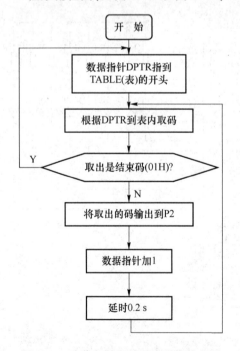

图4.35 广告灯的汇编语言程序流程图

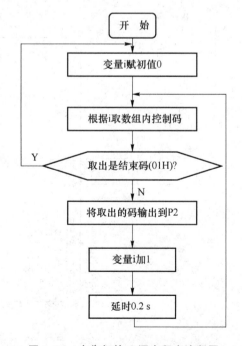

图4.36 广告灯的C语言程序流程图

汇编语言和C语言源程序

① 汇编语言源程序

第 4 章 单片机的 I/O 口及 Proteus 简介

```
        ORG     0
START:  MOV     DPTR,#TABLE
LOOP:   CLR     A
        MOVC    A,@A+DPTR
        CJNE    A,#01H,LOOP1
        JMP     START
LOOP1:  MOV     P2,A
        MOV     R3,#20
        LCALL   DELAY
        INC     DPTR
        JMP     LOOP
DELAY:  MOV     R4,#20
D1:     MOV     R5,#248
        DJNZ    R5,$
        DJNZ    R4,D1
        DJNZ    R3,DELAY
        RET
TABLE:  DB 0FEH,0FDH,0FBH,0F7H,0EFH,0DFH,0BFH,07FH,0FEH,0FDH,0FBH,0F7H
        DB 0EFH,0DFH,0BFH,07FH,07FH,0BFH,0DFH,0EFH,0F7H,0FBH,0FDH,0FEH
        DB 07FH,0BFH,0DFH,0EFH,0F7H,0FBH,0FDH,0FEH,00H,0FFH,00H,0FFH,01H
        END
```

② C 语言源程序

```c
#include <reg52.h>
unsigned char code table[] = {0xfe,0xfd,0xfb,0xf7,0xef,0xdf,0xbf,0x7f,0xfe,0xfd,
0xfb,0xf7,
    0xef,0xdf,0xbf,0x7f,0x7f,0xbf,0xdf,0xef,0xf7,0xfb,0xfd,0xfe,0x7f,0xbf,0xdf,0xef,
    0xf7,0xfb,0xfd,0xfe,0x00,0xff,0x00,0xff,0x01};        //控制灯闪烁的控制码表
unsigned char i = 0;
void delay(void)
{
    unsigned char m,n,s;
    for(m = 20;m>0;m--)
    for(n = 40;n>0;n--)
    for(s = 248;s>0;s--);
}
void main(void)
{
    while(1)
    {
        if(table[i]!= 0x01)
        {
```

```
            P2 = table[i];                              //查控制码表
            i++;
            delay();
        }
        else i = 0;
    }
}
```

调试与仿真

打开 Keil 程序,执行菜单命令 Project→New Project 创建"广告灯"项目,并选择单片机型号为 AT89C52。

执行菜单命令 File→New 创建文件,输入上述汇编源程序或 C 语言源程序,保存为"广告灯.asm"或"广告灯.c"。在 Project Workspce 项目管理窗口中,右击 Source Group 1,选择 Add File to Group 'Source Group 1',将源程序"广告灯.asm"或"广告灯.c"添加到项目中。

在 Project Workspce 项目管理窗口中,选中 Target 1,执行菜单命令 Project→Options for Target' Target 1',在弹出的对话框中选择 Output 选项卡,选中 Creat HEX File。关闭对话框,执行菜单命令 Project→Rebuild all target files,或直接单击工具栏中的 ▦ 图标,编译所有的目标文件,生成"广告灯.HEX"。

切换工作界面到 Proteus ISIS 的广告灯仿真电路,在 AT89C52 元件上双击鼠标左键或单击右键再单击左键打开 Edit Component 对话框。设置 Program File 为"广告灯.HEX","Clock Frequency"为 12 MHz。单击 OK 按钮关闭对话框。单击仿真运行开始按钮 ▶ ,就可以看到 8 个 LED 作花样闪烁。

【例 4.5】 I/O 并行口直接驱动数码管显示的 Proteus 仿真及 C 语言程序设计。

设计要求

如图 4.37 所示,利用 AT89C52 单片机的 P0 端口的 P0.0～P0.7 连接到一个共阴数码管的笔段上,数码管的公共端接地。在数码管上循环显示 0～9 数字,时间间隔为 0.2 s。

数码管的仿真电路原理图(见图 4.37)

图 4.37 中需要注意两点:

① 由于使用 P0 口驱动数码管,因此上拉排阻 RP1 必不可少;如果使用共阳极的数码管,则上拉电阻可以去掉,但是一般不推荐。另外,由于单片机端口输出电路较小,驱动能力弱,最好在单片机与数码管之间加上一个驱动芯片,如 74HC07 或者 74HC373 等器件。

② P0 口与数码管发光段 A～G 之间必须对应接 7 个限流电阻,在此,RP1 既是 P0 口的上拉电阻,也充当了数码管发光段的限流电阻。限流电阻一定不能接到公共端 COM 处,因为数码管显示不同的数字,其发光段使用的段数不一样,如"1"只使用 2 段,

单片机的 I/O 口及 Proteus 简介

第4章

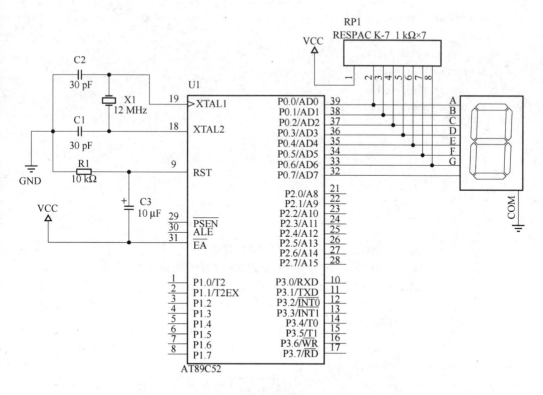

图 4.37 数码管的电路原理图

而"8"使用了 7 段,这样它们所需总电流不一致,如果公共端使用了固定的限流电阻,则总电流不变,最终使得数码管显示不同数字时,其显示亮度不一致。

元器件选取

① AT89C52:单片机;②RES:电阻;③CRYSTAL:晶振;④CAP、CAP-ELEC:电容、电解电容;⑤RESPACK-7:1 kΩ×7 排阻;⑥7SEG-COM-CATHODE:7 段式共阴极数码管。

程序设计内容

由于显示的数字 0~9 的字型码没有规律可循,只能采用查表的方式来完成 P0 口对数码管的控制。方法是找出共阴极数码管显示 0~9 的字型码,按数字 0~9 的顺序,把这 10 个字型码放入数组 table[]中。

程序流程图(见图 4.38)

C 语言源程序

```
#include <reg52.h>
unsigned char code table[] = {0x3f,0x06,0x5b,0x4f,0x66,0x6d,0x7d,0x07,
0x7f,0x6f,0x01};                //数组保存在代码段中,节省 RAM 资源
unsigned char dispcount = 0;
/**************延时子程序,延时 0.2 s**************/
```

```c
void delay02s(void)
{
    unsigned char i,j,k;
    for(i = 20;i>0;i--)
    for(j = 40;j>0;j--)
    for(k = 248;k>0;k--);
}
void  main(void)
{
    while(1)
    {
        if(table[dispcount]!= 0x01)
        {
            P0 = table[dispcount];    //对字形码查表
            delay02s();               //调用延时子程序,延时 0.2 s
            dispcount ++ ;
        }
        else   dispcount = 0;
    }
}
```

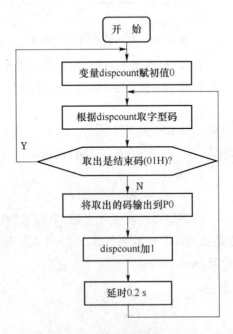

图 4.38 数码管的程序流程图

调试与仿真

打开 Keil 程序,执行菜单命令 Project→New Project 创建"数码管"项目,并选择单片机型号为 AT89C52。

第4章 单片机的 I/O 口及 Proteus 简介

执行菜单命令 File→New 创建文件,输入上述 C 语言源程序,保存为"数码管.c"。在 Project Workspce 项目管理窗口中,右击 Source Group 1,选择 Add File to Group 'Source Group 1',将源程序"数码管.c"添加到项目中。

在 Project Workspce 项目管理窗口中,选中 Target 1,执行菜单命令 Project→Options for Target' Target 1',在弹出的对话框中选择 Output 选项卡,选中 Creat HEX File。关闭对话框,执行菜单命令 Project→Rebuild all target files,或直接单击工具栏中的 图标,编译所有的目标文件,生成"数码管.HEX"。

切换工作界面到 Proteus ISIS 的数码管仿真电路,在 AT89C52 元件上双击鼠标左键或单击右键再单击左键打开 Edit Component 对话框。设置 Program File 为"数码管.HEX",Clock Frequency 为 12 MHz。单击 OK 按钮关闭对话框。单击仿真运行开始按钮 ▶ ,就可以看到循环地显示 0~9,显示间隔时间为 0.2 s。

【例 4.6】 动态数码管显示的 Proteus 仿真及 C 语言程序设计。

设计要求

如图 4.39 所示,P0 端口接动态数码管的字型码笔段,P2 端口接动态数码管的数位选择端,P1.7 接一个开关,当开关接高电平时,显示"12345"字样;当开关接低电平时,显示"HELLO"字样。

动态显示的仿真电路原理图(见图 4.39)

元器件选取

① AT89C52:单片机;②RES:电阻;③CRYSTAL:晶振;④CAP、CAP-ELEC:电容、电解电容;⑤RESPACK-8:1 kΩ×8 排阻;⑥7SEG-MPX6-CC:7 段式 6 位共阴极数码管;⑦BUTTON:按钮。

程序设计内容

① 动态扫描方法:动态扫描采用各数码管循环轮流显示的方法,本例中,先让左边第 1 位数码管显示数字"1",延时一定时间后,第 2 位显示"2",以此类推,到第 5 位显示"5"后,又从"1"开始循环显示。当循环显示频率较高时,利用人眼的暂留特性,看到这 5 位数码管仿佛在同时显示,而看不出闪烁显示现象。这种显示需要一个接口完成字型码的输出(字型选择),另一接口完成各数码管的轮流点亮(数位选择)。需要注意一点,由于电路的特性,在点亮每一位数码管之前,一定要对整个数码管清屏(场消隐),即让所有位选信号都处于不被选中状态。

② 对于显示的字型码数据采用查表方法来完成,同样位选码也可以用查表的方法。请注意,一般资料中给出的字型码都没有包含"H"和"L",这时可以自行推导出来。通过 4.3.1 小节数码管的介绍,可以得出"H"对应的字型码为 76H,"L"为 38H。

程序流程图(见图 4.40)

C 语言源程序

```
#include <reg52.h>
```

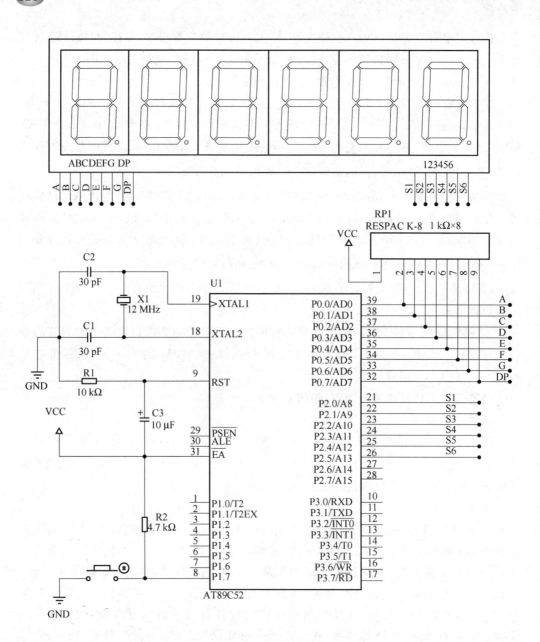

图 4.39 动态显示的电路原理图

```
unsigned char code table1[] = {0x06,0x5b,0x4f,0x66,0x6d};   //1~5 的字型码
unsigned char code table2[] = {0x76,0x79,0x38,0x38,0x3f};   //HELLO 的字型码
unsigned char code table3[] = {0xfe,0xfd,0xfb,0xf7,0xef};   //位选码
unsigned char i,a;
sbit button = P1^7;                                          //位定义,不能直接用 P1~7
void main(void)
{
```

第4章 单片机的 I/O 口及 Proteus 简介

```
    while(1)
    {
        for(i=0;i<5;i++)
        {
            P2 = 0xff;                    //清屏信号,数码管所有位都不被选中
            if(button==1)P0 = table1[i];  //对 1～5 的字型码查表
            else       P0 = table2[i];    //对 HELLO 的字型码查表
            P2 = table3[i];               //对位选码查表
            for(a=248;a>0;a--);           //字型显示延时,可调节
        }
    }
}
```

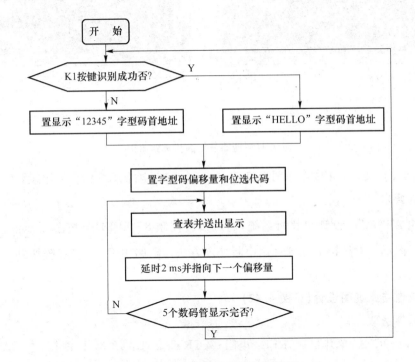

图 4.40 动态显示的程序流程图

调试与仿真

打开 Keil 程序,执行菜单命令 Project→New Project 创建"动态显示"项目,并选择单片机型号为 AT89C52。

执行菜单命令 File→New 创建文件,输入上述 C 语言源程序,保存为"动态显示.c"。在 Project Workspce 项目管理窗口中,右击 Source Group 1,选择 Add File to Group 'Source Group 1',将源程序"动态显示.c"添加到项目中。

在 Project Workspce 项目管理窗口中,选中 Target 1,执行菜单命令 Project→Options for Target' Target 1',在弹出的对话框中选择 Output 选项卡,选中 Creat HEX

File。关闭对话框,执行菜单命令 Project→Rebuild all target files,或直接单击工具栏中的 ![图标] 图标,编译所有的目标文件,生成"动态显示.HEX"。

切换工作界面到 Proteus ISIS 的数码管仿真电路,在 AT89C52 元件上双击鼠标左键或单击右键再单击左键打开 Edit Component 对话框。设置 Program File 为"动态显示.HEX",Clock Frequency 为 12 MHz。单击 OK 按钮关闭对话框。单击仿真运行开始按钮 ![▶] ,在没有用鼠标按下 BUTTON 时,显示如图 4.41(a)所示,而按下 BUTTON 时,则显示如图 4.41(b)由所示。

(a) 显示1

(b) 显示2

图 4.41 动态显示的仿真结果图

【例 4.7】 8×8LED 点阵图形显示 Proteus 仿真电路及 C 语言程序设计。

设计要求

利用 AT89C52 设计单片机系统,通过按键控制 8×8LED 点阵显示 三种不同图形。对按键的处理采用中断处理方法。电路中 P1 口接点阵块共阳极扫描行,P3 口接点阵块阴极扫描列。

仿真电路原理图设计(见图 4.42)

元器件选取

① AT89C52:单片机;②RES:电阻;③CRYSTAL:12 MHz 晶振;④ CAP、CAP-ELEC:电容、电解电容;⑤MATRIX-8×8-GREEN:8×8 绿色 LED 矩阵;⑥ 7407:六高压输出缓冲器/驱动器。

程序设计内容

① 首先根据 8×8 LED 点阵的结构设计不同图形的点阵码,通过点阵码控制使 LED 点阵屏显示不同的图形。

② 按键扫描,当 P2.0 为低电平的时候,按键被按下。由于按键有抖动,可以通过连续两次检测 P2.0 为低电平,来判断按键是否按下。

程序流程图(见图 4.43)

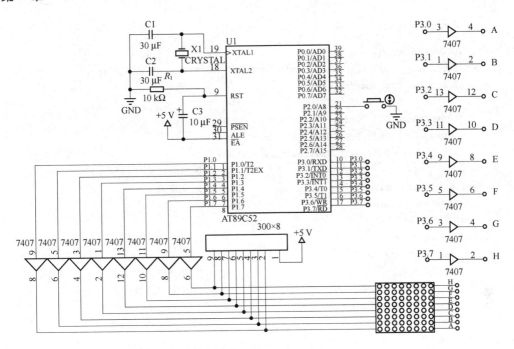

图 4.42 8×8 LED 点阵图形显示 Proteus 仿真电路

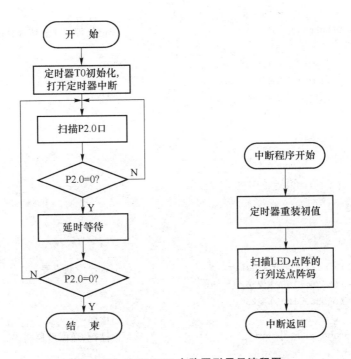

图 4.43 8×8 LED 点阵图形显示流程图

C 语言程序代码

```c
#include <reg52.h>
unsigned char code tab[] = {0xfe,0xfd,0xfb,0xf7,0xef,0xdf,0xbf,0x7f};
unsigned char code graph[3][8] =
{
    {0x12,0x14,0x3c,0x48,0x3c,0x14,0x12,0x00},
    {0x00,0x00,0x38,0x44,0x44,0x44,0x38,0x00},
    {0x30,0x48,0x44,0x22,0x44,0x48,0x30,0x00}
};                                          //图形码
unsigned char count;                         //定义变量
unsigned char cnta;
sbit button = P2^0;
void main(void)
{   unsigned char i,j;
    TMOD = 0x01;                             //定时器设置
    TH0 = (65536 - 1000)/256;                //设置定时计数初值
    TL0 = (65536 - 1000) % 256;
    TR0 = 1;                                 //打开定时器 0 中断
    ET0 = 1;
    EA = 1;
    while(1)
    {
        if(button == 0)                      //按键处理:判断是否有键按下
        {
            for(i = 5;i>0;i-- )
            for(j = 248;j>0;j-- );
            if(button == 0)
            {
                count ++ ;
                if(count == 3)
                {count = 0;}
                while(button == 0);
            }
        }
    }
}
void t0(void) interrupt 1 using 0            //定时器中断设置
{   TH0 = (65536 - 1000)/256;
    TL0 = (65536 - 1000) % 256;
    P3 = tab[cnta];                          //扫描列
    P1 = graph[count][cnta];                 //扫描行,送图形控制码
    cnta ++ ;
    if(cnta == 8)
    {cnta = 0;}
}
```

例4.7通过按键显示不同图形,属于动态显示。当显示大图形或字符时,需要使用多块LED点阵块,这时行线的数量就变成了8的若干整数倍,采用级联多只串并转换器件如74HC164、74HC595等扩展并行口也是8的整数倍驱动的最好选择。而对列线的循环选中,可以将各个LED点阵块顺序相同的列并接到一起还是8列,使用8个I/O口或3-8译码器进行选择。利用3-8译码器可以节省I/O口,即利用单片机的3个I/O口就可以对8条列线进行选择。对驱动芯片74HC595的具体使用方法,请查阅相关的数据手册。

【例4.8】 4×4矩阵键盘扫描Proteus仿真电路和C语言程序设计。

设计要求

4×4矩阵键盘共16个键,要求第1行按键从左到右依次对应数字1~4;第2行按键从左到右依次对应数字5~8;第3行和第4行按键按同样的设置方法,按键分别对应数字9~16。每按一次键,数码管就显示一次按键代表的数字。在电路设计中要求使用BCD-7译码器/驱动器74LS47驱动段线。3-8译码器74HC138控制数码管的位选线。

·仿真电路原理图设计(见图4.44)

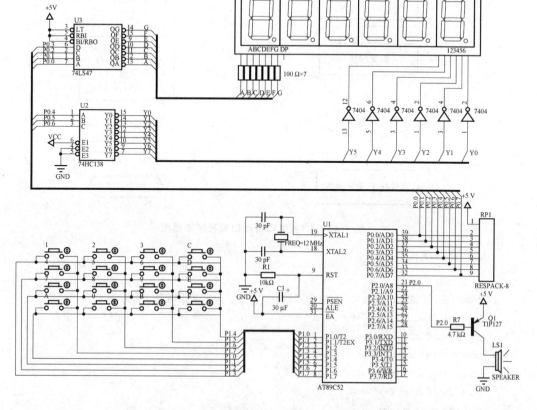

图4.44 4×4矩阵键盘扫描Proteus仿真电路

元器件选取

① AT89C52：单片机；② RES、RX8：电阻、8 排阻；③ CRYSTAL：12 MHz 晶振；④ CAP、CAP - ELEC：电容、电解电容；⑤ SPERKER：蜂鸣器；⑥ 7SEG - MPX6 - CA：6 位 7 段共阳数码管；⑦ BUTTON：按键；⑧ 7404、TIP127：反向器、PNP 三极管；⑨ 74LS47、74HC138：BCD - 7 段译码器/驱动器、3 - 8 译码器。

仿真程序设计

① 键盘扫描设计。4×4 矩阵键盘没有外接电源，电平的高低完全依靠软件的设计，分别利用 P1 口的高 4 位和低 4 位分别控制键盘的列和行电平的高低。

② 数码管的位控制端由 P0 口 P0.4～P0.6 通过 74HC138 控制，P0.0～P0.4 通过 74LS47 译码器/驱动器驱动数码管的各码段。为了提高效率，本程序采用定时器中断扫描的方法，扫描数码管，将字型码送至数码管。

程序流程图(见图 4.45)

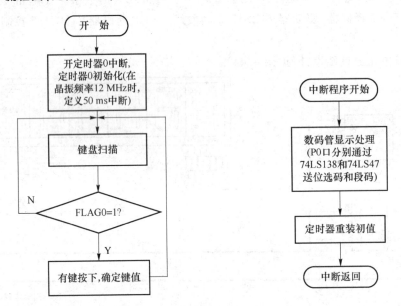

图 4.45 4×4 矩阵键盘扫描程序流程图

C 语言程序代码

```
#include<reg52.h>
#define RELOAD_H ( 65536 - 50000)/256;        //定义定时器 0 重装值
#define RELOAD_L ( 65536 - 50000)%256;        //晶振频率 12 MHz,定时 50ms 中断
extern void BEEP(unsigned int time);
extern void Timer0_Init(void);
extern void Delay(unsigned int n);
extern void Scan_Key(void);
unsigned char ptr,m;
unsigned char dispcode[6];                    //数码管显示数值的存放数组
```

```c
sbit Beep = P2^0;                              //蜂鸣器引脚定义
void main(void)
{
    Timer0_Init( );
    BEEP(200);
    while(1)
    {
        Scan_Key();                            //扫描键盘
    }
}
voidTimer0_Init(void)                          //定时器 0 初始化
{
    TMOD = 0x01;                               //定时器 0,方式 1
    TL0 = RELOAD_L;                            //TL0 定时器 0 低 8 位计数器
    TH0 = RELOAD_H;                            //TH0 定时器 0 高 8 位计数器
    TR0 = 1;                                   //定时器/计数器 0 启动位.
                                               //TR0 = 1：开始计时或计数
    ET0 = 1;                                   //定时器/计数器 0 中断使能
    EA = 1;                                    //全局中断使能
}
void Timer0_ISR(void) interrupt 1              //定时器 0 中断服务程序
{
    static unsigned char j = 0;
    P0 = (j<<4)|dispcode[j];                   //动态扫描每个数码管
    if((++j)>1){ j = 0;}
    TL0 = RELOAD_L;                            //定时器 0 重装初值
    TH0 = RELOAD_H;
}
void Delay(unsigned int n)                     //延时
{
    unsigned int i,j;
    for(i = 0;i<n;i++)
    {
        for(j = 0;j<80;j++);
    }
}
void BEEP(unsigned int time)
{
    Beep = 0;
    Delay(time);
    Beep = 1;
}
unsigned char tab[16] = {0x01,0x02,0x03,0x04,0x05,0x06,0x07,0x08,
```

                    0x09,0x0a,0x0b,0x0c,0x0d,0x0e,0x0f,0x10}   ;//键盘码数组
void Scan_Key(void)   //键盘扫描程序
{
    char a1,i;
    bit FLAG0 = 0;
    a1 = 0xf7;   //列扫描初值
    ptr = 0;
    for(i = 0;i<4;i++)   //键盘4个扫描列
    {   P1 = a1;
        Delay(10);
        m = P1;
        switch(m&0xf0)   //取行的高4位,侦测哪一行有按键被按下
        {
            case 0x70: ptr = i*4;   //第1行被按否？如有则是tab[i*4]键
            FLAG0 = 1;   //表示有按键
            break;
            case 0xb0: ptr = i*4+1;   //第2行被按否？如有则是tab[i*4+1]键
            FLAG0 = 1;
            break;
            case 0xd0: ptr = i*4+2;   //第3行被按否？如有则是tab[i*4+2]键
            FLAG0 = 1;
            break;
            case 0xe0:   ptr = i*4+3; //第4行被按否？如有则是tab[i*4+3]键
            FLAG0 = 1;
            break;
            default: break;
        }
        if(FLAG0)
        {   //将键盘编码转换成显示编码
            dispcode[0] = tab[ptr]%10; //求个位的数值
            dispcode[1] = tab[ptr]/10; //求十位上的数值
            BEEP(200);
            break;
        }
        a1 = a1>>1|0x80;   //高位补1,由于P1.4~P1.7未接+5V
                                       //通过指令加载高电平
    }
}
```

例4.8是矩阵式键盘的简单应用,读者可以在此基础上完善程序功能。矩阵式键盘的电路连接方式和扫描方式决定了程序的编程方法,读者根据AT89C52的引脚功能可以思考不同扫描方式的编程方法。

由于篇幅的限制,本章给出的例子都是基础的实例,更多的关于单片机的I/O口
```

的应用实例请参阅本书附赠的光盘。

本章小结

本章主要介绍了单片机的输入输出系统和 Proteus 的初步使用。主要内容如下：

(1) 对 4 个 P 端口各自的结构和功能作了详细的叙述。其中需要注意的是：①P0 口作 I/O 端口使用时一定要外接上拉电阻，而 P1、P2、P3 则不是必要的；②P 端口作为通用的输入口时，一定在程序的开始将其初始化为 1；③电路设计时，一定要考虑 P 端口的驱动(负载)能力，必要时须加相应的驱动电路。

(2) 对 Proteus 的使用作了简单介绍。Proteus 是单片机与嵌入式系统仿真与开发平台，支持外围模电/数电与处理器的协同仿真，真正实现了虚拟物理原型功能。Proteus 包含丰富的元器件模型、多样的虚拟仪器和强大的图表分析功能，在后面的章节中结合具体的实例，陆续为读者介绍，更深入的使用和开发，请查阅相关的文献资料。

(3) 初步介绍了数码管、LED 点阵显示屏和简易键盘的设计，这三者在基本的单片机系统中是经常应用到的。

(4) 列举了 8 个基本实例来介绍如何使用 Proteus 进行单片机的仿真。

通过对本章的学习，读者一方面可以对 AT89C52 单片机的 4 个 P 口有深入的认识，另一方面对 Proteus 仿真软件有一个初步的了解，能借助它作一些电路设计和单片机应用的前期仿真。

思考题与习题

1. P0 口作 I/O 口使用时，应注意什么？
2. AT89S52 与 AT89C52 的 P1 口哪些引脚具有第二功能，分别是什么功能？
3. 需要在单片机外部进行扩展时，P2 口也可以作为什么总线来使用？
4. AT89C52 的 P3 口具有的第三功能分别是什么？
5. 参考例 4.1，编程实现 LED 亮 0.4 s，灭 0.2 s，并通过 Proteus 仿真。
6. 参考例 4.2，编程实现两个开关控制 1 个 LED 的亮和灭，并通过 Proteus 仿真。
7. 参考例 4.3，更改信号频率，会发生什么情况？通过 Proteus 仿真说明。
8. 参考例 4.4，在电路中加两个按键，一个控制广告灯的开始，另一个控制它的停止，编程实现该功能，并通过 Proteus 仿真。
9. 设计单片机电路，要求使用 6 位数码管，显示时、分、秒，另外设置 3 个按键，能校对时间，编程实现该功能，并通过 Proteus 仿真。

第5章 单片机的中断系统与实例仿真

中断系统在单片机系统中起着十分重要的作用,有了中断系统,就可以使微处理器具备对外部异步事件进行处理的能力。当 CPU 正在执行程序的过程中,如果外部或者内部有紧急的请求,中断系统可以将当前的程序暂停,优先处理中断请求。当中断请求处理结束时,再返回来继续执行主程序。AT89C52 的中断系统加强了它处理突发事件的能力和响应速度。AT89C52 单片机有 6 个中断源,两级中断优先级,具有完善的指令控制能力。使用单片机的中断系统可以很方便地完成对各种外部硬件响应的操作。

5.1 中断系统结构

5.1.1 中断概述

为了提高系统的工作效率,AT89C52 单片机设置了中断系统,采用中断方式与外设进行数据传送。举例说明:把单片机比作教师,单片机执行程序的工作可以理解为教师批改作业,教师每批改完一道题,也就意味着单片机执行完一条指令。把外部设备比作学生,每当教师批改完一道题,看是否有学生提问题,如果没有学生提问题,接下来继续批改作业;如果学生提问题,在运行打断批改作业的前提下,教师首先暂时停止批改作业,并记住批改到何处,以便为学生解释完毕后继续批改作业。在教师批改作业的过程中,一方面,由于学生主动向教师提出问题,避免了教师询问学生有无问题而无法批改作业的现象;另一方面,在教师批改作业的同时,学生也在认真学习,从而教师和学生实现了并行工作,从而提高了系统的工作效率。

因此所谓"中断",是指单片机在执行某一段程序的过程中,由于某种原因(如异常情况或特殊请求),单片机暂时中止正在执行的程序,而去执行相应的处理程序,待处理结束后,再返回到被打断的程序处,继续执行原程序的过程。

引起中断的原因,或是产生中断请求的硬件或软件资源,称为中断源。AT89C52 设有 6 个中断源,每个中断源产生中断后都到一个固定的地方去找处理这个中断的程序,当然在去之前首先要保存下面将执行的指令的地址,以便处理完中断后回到原来的地方继续往下执行程序。具体地说,中断响应可以分为以下几个步骤:

① 保护断点，即保存下一个将要执行的指令的地址，把这个地址送入堆栈。

② 寻找中断入口，根据 6 个不同的中断源所产生的中断，中断系统必须能够正确地识别中断源，查找 6 个不同的入口地址。以上工作是由单片机自动完成的，与编程者无关。在这 6 个入口地址处存放有中断处理程序。

③ 执行中断处理程序。

④ 中断返回：执行完中断指令后，从中断处返回到主程序，继续执行。

5.1.2 中断系统结构与中断控制

AT89C52 有 6 个固定的可屏蔽中断源，它们是两个外部中断 $\overline{INT0}$(P3.2)和 $\overline{INT1}$(P3.3)，3 个片内定时器/计数器溢出中断 TF0、TF1 和 TF2，一个是片内串行口中断 TI 或 RI。6 个中断源有两级中断优先级，可形成中断嵌套。它们在程序存储器中各有固定的中断入口地址，由此进入对应的中断服务程序。

整个中断源的结构框图如图 5.1 所示。6 个中断源的符号、名称及产生的条件如下：

$\overline{INT0}$：外部中断 0，由 P3.2 端口引入，低电平或下降沿引起。

$\overline{INT1}$：外部中断 1，由 P3.3 端口引入，低电平或下降沿引起。

T0：定时器/计数器 0 中断，由 T0 计满回零触发。

T1：定时器/计数器 1 中断，由 T1 计满回零触发。

TI/RI：串行 I/O 中断，串行端口完成一帧字符发送/接收后触发中断。

T2：定时器/计数器 2 中断，由 T2 计满回零触发。

在 3 类中断源中，外部中断是指由外部原因触发的中断，共有 2 个中断源，即外部中断 0($\overline{INT0}$) 和外部中断 1 ($\overline{INT1}$)。它们的中断请求信号分别由引脚 $\overline{INT0}$(P3.2)和 $\overline{INT1}$(P3.3)引入。

外部中断请求方式有两种：电平方式和脉冲方式。

电平方式是低电平有效。只要单片机在中断请求引脚输入端（$\overline{INT0}$ 和 $\overline{INT1}$）上采集到有效的低电平时，就激活外部中断。

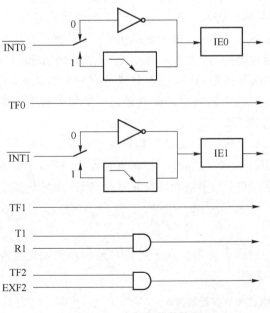

图 5.1　中断源的结构图

脉冲方式是脉冲的下降沿有效。在中断请求引脚引入端（$\overline{INT0}$ 和 $\overline{INT1}$）上采集到前一次为高，后一次为低，即为有效中断请求。

AT89C52 采用了自然优先级和人工设置高、低优先级的策略，每个中断源都可设置为高或低中断优先级,由程序设定哪些中断是高优先级、哪些中断是低优先级,由于只有两级,可能会有一些中断处于同一级别,处于同一级别的,就由自然优先级确定。中断优先级控制原则如下:

① 低优先级中断请求不能打断高优先级的中断服务;但高优先级中断可以中断低优先级的中断服务,从而实现中断嵌套。

② 如果一个中断请求已被响应,则同级的其他中断服务将被禁止,即同级不能嵌套。

③ 如果同级的多个中断请求同时出现,则按 CPU 查询次序确定哪个中断请求被响应。其查询顺序依次为:外部中断 0 → 定时中断 0 → 外部中断 1 → 定时中断 1 → 串行中断 → 定时中断 2。

AT89C52 有两个中断优先级,如果有一个低优先级的中断正在执行,那么高优先级的中断出现中断请求时,CPU 则会响应这个高优先级的中断,即高优先级的中断可以打断低优先级的中断。如果 CPU 正在处理一个高优先级的中断,此时,就算是有低优先级的中断发出中断请求,CPU 也不会响应这个中断,而是继续执行正在执行的中断服务程序,一直到程序结束,执行最后一条返回指令,返回主程序然后再执行一条指令后才会响应新的中断请求。

为了实现上述功能,AT89C52 的中断系统有两个不可寻址的优先级状态触发器,一个指出 CPU 是否正在执行高优先级中断服务程序,另一个指出 CPU 是否正在执行低优先级的中断服务程序,这两个中断触发器的"1"状态分别屏蔽所有中断申请和同一级别的其他中断申请。CPU 支持中断屏蔽指令后,可将一部分或所有的中断关断,只有打开相应的中断控制位后,才能接受相应的中断请求。此外通过中断优先级寄存器 IP 对中断优先级控制,实现两个中断服务嵌套。

AT89C52 设置了 5 个专用寄存器用于中断控制,必须正确设置才能保证中断系统正常工作。5 个专用控制寄存器包括:定时器/计数器 0、1 控制寄存器 TCON,定时器 2 控制寄存器 T2CON,串行口控制寄存器 SCON,中断允许控制寄存器 IE,中断优先级控制寄存器 IP。

1. 定时器控制寄存器 TCON

TCON 是将定时器/计数器和外部中断两者合用的一个可位寻址的特殊功能寄存器。TCON 控制寄存器的格式如表 5.1 所列。

表 5.1　TCON 控制寄存器的格式

D7	D6	D5	D4	D3	D2	D1	D0
TF1	TR1	TF0	TR0	IE1	IT1	IE0	IT0

各控制位定义如下:

TF1:定时器/计数器 1 溢出中断请求标志位。当定时器/计数器 1 计数产生溢出信号时,由内部硬件置位 TF1,向 CPU 申请中断,当 CPU 响应中断并转向该中断服务程序执行时,由硬件内部自动将 TF1 清 0。

TR1:定时器/计数器 1 启动/停止位。由软件置位/复位控制定时器/计数器 1 的启动或停止计数。

TF0:定时器/计数器 0 溢出中断请求标志位。当定时器/计数器 0 计数产生溢出信号时,由内部硬件置位 TF0,向 CPU 申请中断,当 CPU 响应中断并转向该中断服务程序执行时,由硬件内部自动将 TF0 清 0。

TR0:定时器/计数器 1 启动/停止位。由软件置位/复位控制定时器/计数器 0 的启动或停止计数。

IE1:外部中断请求标志位。当 CPU 检测到 $\overline{INT1}$ 低电平或下降沿且 IT1=1 时,由内部硬件置位 IE1 标志位(IE1=1),向 CPU 请求中断,当 CPU 响应中断并转向该中断服务程序执行时,由硬件内部自动将 IE1 清 0。

IE0:外部中断中断请求标志位。当 CPU 检测到 $\overline{INT0}$ 低电平或下降沿且 IT0=1 时,由内部硬件置位 IE1 标志位(IE0=1),向 CPU 请求中断,当 CPU 响应中断并转向该中断服务程序执行时,由硬件内部自动将 IE0 清 0。

IT1:用软件置位/复位 IT1 来选择外部中断 $\overline{INT1}$ 是下降沿触发还是电平触发中断请求。当 IT1 置 1 时,外部中断 INT1 为下降沿触发中断请求,即 $\overline{INT1}$ 端口由前一个机器周期的高电平,跳变为下一个机器周期的低电平,则触发中断请求;当 IT1 复位清 0,$\overline{INT1}$ 的低电平触发中断请求。

IT0:由软件置位/复位 IT0 来选择外部中断 $\overline{INT0}$ 是下降沿触发还是低电平触发中断请求,其控制原理同上。

2. 定时器 2 控制寄存器 T2CON

定时器 2 控制寄存器 T2CON 的格式如表 5.2 所列。

表 5.2 定时器 2 控制寄存器 T2CON 的格式

D7	D6	D5	D4	D3	D2	D1	D0
TF2	EXF2	RCLK	TCLK	EXEN2	TR2	$C/\overline{T2}$	$CP/\overline{RL2}$

各控制位定义如下:

TF2:定时器/计数器 2 溢出中断请求标志位。当定时器/计数器 2 计数产生溢出信号时,由内部硬件置位 TF2,向 CPU 申请中断,通过软件复位。

EXF2:定时器/计数器 2 外部中断请求标志位。若由引脚 T2EX 上的下降沿引起"捕获"或"重新再装入"且 EXEN2 位为 1,则置位标志位 EXF2,向 CPU 请求中断,中断响应后,必须由软件复位。

RCLK:串口接收时钟标志位。当 RCLK 位为 1 时,串行通信端使用定时器/计数器 2 的回 0 溢出信号作为串行通信方式 1 和 3 的接收时钟;当 RCLK 位为 0 时,使用定时器/计数器 1 的回 0 溢出信号作为接收时钟。

TCLK:串口发送时钟标志位。当 TCLK 位为 1 时,串行通信端使用定时器/计数器 2 的回 0 溢出信号作为串行通信方式 1 和 3 的发送时钟；当 TCLK 位为 0 时，使用定时器/计数器 1 的回 0 溢出信号作为发送时钟。

EXEN2：定时/计数器 2 外部采样允许标志位。当 EXEN2 位为 1 时，如果定时器/计数器 2 不是正工作在串行通信端口的时钟，则在 T2EX 引脚(P1.1)上的负跳变将触发"捕获"或再装入操作；当 EXEN2 为 0 时，在 T2EX 引脚上的负跳变对定时器/计数器 2 不起作用。

TR2：定时器/计数器 2 启/停控制位。当软件置位 TR2 时，启动定时器/计数器 2 开始计数，复位 TR2 为 0 时则停止计数。

C/$\overline{T2}$：定时器/计数器 2 的定时或计数模式选择位。当设置 C/$\overline{T2}$ 位为 1 时，选择对外部事件计数模式；复位为 0 时，则选择内部定时模式。

CP/$\overline{RL2}$：定时器/计数器 2 捕获再装入模式选择位。当设置 CP/$\overline{RL2}$ 位为 1 时，如果 EXEN2 为 1 时，则在 T2EX(P1.1)引脚上的负跳变将触发捕获操作；复位为 0 时，如果 EXEN2 位为 1，则定时器/计数器 2 计满回 0 溢出或 T2EX 引脚上的负跳变都将引起自动再装入操作；当 RCLK 位为 1 或 TCLK 位为 1 时，CP/$\overline{RL2}$ 标志位不起作用。定时器/计数器 2 的计满回 0 溢出时，将迫使定时器/计数器 2 自动进行再装入操作。

3. 串行口控制寄存器(SCON)

串行口控制寄存器 SCON 的格式如表 5.3 所列。

表 5.3 串行口控制寄存器 SCON 的格式

D7	D6	D5	D4	D3	D2	D1	D0
—	—	—	—	—	—	TI	RI

各控制位定义如下：

TI：串行口发送中断请求标志位。发送完一帧数据，由硬件置位。中断响应后，必须用软件清 0。

RI：串行口接收中断请求标志位。接收完一帧数据，由硬件置位。中断响应后，必须用软件清 0。

其余各位详细介绍见第 7 章表 7.1。

4. 中断允许控制寄存器 IE

中断允许控制寄存器 IE 的格式如表 5.4 所列。

在 AT89C52 中断系统中，AT89C52 对中断的开放和屏蔽是由片内位寻址中断允许寄存器 IE 来实现的，在中断源与 CPU 之间有一级控制，类似开关，其中第一级为一个总开关，第二级为 6 个分开关。

表 5.4 中断允许控制寄存器 IE 的格式

D7	D6	D5	D4	D3	D2	D1	D0
EA	—	ET2	ES	ET1	EX1	ET0	EX0

各控制位定义如下：

EA：中断总控制位。EA=1,CPU 开中断,它是 CPU 是否响应中断的前提,在此前提下,如某中断源的中断允许位置 1,才能响应该中断源的中断请求。若 EA=0,无论哪个中断源有请求,CPU 都不予响应。

ET2：定时器/计数器 T2 中断控制位,ET2=1,允许 T2 计数溢出中断;ET2=0,禁止 T2 中断。

ES：串行口中断控制位,ES=1,允许串行口发送/接收中断;ES=0,禁止串行口中断。

ET1：定时器/计数器 T1 中断控制位,ET1=1,允许 T1 计数溢出中断;ET1=0,禁止 T1 中断。

EX1：外部中断 1 控制位,EX1=1,允许中断;EX1=0,禁止外部中断 1 中断。

ET0：定时器/计数器 T0 中断控制位,ET0=1,允许 T0 计数溢出中断;ET0=0,禁止 T0 中断。

EX0：外部中断 0 中断控制位,EX0=1,允许中断;EX0=0,禁止外部中断 0 中断。

例如要设置允许外中断 1,定时器 1 中断允许,其他不允许,则 IE 是 8CH。当然,也可以用位操作指令来实现它。

5. 中断优先级控制寄存器 IP

CPU 同一时间只能响应一个中断请求。若同时来了两个或两个以上中断请求,就必须有先有后。为此将 6 个中断源分成高级、低级两个级别,高级优先,由中断优先级控制寄存器 IP 控制。IP 中某位设为 1,相应的中断就是高优先级,否则就是低优先级。

中断优先级控制寄存器 IP 的格式如表 5.5 所列。

表 5.5　中断优先级控制寄存器 IP 的格式

D7	D6	D5	D4	D3	D2	D1	D0
—	—	PT2	PS	PT1	PX1	PT0	PX0

各控制位定义如下：

PT2：T2 中断优先级控制位。PT2=1 设定定时器 T2 为高优先级中断;PT2=0 为低优先级中断。

PS：串行口中断优先级控制位。PS=1 设定串行口为高优先级中断;PS=0 为低优先级中断。

PT1：T1 中断优先级控制位。PT1=1 设定定时器 T1 为高优先级中断;PT1=0 为低优先级中断。

PX1：外部中断 1 优先级控制位。PX1=1 设定定时器外部中断 1 为高优先级中断;PX1=0 为低优先级中断。

PT0：T0 中断优先级控制位。PT0=1 设定定时器 T0 为高优先级中断;PT0=0 为低优先级中断。

PX0：外部中断 0 优先级控制位。PX0＝1 设定定时器外部中断 0 为高优先级中断；PX0＝0 为低优先级中断。

例如将 T0、外中断 1 设为高优先级，其他为低优先级，求 IP 的值。

IP 的首 2 位没用，可任意取值，设为 00，后面根据要求写就可以了。因此最终 IP 的值就是 06H。如果 6 个中断请求同时发生，那么响应顺序依次为：定时器 0、外中断 1、外中断 0、定时器 1、串行中断和定时器 2。

5.2　中断的实现过程

中断的实现过程主要包括中断响应、中断处理和中断返回。

满足 CPU 的中断响应条件之后，CPU 对中断源中断请求进行响应。在这一过程中，CPU 要完成执行中断服务之前的所有准备工作。

CPU 中断处理从响应中断、控制程序转向对应的中断矢量地址入口处执行中断服务程序，直到执行返回（RETI）指令为止。

单片机一旦响应中断，首先置位相应的优先级有效触发器；然后执行一个硬件子程序调用，把断点地址压入堆栈；再把与各中断源对应的中断服务程序首地址送程序计数器 PC，同时清除中断请求标志（TI 和 RI 除外），从而控制程序转移到中断服务程序。以上过程均由中断系统自动完成。

单片机响应中断后，只保护断点而不保护现场（累加器 A 及标志寄存器 PSW 等的内容），且不能清除串行口中断请求标志 TI 和 RI，也无法清除外部输入请求信号 $\overline{INT0}$ 和 $\overline{INT1}$。因而进入中断服务子程序后，如用到上述寄存器就会破坏它原来存在的内容，一旦中断返回，将造成主程序的混乱，所以在进入中断服务子程序后，一般都要保护现场，然后再执行中断服务程序，在返回主程序前再恢复现场，所有这些应在用户编制中断处理程序时予以考虑。

5.2.1　中断采样

中断采样是针对外部中断请求信号进行的，而内部中断请求发生在芯片内部，可以直接置位 TCON 或 SCON 的中断请求标志。在每个机器周期的 S5P2 期间，如图 5.2 所示，各中断标志采样相应的中断源，并置入相应标志。这里需要注意的是，如中断请求标志已被置位，但因前述的响应中断的 3 个条件不能满足而未被响应，待到封锁条件已撤除，该中断请求标志已不复存在（标志位为 0），则被拖延的中断请求标志（被置位状态）不作记忆。每个查询周期仅对前一个周期采集到的中断标志已置位状态进行中断处理。为此，未被及时响应的中断请求有可能丢失。

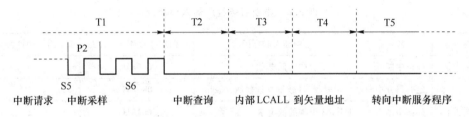

图 5.2　中断响应过程的时间顺序示意图

5.2.2　中断查询

若查询到中断标志为 1,则按优先级的高低进行处理,即响应中断。

AT89C52 的中断请求都汇集在 TCON、T2CON 和 SCON 3 个特殊功能寄存器中。而 CPU 则在下一个机器周期的 S6 期间按优先级的顺序查询各中断标志,先查询高级中断,再查低级中断,同级中断按内部中断优先级序列进行查询。如果查询到中断标志位为 1,则表明有中断请求产生,接着从相邻的下一个机器周期的 S1 状态开始进行响应。

由于中断请求是随机发生的,CPU 无法预先得知,因此中断查询要在指令执行的每个机器周期中不停地重复执行。

5.2.3　中断响应

中断响应是指单片机接受中断源提出的中断请求,是在中断查询之后进行的。当查询到有效的中断请求时,紧接着就进行中断响应。

中断响应是有条件的,并不是查询到的所有中断请求都能被立即响应,当存在下列情况之一时,中断响应被封锁。

① CPU 正处在为一个同级或高级的中断服务中。

② 查询中断请求的机器周期不是当前指令的最后一个机器周期。

③ 当前指令是返回指令(RET 和 RETI)或访问 IE、IP 的指令。

响应中断请求后进入 T3、T4 机器周期,由硬件产生内部长调用 LCALL 指令,且置位优先级状态触发器,将断点地址(PC 的当前值)压入堆栈保护,把对应的中断矢量地址送 PC,同时清 0 该中断请求标志位(但不能清除串行通信或定时器/计数器 2 的有关中断请求标志位,它们必须由软件清 0),从而控制程序转向该中断服务程序去执行。

中断响应的主要内容就是由硬件自动生成一条长调用 LCALL addr16 指令,这里的 addr16 就是程序存储器中相应的中断区入口地址,这些中断源的服务程序入口地址如表 5.6 所列。

表 5.6　中断服务程序的入口地址

符 号	名 称	中断引起原因	中断服务程序入口地址	C51 对应中断源编号
$\overline{INT0}$	外部中断 0	P3.2 引脚的低电平	0003H	0
T0	定时器 0 中断	定时器/计数器 0 计数回 0 溢出	000BH	1
$\overline{INT1}$	外部中断 1	P3.3 引脚的低电平	0013H	2
T1	定时器 1 中断	定时器/计数器 1 计数回 0 溢出	001BH	3
TI/RI	串行口中断	串行通信完成一帧发送或接收引起中断	0023H	4
INT2	定时器 2 中断	定时器/计数器 2 计数回零 0 出	002BH	5

CPU 响应中断时间可能有以下几种情况：

①经中断优先查询，如果中断请求有效且满足中断响应的 3 个条件，则 CPU 响应中断请求，转向对应的中断矢量地址为入口的中断服务程序开始执行。

②长调用(LCALL)是条双周期指令。因此，中断系统从中断采样，经中断优先查询及生成和执行 LCALL 指令，共需 3 个机器周期，才开始执行中断服务程序。这是最快的中断响应，其中断响应时间为 3 个机器周期。

③中断请求发生在指令的开始周期(双周期或 4 周期指令)，或是第一个机器周期的开始，而 CPU 采样有效，响应中断请求必须在指令的最后机器周期的 S5P2 状态。因此，待这个指令执行完就需要 2～4 个机器周期，在这种情况下，中断响应需 5～7 个机器周期。

④当中断请求发生在正在执行的返回指令(RET 和 RETI)或访问 IE、IP 指令周期时，则在本指令执行完后，还需要执行完紧接其后的一条指令才被响应。这时中断响应延迟时间不会超过 5 个机器周期。这样，总的中断响应时间一般不超过 8 个机器周期。

可见一般的中断响应时间都是在大于 3 个机器周期而小于 8 个机器周期的两种极端情况之间。

5.2.4　中断服务

CPU 响应中断请求后，就立即转入执行中断服务程序。不同的中断源、不同的中断请求可能有不同的中断处理方法，但它们的处理流程一般如下所述。

1. 保护现场和恢复现场

中断是在执行其他任务的过程中转去执行临时的任务。在执行完中断服务程序后，要继续执行原先的程序，需要知道程序原来是在何处中断的，各有关寄存器的内容如何，就必须在转入执行中断服务程序前，将这些内容和状态进行备份，即保护现场。

因此，中断开始前需要将各个有关寄存器的内容压入堆栈进行保存，以便恢复原来程序时使用。

中断服务程序完成后，继续执行原先的程序，就需要把保存的现场内容从堆栈中弹出，恢复寄存器和存储单元的原有内容，这就是恢复现场。

如果在执行中断服务时不是按上述方法保护现场和恢复现场，就会使程序运行紊乱，从而使单片机不能正常工作。

2. 中断打开和中断关闭

在中断处理进行过程中，可能又有新的中断请求到来，这里规定，保护现场和恢复现场的操作是不允许被打断的，否则保护和恢复的过程就可能使数据出错，为此在进行现场保护和现场恢复的过程中，必须关闭总中断，屏蔽其他所有的中断，待这个操作完成后再打开总中断，以便实现中断嵌套。

3. 中断服务程序

中断服务程序就是执行中断处理的具体内容，一般以子程序的形式出现，所有的中断都要转去执行中断服务程序，进行中断服务。

C51编译器允许用户创建中断服务程序，即允许编程者对中断的控制和寄存器组的使用。这样编程者可以创建高效的中断服务程序，用户只需在C51语言下注意中断号和必要的寄存器组切换操作，编译器会自动产生中断向量和程序的出入栈代码。

中断函数定义的语法格式如下：

返回值 函数名 interrupt n

其中，n对应中断源的编号，其值从0开始；中断号表示中断程序的出入地址，中断号对应中断程序的使能位，C51编译器允许有32个中断，具体使用由8051系列单片机决定。对于AT89C52单片机，编号为0～5，分别对应外中断0、定时器0中断、外中断1、定时器1中断、串行口中断和定时器2中断。

在C51中，寄存器组的选择取决于特定的编译器指令，即使用using n指定，其中n的值为0～3，对应使用4组工作寄存器。

例如：void timer0( ) interrupt 1 using 2

即表示在该中断服务程序中使用第2组工作寄存器。

interrupt和using不能用于外部函数。在ISR中调用其他函数时，必须和中断使用相同的寄存器组。

C51编译器支持用C51编写中断服务程序，只要使用interrupt和using声明是中断函数，就不必考虑汇编语言使用中的中断入口、现场保护和现场恢复处理等问题，这些问题都由系统自动解决，编写中断服务程序简单，从而提高了开发效率。

在编写中断服务程序时必须注意以下问题：

（1）中断服务程序的设计对于系统的成败有至关重要的作用。中断处理是需要一段时间的,因此应尽量减少中断服务程序的工作量,以保证中断能够快速返回;否则中断处理占用很长时间,会影响下次中断的响应,使程序出现问题。这样使系统有充足的时间等待中断,并可使中断服务程序的结构简单,不容易出错。

但简化中断服务程序意味着软件中将有更多的代码段,可把这些都放入主循环中,要仔细考虑各中断之间的关系和每个中断执行的时间,特别要注意那些对同一个数据进行操作的 ISR。

(2) 中断函数不能传递参数。

(3) 中断函数没有返回值。

(4) 中断函数调用其他函数,要保证使用相同的寄存器组,否则会出错。

(5) 中断函数使用浮点运算要保存浮点寄存器的状态。

中断服务程序是系统调用的,程序中的任何函数都不能调用中断服务函数。如果在中断服务函数 ISR 中使用寄存器,那么必须处理好 using 的使用问题:

① 中断服务函数使用 using 指定与主函数不同的寄存器组(主函数一般使用 Register bank 0)。

② 中断优先级相同的 ISR 可用 using 指定相同的寄存器组,但优先级不同的 ISR 必须使用不同的寄存器组,在 ISR 中被调用的函数也要使用 using 指定与中断函数相同的寄存器组。

③ 如果不用 using 指定,则在 ISR 的入口,C51 默认选择寄存器组 0,这相当于中断服务程序的入口首先执行指令"MOV PSW,♯00H"。这点保证了没有使用 using 指定的高优先级中断。可以中断使用不同的寄存器组的低优先级中断。

④ 使用 using 关键字给中断指定寄存器组,这样直接切换寄存器组而不必进行大量的 PUSH 和 POP 操作,可以节省 RAM 空间,缩短单片机执行时间。

5.2.5 中断返回

中断返回是指 CPU 执行完中断服务程序后返回到原主程序的过程。在 AT89C52 单片机中,中断返回是通过一条专门的汇编指令 RETI 实现的。执行这条指令后,CPU 将会把堆栈中保存着的地址取出,送回 PC,那么程序就会从主程序的中断处继续往下执行了。RETI 指令的执行,一方面告知中断控制系统,中断服务程序已执行完毕,清除中断优先级状态触发器;另一方面将原先压入堆栈的断点地址(PC 值)弹出装入程序计数器 PC 中,从而返回源程序的断点处继续往下执行。其他断点信息应由软件实现保护和恢复。

AT89C52 的指令系统中设有两条返回指令:RET 和 RETI。子程序返回用 RET 指令,中断服务程序返回用 RETI 指令。如果采用 RET 返回指令,虽然也能使中断服务程序返回原断点处继续往下执行原程序,但它不会告知中断控制系统,现行中断服务程序已执行完毕,从而使中断控制系统误认为仍在执行中断服务程序而屏蔽新的中断请求。因此中断服务程序的返回必须用 RETI 指令,而不能用 RET 返回指令替代。

可以看出,中断的执行过程与调用子程序有许多相似之处:

① 都是中断当前正在执行的程序,转去执行子程序或中断服务程序。
② 都是由硬件自动地把断点地址压入堆栈,然后通过软件完成现场保护。
③ 执行完子程序或中断服务程序后,都要通过软件完成现场恢复,并通过执行返回指令,重新返回断点处,继续往下执行程序。
④ 两者都可以实现嵌套,如中断嵌套或子程序嵌套。

但是中断的执行和子程序也有一些区别:
① 中断请求信号可以由外部设备发出,是随机的,比如故障产生的中断请求,按键中断。子程序调用却是由软件编排好的。
② 中断程序后由固定的矢量地址转入中断服务程序,而子程序地址由软件设定。
③ 中断响应是受控的,其响应时间会受一些因素的影响,而子程序响应时间是固定的。

注意:CPU 所做的保护工作是很有限的,只保护了一个地址,而其他的所有东西都不保护,所以如果在主程序中用到了如 A、PSW 等,在中断程序中又要用它们,还要保证回到主程序后这些寄存器中的数据还是没执行中断以前的数据,就得事先保护起来。

5.2.6 中断请求的撤销

中断响应后,必须及时清除 TCON、SCON 中的已响应中断请求标志,否则会引起中断的重复查询和响应。

在执行中断返回指令 RETI 之前,中断请求信号必须撤除,否则将会引起再一次中断而出错。中断撤除方式有 3 种:

1. 内部硬件自动清除中断请求

对于定时器/计数器 T0、T1 的溢出中断和采用下降沿触发方式的外部中断请求,在 CPU 响应中断后,由内部硬件自动清除中断标志 TF0 和 TF1、IE0 和 IE1,而自动撤除中断请求,即硬件置位,硬件清除。

2. 采用软件清除中断请求

对于串行中断请求和定时器/计数器 2 的溢出和捕获中断请求,在 CPU 响应中断后,必须在中断服务程序中通过软件清除 RI、TI、TF2 和 EXF2 这些中断标志,才能撤除中断,即硬件置位,软件清除。

3. 软硬件结合清除中断请求

采用电平触发方式的外部中断请求,中断撤销是自动的,但中断请求信号的低电平可能继续存在,在以后机器周期采样时又会把已清 0 的 IE0、IE1 标志重新置 1,再次申请中断。为保证在 CPU 中断响应后、执行返回指令前,撤除中断请求,应该采取措施保证在中断响应后把中断请求信号从低电平强制变为高电平。

5.3 中断系统实例与仿真

AT89C52的中断系统中有4个片内中断,2个片外中断,本章主要讨论片外中断,片内中断将在第6章和第7章中详细介绍。

若在系统中使用外部中断,就必须在程序未进入主程序之前对中断系统中的特殊功能寄存器进行设置,也就是中断系统的初始化。主要包括3部分内容:

① 确定外部中断触发方式,对TCON中的IT0和IT1进行设置;

② 确定优先级,对IP进行设置;

③ 开中断,对IE进行设置。

下面通过一些例子来加深对外部中断的理解。

【例5.1】 外部中断0的Proteus仿真及C语言程序设计。

设计要求

利用AT89C52单片机的P3.2($\overline{INT0}$)接一个开关。通过开关触发中断,控制发光二极管的亮灭。

外部中断原理图(见图5.3)

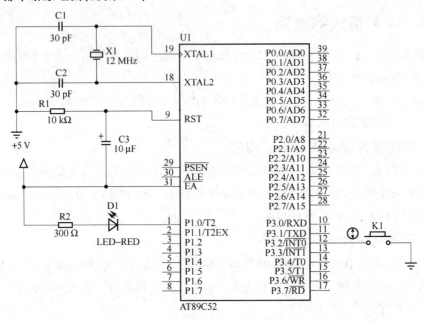

图5.3 外部中断0电路原理图

元器件选取

① AT89C52:单片机;② RES:电阻;③ CRYSTAL:晶振;④ CAP、CAP-ELEC:电容、电解电容;⑤ LED-RED:红色发光二极管;⑥ BUTTON:按钮K1。

程序设计内容

外部中断0的初始化设置共有3项内容:中断总允许即EA=1,外部中断允许位

EX0=1,中断方式设置采用脉冲方式,其前一次为高电平后一次为低电平时为有效中断请求。因此高电平状态和低电平状态至少维持一个周期,中断请求信号由引脚$\overline{INT0}$(P3.2)引入。这种方式的按键可以实现按键的迅速响应,非常适用于快速响应的场合。这个程序里,按下 K1 之后,就会触发$\overline{INT0}$中断,编译运行后看到,按下 K1 键之后,LED 灯处于亮的状态。

程序流程图(见图 5.4)

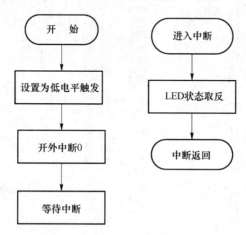

图 5.4 程序流程图

C 语言源程序

```
#include <reg52.h>
sbit led = P1^0;
void service_int0() interrupt 0 using 1
{
    led = ! led;
}
void main(void)
{
    TCON = 0x01;
    IE = 0x81;
    while (1)
    { };
}
```

【例 5.2】 外部中断在不同触发方式下的 Proteus 仿真及 C 语言程序设计。

设计要求

分别采用外部中断 0 和 1 通过不同触发方式控制发光二极管的亮灭,编制相应程序并且仿真。

外部中断 0 和 1 的电路原理图(见图 5.5)

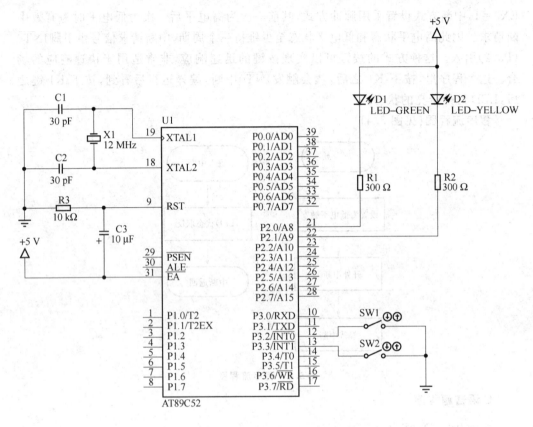

图 5.5 外部中断 0 和 1 的电路原理图

元器件选取

① AT89C52：单片机；② RES：电阻；③ CRYSTAL：晶振；④ CAP、CAP - ELEC：电容、电解电容；⑤ SWITCH：开关 SW1、SW2；⑥ LED - GREEN：绿色发光二极管；⑦ LED－YELLOW：黄色发光二极管。

程序设计内容

$\overline{INT0}$ 是低电平触发方式。所以在 SW1 不断开的情况下，$\overline{INT0}$ 一直是低电平，LED1 一直点亮；$\overline{INT1}$ 是边沿触发方式(下降沿)，所以在 SW2 不断开的情况下，$\overline{INT1}$ 一直是低电平。由于没有电平变化，因此不能持续产生中断，LED2 不会一直点亮。

C 语言源程序

```
#include<reg52.h>
#define uint unsigned int
sbit LED1 = P2^0;
sbit LED2 = P2^1;
void delay()
{
    uint i,j;
```

单片机的中断系统与实例仿真

第5章

```
    for(i=0;i<256;i++)
    for(j=0;j<256;j++)
    {;}
}
void int0() interrupt 0
{
    LED1 = 0;
    delay();
    P2 = 0xff;
}
void int1() interrupt 2
{
    LED2 = 0;
    delay();
    P2 = 0xff;
}
void main(void)
{
    EX0 = 1;
    IT0 = 0;        /*设置触发方式为低电平触发*/
    EX1 = 1;
    IT1 = 1;        /*设置触发方式为下降沿触发*/
    EA = 1;
    P2 = 0x00;
    while(1)
    {
        delay();
        P2 = 0xff;
    }
}
```

【例5.3】 流水灯 Proteus 仿真及 C 语言程序设计。

设计要求

如图5.5所示,将 AT89C52 单片机 P0 口进行 LED 花样显示,显示规律为:8个 LED 先依次左移点亮,然后依次右移点亮。采用$\overline{INT0}$中断使8个 LED 闪烁3次。

流水灯的仿真电路原理图(见图5.6)

元器件选取

① AT89C52:单片机;②RES:电阻;③CRYSTAL:晶振;④CAP、CAP-ELEC:电容、电解电容;⑤LED-RED:红色发光二极管;⑥RESPACK-8:电阻排;⑦BUTTON:按钮 K1。

程序设计内容

按下按钮 K1 后,启动外部中断0,使8个 LED 闪烁3次。

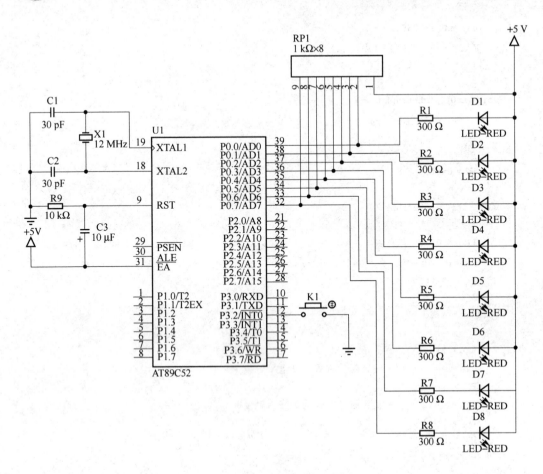

图 5.6 流水灯电路原理图

程序流程图(见图 5.7)

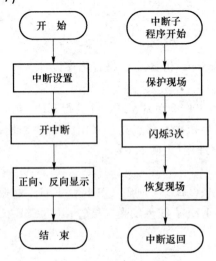

图 5.7 流水灯的程序流程图

C语言源程序

```c
#include <reg52.h>
#define uint unsigned int
#define uchar unsigned char
const tab1[] = {0xfe,0xfd,0xfb,0xf7,0xef,0xdf,0xbf,0x7f,   /*正向流水灯*/
                0xbf,0xdf,0xef,0xf7,0xfb,0xfd,0xfe,0xff,}; /*反向流水灯*/
const tab2[] = {0xff,0x00,0xff,0x00,0xff,0x00,};
void delay()
{
    uint i,j;
    for(i=0;i<256;i++)
        for(j=0;j<256;j++)
        {;}
}
void int1() interrupt 0
{
    uchar i;
    for (i=0;i<6;i++)
    {
        P0 = tab2[i];
        delay();
    }
}
void main(void)
{
    EX0 = 1;
    IT0 = 1;
    EA = 1;
    while(1)
    {
        uchar x;
        for(x=0;x<15;x++)
        {
            P0 = tab1[x];
            delay();}
        }
    }
}
```

【例5.4】 两位计数数码管的 Proteus 仿真及 C 语言程序设计。

设计要求

采用外部中断 0 和 1,控制两位数码管进行 00~99 的计数,其中外部中断 0 控制进行减1计数,外部中断1控制进行加1计数。

计数数码管电路原理图(见图 5.8)

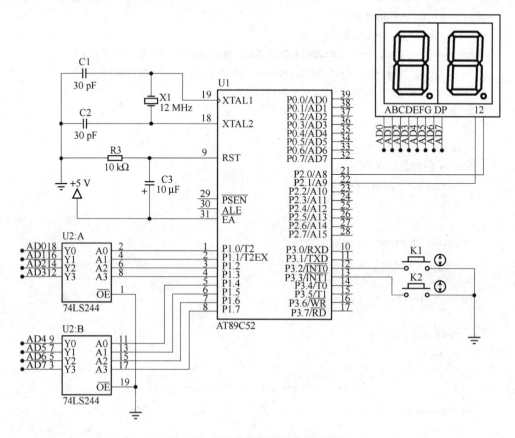

图 5.8 两位计数数码管电路原理图

元器件选取

① AT89C52：单片机；② RES：电阻；③ CRYSTAL：晶振；④ CAP、CAP‑ELEC：电容、电解电容；⑤ BUTTON：按钮；⑥ 7SEG‑MPX2‑CA：两位共阴极数码管；⑦ 74LS244：8 路数据缓冲器。

程序设计内容

首次运行时,LED 的显示初始值为 00,此时如果按 $\overline{INT1}$ 进行减计数时,仍然显示为 00。按 $\overline{INT0}$ 进行加计数,若加到 99 时,再按 $\overline{INT0}$ 加计数,仍然显示为 99。数值不为 00 时,按 $\overline{INT1}$ 可进行减计数；数值不为 99 时,按 $\overline{INT0}$ 可进行加计数。

程序流程图(见图 5.9)

C 语言程序

```
#include <reg52.h>
#define uint unsigned int
#define uchar unsigned char
```

```c
sbit P20 = P2^0;
sbit P21 = P2^1;
uchar count;
uchar counth,countl;
const uchar tab[] = {0xc0,0xf9,0xa4,0xb0,0x99,0x92,0x82,0xf8,0x80,0x90,}; /* 显示 0~9 */
void delay()                              //延时
{
  uint i,j;
  for(i=0;i<256;i++);
}
void int0() interrupt 0 using 1           //加1中断
{
  count++;
  if (count==100)
  count=99;
}
void int1() interrupt 2 using 2           //减1中断
{
   if (count!=0)
     { count--;}
}
void main(void)
{
  IT0=1;
  IT1=1;
  EX0=1;
  EX1=1;
  EA=1;
  PX1=1;                                  //IT1 的优先级高
  while(1)                                //0~99 的显示
  {
  counth=count/10;
  countl=count%10;
  P1=tab[counth];                         //十位显示
  P21=1;
  delay();
  P21=0;
  P1=tab[countl];                         //个位显示
  P20=1;
  delay();
  P20=0;
  }
}
```

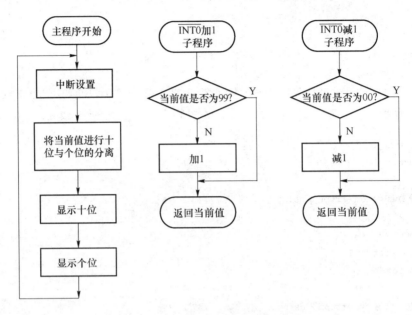

图 5.9 两位计数数码管的程序流程图

扩展外部中断的应用

AT89C52 有两个外部中断源,但在实际的应用中,外部中断事件往往不止两个,导致其本身的中断系统不能满足要求,需要对外部中断源进行扩展。下面介绍两种扩展外部中断源的应用。

1. 定时器/计数器中断作为外部中断扩展外部中断源

AT89C52 有 3 个定时器/计数器 T0、T1 和 T2。选择其中的 T0 和 T1 以计数器方式工作,当引脚 T0 或 T1 上发生负跳变时,T0 或 T1 计数器加 1。利用定时器/计数器这个特性,采用引脚 T0 或 T1 作为外部中断请求输入线,若设定计数初值为满量程,计数器加 1,就会产生溢出中断请求,TF0 或 TF1 变成了外部中断请求标志位,T0 或 T1 的中断入口地址被扩展成了外部中断源的入口地址。

注意:当使用定时器作为外部中断时,定时器以前的功能将失效,除非用软件对它进行复用。

【例 5.5】 定时器/计数器 1 作为外部中断扩展的 Proteus 仿真及 C 语言程序设计。

设计要求

将定时器 T1 引脚作为外部中断源使用,设定相应定时器工作方式为方式 2,计数器 TH1、TL1 初值为 0FFH,允许计数器 T1 中断。

定时器/计数器 1 作为外部中断扩展的电路图(见图 5.10)

元器件选取

① AT89C52:单片机;②RES:电阻;③CRYSTAL:晶振;④CAP、CAP-ELEC:

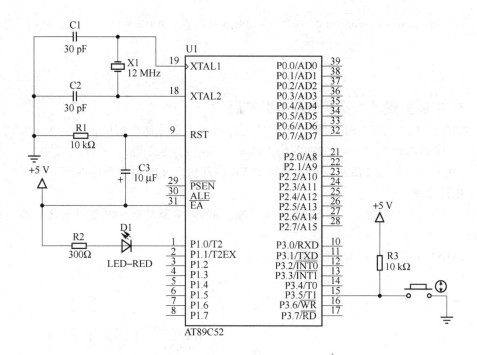

图 5.10 定时器/计数器 1 的扩展中断电路原理图

电容、电解电容;⑤BUTTON:按钮;⑥LED－RED:红色发光二极管。

程序设计内容:

将定时器/计数器的初值赋为计数最大值,然后将定时器/计数器的输入端作为外部中断源的输入端,当 P3.5 引脚有一个负跳变信号时,T1 立刻溢出,产生中断,在相应服务程序中将 P1 口反相。

C 语言程序

```
#include <reg52.h>
void main(void)
{
    TMOD = 0x60;              /*定时器/计数器 1 设置成模式 2,外部计数模式*/
    PCON = 0x80;
    TL1  = 0xFF;              /*初值*/
    TH1  = 0xFF;
    TR1 = 1;                  /*开启计数器 T1*/
    ET1 = 1;                  /*开计数器 T0 中断*/
    EA = 1;                   /*开总中断*/
    while(1)
    {
    }
```

```
}
void T1ISR(void) interrupt 3        /* 定时器 T0 当作外部中断响应 */
{
    P1 = ~P1;                       /* 反相 */
}
```

2. 中断扩展芯片实现外部中断扩展

当外部中断源较多时,可采用中断扩展芯片来实现外部中断的扩展输入。常用的有 8-3 编码芯片 74LS148、双四路输入的与门芯片 74LS21 等。

【例 5.6】 74LS148 外部中断扩展的 Proteus 仿真及 C 语言程序设计。

设计要求

利用 8-3 编码芯片 74LS148 实现中断扩展,对 8 路外部中断信号按优先级进行处理。

74LS148 扩展中断电路图(见图 5.11)

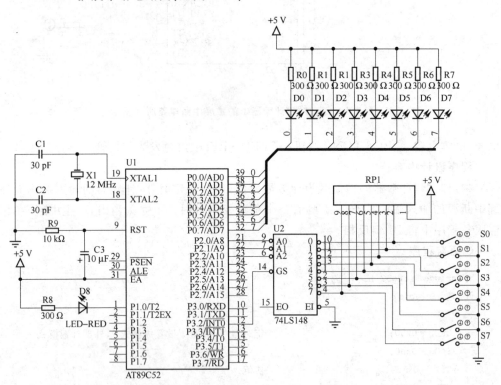

图 5.11 74LS148 扩展中断电路原理图

元器件选取

① AT89C52:单片机;②RES:电阻;③CRYSTAL:晶振;④CAP、CAP-ELEC:电容、电解电容;⑤SWITCH:开关;⑥RESPACK-8:电阻排;⑦LED-RED:红色发光二极管;⑧74LS148:8-3 编码芯片。

第5章 单片机的中断系统与实例仿真

程序设计内容

74LS148 为三态输出,外部输入 8 根数据线只要有一根或几根为 0,ABC 输出三位二进制数,GS 就会自动变为 0,触发外部中断。如果没有任何输入,则数据线 GS 为 1。为了处理多中断同时发生的事件,将多个开关同时合上,中断触发方式设为低电平触发,因为一个或多个开关合上都会导致 GS 为 0,触发中断,执行中断函数。由于 74LS148 是带优先级的,开关 S7~S0 模拟的中断级别由高到低,因此合上 S7 后右边第一个 LED 亮,再合上 S6 或其他时,仍是这只 LED 亮。但当断开 S7 时,右边第二个 LED 亮。

在没有任何开关合上时,主程序控制的 LED 正常闪烁,当合上一个或多个开关后,GS 一直为 0,低电平触发方式下中断程序会持续触发,导致闪烁速度变慢。可以考虑当变为下降沿触发时对应现象的变化。

C 语言源程序

```
#include <reg52.h>
#include <intrins.h>
#define uchar unsigned char
#define uint unsigned int
sbit LED = P1^0;                  //由主程序控制的 LED
void EX_INTO() interrupt 0
{
    uchar bi = P2&0x07;
    P0 = _cror_(0x7F,bi);         //中断控制点亮按键对应的 LED
}
void main()
{
    uint i;
    IE = 0x81;                    //外部中断 0 许可
    IT0 = 0;                      //低电平触发
    while(1)
    {
        LED = ! LED;              //控制一只 LED 闪烁
        for(i=0;i<30000;i++);     // 闪烁
        if(INT0==1) P0 = 0xFF;    //INT0 为 1,无按键合上,关闭所有 LED
    }
}
```

本章小结

本章详细讲述了中断系统的基本概念和中断类型,重点介绍了 AT89C52 单片机的中断系统及中断的各种控制标志位。接着讲述了 AT89C52 单片机对中断的响应过程,最后通过一些例子对中断系统中的外部中断进行了讲解,介绍了扩展外部中断的常用的几种方法。具体关于定时器中断和串行中断的详细介绍,可参见第 6 章和第 7 章的内容。

通过本章学习,要求学生能够熟悉 AT89C52 单片机的系统组成,掌握中断源、与中断有关的寄存器的功能,要求重点掌握中断的初始化和中断服务程序中中断函数的用法,能够使用中断进行简单编程。

思考题与习题

1. 利用 AT89C52 中断系统设计一个三人抢答器,要求任何一个人第一时间抢答成功,则相应的指示灯点亮,其他人的抢答被屏蔽。编制相关程序并且仿真。

2. 利用 AT89C52 的外部中断 0 实现系统的故障显示,系统各部分工作正常时,显示灯灭,某个部分出现故障时,对应的显示灯亮。编制相应程序并且仿真。

3. 用两个开关控制一盏楼梯路灯,不论路灯处于亮状态还是暗状态,任何一个开关都可以使它改变,即由原来的亮变暗,由原来的暗变亮。采用中断方式编写控制程序,并进行仿真。

4. 用 AT89C52 的 P0 口接 8 个发光二极管,开关 K1 和 K2 分别接至单片机引脚 P3.2 和 P3.3。要求按下 K1 后,如果 8 只 LED 为熄灭状态,则点亮,如果 8 只 LED 为点亮状态,则保持;按下 K2 后,不管 8 只 LED 是熄灭状态还是点亮状态,都变为闪烁状态。编制相应程序并且仿真。

5. 用 AT89C52 的 P1 口接 8 个发光二极管,在 P3.2 引脚接一个按钮,每按一次,发光二极管亮一个,顺序下移,且每次只有一个亮,周而复始。编制程序并仿真。

6. 用 AT89C52 的 P0 口接 8 个发光二极管,正常情况发光二极管循环点亮,按键 K1、K2 和 K3 实现以下控制功能:按下 K1 时,继电器动作;按下 K2 时,蜂鸣器发出滴滴声音;按下 K3 时,继电器动作,同时蜂鸣器发出滴滴声音。

第6章 定时器/计数器原理及实例仿真

6.1 定时器/计数器模块的基本用途

定时器/计数器(Timer/counter)是单片机芯片中最基本的外围接口,它的用途非常广泛,常用于测量时间、速度、频率、脉宽,提供定时脉冲信号,还能为编程人员提供准确定时。AT89C52 中有 3 个定时器/计数器,分别是定时器/计数器 0(T/C0)、定时器/计数器 1(T/C1)和定时器/计数器 2(T/C2)。其中,T/C0、T/C1 和 51 系列单片机中的定时器/计数器在功能和使用方法上相差不大,而 T/C2 是 51 系列单片机中所没有的。

6.2 定时器/计数器 0 和 1 的结构与工作原理

AT89C51 单片机内部设有两个 16 位的可编程定时器/计数器,即定时器/计数器 0 和定时器/计数器 1。AT89C52 单片机除了有两个定时器/计数器外,还有一个可编程定时器/计数器 2,后者功能比前两者功能强。可编程的意思是指其功能(如工作方式、定时时间、启动方式等)均可由指令来确定和改变。

6.2.1 定时器/计数器 0 和 1

如图 6.1 所示,为定时器/计数器 0 和定时器/计数器 1 工作在模式 0 下的逻辑图。

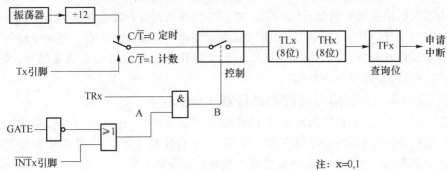

图 6.1 模式 0 下的逻辑图

定时器/计数器内部有一个计数寄存器(THx 和 TLx),它实际上是一个累加寄存器,都是加 1 计数的。如图 6.1 所示,定时器和计数器共用这个寄存器,但定时器/计数器同一时刻只能工作在其中一种方式下,不可能既工作在定时器方式,同时又工作在计数器方式。这两种方式的根本区别在于计数脉冲的来源不同。工作在定时器方式时,对振荡源 12 分频的脉冲计数(在图 6.1 中用"÷12"表示),即每过一个机器周期(1 个机器周期时间上和 12 个振荡周期的时间相等),计数寄存器中的值就增加 1。所以,计数速率为振荡频率的 1/12。例如,当采用 6 MHz 晶振时,计数速率为 0.5 MHz,即每隔 2 μs 计数寄存器的值就自动增加 1。

工作在计数器方式时,计数脉冲不是来自内部的机器周期,而是来自外部输入。对定时器/计数器 0、定时器/计数器 1 和定时器/计数器 2,计数脉冲分别相应地来自 T0、T1 和 T2 引脚。如本书第 1 章中图 1.3 所示。当这些引脚上输入的信号产生由高电平至低电平的负跳变时,计数寄存器的值就增加 1。单片机每个机器周期都要对外部输入进行采样,如果在第一个周期采得的外部信号为高电平,在下一个周期采得的信号为低电平,则在再下一个机器周期,即第三个机器周期计数寄存器的值才增加 1。也就是说,单片机从采到信号到确认是否计数至少需要 2 个机器周期的时间,即时间长度相当于 24 个振荡周期。所以,在作计数器使用时,为了确保每个电平都能被采样到,对外部输入的信号在脉冲电平保持时间上有一定要求,即每个电平的保持时间至少为一个机器周期。当然,对输入信号的占空比没有什么特别的要求。这样,单片机对外部信号的计数速率最大为振荡频率的 1/24。

可以通过设置定时器/计数器方式控制寄存器 TMOD 中的 C/$\overline{\text{T}}$ 位,来控制定时器/计数器是工作于定时器方式还是计数器方式。如图 6.1 所示,通过对 C/$\overline{\text{T}}$ 位的设置来选择是工作在定时器方式还是计数器方式。如果工作在定时器方式,计数信号来源于单片机内部,图 6.1 中振荡器为单片机的晶振频率;如果工作在计数器方式,计数信号来源于 Tx 引脚。其他的部件,如计数寄存器 THx、TLx,中断查询位 TFx 等,对两种方式都是一样的。

6.2.2 与定时器/计数器 0 和定时器/计数器 1 相关的特殊功能寄存器

为了更好地控制定时器/计数器,需要一些特殊功能寄存器的配合,如定时器/计数器控制寄存器 TCON,定时器/计数器方式控制寄存器 TMOD,还有一些和中断相关的寄存器。在定时器/计数器开始工作之前,需要对这些寄存器进行正确地设置,这个过程叫作定时器/计数器的初始化。

1. 定时器/计数器方式控制寄存器 TMOD

定时器/计数器方式控制寄存器 TMOD 如图 6.2 所示,这些控制位都是靠软件来进行控制的,其中高 4 位是针对 T/C1 的,低 4 位是针对 T/C0 的,其功能和使用方法类似。下面仅以 T/C0 为例来介绍这几个控制位的使用方法。

GATE 是一个选通位。当 GATE 位置 1 时,T/C0 受到双重控制:只有 $\overline{\text{INT0}}$ 为高电平且 TR0 位置 1 时 T/C0 才开始工作,这种双重控制作用可以用来测 $\overline{\text{INT0}}$ 引脚出现

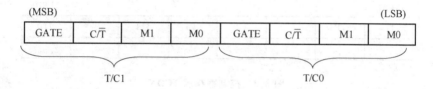

图 6.2 方式控制寄存器 TMOD

高电平的宽度。当 GATE 位清零时,T/C0 仅受到 TR0 的控制。

C/$\overline{\text{T}}$ 用来选择是工作在定时器方式还是计数器方式。当该位置 1 时,工作在计数器方式,清 0 时工作在定时器方式。

M1 和 M0 联合起来用于选择操作模式,共有 4 种操作模式,如表 6.1 所列。

表 6.1 操作模式

M1	M0	操作模式	计数器配置
0	0	模式 0	13 位计数器
0	1	模式 1	16 位计数器
1	0	模式 2	自动重装载的 8 位计数器
1	1	模式 3	T0 分为两个 8 位定时器/计数器,T1 停止计数

例如,语句 TMOD=0x61;其功能是设置定时器/计数器 1 工作在计数器方式,操作模式为模式 2,定时器/计数器 0 工作在定时器方式,操作模式为模式 1,即相当于 16 位计数器。

上述功能也可用汇编语句"MOV TMOD,♯61H"来实现。

2. 计数寄存器 TH0、TL0 和 TH1、TL1

计数寄存器是 16 位的,在启动定时器时需要设定它的初始值。THx 是计数寄存器的高 8 位,TLx 是计数寄存器的低 8 位。TH0、TL0 对应 T/C0,TH1、TL1 对应 T/C1。

例如,要求定时器/计数器 0 的初始计数值为 0x5DF2,就可以通过 C 语言语句进行初始化。

```
TH0 = 0x5D;
TL0 = 0xF2;
```

也可以通过汇编指令进行初始化,下面的汇编代码在功能上与上述 C 语言语句等效。

```
MOV  TH0,♯5DH;
MOV  TL0,♯0F2H;
```

3. 定时器/计数器控制寄存器 TCON

如图 6.3 所示,其中阴影部分和 T/C0、T/C1 无关。

TF1 为 T/C1 的溢出标志,溢出时由硬件置 1,进入中断后又由硬件自动清 0。

TR1 为 T/C1 的启动和停止位,由软件控制。置 1 时启动 T/C1;清 0 时停止 T/C1。

TF0 和 TR0 的功能和使用方法与 TF1、TR1 类似,只是它们是针对 T/C0 的。

(MSB)							(LSB)
TF1	TR1	TF0	TR0	IE1	IT1	IE0	IT0

图 6.3 控制寄存器 TCON

例如,如果想在程序运行过程中停止定时器/计数器 1 的运行,就可以用如下语句:

TR1 = 0;

用 TR1=1,就可以启动定时器/计数器 1 的运行。TF0 和 TF1 则不能使用软件来设置,而是完全由硬件来置 1 和清 0 的。

6.2.3 定时器/计数器 0 和定时器/计数器 1 的工作模式

在表 6.1 的 4 种操作模式中,前 3 种模式对于定时器/计数器 0 和定时器/计数器 1 都是一样的,所以这里放在一起介绍,对操作模式 3 单独进行介绍。

1. 模式 0

图 6.1 为定时器/计数器 0 和定时器/计数器 1 在模式 0 下的逻辑图。其中 x 为 0 时对应 T/C0,x 为 1 时对应 T/C1。在模式 0 下,TLx、THx 共同构成 13 位计数寄存器,其中 TLx 的高 3 位未用。从图 6.1 中可以看出,当 GATE=1 时,是否计数受到双重控制;否则只受到 TRx 的控制。$C/\overline{T}=1$ 时单片机工作在计数器方式;$C/\overline{T}=0$ 时单片机工作在定时器方式。

2. 模式 1

模式 1 的逻辑图如图 6.4 所示,和模式 0 的唯一区别就是计数寄存器是 16 位的,其他和模式 0 相同,所以不再详述。

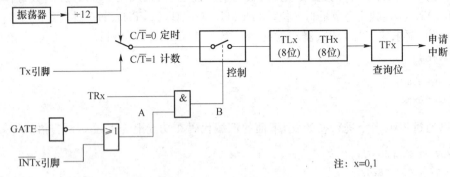

图 6.4 模式 1 下的逻辑图

3. 模式 2

模式 2 具有自动重装载的功能。在模式 0 和模式 1 中,每次计数寄存器溢出后,都需要利用软件重新装载计数初值。而在模式 2 中,这个操作由单片机自动来完成。模式 2 把 TLx、THx 独立使用,其中 TLx 作为 8 位计数寄存器使用,THx 存放计数初值,只需要在一开始作定时器/计数器初始化时设置一次即可,以后当 TLx 溢出时,TFx 置 1,在产生中断申请的同时 THx 中的内容会自动装载进 TLx 中,装载后 THx 的内容保持原值不变。模式 2 常用于串行通信时作波特率发生器使用。

模式 2 下的逻辑图如图 6.5 所示。

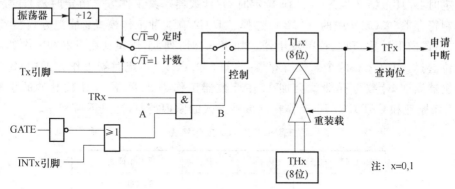

图 6.5　模式 2 下的逻辑图

4. 模式 3

前 3 种模式对 T/C0 和 T/C1 来说都是一样的,但模式 3 对二者却有很大不同。

对于 T/C1,模式 3 相当于仍然保持计数,但原来与其对应的控制位 TR1、TF1 不再分给 T/C1 使用,而是分给 T/C0 使用。

对于 T/C0,模式 3 中 TL0、TH0 独立使用,都作为 8 位计数寄存器使用,其中 TL0 仍然既可以作定时器使用,又可以作计数器使用,其控制方法和模式 0、模式 1 中的方法相同,使用 GATE、TR0、C/$\overline{\text{T}}$、$\overline{\text{INT0}}$、TF0 来进行控制。TH0 虽然也作 8 位计数寄存器使用,但只能工作于定时器方式,而且使用 TR1 和 TF1 来对其进行控制。

模式 3 下的逻辑图如图 6.6 所示。模式 3 适用于需要增加一个额外的 8 位定时器的场合。

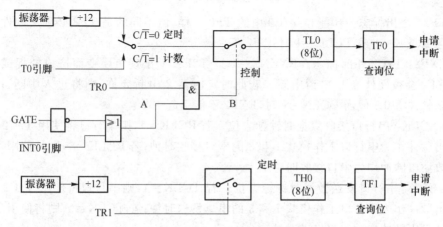

图 6.6　模式 3 下的逻辑图

6.3　定时器/计数器 2(T/C2)的结构和工作原理

定时器/计数器 2 也是一个 16 位定时器/计数器。其工作方式由定时器/计数器 2 的控制寄存器 T2CON 中的 C/T2 位选择。T/C2 有 3 种工作模式：捕捉方式、自动重载(向下或向上计数)和波特率发生器。如表 6.2 所列，工作模式由 T2CON 中的相关控制位选择。T/C2 有两个 8 位寄存器：TH2 和 TL2。在定时器工作方式中，每经过一个机器周期，计数寄存器就会加 1；在计数器工作方式下，输入计数脉冲的引脚是 T2，工作原理和 C/T0、C/T1 工作在计数器方式的原理类似，这里不再赘述。

表 6.2　T/C2 工作模式

RCLK+TCLK	CP/$\overline{\text{RL}}$	TR2	工作模式
0	0	1	16 位自动重载
0	1	1	16 位捕获
1	×	1	波特率发生器
×	×	0	（不用）

6.3.1　与定时器/计数器 2 相关的特殊功能寄存器

1. 控制寄存器 T2CON

如图 6.7 所示，为 T/C2 的控制寄存器 T2CON 示意图。各控制位如下：

(MSB)							(LSB)
TF2	EXF2	RLCLK	TCLK	EXEN2	TR2	C/$\overline{\text{T2}}$	CP/$\overline{\text{RL2}}$

图 6.7　控制寄存器 T2CON

TF2：溢出标志。功能和 T/C0 中的 TF0 一样，但不同的是 TF2 必须用软件来清 0，而且 RCLK=1 或 TCLK=1 时，TF2 不会被置 1。

EXF2：T/C2 外部标志。EXEN2=1 且 T2EX 上出现负跳变而造成捕捉或重载时，EXF2 会被硬件置 1，申请中断。若此时定时器 2 中断允许，则将进入中断，EXF2 必须靠软件清 0。但当 DCEN=1 时，EXF2 不能引起中断。

RLCLK：串行口接收数据时钟标志位。若 RCLK=1，则串行口将使用 T/C2 的计数溢出脉冲作为串行口工作模式 1 和 3 的串口接收时钟；若 RCLK=0，则将使用 T/C1 的计数溢出脉冲作为串口接收时钟。

TCLK：串行口发送数据时钟标志位。若 TCLK=1，则串行口将使用 T/C2 的计数溢出脉冲作为串行口工作模式 1 和 3 的串口发送时钟；若 TCLK=0，则将使用 T/C1 的计数溢出脉冲作为串口发送时钟。

EXEN2：T/C2 外部允许标志位。若 EXEN2=1，且 T/C2 没有用作串行时钟，则

T2EX(P1.1)引脚上高电平到低电平的负跳变将引起 T/C2 的捕捉或重载。若 EXEN2＝0，则 T/C2 将视 T2EX 端的信号无效。

TR2：开始/停止控制 T/C2。TR2＝1，T/C2 开始工作；TR2＝0，T/C2 停止工作。

C/$\overline{T2}$：T/C2 定时器/计数器选择标志位。当 C/$\overline{T2}$ 为 1 时作计数器（下降沿触发）使用，当 C/$\overline{T2}$ 为 0 时作定时器使用。

CP/$\overline{RL2}$：捕捉/重载选择标志位。当 EXEN2＝1 时，若 CP/$\overline{RL2}$＝1 且 T2EX 引脚出现负脉冲，则会引起捕捉操作；当 EXEN2＝1 时，若 CP/$\overline{RL2}$＝0，则当 T/C2 溢出或者 T2EX 引脚上高电平到低电平的负跳变，都会引起自动重载操作。而当 RCKL＝1 或 TCKL＝1 时，此标志位无效，T/C2 溢出时，将强制做自动重载操作。

2. T2MOD 寄存器

如图 6.8 所示为 T2MOD 寄存器示意图，阴影部分为预留扩展位。

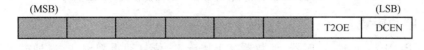

图 6.8　T2MOD 寄存器

T2OE：定时器/计数器 2 输出允许位。

DCEN：定时器/计数器 2 计数方向控制位。清 0 时，向上计数；置 1 后，定时器/计数器 2 可配置成向上（计数寄存器值越来越大）/向下（计数寄存器值越来越小）计数。

3. RCAP2H 和 RCAP2L 寄存器

RCAP2H 和 RCAP2L 是一对捕获/重装载寄存器。当 CP/$\overline{RL2}$＝1 时，选择捕获功能；当 CP/$\overline{RL2}$＝0 时，选择自动重装载功能。

6.3.2　定时器/计数器 2 的工作模式

1. 捕捉模式

通过设置 T2CON 寄存器中的 CP/$\overline{RL2}$为来选择定时器/计数器 2 工作于捕捉模式还是自动重载模式，当 CP/$\overline{RL2}$＝1 时，工作于捕捉模式；当 CP/$\overline{RL2}$＝0 时，工作于自动重载模式。这两种模式下都需要 T2CON 寄存器中 EXEN2 的配合才能使用。

当 CP/$\overline{RL2}$＝1，即定时器/计数器 2 工作于捕捉模式时，如果 EXEN2＝0，那么定时器/计数器 2 仅作为一个 16 位定时器/计数器使用，溢出时对 T2CON 寄存器的 TF2 标志置 1，从而引起中断。当 CP/$\overline{RL2}$＝1，即定时器/计数器 2 工作于捕捉模式时，如果 EXEN2＝1，那么定时器/计数器 2 除了作为一个 16 位定时/计数器使用，溢出时对 TF2 标志置 1 并引起中断外，外部输入引脚 T2EX(P1.1)上高电平到低电平的负跳变会使 TH2 和 TL2 中的值分别被捕捉到 RCAP2H 和 RCAP2L 中，即引起捕捉操作，而且同时 T2EX 引脚上的负跳变还会引起 T2CON 中的 EXF2 置 1，也会引起中断。

捕捉模式如图 6.9 所示。

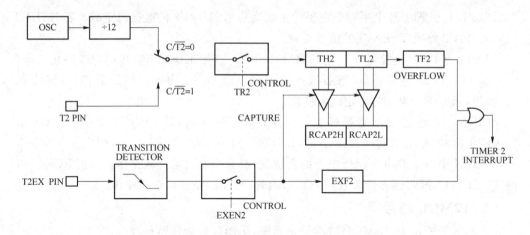

图 6.9　定时器/计数器 2 的捕捉模式

2. 自动重载

当 CP/$\overline{\text{RL2}}$＝0 时,定时器/计数器 2 工作于 16 位自动重载模式,这种模式下通过对其编程可以选择计数寄存器向上计数还是向下计数。向上计数,即计数寄存器中的计数值越来越大,直到增至 0xFFFF 时再增加 1,就会发生溢出,这种溢出被称为"上溢";向下计数即计数寄存器中的计数值越来越小,直到减至 0 时再减少 1,也会发生溢出,这种溢出被称为"下溢"。在自动重载模式下,可以通过设置寄存器 T2MOD 中的 DCEN(向下计数允许位)位来配置计数寄存器的计数方向。

自动重载模式下,当 DCEN＝0 时,定时器/计数器 2 向上计数。如图 6.10 所示,此时,如果 EXEN2＝0,则定时器/计数器 2 向上计数,直至溢出时,会将溢出标志 TF2 置 1,产生中断请求;因为此时工作在自动重载模式,即 CP/$\overline{\text{RL2}}$＝0,所以在产生中断请求的同时还会自动将 RCAP2H 和 RCAP2L 中的值分别加载到计数寄存器 TH2 和

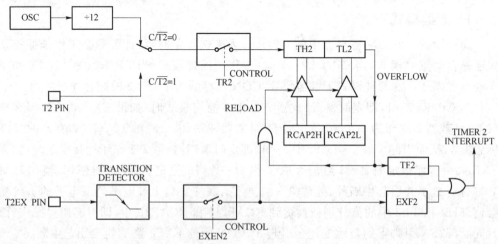

图 6.10　定时器/计数器 2 自动重载模式(DCEN＝0)

TL2 中。如果 DCEN=0 并且 CP/$\overline{\text{RL2}}$=0,EXEN2=1,即自动重载模式下允许外部输入信号时,定时器/计数器 2 仍然向上计数直至溢出,将溢出标志 TF2 置 1 并产生中断请求,而且同时会引起自动重载的操作;除此之外,外部输入引脚 T2EX(P1.1)上高电平到低电平的负跳变也会引起自动重载的操作,这和定时器/计数器 2 是否发生溢出没有关系,而且 T2EX 引脚上的电平负跳变除了引起自动重载的操作外,还会将 T2CON 中的 EXF2 置 1,也会引起中断。需要注意的是,单片机上电复位时,DCEN 的默认值为 0,所以定时器/计数器 2 默认的计数方向是向上计数。

在自动重载模式下,当 DCEN=1 时,定时器/计数器 2 的计数方向由外部输入引脚 T2EX 上的电平来决定,如图 6.11 所示。如果 T2EX 引脚上输入为高电平,定时器/计数器 2 则向上计数,直至上溢,将溢出标志 TF2 置 1 并产生中断请求;如果 T2EX 引脚上输入为低电平,定时器/计数器 2 则向下计数,直至下溢,将溢出标志 TF2 置 1 并产生中断请求。所以,不管向上溢出还是向下溢出,都会将 TF2 标志置 1,引起中断。需要注意的是,在这种模式下,即 DCEN=1 并且 CP/$\overline{\text{RL2}}$=0 时,中断 EXF2 标志被锁死,不管 T2EX 引脚上的电平怎么变化,中断 EXF2 标志都不会被置 1,这一点和 DCEN=0 时的情况区别很大,需要读者注意。

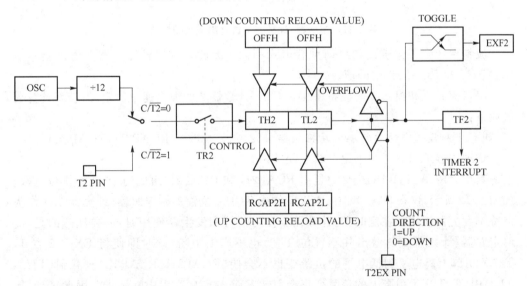

图 6.11　定时器/计数器 2 自动重载(DCEN=1)

3. 波特率发生器

通过设置 T2CON 寄存器中的 TCLK 或 RCLK 可选择定时器/计数器 2 作为波特率发生器。

如图 6.12 所示,通过设置 RCLK 和 TCLK 可以使定时器/计数器 2 工作于波特率产生模式。

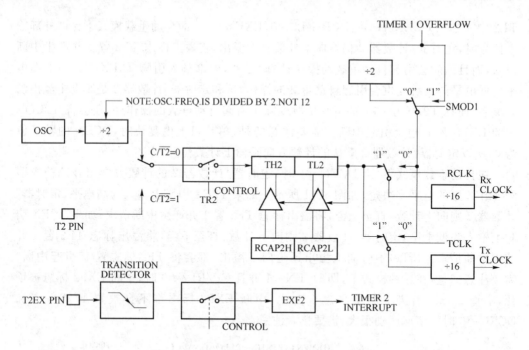

图 6.12 定时器/计数器 2 波特率发生器模式

波特率产生工作模式和自动重载模式相似。因此,定时器/计数器 2 溢出会重载 RCAP2H 和 RCAP2L 中的值。

串口模式 1 和模式 3 的波特率由定时器/计数器 2 的溢出速率决定,波特率计算公式如下:

模式 1 和模式 3 的波特率＝晶振频率/{32×[65 536－(RCAP2H,RCAP2L)]}

详细内容可以参考本书第 7 章中相关内容。

其中,(RCAP2H,RCAP2L)是由 RCAP2H 和 RCAP2L 组成的 16 位无符号整数。如图 6.12 所示,仅在 T2CON 中 RCLK 位或 TCLK 位置 1 时定时器/计数器 2 才作为波特率发生器使用。在定时器/计数器 2 作为波特率发生器使用时,需要注意的是,此时定时器/计数器 2 的溢出并不置位 TF2,也不产生中断;此时即使将 EXEN2 置 1,T2EX 引脚上高电平到低电平的负跳变也不会使(RCAP2H,RCAP2L)重载到(TH2,TL2)中,但 T2EX 引脚上的负跳变仍会引起 EXF2 置 1,产生中断请求。因此,定时器 2 作为波特率发生器时,T2EX 还可以作为一个额外的外部中断来使用。

定时器/计数器 2 处于波特率产生模式下,如果 TR2＝1,即定时器/计数器 2 处于正常工作状态,此时不应该对 TH2 或 TL2 进行读或写。因为在这种模式下,计数寄存器的值一直在变化,读或写就不会准确。寄存器 RCAP2 可以读,但不能写,因为写操作可能和重载操作交迭,造成写和重载错误。所以在对定时器/计数器 2 或 RCAP2 寄存器进行读或写时,应该先关闭定时器/计数器 2(将 TR2 清 0)。

此外,定时器/计数器 2 还可以输出一个可编程时钟。

6.4 仿真实例

6.4.1 定时器工作方式实例

实现定时控制一般有两种办法：一种是软件延时；另一种是硬件延时。

软件延时即让 CPU 每次都执行一段固定的指令，通过执行这些指令来占用 CPU 时间，从而达到延时的目的。在汇编语言中，这些指令一般是若干条空指令，如果需要较长延时，通常需要编写一段延时函数来实现。在用 C 语言编写的程序中，一般可以通过执行循环语句来实现，至于使用几条空指令或循环多少次，需要根据具体的机器周期长度和延时时间来计算。所以在用汇编语言编写的程序中，通过这种方法实现精确的延时一般是容易实现的，但在用 C 语言编写的程序中，通过软件的方法实现精确的延时就不大容易了，因为 C 语言的语句最终是要被转换成机器指令，一个循环能转换成几条机器指令不像汇编语言那么明显，再加上循环中的条件判断语句，更增加了精确计算时间的难度。

硬件延时则是本章要讲述的内容之一，是指通过单片机内部一个定时器/计数器模块来实现定时，这种方法能够实现准确、精确的延时。

本书第 4 章中介绍了 LED 灯的工作原理，并通过例 4.1 给出了让 LED 灯定时闪烁的仿真实例。例 4.1 对定时间隔 0.2 s 的控制是通过软件实现的，即是通过执行若干条空指令来实现的。通过软件延时的方式，一般适用于对定时间隔要求不是十分严格，应用简单并且延时较短的场合。而且软件定时的方式有一个显著的缺点，就是这种方式是通过 CPU 不停地执行空指令来实现的，也就是说，在延时的过程中，CPU 不能运行其他任务，只能执行空操作，直到定时间隔完成。所以，这种方式下 CPU 的有效利用率不是太高。当然，这要从较为复杂的多任务程序执行过程中体现得才较为明显，而通过硬件延时(或称"硬件定时")则能避免这种缺点，大大提高 CPU 的有效利用率。在 AT89C52 中，硬件延时可以通过单片机内部的定时器/计数器来实现，软件需要做的任务只是对定时器/计数器进行初始化，赋初始计数值，然后 CPU 就可以去执行其他任务，定时的操作完全由定时器来完成，当定时间隔到来时，定时器会向 CPU 提出一个中断请求，这时 CPU 会保存现场，转而去执行预先写好的定时器中断服务程序，执行完后再接着原来的任务继续执行。所以，通过硬件来定时的方式，不仅能准确定时，减少软件代码数量，同时还能实现多个任务并行运行，提高 CPU 的有效利用率。

利用定时器解决延时问题，大致可以采用如下思路。首先，要对定时器/计数器进行初始化工作。主要包括：设定其工作在定时方式；根据实际问题选择合适的工作模式；根据设定时间隔计算出计数器初值并进行设定；开中断；启动相应的定时器。其次，在定时器中断服务程序中要重置计数器初值，并根据具体问题进行必要的数据处理工作。

下面是几个和定时器工作方式相关的仿真实例。

【例 6.1】 基于定时器控制闪烁灯的 Proteus 仿真及 C 语言程序设计。

设计要求

要求使用 AT89C52 晶振频率 $f=12$ MHz,利用定时器 0 实现对 LED 灯的闪烁控制,LED 灯的闪烁间隔为 0.5 s。

仿真电路原理图

如图 6.13 所示为例 6.1 的仿真电路原理图。

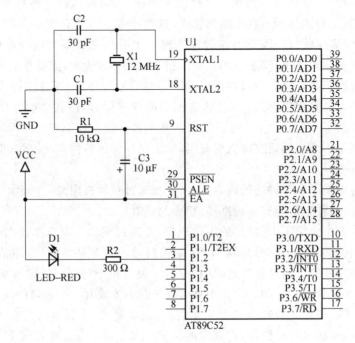

图 6.13 例 6.1 仿真电路图

元器件选取

① AT89C52:单片机;②RES:电阻;③CRYSTAL:晶振;④CAP、CAP - ELEC:电容、电解电容;⑤LED - RED:红色发光二极管。

程序设计内容

本例和本书第 4 章中例 4.1 的不同之处在于,例 4.1 使用的是软件定时,而本例要求使用的是硬件定时,即需要利用定时器。

根据已知条件,可知:计数器计数周期=机器周期=12/(12 MHz)=1 μs。

0.5 s=500 000 μs,而 T/C0 的长度最长为 16 位,所以能计数的最大值仅为 65 536,容纳不下 500 000,该怎么办呢?

可以采取如下思路:让 T/C0 每次计数 50 000 次,即每次定时 50 ms,这样,如果 T/C0 累积溢出 10 次,即产生 10 次中断,时间间隔恰好就是 0.5 s 了。在 C 语言中,可以通过一个全局变量来记录 T/C0 溢出的次数。所以计数器初值为 65 536−50 000 = 15 536=0x3CB0。计数器初值也可以通过下面的方法计算:

TH0 初值＝(65 536－50 000)/256＝61
TL0 初值＝(65 536－50 000)%256＝176

程序流程图

程序流程图如图 6.14 所示。

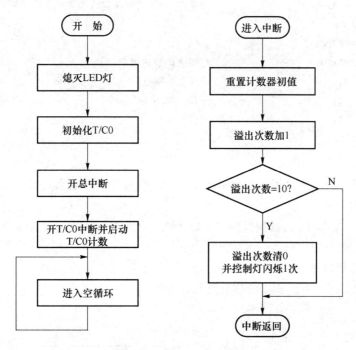

图 6.14　例 6.1 程序流程图

C 语言源程序

```
#include <REG52.H>
#define uchar unsigned char
#define uint unsigned int
sbit LIGHT_ON = P1^2;            //LIGHT_ON,发光二极管控制引脚
uchar icount;                    //记录溢出次数
void timer0isr(void) interrupt 1 using 1
{
    TH0 = 0x3C;
    TL0 = 0xB0;                  //重置计数初值
    icount++;                    //溢出次数加1
    if(icount == 10)
    {
        icount = 0;
        LIGHT_ON = ! LIGHT_ON;   //累计够 0.5 s 时溢出次数清 0 并控制灯闪烁
    }
```

}
void main(void)
{
    icount = 0;   //溢出次数初始值为 0
    TMOD = 0x01;   //设定 T/C0 工作在定时器方式 1
    LIGHT_ON = 1;
    TH0 = 0x3C;
    TL0 = 0xB0;   //装载计数初值
    EA = 1;   //开总中断
    ET0 = 1;   //开 T/C0 中断
    TR0 = 1;   //启动 T/C0
    while(1);
}

【例 6.2】 利用定时器产生脉冲的 Proteus 仿真及 C 语言程序设计。

设计要求

要求使用 AT89C52,晶振频率 $f=12$ MHz,在 P1.2 引脚上输出一个脉冲信号,周期为 2 s,占空比为 20%。

仿真电路原理图

如图 6.15 所示为例 6.2 的仿真电路原理图。

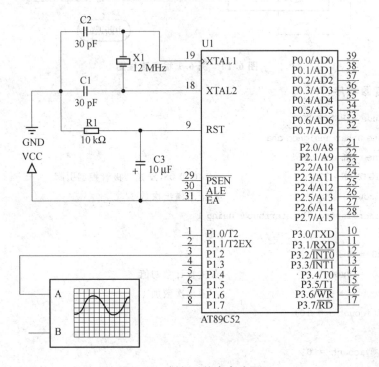

图 6.15 例 6.2 仿真电路图

定时器/计数器原理及实例仿真

第 6 章

元器件选取

① AT89C52：单片机；②RES：电阻；③CRYSTAL：晶振；④CAP、CAP - ELEC：电容、电解电容。

程序设计内容

$$计数器计数周期 = 机器周期 = 12/(12\text{ MHz}) = 1\ \mu s$$

2 s = 2 000 000 μs，即需要计数 200 万次，其中高电平占 40 万次，低电平占 160 万次。本题可以采取和例 6.1 类似的思路，即可以采取每次 10 ms 定时，高电平定时 40 次，低电平定时 160 次。10 ms = 10 000 μs，所以计数器初值为 65 536 − 10 000 = 55 536 = 0xD8F0。

仿真结果可以通过示波器仿真器 OSCILLOSCOPE 来观察，可以通过在 Proteus 仿真环境中的 Virtual Instruments Mode 来选择 OSCILLOSCOPE。仿真效果如图 6.16 所示。

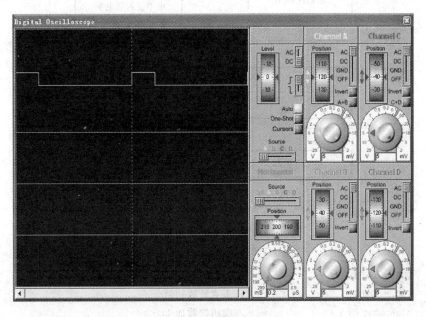

图 6.16　例 6.2 仿真效果

程序流程图

程序流程图如图 6.17 所示。

C 语言源程序

```
#include <REG52.H>
#define uchar unsigned char
#define uint unsigned int
sbit LEVEL = P1^2;              //LEVEL,P1.2 引脚上的电平值
uchar highcount;                //记录高电平定时次数
void timer0isr(void) interrupt 1 using 1
```

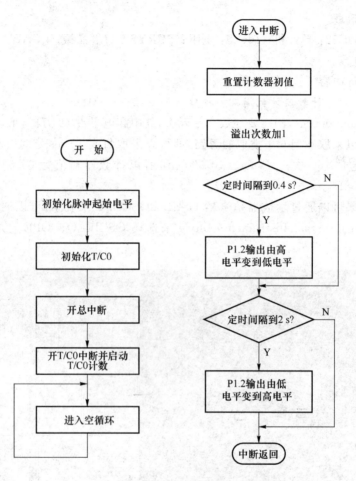

图 6.17 例 6.2 程序流程图

```
    {
        TH0 = 0xD8;
        TL0 = 0xF0;                    //重置计数初值
        highcount ++ ;                 //溢出次数加 1
        if(highcount = = 40)
            LEVEL = 0;
        if(highcount = = 200)
        {
            LEVEL = 1;
            highcount = 0;
        }
    }
void main(void)
{
    highcount = 0;                    //记录高电平定时次数,初始值为 0
```

```
    TMOD = 0x01;              //设定 T/C0 工作在定时器方式 1
    LEVEL = 1;                //初始电平为高
    TH0 = 0xD8;
    TL0 = 0xF0;               //装载计数初值
    EA = 1;                   //开总中断
    ET0 = 1;                  //开 T/C0 中断
    TR0 = 1;                  //启动 T/C0
    while(1);
}
```

6.4.2 计数器工作方式实例

计数器工作方式和定时器工作方式最根本的不同,在于计数脉冲信号的来源不同。在定时器工作方式下,计数脉冲来源于单片机内部。而在计数器工作方式下,计数脉冲来源于外部输入。

利用计数器工作方式解决计数问题,一般可以采取如下思路。首先,要对定时器/计数器进行初始化工作,即设定其工作在计数器方式;根据实际问题选择合适的工作模式;根据问题要求设定计数器初值;开中断;启动相应的计数器。其次,在计数器中断服务程序中要重置计数器初值,并根据具体问题进行必要的数据处理工作。下面是两个与计数器工作方式相关的仿真实例。

【例6.3】 简易车辆里程表的 Proteus 仿真及 C 语言程序设计。

设计要求

假设某家摩托车厂生产的摩托车,车轮直径为 43 cm,那么,该车行驶 1 km 需要车轮运转 740 圈(1 000÷0.43÷3.14)。在车体上找一个能够检测车轮转动的适当位置,安装一个磁敏感传感器(如廉价易购的 3 脚霍尔器件)或者光电传感器。在与磁敏感传感器位置相对的摩托车转动部件上,安装一块小磁铁。这样车轮转动时会形成磁敏感传感器与小磁铁之间的相对位移,从而产生一系列的电脉冲信号。将该信号作为单片机内部可编程计数器的计数脉冲信号,供单片机记数。请利用 AT89C52 中的定时器/计数器来模拟这个简易车辆里程表,电脉冲信号可以由按键按下和弹起来模拟,里程表中里程的显示可以用 8 个 LED 灯来实现。为了方便,这里假设每产生 5 个周期的脉冲信号就相当于摩托车行使 1 km(实际是 740 次),而且行驶的距离的数值用 8 个 LED 灯来显示(为了方便,用二进制数显示),用 8 个 LED 灯来表示 8 位二进制数,灯亮表示 1,否则表示 0,单位是 km。

仿真电路原理图

图 6.18 为例 6.3 的仿真电路原理图。

元器件选取

① AT89C52:单片机;②RES:电阻;③CRYSTAL:晶振;④CAP、CAP - ELEC:电容、电解电容;⑤LED - RED:红色发光二极管;⑥BUTTON:按键开关。

程序设计内容

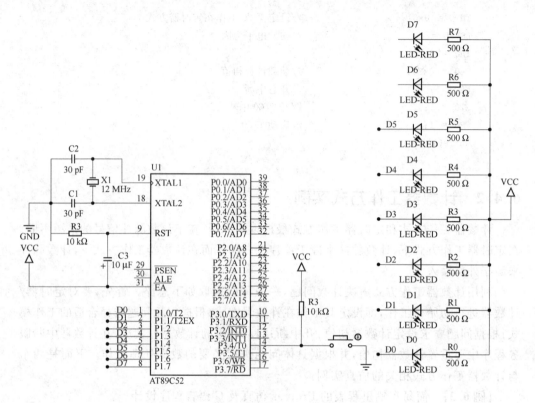

图 6.18　例 6.3 仿真电路图

本例可以使用的是定时器/计数器 0,使其作为计数器使用,工作在方式 2。用人工控制开关产生的脉冲信号来模拟磁敏感传感器产生的脉冲信号,这个信号通过 P3.4 引脚输入到单片机,作为计数的脉冲源,如图 6.18 所示。这里的 R0~R7 的起限流作用,R8 起上拉电平的作用。

仿真效果:每当开关连续按下 5 次时,用 LED 表示的 8 位二进制数会自动加 1。当然,这个仿真只是在模拟简易车辆里程表,所计路程的最大值为 255 km。学习后续章节后,读者可以将显示部分改为利用数码管动态显示或 LCD 显示器显示,将本例进一步完善,使其更接近实际的里程表。

C 语言源程序

```
#include <REG52.H>
#define uchar unsigned char
#define uint unsigned int
#define distance_led P1          //用 P1 口控制 LED 来显示距离
uchar distance_km;               //记录车辆行驶的距离
void timer0isr(void) interrupt 1 using 1
{
    distance_km++;
    distance_led = ~distance_km; //结合 LED 灯的方向,将距离数值转换并由 P1 口输出
```

第6章 定时器/计数器原理及实例仿真

```
    }
void main(void)
{
    TMOD = 0x06;              //设定 T/C0 工作在计数器,工作方式 2
    distance_led = 0xff;      // LED 灯初始状态处于熄灭状态
    distance_km = 0;
    TH0 = 0xFB;
    TL0 = 0xFB;               //装载计数初值
    EA = 1;                   //开总中断
    ET0 = 1;                  //开 T/C0 中断
    TR0 = 1;                  //启动 T/C0
    while(1);
}
```

一般情况下,使用计数器工作方式的主要目的是对外部输入的脉冲信号进行计数。在有些特殊场合,AT89C52 仅有的两个外部中断源不够用,这时也可以让定时器/计数器工作在计数器方式来模拟扩展一个简单的中断源。当然,这种利用计数器方式新增加的中断源和 AT89C52 本身提供的 2 个外部中断源在结构和工作原理上存在根本的区别,具有一定的局限性。

【例 6.4】 利用定时器/计数器增加中断源仿真举例。

设计要求

已知 AT89C52 晶振频率 $f=6$ MHz,单片机的两个外部中断源已经被占用了,并置定时器 1 于模式 2,作串口波特率发生器使用。现在要求再增加一个外部中断源,外部中断由按键按下触发,并且触发中断时,从 P1.2 引脚输出一个 2.5 kHz 的方波,再次按下按键时,P1.2 引脚不输出方波,即通过按键触发中断,使 P1.2 引脚上输出方波和不输出方波的情况交替出现。

仿真电路原理图

如图 6.19 所示为例 6.4 的仿真电路原理图。

元器件选取

① AT89C52:单片机;②RES:电阻;③CRYSTAL:晶振;④CAP、CAP - ELEC:电容、电解电容;⑤BUTTON:按键开关。

程序设计内容

为了实现上述功能,又不增加其他硬件开销,可以把定时器/计数器置于计数器工作方式,选择工作模式 3,TL0 和 TH0 分别作为独立的计数寄存器。为了实现中断的效果,可以将 TL0 用于计数器,初值为 0xff,外部信号从 T0 端输入,这时如果外部信号产生一个计数脉冲,TL0 就会溢出,申请中断,这样就好像增加了一个外部中断源一样。在模式 3 下,TH0 总是作为 8 位定时器使用,从前面举的例子可以看出,可以靠它来控制 P1.2 引脚输出一个 2.5 kHz 的方波。

TL0 初始值为 0xff。为了产生 2.5 kHz 的方波,TH0 初始值的计算方法和例 6.1

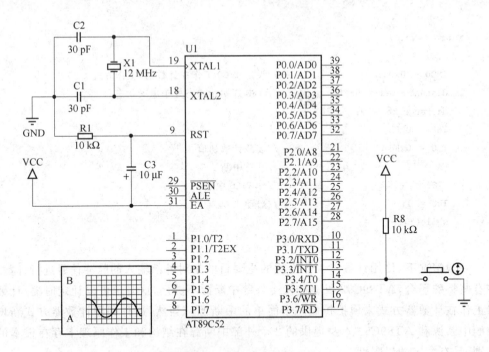

图 6.19　例 6.4 仿真电路图

类似,这里不再赘述,可以计算出 TH0 的初始值＝256－100＝156。

仿真效果可以通过 OSCILLOSCOPE 来观察。

C 语言源程序

```
#include <REG52.H>
#define uchar unsigned char
#define uint unsigned int
sbit P1_2 = P1^2;                          //方波信号输出引脚
void timer0isr(void) interrupt 1 using 1   //计数器中断——TL0 溢出中断
{
    TR1 = ! TR1;                           //禁用和开启 TH0 交替使用
    TL0 = 0xff;                            //重置 TL0 计数器初值
}
void timer1isr(void) interrupt 3 using 2   //定时器中断——TH0 溢出中断
{
    TH0 = 156;                             //重置计数初值
    P1_2 = ! P1_2;                         //高低电平切换,产生方波效果
}
void main(void)
{
    P1_2 = 0;
    TL0 = 0xff;                            //装载计数初值
    TH0 = 156;
```

```
    TMOD = 0x07;              //设定 T/C0 为模式 3,TL0 工作在计数器方式
    EA = 1;                   //开总中断
    ET0 = 1;                  //开 T/C0 中断
    ET1 = 1;                  //开 T/C1 中断
    TR1 = 0;                  //禁用 TH0
    TR0 = 1;                  //启动 TL0
    while(1);
}
```

6.4.3 捕捉模式实例

在实际工程应用中,经常需要测量脉冲信号的频率或周期。在 AT89C52 单片机中,定时器/计数器 2 可以工作在捕捉模式,这种模式为测量信号的周期或频率提供了很大方便。捕捉模式如图 6.9 所示,在捕捉模式下,如果 EXEN2＝1,被测信号可以由 T2EX 引脚(P1.1)输入单片机,当 T2EX 引脚出现脉冲下降沿时,TH2 和 TL2 中的值分别被捕捉到寄存器 RCAP2H 和 RCAP2L 中。

在利用定时器/计数器的捕捉模式时,需要对 T2CON 寄存器的相关控制位进行设置。在捕捉模式下,定时器 2 溢出会将中断标志 TF2 置 1,引起定时器中断和捕捉操作;此外,如果 EXEN2＝1,T2EX 引脚上高电平到低电平的负跳变会将中断标志 EXF2 置 1,也会引起定时器中断和捕捉操作。所以,在定时器/计数器 2 中断服务程序中需要加以区别对待,需要判断是什么原因引起的中断。此外,需要注意,TF2 或 EXF2 被置 1 都会引起中断,但进入中断服务程序后需要由软件对这两个标志位清 0,这一点和 T/C0、T/C1 不同。在 T/C0、T/C1 的中断服务程序中,TF0、TF1 都是由硬件自动清 0 的,需要特别注意。

【例 6.5】 利用定时器 2 测量脉冲宽度的 Proteus 仿真及 C 语言程序设计。

设计要求

有一个频率为 500 Hz～1 kHz 范围内的脉冲信号。要求使用 AT89C52,晶振频率 $f=12$ MHz,利用定时器 2 的捕捉模式测量出该脉冲信号一个周期的时间并用动态数码管显示。

仿真电路原理图

如图 6.20 所示为例 6.5 的仿真电路原理图。

元器件选取

① AT89C52:单片机;②RES:电阻;③CRYSTAL:晶振;④CAP、CAP - ELEC:电容、电解电容;⑤RESPACK - 8:电阻排;⑥7SEG - MPX6 - CA:6 位七段共阳极数码管;⑦7407:7407 芯片。

程序设计内容

仿真电路图如图 6.20 所示,被测脉冲信号可以通过单击工具箱上的 按钮,选择

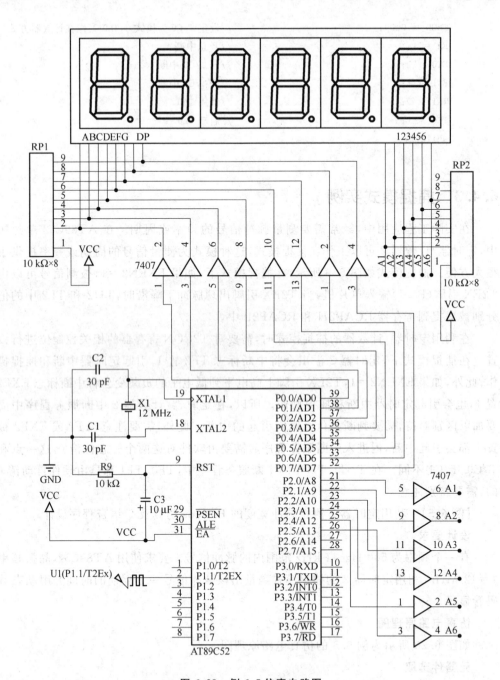

图 6.20 例 6.5 仿真电路图

DC 选项来产生信号。信号发生器的参数设置如图 6.21 所示,从图 6.21 中可以看出,被测脉冲信号的周期宽度为 1 ms,即 1 000 μs。

从功能上讲,本程序主要分为两部分内容,即脉冲周期宽度的测量和显示两部分内容。

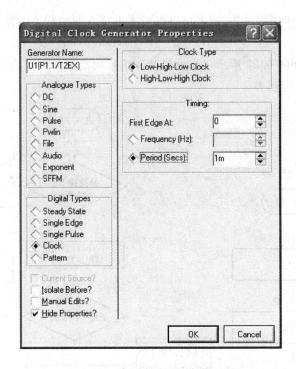

图 6.21　信号发生器的参数设置

脉冲周期宽度测量是本程序的关键,被测信号由 T2EX 引脚(P1.1)输入单片机,这里需要用到定时器/计数器 2 的捕捉模式。当 T2EX 引脚上出现脉冲负跳变时才会引起捕捉操作,即 TH2 和 TL2 中的值分别被捕捉到 RCAP2H 和 RCAP2L 中。因为单片机的机器周期是已知的,所以计算出引起本次捕捉中断和下一次捕捉中断时定时器 2 所计数的总量,就可以求出两次捕捉动作之间的时间间隔,即脉冲周期。为了方便计算,本程序中在发生第一次捕捉中断时,将寄存器 TH2、TL2、RCAP2L、RCAP2H 都清 0,并且引入 over_count 变量来记录在两次捕捉中断时间间隔内定时器 2 产生溢出中断的次数,因为有可能被测脉冲信号的周期比较长,会引发多次定时器 2 溢出中断。因为定时器 2 初值被设置为 0,所以每产生一次溢出中断,经历的时间间隔是 65 536 个机器周期。因为 TH2、TL2、RCAP2L、RCAP2H 的初值都为 0,所以在发生第 2 次捕捉中断时,将溢出次数乘以 65 536 再加上当前捕捉到寄存器 RCAP2L、RCAP2H 中的值,就是这相邻两次捕捉中断间隔内,定时器 2 所计数的总量,用这个计数总量再乘以单片机的机器周期,即得被测脉冲信号的周期。在程序中,可以进行多次测量,将每次测量的结果显示出来。由于测量本身会存在一定误差,所以可以多次测量,找到一个大致的误差均值,程序代码中 sig_t=RCAP2H * 256+RCAP2L+over_count * 65536+30 中的 30 正是为了修正误差而加上去的。

本例中,计数器计数周期=机器周期=12/(12 MHz)=1 μs。用一个 6 位七段共阳极数码管来显示所测得的脉冲周期,单位为 μs。6 位七段共阳极数码管用 7407 芯片来驱动,具体的原理和使用方法,读者可以参考本书第 9 章的相关内容。

程序流程图

程序流程图如图 6.22 所示。当设置脉冲信号周期为 1 000 μs 时的仿真效果如图 6.23 所示,存在一定误差。

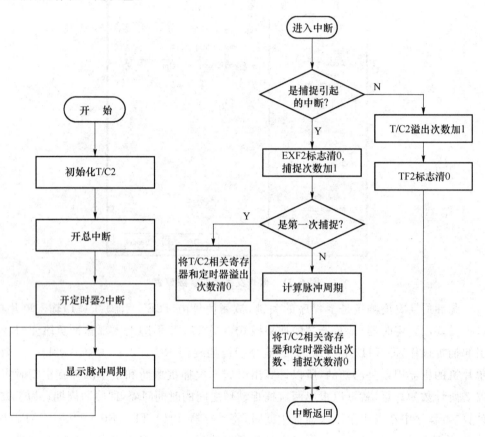

图 6.22 例 6.5 程序流程图

C 语言源程序

```
#include <REG52.H>
#define uchar unsigned char
#define uint unsigned int
#define ulong unsigned long
uchar led_code[ ] =
{0xC0,0xF9,0xA4,0xB0,0x99,0x92,0x82,0xF8,0x80,0x90};//共阳极数码管段选码,0~9
uchar led_bit[ ] = {0x01,0x02,0x04,0x08,0x10,0x20};   //数码管位选码,分别对应 1~6
uint over_count = 0,cap_count = 0;                    //分别定义为 T/C2 溢出次数、T/C2 捕
                                                      //  捉次数
ulong sig_t = 0;                                      //被测信号周期,单位为 μs
void timer2isr(void)interrupt 5 using 2               // T/C2 中断服务程序,测量输入
```

第6章 定时器/计数器原理及实例仿真

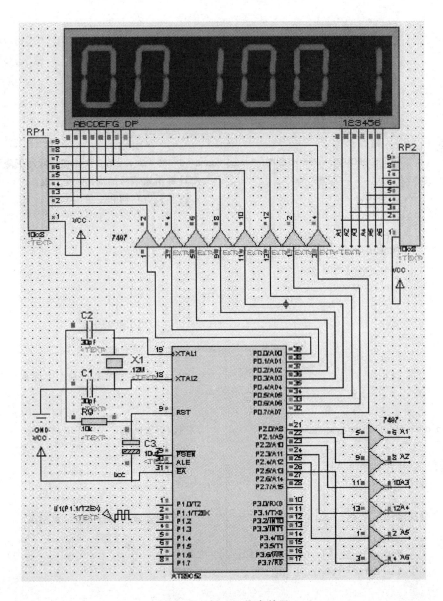

图 6.23　例 6.5 仿真效果

```
                                              // 脉冲周期
{
    if(EXF2 == 1)                             //由 T2EX 引脚上脉冲下降沿引起
                                              //的中断
    {
        EXF2 = 0;                             //清中断标志
        cap_count++;                          //捕捉次数加 1
        if(cap_count == 1)                    //第 1 次捕捉到负脉冲时将下述
                                              //变量清 0,为第 2 次捕捉作准备
```

```c
        {
            TH2 = 0;
            TL2 = 0;
            RCAP2H = 0;
            RCAP2L = 0;
            over_count = 0;
            return;
        }
        sig_t = RCAP2H * 256 + RCAP2L + over_count * 65536 + 30;//第2次捕捉到脉冲下降沿时
                                                                //计算出该信号的周期,30为误差
        TH2 = 0;                              //将相关寄存器和变量清0
        TL2 = 0;
        RCAP2H = 0;
        RCAP2L = 0;
        over_count = 0;
        cap_count = 0;
    }
    else                                      // T/C2溢出引起的中断
    {
        over_count ++ ;
        TF2 = 0;                              //T2溢处次数加1,溢出标志位清0
    }
}
void display(ulong tempdata)                  //用数码管动态显示一个6位整数
{
    uchar led_data[6];
    uchar i;
    uint k;
    for(i = 0;i<6;i ++ )                      //将6位整数中的每一位分离出来
    {
        led_data[5 - i] = tempdata % 10;
        tempdata = tempdata/10;
    }
    
    for(i = 0;i<6;i ++ )                      //将上述分离出来的每位整数显示出来
    {
        P2 = 0;
        P0 = led_code[led_data[i]];           //输出段码
        P2 = led_bit[i];                      //位选数码管
        for(k = 0;k<1000;k ++ );              //每位数码管之间的延时
    }
}
void main(void)
{
```

第6章 定时器/计数器原理及实例仿真

```
        TH2 = 0;
        TL2 = 0;
        RCAP2H = 0x00;
        RCAP2L = 0x00;                    //以置初值
        T2CON = 0x0D;                     //设置T2工作方式,EXEN2 = 1,TR2 = 1,C/T2 = 0,
                                          //CP/_RL2 = 1
        EA = 1;                           //开总中断
        ET2 = 1;                          //开T/C2中断
        while(1)
        {
            display(sig_t);               //显示脉冲周期
        }
    }
```

6.4.4 定时器/计数器复杂应用实例

前面介绍了AT89C52中定时器/计数器的基本应用。下面介绍在AT89C52中定时器/计数器较为复杂的一些应用。

在前面的仿真实例中,读者利用定时器/计数器的定时工作方式,可以产生一些具有某种频率的脉冲信号。这些脉冲信号还可以和蜂鸣器结合起来,产生出美妙动听的音乐。在介绍和音乐相关的例子之前,首先来了解一些相关的乐理知识。

在钢琴的88个音符中,首先将这88个音符分成几段,例如A调、B调、C调、D调、E调等。下面给出钢琴键中C调音符的频率值:1(523 Hz)、2(587 Hz)、3(659 Hz)、4(698 Hz)、5(783 Hz)、6(880 Hz)、7(987 Hz)。

声音可以由蜂鸣器发出,蜂鸣器分有源蜂鸣器和无源蜂鸣器两类,也称为直流蜂鸣器和交流蜂鸣器。有源蜂鸣器只要通上直流电,就会发出预定的声音。比如,连续嘀声,或者间断嘀嘀声,这种声音无法控制,频率也无法改变,一般用在一些简单的应用场合。无源蜂鸣器相当于一个简单的喇叭,通上直流电不会发声,只有通上交流电时,才会根据交流电的频率发出相应的声音,利用这种蜂鸣器可以任意控制声音输出,但是需要以相应的信号驱动,控制起来复杂一些。下面的例子中利用单片机无源蜂鸣器来实现声音的播放,即利用定时器控制产生一个方波信号,将该方波信号作为蜂鸣器的输入。只要将该方波信号的频率和1234567这7个音符的频率相一致,就可以实现这7个音符的发音。为了将7个音符区分开,可以在每个音符播放后延迟一段时间。

【例6.6】 音符播放的Proteus仿真及C语言程序设计。

设计要求

要求使用AT89C52,晶振频率为12 MHz,利用蜂鸣器和单片机中的定时器,实现音乐中1234567,即DO、RE、MI、FA、SO、LA、SI的发音。

仿真电路原理图

如图6.24所示为例6.6的仿真电路原理图。

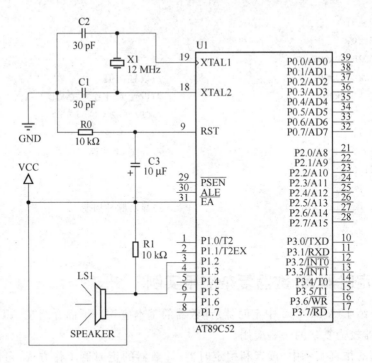

图 6.24 例 6.6 仿真电路图

元器件选取

① AT89C52：单片机；②RES：电阻；③CRYSTAL：晶振；④CAP、CAP-ELEC：电容、电解电容；⑤SPEAKER：蜂鸣器。

程序设计内容

可以使用 AT89C52 中的定时器/计数器 0，使其工作在 16 位定时器方式。假设 f_{cpu} 是单片机的晶振频率，f_{music} 是要播放音符的频率，X 是定时器 T/C0 的计数初值，则 $(65\,536-X)\times 2\times 12/f_{cpu}=1/f_{music}$，所以 $X=65\,536-[(f_{cpu}/24)/f_{music}]$。通过此公式，可以计算出本例中 7 个音符对应的定时器 T/C0 的初值。

为了编程方便，可以将计算出来的值转换为十六进制，如表 6.3 所列。

表 6.3 音符频率及对应的 T/C0 初值

音 符	频率/Hz	T/C0 初值（十六进制）
DO	523	0xFC43
RE	587	0xFCAC
MI	659	0xFD09
FA	698	0xFD33
SO	783	0xFD81
LA	880	0xFDC7
SI	987	0xFE05

第 6 章 定时器/计数器原理及实例仿真

为了提高仿真运行速度,可以双击电阻 R1,在弹出的 Edit Component 中的 Model Type 属性中选择 DIGITAL。双击蜂鸣器 SPEAKER,在弹出的 Edit Component 中的 Nominal Input 属性中输入 1 V。

程序流程图

程序流程图如图 6.25 所示。

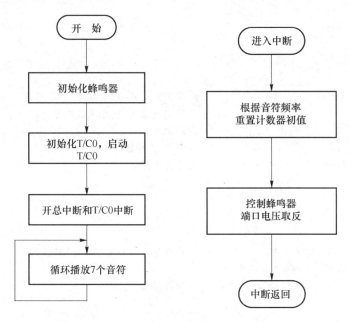

图 6.25　例 6.6 程序流程图

C 语言源程序

```
#include <REG52.H>
#define uchar unsigned char
#define uint unsigned int
#define ulong unsigned long
sbit BEEP = P1^2;                //蜂鸣器输出脚
uchar th0_f;                     //在中断中装载 T/C0 值的高 8 位
uchar tl0_f;                     //在中断中装载 T/C0 值的低 8 位
uchar code freq[7 * 2] =
{                                // T/C0 的计数初值及输出频率对照表
    0x43,0xFC,                   //523 Hz    1
    0xAC,0xFC,                   //587 Hz    2
    0x09,0xFD,                   //659 Hz    3
    0x33,0xFD,                   //698 Hz    4
    0x81,0xFD,                   //783 Hz    5
    0xC7,0xFD,                   //880 Hz    6
    0x05,0xFE,                   //987 Hz    7
```

```c
    };
    void timer0( ) interrupt 1          //定时器 0 中断服务程序
    {
        TL0 = tl0_f;
        TH0 = th0_f;                    //调入预先放好的 T/C0 计数初值
        BEEP = ~BEEP;                   //取反音乐输出 I/O,输出方波
    }
    void main(void)
    {
        ulong n;
        uchar i;
        TMOD = 0x01;                    //使用定时器 0 的 16 位工作模式
        BEEP = 1;                       //蜂鸣器输入,初始为高电平
        TR0 = 1;                        //启动 T/C0
        ET0 = 1;                        //开 T/C0 中断
        EA = 1;                         //开总中断
        while(1)
        {
          for(i=0;i<7;i++)              //循环播放 7 个音符
          {
            tl0_f = freq[i*2];          //将每个音符对应的 T/C0 初值放入 th0_f 和 tl0_f 中
            th0_f = freq[i*2+1];
            for(n=0;n<10000;n++);       //短暂延时
          }
        }
    }
```

通过例 6.6 已经可以利用 AT89C52 输出基本的音符。一首音乐有两个基本的要素,即音调和节拍,所以只要将乐谱中的音符按照相应的节拍输出,就可以听到优美动听的音乐了。对节拍的控制,也就是音符的延时问题,可以用软件来实现,也可用定时器来实现。解决这样的问题,关键在于定时器初始值的选取。所以,需要先将乐谱中的每个音符,根据其对应的频率将其转化为计数器的计数初值;如果节拍也用定时器控制来实现,则还需将乐谱中每个音符延长的时间转化为具体的计数器初始值,这样就需要同时用到两个定时器,一个控制音调,另一个控制节拍。按照乐谱中的顺序,依次将每个音符及其对应的节拍由定时器来控制,就可以播放出美妙的音乐了,读者可以将例 6.6 进一步完善,使其能够播放一首完整的歌曲。

6.5 看门狗定时器

6.5.1 看门狗简介

看门狗是一个在实际工程中实用价值很高的部件,但 AT89C52 单片机中不包含

看门狗资源,下面以 AT89S52 中的看门狗为例,对其进行简要介绍。

单片机主要设计用于实现控制目的,独立地完成检测和控制的任务。因此,单片机系统运行的稳定性和可靠性,是一个非常关键的问题。而影响稳定性、可靠性的因素是多方面的,既有硬件方面的又有软件方面的。硬件方面如系统设计、电路布局、电磁兼容、外部电磁干扰等,因素非常复杂;软件方面如软件设计纰漏、错误处理不当、溢出等。尽管人们千方百计地提高系统的可靠性,但是绝对可靠是很难实现的。单片机正常工作的过程,实际上就是单片机循规蹈矩、周而复始地按照程序设计人员在程序中预先规定好的行走线路逐条执行指令的过程。但有时候单片机因为受到某些干扰,会不按照这种既定的顺序来执行指令,会脱离正常轨道,导致程序执行混乱(俗称"跑飞")。工程师们经过长期的实践和探索,解决可靠性的问题,一般有两种思路:一种是"未雨绸缪",防患于未然,既包括硬件方面的,也包括软件方面的,尽最大可能降低"跑飞"或死机的出现。另一种是"亡羊补牢",避免造成更大的损失。看门狗定时器正是后者在工程技术应用中的一种具体措施,即单片机系统一旦"跑飞"或死机,尽快把系统拉回到正常的运行状态。

6.5.2 看门狗的工作原理

看门狗,又叫 WDT(Watchdog Timer),实质上是一个独立的定时器电路。在系统启动了看门狗后,看门狗就开始自动计数,如果到了一定的时间还不去清看门狗定时器中的计数寄存器,那么看门狗计数器就会溢出,从而引起看门狗中断,造成系统复位。所以,在使用看门狗时要注意及时清看门狗,即常说的"喂狗"。在 AT89S52 中,WDT 由 14 位计数器和特殊功能寄存器中的看门狗定时器复位存储器(WDTRST)构成。WDT 在默认情况下无法工作;为了激活 WDT,用户必须往 WDTRST 寄存器(地址:0xA6)中依次写入 0x1E 和 0xE1。WDT 被激活后,晶振工作,WDT 计数寄存器在每个机器周期都会增加 1。WDT 计时周期依赖于外部时钟频率,除了复位(硬件复位或 WDT 溢出复位),没有办法停止 WDT 工作。当 WDT 溢出时,它将驱动 RST 引脚输出一个高电平,使单片机产生 WDT 溢出复位。WDT 引起的单片机复位和上电复位不同,上电复位时所有的 RAM 信息、特殊功能寄存器都被设置为初始化值,然后程序从头开始运行;而 WDT 引起的复位不改变 RAM 和特殊功能寄存器的值,仅仅是程序又从头开始运行。

6.5.3 看门狗的使用

为了激活 WDT,用户必须向 WDTRST 寄存器依次写入 0x1EH 和 0xE1H。当 WDT 被激活后,用户必须向 WDTRST 依次写入 0x1EH 和 0xE1H,即通过喂狗来避免 WDT 溢出。当计数达到 16 383(0x3FFFH)时,14 位计数器将会溢出,这将会引起单片机复位。晶振正常工作、WDT 激活后,每经过一个机器周期 WDT 都会增加 1,WDT 计数器不能读或写。当 WDT 计数器溢出时,将给 RST 引脚产生一个复位脉冲,这个复位脉冲持续 98 个晶振周期(TOSC),其中 TOSC=1/FOSC(FOSC 为晶振频率)。所以,为了很好地使用 WDT,应该在一定时间内周期性地"喂狗",以避免引起

WDT 复位。

掉电和空闲方式下的 WDT。

在掉电模式下,晶振停止工作,这意味着 WDT 也停止了工作。在这种方式下,用户不必喂狗。有两种方式可以离开掉电模式：硬件复位或通过一个激活的外部中断。通过硬件复位退出掉电模式后,用户就应该给 WDT 喂狗,就如同正常复位一样。所以一般在寄存器初始化后最好设置一条清看门狗指令。而通过中断退出掉电模式则和硬件复位不同,因为中断电平会持续拉低很长一段时间,以保证晶振稳定。当中断电平拉高后,才执行中断服务程序。为了防止 WDT 在中断保持低电平的时候复位器件,WDT 直到中断拉低后才开始工作。这就意味着 WDT 应该在中断服务程序中复位,所以最好在中断服务程序的一开始就设置一条清看门狗指令。为了确保在离开掉电模式最初的几个状态 WDT 不会溢出,最好在进入掉电模式前就清 WDT。

在进入空闲方式前,特殊寄存器 AUXR 的 WDIDLE 位用来决定 WDT 是否继续计数。默认状态下,在空闲方式下,WDIDLE＝0,WDT 继续计数。为了防止 WDT 在待机模式下复位,用户应该建立一个定时器,定时离开待机模式,清看门狗,再重新进入待机模式。如果在空闲方式下,WDIDLE＝1,即 WDT 停止计数,那自然也就不用清看门狗了。但实际应用中为了省电,单片机可能长期处于空闲方式下,由于会受到外界噪音、电磁波等干扰,有可能对看门狗的某些参数进行了篡改。所以,为了解决这样的问题,使看门狗更加稳定地运行,最好在从空闲方式唤醒后重新对看门狗进行初始化。

本章小结

定时器/计数器是单片机芯片中最基本的外围接口,常用于测量时间、速度、频率、脉宽、提供定时脉冲信号等。AT89C52 中有 3 个定时器/计数器,即 T/C0、T/C1 和 T/C2。本章在重点介绍 3 个定时器/计数器的基本结构和工作原理的基础上,结合典型例子,利用 Proteus 和 Keil C 环境,进行了仿真。除了关于定时器/计数器基本功能使用的相关例子,如实现脉冲信号、计数功能、定时功能、捕捉功能等,还列举了利用定时器实现音符播放等较为复杂的例子。为了能够使读者在实际工程中更好地使用 AT89C52 单片机,最后,本章对看门狗的工作原理进行了简单介绍,具有一定的实用意义。

本章的重点是理解定时器/计数器的工作原理,能够熟练使用 T/C0、T/C1 和 T/C2 实现基本的应用。本章所举例子的外围电路并不复杂,在学习时除了进行仿真外,读者最好能够通过焊接实际电路来巩固本章内容的学习。在实际电路中,由于晶振频率的误差,需要考虑到一些措施来修正这种误差。同时在实际工程应用中,经常使用看门狗来提高系统的稳定性。

思考题与习题

1. AT89C52 中定时器工作方式和计数器工作方式的区别是什么？
2. AT89C52 中定时器/计数器 0 和 1 有几种工作模式？简述它们各自的特点。

3. 简述看门狗的作用和工作原理。

4. 利用软件延时,实现一个秒表计时器,能够计时 0~59 s,在 Proteus 环境下仿真。

5. 假设 AT89C52 单片机采用 6 MHz 的晶振,在 P1.7 端接一个发光二极管(LED),要求利用 T/C0 实现对 LED 的闪烁控制,使 LED 灯亮 1 s,灭 1 s,周而复始,在 Proteus 环境下仿真。

6. 设 AT89C52 单片机的晶振频率 $f=12$ MHz,要求在 P1.3 端输出周期为 2 ms 的方波,在 Proteus 环境下仿真。

7. 广告灯的控制:用 8 个发光二极管(LED)来模拟广告灯,控制其依次点亮并熄灭,来模拟广告灯移动的效果,在 Proteus 环境下仿真。

8. 采用 10 MHz 晶振,在 P1.3 端输出 2.5 s,占空比为 20 % 的脉冲信号,在 Proteus 环境下仿真。

9. AT89C52 单片机中,利用计数器 T0 功能,实现一个计数器,计数信号由按键输入,计数结果由单片机输出显示,最大计数为 99,在 Proteus 环境下仿真。

10. 利用 AT89C52 单片机的 T/C2 和外部中断实现秒表功能,秒表具有开关和清 0 功能,秒表最多能显示到 10 s,然后自动重新从 0 开始计时,在 Proteus 环境下仿真。

第 7 章 单片机的串行通信与实例仿真

AT89C52 的串行接口是一个可编程的全双工串行通信接口。它可用作异步通信方式(UART),与串行传送信息的外部设备相连,也可以通过同步方式,使用 TTL 或 CMOS 移位寄存器来扩充 I/O 口。这个串行接口既可以用于网络通信,也可以实现串行异步通信,还可以构成同步移位寄存器使用。如果在串行口的输入输出引脚上加上电平转换器,就可方便地构成标准的 RS-232 接口,通过标准异步通信协议可以构成单片机多机通信系统。下面分别进行介绍。

7.1 串行通信概述

在学习 AT89C52 单片机串行通信之前,要先学习串行通信的一些基本概念,这样才能更好地掌握单片机串行口的应用知识。

单片机与外界进行信息交换称为通信,通信的基本方式有两种:并行通信和串行通信。

并行通信:数据的各位同时发送或接收。并行通信传输中有多个数据位,同时在两个设备之间传输。发送设备将这些数据位通过对应的数据线传送给接收设备,接收设备可同时接收到这些数据,不需要做任何变换就可直接使用。并行通信的特点是数据传输速度快、效率高,主要用于近距离通信。并行通信方式如图 7.1 所示。

串行通信:数据一位一位顺序发送或接收。因而在相同条件下,串行通信比并行通信传输速度要慢。虽然串行通信比并行通信慢,但采用串行通信不管发送或接收的数据位数有多少,最多只需要两根导线,其中一根用于发送,另一根用于接收。在实际应用中可能还附加一些信号线,如应答信号线、准备好信号线等,但在多字节数据通信时,串行通信与并行通信相比成本要低得多,而且比并行通信传输距离要远得多,适合应用于计算机与计算机、计算机与外部设备的远距离通信。串行通信方式如图 7.2 所示。

1. 数据通信的传输方式

常用于数据通信的传输方式有单工、半双工、全双工和多工方式。

(1) 单工方式

数据仅按一个固定方向传送。因而这种传输方式的用途有限,常用于串行口的打印数据传输与简单系统间的数据采集。

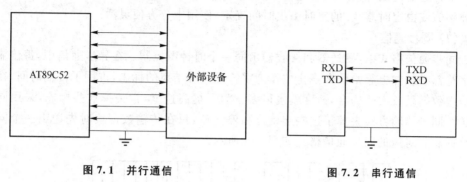

图 7.1 并行通信　　　　　　　图 7.2 串行通信

(2) 半双工方式

数据在甲乙两机之间的双向传递,数据可实现双向传送,但不能同时进行,实际的应用采用某种协议实现收/发开关转换。

(3) 全双工方式

允许双方同时进行数据双向传送,但一般全双工传输方式的线路和设备较复杂。

(4) 多工方式

以上三种传输方式都是用同一线路传输一种频率信号,为了充分利用线路资源,可通过使用多路复用器或多路集线器,采用频分、时分或码分复用技术,即可实现在同一线路上资源共享功能,称之为多工传输方式。

2. 数据通信形式

(1) 异步通信

在这种通信方式中,接收器和发送器有各自的时钟,它们的工作是非同步的。异步通信用一帧来表示一个字符,其内容如下:先是一个起始位 0,然后是 8 个数据位,规定低位在前,高位在后,接下来是奇偶校验位(可以省略),最后是停止位 1。用这种格式表示字符,则字符可以一个接一个地传送。它用一个起始位表示字符的开始,用停止位表示字符的结束。如图 7.3 所示是传输 35H 的数据格式。

在异步通信中,CPU 与外设之间必须有两项规定,即字符格式和波特率。字符格式的规定使双方能够在对同一种 0 和 1 构成的同一种字符串理解成同一种意义。原则上字符格式

图 7.3 异步通信格式

式可以由通信的双方自由制定,但从通用、方便的角度出发,一般还是使用一些标准为好,如采用 ASCII 码标准。

波特率即数据传送的速率,是指每秒钟传送的二进制数的位数。例如,数据传送的

速率是 120 字符/s，如果每个字符包含 10 位，则传送波特率为 1 200 波特。在具有调制解调器的通信中，波特率与调制速率有关。

串行通信的波特率可以通过程序控制设定。在不同工作方式中，由时钟振荡频率的分频值或由定时器 T1 的定时溢出时间确定，使用十分方便灵活。

(2) 同步通信

同步通信格式中，发送器和接收器由同一个时钟源控制。在异步通信中，每传输一帧字符都必须加上起始位和停止位作为字符开始和结束的标志，占用了传输时间，在要求传送数据量较大的场合，速度就慢得多。为了提高速度，常去掉这些标志，采用同步传送。同步传输方式去掉了这些起始位和停止位，只在传输数据块时先送出一个同步字符标志。对应的同步通信格式如图 7.4 所示。

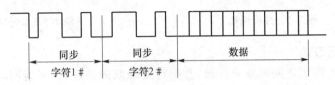

图 7.4　同步通信格式

在数据块传递时，同步传输方式比异步传输方式速度快，这是它的优势。但同步传输方式也有其缺点，由于数据块传递开始时要用同步字符来指示，同时要求由时钟来实现发送端与接收端之间的同步，即它必须用一个时钟来协调收发器的工作，故硬件较复杂。

7.2　串行接口结构与工作原理

7.2.1　AT89C52 单片机的串行接口结构

AT89C52 片内有一个串行 I/O 端口，它的串行口结构如图 7.5 所示，AT89C52 通过引脚 RXD(P3.0，串行数据接收端)和引脚 TXD(P3.1，串行数据发送端)与外设电路进行全双工的串行异步通信。串行端口有一个数据寄存器 SBUF，SBUF 为串行口的收发缓冲器，它是一个可寻址的专用寄存器，其中包含了接收缓冲器和发送缓冲器两个寄存器，可以实现全双工通信。也就是说既可以接收数据也可以发送数据。但接收缓冲器只能读出不能写入，而发送缓冲器则只能写入不能读出，它们有相同名字和同一地址(特殊功能寄存器中的字节地址为 99H)。它

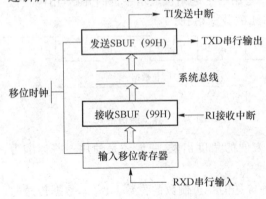

图 7.5　串行口寄存器结构

的串行数据传输很简单,发送时,只写不读;接收时,只读不写。在一定条件下,向 SBUF 写入数据就启动了发送过程;读 SBUF 就启动了接收过程。也就是说,只要向发送缓冲器写入数据即可发送数据,而从接收缓冲器读出数据即可接收数据。

7.2.2 AT89C52 单片机的串行通信过程

1. 接收数据的过程

在进行通信时,当 CPU 允许接收时,即 SCON 的 REN 位设置 1 时,外界数据通过引脚 RXD(P3.0)串行输入,数据的最低位首先进入移位寄存器,一帧接收完毕后再并行送入接收数据缓冲寄存器 SBUF 中,同时将接收控制位即中断标志位 RI 置位,向 CPU 发出中断请求。

CPU 响应中断后读取输入的数据,同时用软件将 RI 位清 0,准备开始下一帧的输入过程,直至所有数据接收完。

2. 发送数据的过程

CPU 要发送数据时,将数据并行写入发送数据缓冲寄存器 SBUF 中,同时启动数据由 TXD(P3.1)引脚串行发送,当一帧数据发送完,即发送缓冲器空时,由硬件自动将发送中断标志位 TI 置位,向 CPU 发出中断请求。CPU 响应中断后用软件将 TI 位清 0,同时又将下一帧数据写入 SBUF 中,重复上述过程直到所有数据发送完毕。

此外,从图 7.5 中可看出,接收缓冲器前还加上一级输入移位寄存器,AT89C52 这种结构目的在于接收数据时避免发生数据帧重叠现象,以免出错,部分文献称这种结构为双缓冲器结构。而发送数据时就不需要这样设置,因为发送时 CPU 是主动的,不可能出现这种现象。

7.3 串行接口的控制寄存器与工作方式

7.3.1 串行接口的控制寄存器

串行接口共有 2 个控制寄存器 SCON 和 PCON,用于设置串行接口的工作方式、接收/发送的运行状态、接收/发送数据的特征、波特率的大小,以及作为运行的中断标志等。

1. 串行口控制寄存器

SCON 是串行口控制寄存器,字节地址为 98H,它是一个可寻址的专用寄存器,用于串行数据的通信控制,定义串行口的工作方式及实施接收和发送控制。字节地址为 98H,其结构格式如表 7.1 所列。

表 7.1 串行口控制寄存器

D7	D6	D5	D4	D3	D2	D1	D0
SM0	SM1	SM2	REN	TB8	RB8	TI	RI

各控制位功能介绍如下：

SM0，SM1：串行口工作方式选择位，对应着串行口的 4 种工作方式。如表 7.2 所列，其中 f_{osc} 是晶体振荡器频率。

表 7.2 SM0、SM1：串行口工作方式控制位

SM0	SM1	工作方式	功能描述	波特率
0	0	方式 0	8 位移位寄存器	$f_{osc}/12$
0	1	方式 1	10 位 UART	可变
1	0	方式 2	11 位 UART	$f_{osc}/64$ 或 $f_{osc}/32$
1	1	方式 3	11 位 UART	可变

SM2：多机通信控制位。

在方式 0 时，SM2 一定要等于 0。在方式 1 中，当 SM2=1 则只有接收到有效停止位时，RI 才置 1。在方式 2 或方式 3 时，当 SM2=1 且接收到的第 9 位数据 RB8=0 时，RI 才置 1。

多机通信工作于方式 2 和方式 3，SM2 位主要用于方式 2 和方式 3。接收状态时，当串行口工作于方式 2 或 3，以及 SM2=1 时，只有当接收到第 9 位数据 RB8 为 1 时，才把接收到的前 8 位数据送入 SBUF，且置位 RI 发出中断申请，否则会将接收到的数据放弃。当 SM2=0 时，不管第 9 位数据是 0 还是 1，都把接收数据送入 SBUF，并发出中断申请。

REN：接收允许控制位。REN 用于控制数据接收的允许和禁止，REN=1 时，允许接收；REN=0 时，禁止接收。

TB8：要发送数据的第 9 位。在方式 2 和方式 3 中，TB8 是要发送的第 9 位数据位，根据需要由软件置 1 或清 0。在多机通信中同样也要传输这一位，并且它代表传输的是地址还是数据，TB8=0 时为数据，TB8=1 时为地址。例如，可约定作为奇偶校验位，或在多机通信中作为区别地址帧或数据帧的标志位。

RB8：接收到的数据的第 9 位。在方式 0 中不使用 RB8。在方式 1 中，若 SM2=0，RB8 为接收到的停止位。在方式 2 和方式 3 中，RB8 存放接收到的第 9 位数据，用于识别接收到的数据特征。

TI：发送中断标志位。可寻址标志位。方式 0 时，发送完第 8 位数据后，由硬件置位。其他方式下，在发送或停止位之前由硬件置位，因此，TI=1 表示帧发送结束，TI 可由软件清 0。在串行口以方式 0 发送时，每当发送完 8 位数据，由硬件置位。如果以方式 1、方式 2 或方式 3 发送时，在发送停止位的开始时 TI 被置 1，TI=1 表示串行发送器正向 CPU 发出中断请求，向串行口的数据缓冲器 SBUF 写入一个数据后就立即启动发送器继续发送。但是 CPU 响应中断请求后，转向执行中断服务程序时，并不将 TI 清 0，TI 必须由用户的中断服务程序清 0，即中断服务程序必须有"CLR TI"或"ANL SCON,♯0FDH"等指令来对 TI 清 0。可根据需要用软件查询的方法获得数据

已发送完毕的信息,或用中断的方式来发送下一个数据。

RI：接收中断标志位。可寻址标志位。接收完第 8 位数据后,该位由硬件置位,在其他工作方式下,该位由硬件置位,RI＝1 表示帧接收完成。

若串行口接收器允许接收,并以方式 0 工作,每当接收到 8 位数据时,RI 被置 1,若以方式 1、2、3 方式工作,当接收到半个停止位时,RI 被置 1,当串行口工作在方式 2 或方式 3,且当 SM2＝1 时,仅当接收到第 9 位数据 RB8 为 1 后,同时还要在接收到半个停止位时,RI 被置 1。RI 为 1 表示一帧数据接收完毕,表示串行口接收器正向 CPU 申请中断。同样 RI 标志必须由软件清 0。RI 置位,可用查询或者中断的方法获得。

2. 功率控制寄存器 PCON

PCON 主要是为 CHMOS 型单片机的电源控制而设置的专用寄存器,单元地址是 87H,其结构格式如表 7.3 所列。

表 7.3　PCON 控制字

D7	D6	D5	D4	D3	D2	D1	D0
SMOD	—	—	—	GF1	GF0	PD	IDL

各控制位功能如下：

SMOD：波特率加倍位。当波特率由定时器产生,且 SMOD＝1 时作用于方式 1、2 或 3 下,波特率提高一倍。

GF1：通用标志位。

GF0：通用标志位。

PD：掉电方式位。当 PD＝1 时,激活 AT89C52 掉电工作方式。

IDL：空闲方式位。当 IDL＝1 时,激活 AT89C52 空闲工作方式。

在 AT89C52 中,PCON 的第 4 位是掉电标志位(POF)。上电期间 POF 置 1。POF 可以用软件控制使用与否,但不受复位影响。

3. 中断允许寄存器 IE

中断允许寄存器在 5.1 节中已阐述,这里重述一下对串行口有影响的位 ES。如表 7.4 所列,其中 ES 为串行中断允许控制位,ES＝1,允许串行口中断；ES＝0,禁止串行口中断。

表 7.4　IE 控制字

D7	D6	D5	D4	D3	D2	D1	D0
EA	—	ET2	ES	ET1	EX1	ET0	EX0

7.3.2　串行接口的工作方式

AT89C52 的串行口有 4 种基本工作方式,它的全双工串行口可编程为 4 种工作方式,通过编程设置,可以使其工作在任一方式,以满足不同应用场合的需要。其中,方式

0主要用于外接移位寄存器,以扩展单片机的I/O电路;方式1多用于双机之间或与外设电路的通信;方式2和3除了具有方式1的功能外,还可用作多机通信,以构成分布式多单片机系统。

1. 方式0

方式0为8位移位寄存器输入/输出方式。可外接移位寄存器以扩展I/O口,也可以外接同步输入/输出设备。8位串行数据是从RXD输入或输出,TXD用来输出同步脉冲。波特率固定为$f_{osc}/12$。其中,f_{osc}为时钟频率。

输出:串行端口作为输出时,串行数据从RXD引脚输出,TXD引脚输出移位脉冲,CPU将数据写入发送寄存器时,只要向串行缓冲器SBUF写入一字节数据后,立即启动发送,串行端口就把此8位数据以$f_{osc}/12$的固定波特率,从RXD引脚逐位输出,低位在前,高位在后。此时,TXD输出频率为$f_{osc}/12$的同步移位脉冲。数据发送前,尽管不使用中断,中断标志TI还必须清0,8位数据发送完后,发送中断标志TI自动置1。如要再发送,必须用软件将TI清0。

输入:当串行口作为输入时,RXD为串行数据输入端,TXD仍为同步脉冲移位输出端。先置位允许接收控制位REN。当RI=0和REN=1同时满足时,开始接收。当接收到第8位数据时,输出频率为$f_{osc}/12$的同步移位脉冲,使外部数据逐位移入RXD。中断标志RI自动置1。如果再接收,则必须用软件先将RI清0,将数据移入接收寄存器,并由硬件置位RI。

串行方式0发送和接收的时序过程分别如图7.6和图7.7所示。

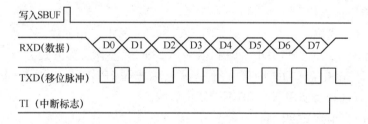

图7.6 方式0发送时序

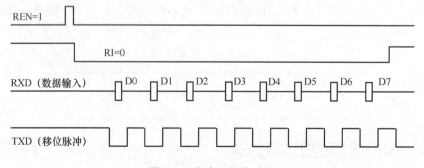

图7.7 方式0接收时序

2. 方式 1

方式 1 为波特率可变的 10 位异步通信方式。发送或接收一帧信息,包括 1 个起始位 0,8 个数据位(由低位到高位)和 1 个停止位 1。波特率由定时器 T1 的溢出率和 SMOD 位的状态确定。

输出:当 CPU 执行一条指令将数据写入发送缓冲 SBUF 时,就启动发送。一条写 SBUF 指令就可启动数据发送过程。在发送移位时钟(由波特率确定)的同步下,从 TXD 引脚先送出起始位,然后是 8 位数据位,最后是停止位。这样的一帧 10 位数据发送完后,中断标志 TI 置位。串行数据从 TXD 引脚输出,发送完一帧数据后,就由硬件置位 TI。

输入:在允许接收的条件下 REN=1,串行口采样 RXD 引脚,当采样 RXD 出现由 1 到 0 的跳变时,才认为是串行口发送来的一帧数据的起始位 0,就开始接收一帧数据。只有当 RI=0 且 SM2=0(或接收到的第 9 位数据为 1)时,接收到的前 8 位数据装入接收缓冲器 SBUF,第 9 位(停止位)进入 RB8,并由硬件置位中断标志 RI,一帧数据的接收过程就完成了,否则信息丢失。所以在方式 1 接收时,应先用软件对 RI 和 SM2 标志位清 0。方式 1 的数据传送波特率可以编程设置,使用范围宽,其计算公式为:

$$波特率 = 2^{SMOD}/32 \times (定时器\ T1\ 的溢出率)$$

其中,SMOD 是控制寄存器 PCON 中的一位程序控制位,其取值有 0 和 1 两种状态。显然,当 SMOD=0 时,波特率=1/32(定时器 T1 溢出率),而当 SMOD=1 时,波特率=1/16(定时器 T1 溢出率)。所谓定时器的溢出率,就是指定时器一秒内的溢出次数。波特率的算法,以及要求一定波特率时定时器定时初值的求法,后面将详细讨论。

串行方式 1 的发送和接收过程的时序分别如图 7.8 和图 7.9 所示。

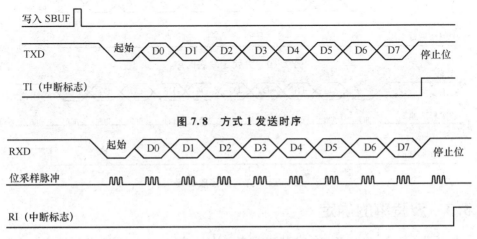

图 7.8 方式 1 发送时序

图 7.9 方式 1 接收时序

3. 方式 2 和方式 3

方式 2 和方式 3 都是 11 位异步通信方式。其中 1 个起始位 0,8 个数据位(由低位到高位),1个附加的第9位和1个停止位1。它比方式1增加了一位可程序控制为1或0的第9位数据。不同之处在于方式2采用固定波特率,而方式3的波特率是可变的。方式2和方式3的波特率计算公式分别如下:

$$方式2的波特率 = 2^{SMOD}/64 \times f_{osc}$$

$$方式3的波特率 = 2^{SMOD}/32 \times 定时器T1的溢出率$$

由此可见,在晶振时钟频率一定的条件下,方式2只有两种波特率,而方式3可通过编程设置成多种波特率。

输出:发送的串行数据由TXD端输出一帧信息为11位,附加的第9位来自SCON寄存器的TB8位,用软件置位或复位。它可作为多机通信中地址/数据信息的标志位,也可以作为数据的奇偶校验位。当CPU执行一条数据写入SUBF的指令时,就启动发送器发送。发送一帧信息后,置位中断标志TI。

输入:在REN=1时,串行口采样RXD引脚,当采样到1至0的跳变时,确认是开始位0,就开始接收一帧数据。在接收到附加的第9位数据后,当RI=0或者SM2=0时,第9位数据才送入SCON中的RB8,8位数据才能进入接收寄存器,并由硬件置位中断标志RI;否则信息丢失,且不置位RI。这个第9位数据通常用作数据的奇偶检验位,或在多机通信中作为地址/数据的特征位。再过一位时间后,不管上述条件时否满足,接收电路立即复位,并重新检测RXD上从1到0的跳变。

方式2和方式3的发送、接收时序分别如图7.10和图7.11所示。由图7.10和图7.11可见,方式2和方式3与方式1的操作过程基本相同,主要差别在于方式2和3有第9位数据。

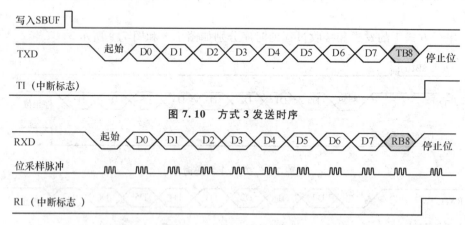

图7.10 方式3发送时序

图7.11 方式3接收时序

7.3.3 波特率的确定

在串行通信中,收发双方的波特率要有一定的约定。在AT89C52串行口的4种工作方式中,方式0和2的波特率是固定的,而方式1和3的波特率是可变的,由定时器T1的溢出率控制。

1. 方式 0 的波特率

方式 0 的波特率固定为 $f_{osc}/12$。单片机的每个机器周期产生一个移位时钟,对应着一位数据的发送和接收。

2. 方式 2 的波特率

方式 2 的波特率由 PCON 中的选择位 SMOD 来决定,可由公式表示:

$$波特率 = (2^{SMOD}/64) \times f_{osc}$$

也就是当 SMOD=1 时,波特率为 $f_{osc}/32$;当 SMOD=0 时,波特率为 $f_{osc}/64$。

3. 方式 1 和 3 的波特率

方式 1 和方式 3 的波特率为可变波特率,定时器 T1 作为波特率发生器,串行口波特率由定时器 T1 的溢出率和 SMOD 值同时决定,其公式如下:

$$波特率 = (2^{SMOD}/32) \times T1 溢出率$$

$$T1 溢出率 = T1 计数率 / 产生溢出所需的周期数$$

$$T1 溢出率 = 1/T_c = f_{osc}/[12 \times (2^n - X)]$$

其中,T_c 为定时器溢出周期,n 为定时器位数,X 为时间常数。

式中 T1 计数率取决于它是工作在定时器状态还是计数器状态。当工作于定时器状态时,T1 计数率为 $f_{osc}/12$;当工作于计数器状态时,T1 计数率为外部输入频率,此频率应小于 $f_{osc}/24$。产生溢出所需周期与定时器 T1 的工作方式、T1 的时间常数有关。

所以方式 1 和 3 的波特率计算公式为

$$波特率 = (2^{SMOD}/32) \times f_{osc}/[12 \times (2^n - X)]$$

因为方式 2 为自动重装初值的 8 位定时器/计数器模式,所以用它来作波特率发生器最恰当。当时钟频率选用 11.059 2 MHz 时,容易获得标准的波特率,所以这是很多单片机系统选用时钟频率为 11.059 2 MHz 晶体振荡器的原因。

表 7.5 列出了定时器 T1 工作于方式 2 的常用波特率及初值。

表 7.5 常用波特率及初值表

常用波特率	f_{osc}/MHz	SMOD	TH1 初值
19 200	11.059 2	1	FDH
9 600	11.059 2	0	FDH
4 800	11.059 2	0	FAH
2 400	11.059 2	0	F4H
1 200	11.059 2	0	E8H

串行口工作之前,应对其进行初始化,主要是设置产生波特率的定时器 1、串行口控制和中断控制。具体步骤如下:

① 确定 T1 的工作方式(编程 TMOD 寄存器);

② 计算 T1 的初值,装载 TH1、TL1;

③ 启动 T1(编程 TCON 中的 TR1 位);

④ 确定串行口控制(编程 SCON 寄存器);

⑤ 串行口在中断方式工作时,要进行中断设置(编程 IE、IP 寄存器)。

【例】 选用定时器 T1,工作方式 2 作为波特率发生器,波特率为 2 400,已知 f_{osc} = 11.059 2 MHz,求计数初值 X0。

解 设 SMOD=0,则

$$X0 = 256 - (20 \times 11.059\ 2 \times 10^6)/(384 \times 2\ 400) = 256 - 12 = 244 = F4H$$

所以 TH1=TL1=F4H

7.3.4 定时器/计数器 T2 产生波特率

对于 AT89C52 单片机来说,可以选择 T2 作为串行口的波特率发生器,通过设置 T2CON 寄存器中的 TCLK 和 RCLK 位即可。当 TCLK=1 时,T2 被选择用于发送波特率发生器;当 RCLK=1 时,T2 被选择用于接收波特率发生器;当 TCLK 和 RCLK 同时都置 1 时,T2 作为发送/接收波特率发生器。

与使用 T1 不同的是,用 T2 作波特率发生器时,波特率与波特率倍增位 SMOD 无关,只与 T2 的溢出率有关。T2 的计数时钟可以是单片机内部的,也可以从单片机外部输入,取决于 T2CON 寄存器中的 $C/\overline{T}$ 位的值,并且 T2 的溢出信号要经过一个 16 分频的计数器。下面分别介绍不同时钟信号的波特率计算公式。

当 $C/\overline{T}=0$ 时,选择单片机内部时钟作为 T2 的计数时钟,计数频率为 $f_{osc}/2$,波特率的计算公式如下:

$$波特率 = \frac{f_{osc}}{2 \times 16 \times [65\ 536 - (RCAP2H, RCAP2L)]}$$

式中,RCAP2H 和 RCAP2L 为自动重装载值。

当 $C/\overline{T}=1$ 时,选择单片机外部时钟作为 T2 的计数时钟,计数频率为外部时钟的频率,最高为 $f_{osc}/24$,波特率的计算公式如下:

$$波特率 = \frac{外部时钟频率}{2 \times 16 \times [65\ 536 - (RCAP2H, RCAP2L)]}$$

式中,RCAP2H 和 RCAP2L 为自动重装载值。

7.4 串行接口的实例与仿真

前面了解了 AT89C52 的串行口结构和工作方式,本节通过一些例子来对它的串行通信相关应用进行介绍。

【例 7.1】 串入并出芯片 74164 的 Proteus 仿真及 C 语言程序设计。

设计要求

利用 AT89C52 单片机的串行口工作在方式 0,AT89C52 的 RXD 和 TXD 接 74164,使 8 个发光二极管循环依次点亮。

串行口工作在方式 0 的电路原理图(见图 7.12)

第7章 单片机的串行通信与实例仿真

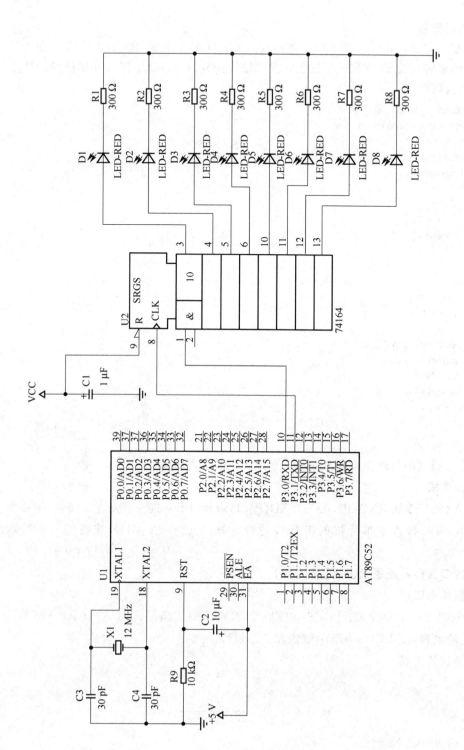

图 7.12 74164 的串入并出电路原理图

元器件选取

① AT89C52：单片机；② RES：电阻；③ CRYSTAL：晶振；④ CAP、CAP－ELEC：电容、电解电容；⑤ LED－RED：红色发光二极管；⑥ 74164.IEC：串入并出接口芯片。

C 语言源程序

```
#include <reg52.h>
#define uchar unsigned char;
uchar i,j,num;
unsigned char display[8]={0x01,0x02,0x04,0x08,0x10,0x20,0x40,0x80};
void delay(k)
{
  while(k--)
    {j=9650;
      while(j--);}
}
main()
{
  SCON=0x00;
  while(i<8)
  {
    SBUF=display[i];
    while(!TI);
    TI=0;
    delay(8);
    i++;
  }
}
```

【例 7.2】 串行口自检的 Proteus 仿真及 C 语言程序设计。

设计要求

将 AT89C52 的 RXD(P3.0)与 TXD(P3.1)短接，P1.0 接一个发光二极管，编一个自发自收程序，检查本单片机的串行口是否完好。$f_{osc}=12$ MHz，波特率＝600，取 SMOD＝0。

串行口自检电路原理图（见图 7.13）

元器件选取

① AT89C52：单片机；② RES：电阻；③ CRYSTAL：晶振；④ CAP、CAP－ELEC：电容、电解电容；⑤ LED－RED：红色发光二极管。

程序设计内容

依据公式

$$波特率=\frac{1}{32}\times\frac{f_{osc}}{12(256-x)}$$

求得 $x=204=$ CCH。

如果发送接收数据正确，可观察到 P1.0 接的发光二极管闪亮。

C 语言源程序

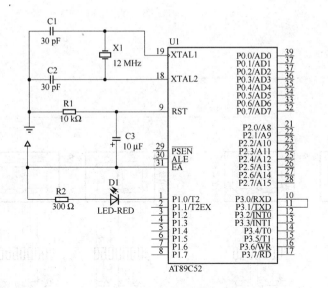

图 7.13 串行口自检电路原理图

```
#include <reg52.h>
main()
{
    unsigned int i;
    TMOD = 0x20;
    TH1 = 0xcc;
    TL1 = 0xcc;                      /*初始化 T1*/
    TR1 = 1;                         /*启动 T1*/
    SCON = 0x50;                     /*无限循环执行以下发送和接收语句*/
    while(1)
    {
        TI = 0;
        P1 = 0xfe;                   /*LED 灭*/
        for(i=0;i<10000;i++);        /*延时*/
        SBUF = 0xff;                 /*发送数据 FFH*/
        while(RI == 0);              /*RI = 0 等待*/
        RI = 0;                      /*RI = 1 清 RI*/
        P1 = SBUF;                   /*接收数据并送 P1 口,灯亮*/
        while(TI == 0);              /*TI = 0 等待*/
        for(i=0;i<10000;i++);        /*延时*/
    }
}
```

【例 7.3】 单片机与单片机之间的串行通信 Proteus 仿真及 C 语言程序设计。

设计要求

利用 AT89C52 单片机的串行口工作在方式 1,实现两个单片机之间的串行通信。其中一个单片机作为发送方,另一个单片机作为接收方。发送方将数据发送给接收方,接收方收到数据后在 LED 上显示。

双机通信电路原理图(见图 7.14)

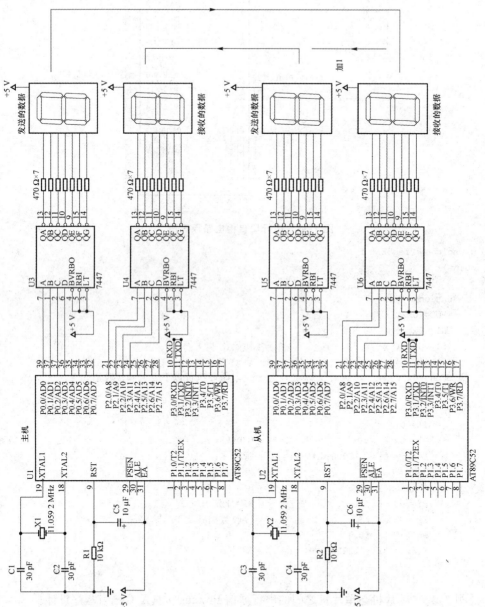

图 7.14 单片机双机通信电路原理图

元器件选取

① AT89C52:单片机;②7SEG - COM - ANODE:7 段共阳数码管;③RES:电阻;④CRYSTAL:晶振⑤CAP、CAP - ELEC:电容、电解电容;⑥7447:译码器。

程序设计内容

AT89C52 能够工作在全双工方式,其中要求两机的串行口的波特率相同,因而发送和接收方串行口的初始化相同。发送和接收都采用中断方式,CPU 只是把数据从接收缓冲器读出和把数据写入发送缓冲器。响应中断后,通过检测是 RI 置位还是 TI 置位来决定 CPU 是进行发送操作还是接收操作,发送和接收都通过中断服务程序来完成。

主机通过 P0 口将 0~9 这 10 个数发送到从机的 P2 口,P2 口接收来自从机的 P0 口的数据。从机通过 P0 口将 0~9 这 10 个数发送到主机的 P2 口,接收来自主机的 P0 口的数据。

当然对从机来说,接收完数据后将数据加 1 后发送出去,所以在显示上出现接收显示比发送数据显示要稍滞后一些。

C 语言源程序

主机对应源程序:

```
#include <reg52.h>
void csh()
{
    SM0 = 0;            //初始化串行口
    SM1 = 1;
    REN = 1;
    TI = 0;
    RI = 0;
    PCON = 0;
    TH1 = 0xF3;
    TL1 = 0XF3;
    TMOD = 0X20;        //定时器1工作于8位自动重载模式,用于产生波特率
    EA = 1;
    ET1 = 0;
    ES = 1;
    TR1 = 1;
}
void main()
{
    int i,j;
    char c = 0;
    csh( );
```

```c
    while(1)
    {
        ES = 0;
        TI = 0;
        P0 = c;
        SBUF = c;
        while(! TI);
        TI = 0;
        ES = 1;
        for(j = 0;j<50;j++)
        for(i = 0;i<5000;i++);
        c++;
        if(c>9)
        c = 0;
    }
}
void intrr() interrupt 4
{
    char temp;
    temp = SBUF;
    P2 = temp;
    RI = 0;
}
```

从机对应源程序:

```c
#include <reg52.h>
void csh()
{
    SM0 = 0;         //初始化串行口
    SM1 = 1;
    REN = 1;
    TI = 0;
    RI = 0;
    PCON = 0;
    TH1 = 0xF3;
    TL1 = 0XF3;
    TMOD = 0X20;     //定时器1工作于8位自动重载模式,用于产生波特率
    EA = 1;
    ET1 = 0;
    ES = 1;
    TR1 = 1;
}
```

```c
void main()
{
    csh();
    while(1)
    {;}
}
void intrr() interrupt 4
{
    char temp;
    temp = SBUF;
    P2 = temp;
    RI = 0;
    temp ++ ;
    if (temp>9)
    temp = 0;
    ES = 0;
    TI = 0;
    P0 = temp;
    SBUF = temp;
    while(! TI);
    TI = 0;
    ES = 1;
}
```

7.5 单片机多机通信

单片机多机通信常采用一台主机与多台从机组成总线型主从式多机系统,多机通信要求主机与从机之间协调配合。主机向从机发送的地址帧和数据帧要有相应的标志位加以区分,以便从机区别。当主机选中与其通信的从机后,只有该从机能够与主机通信,其他从机不能与主机进行数据交换,而只能准备接收主机发来的地址帧。

上述过程是通过 SCON 中的 SM2 和 TB8 来实现的,串行口以方式 2 或 3 接收时,若 SM2 为 1,则仅当接收到的第 9 位数据 RB8 为 1 时,数据才装入 SBUF,置位 RI,请求 CPU 对数据进行处理;如果接收到的第 9 位数据 RB8 为 0,则 RI 不置 1,接收到的数据丢失;若 SM2 为 0 时,则接收到一个数据后,不管第 9 位数据 RB8 是 0 还是 1,都将数据装入接收缓冲器 SBUF 并置位中断标志 RI,请求 CPU 处理。利用这个特点,当主机发送地址帧时使 TB8=1,发送数据帧时使 TB8=0,TB8 是发送的一帧数据的第 9 位,从机接收后将第 9 位数据作为 RB8,这样就知道主机发来的这一帧数据是地址还是数据。另外,当一台从机的 SM2=0 时,可以接收地址帧或数据帧,而当 SM2=1 时只能接收地址帧,从而实现了主机与所选从机之间的通信。

其中主从式多机通信系统图如图 7.15 所示。

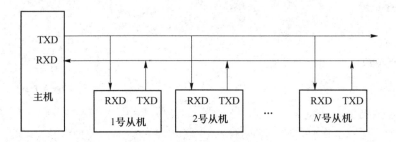

图 7.15　主从式多机通信系统图

通信过程可以按照以下步骤进行：

① 所有从机的 SM2 置 1，以接收地址帧。

② 主机发地址帧，其中包含 8 位从机地地址，置 TB8=1 装入第 9 位，选中所要通信的从机。

③ 所有从机收到地址帧后，将收到地址与本机地址比较，相符的从机，使 SM2 置 0（以接收随后的数据帧），不符的从机，保持 SM2=1，对主机随后发来的数据帧不予理睬，直至发送新的地址帧。

④ 主机收到被选中的从机回送的地址信号后，对该从机发送控制命令（此时置 TB8=0），说明主机要求从机发送还是接收。

⑤ 从机收到主机控制命令后，向主机发送一个状态信息，表明是否已经准备就绪。主机收到从机的状态信息，若从机准备就绪，主机便与从机进行数据传送。

【例 7.4】　多机通信的 Proteus 仿真与 C 语言程序设计。

设计要求

在一个单片机系统中，利用串行口工作在方式 3，实现一个主机控制对 3 个从机的数据通信，并进行数据显示。

多机通信的电路原理图（见图 7.16）

元器件的选取

① AT89C52：单片机；②LED-GREEN：绿色发光二极管；③SWITCH：开关；④7SEG-COM-AN-BLUE：共阳极一位蓝色数码管；⑤BUTTON：按键；⑥RES：电阻；⑦CRYSTAL：晶振；⑧CAP、CAP-ELEC：电容、电解电容。（由于图中篇幅所限，⑦⑧略去）

程序设计内容

主机的 P0.0、P0.1 和 P0.2 的状态分别对应 3 个从机的地址，从机对主机发来的从机地址进行读取比较，控制对应的从机数据通信。主机通过不断扫描查询按键是否按下，一旦有键按下，就将对应的键值送入从机的 P0 口进行显示。

C 语言源程序

发送数据头文件定义：

第7章 单片机的串行通信与实例仿真

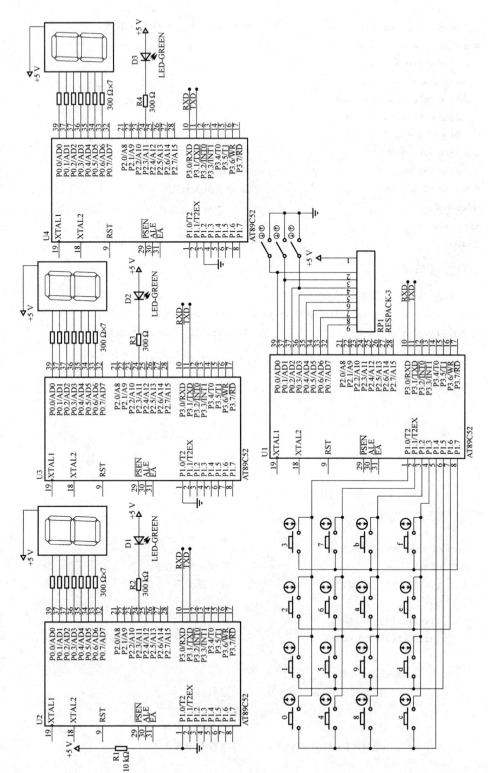

图 7.16 单片机多机通信电路原理图

```c
#ifndef _send_data_h
#define _send_data_h
#include <reg51.h>
//#include <string.h>
#define uchar unsigned char
#define uint unsigned int
/* 握手信号宏定义 */
#define SUCC 0x2A                    // 接收成功
#define ERR  0xF0                    // 接收错误
#define MAXLEN 64                    // 缓冲区最大长度
uchar buf;
uchar addr,get_key,key;
#endif
```

主机发送程序：

```c
#include "send_data.h"
/***************延时 t 毫秒****************/
void delay(uint t)                   // 对于 11.059 2 MHz 时钟,约延时 1 ms
{
    uint i;
    while(t--)
    {
        for (i=0;i<125;i++)
        {;}
    }
}
/***************键盘扫描******************/
uchar keyscan(void)
{
    uchar scancode,tmpcode;
    P1 = 0xf0;                       //发全 0 行扫描码
    if ((P1&0xf0)!=0xf0)             //若有键按下
    {
        delay(10);                   //延时去抖动
        if ((P1&0xf0)!=0xf0)         //延时后再判断一次,去除抖动影响
        {
            scancode = 0xfe;
            while((scancode&0x10)!=0)   //逐行扫描
            {
                P1 = scancode;       //输出行扫描码
                if ((P1&0xf0)!=0xf0) //本行有键按下
                {
                    tmpcode = (P1&0xf0)|0x0f;
```

```
                        return((～scancode)+(～tmpcode));
                                        //返回特征字节码,为1的位即对应于行和列
                    }
                    else scancode = (scancode<<1)|0x01;     //行扫描码左移一位
            }
        }
    }
    return(0);                              //无键按下,返回值为0
}
/******************发送数据函数********************/
void senddata(uchar buf)
{
    TI = 0;
    TB8 = 0;                                //发送数据帧
    SBUF = buf;
    while(! TI);
    TI = 0;
}
/***************串口初始化函数********************/
void init()
{
    TMOD = 0x20;                            //定时器T1使用工作方式2
    TH1 = 250;
    TL1 = 250;
    TR1 = 1;                                //开始计时
    PCON = 0x80;                            //SMOD = 1
    SCON = 0xd0;                            //工作方式,9位数据位,波特率9 600 kb/s,
                                            //允许接收
}
void Getkey()
{
    switch(get_key)
        {
            case 0x11:                      //1行1列,数字0
                key = 0xc0;
                break;
            case 0x21:                      //1行2列,数字1
                key = 0xf9;
                break;
            case 0x41:                      //1行3列,数字2
                key = 0xa4;
                break;
            case 0x81:                      //1行4列,数字3
```

```c
                    key = 0xb0;
                    break;
            case 0x12:                     //2行1列,数字4
                    key = 0x99;
                    break;
            case 0x22:                     //2行2列,数字5
                    key = 0x92;
                    break;
            case 0x42:                     //2行3列,数字6
                    key = 0x82;
                    break;
            case 0x82:                     //2行4列,数字7
                    key = 0xf8;
                    break;
            case 0x14:                     //3行1列,数字8
                    key = 0x80;
                    break;
            case 0x24:                     //3行2列,数字9
                    key = 0x90;
                    break;
            case 0x44:                     //3行3列,10
                    key = 0x88;
                    break;
            case 0x84:                     //3行4列,11
                    key = 0x83;
                    break;
            case 0x18:                     //4行1列,12
                    key = 0xc6;
                    break;
            case 0x28:                     //4行2列,13
                    key = 0xa1;
                    break;
            case 0x48:                     //4行3列,14
                    key = 0x86;
                    break;
            case 0x88:                     //3行4列,15
                    key = 0x8e;
                    break;
            default: break;
        }
    }
/**************主程序***************/
void  main()
```

```c
{
    uchar i = 0;
    key = 0xc0;
    while(1)
    {
        get_key = keyscan();              //调用键盘扫描函数
        Getkey();
        buf = key;
        P0 = 0xff;                        //通过 P0 口读要访问的从机地址
        addr = P0&0x0f;
        init();                           //串口初始化
        TI = 0;
        TB8 = 1;                          //发送地址帧
        SBUF = addr;
        while(! TI);
        TI = 0;
        senddata(buf);                    //发送数据
    }
}
```

接收数据头文件定义:

```c
#ifndef  _receive_data_h              //防止 receive_data.h 被重复引用
#define  _receive_data_h
#include <reg52.h>
#define uchar unsigned char
#define uint unsigned int
uchar buf;
uchar addr;
sbit P23 = P2^3;                      //此引脚控制发光二极管
#endif
```

接收数据程序如下:

```c
#include "receive_data.h"
/*************** 延时 t 毫秒 ***************/
void delay(uint t)
{
    uint i;
    while(t--)
    {
        for (i = 0;i<125;i++)         //对于 11.059 2 MHz 时钟,约延时 1 ms
        { }
    }
}
```

```c
/************** 接收数据函数 ***************/
uchar recvdata()
{
    while(! RI);
    if(RB8 == 1)
    return 0xee;                    //若接收的为地址帧,则返回 0xee
    buf = SBUF;
    RI = 0;
    return 0;                       //返回 0
}
/**************串口初始化函数 ***************/
void init()
{
    TMOD = 0x20;                    //定时器 T1 使用工作方式 2
    TH1 = 250;
    TL1 = 250;
    TR1 = 1;                        //开始计时
    PCON = 0x80;                    //SMOD = 1
    SCON = 0xd0;                    //工作方式,9 位数据位,波特率 9 600 kb/s,允许接收
}
/**************** 主程序 ***************/
void main()
{
    uchar i = 0;
    uchar tmp = 0xff;
    P1 = 0xff;
    addr = P1&0x0f;                 //获取本机地址
    P23 = 1;                        //发光二极管不亮
    init();                         //串口初始化
    EA = 1;                         //关闭所有中断
    while(1)                        //进入设备应答
    {
        SM2 = 1;                    //只接收地址帧
        while (tmp!= addr)          //如果接收到的地址帧不是本机地址,则继续等待
        {
            RI = 0;
            while(! RI);
            tmp = SBUF;
            RI = 0;
        }
        SM2 = 0;                    //允许接收数据
        tmp = recvdata( );          //数据接收
        if(tmp == 0x00)
```

```
            {
                P0 = buf;
                P23 = 0;           //绿灯亮,持续 500 ms,表示接收数据成功
                delay(30);
                P23 = 1;
            }                      //如果接收数据时发现地址帧,则重新开始整个接收过程
        }
    }
```

7.6 单片机与 PC 机串行通信

7.6.1 RS-232C 接口

在单片机与 PC 机进行串行通信时,要求通信双方都采用一个标准接口,使不同的设备可以方便地连接起来进行通信。RS-232C 接口(又称 EIA RS-232C)是目前最常用的一种串行通信接口。它是在 1970 年由美国电子工业协会(EIA)联合贝尔系统、调制解调器厂家及计算机终端生产厂家共同制定的用于串行通信的标准。它的全名是"数据终端设备(DTE)和数据通信设备(DCE)之间串行二进制数据交换接口技术标准",该标准规定采用一个 25 引脚的 DB25 连接器,定义了 25 根信号线,对连接器的每个引脚的信号内容加以规定,还对各种信号的电平加以规定。但在实际应用中对于 RS-232C 标准接口的使用是非常灵活的,RS-232C 连在数据终端(计算机或接收发送数据的外部设备)和 MODEM 之间,除通过它传送数据(TXD 和 RXD)外,还对双方的互传起协调作用,这就是握手信号。25 条信号线中有许多是很少使用的,在计算机与终端通信中一般只使用 3~9 根引线。DB25 的串口一般用到的引脚只有 2(RXD)、3(TXD)、7(GND)这三个。

随着设备的不断改进,现在 DB25 针很少看到了,实际通信中经常采用 9 针接口代替它进行数据通信,DB9 所用到的引脚比 DB25 有所变化,是 2(RXD)、3(TXD)、5(GND)这三个。9 针串口引脚图如图 7.17 所示,其中各引脚功能定义如下:

DCD:载波检测数据。MODEM 通知计算机,电话线已经连好,此信号是远程送来的载波使之变为有效。

RXD:接收数据引脚。串行数据从该引脚输入。

TXD:发送数据。串行数据从该引脚发出。

DTR:数据终端准备好。计算机通知 MODEM,计算机已做好接收准备。

GND:信号地。

DSR:数据准备好。MODEM 通知计算机已做好接收准备。

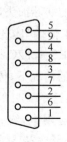

图 7.17 9 针串口引脚图

RTS：请求发送。微机发向 MODEM 的准备发送信号，以控制 MODEM 进入发送状态。

CTS：清除发送。MODEM 发向微机的对 RTS 的响应信号，表示 MODEM 已进入可发送的状态。

RI：响铃指示器。

RS-232C 最常用的 25 芯和 9 芯引线的信号内容比较见表 7.6 所列。

表 7.6 信号定义及功能

25 芯	9 芯	信号方向来自	缩 写	描述名	功 能
2	3	PC	TXD	发送数据	DTE 发送串行数据
3	2	调制解调器	RXD	接收数据	DTE 接收串行数据
4	7	PC	RTS	请求发送	DTE 请求 DCE 将线路切换到发送方式
5	8	调制解调器	CTS	允许发送	DCE 告诉 DTE 线路已接通可以发送数据
6	6	调制解调器	DSR	通信设备准备好	DCE 准备好
7	5		GND	信号地	信号公共地
8	1	调制解调器	CD	载波检测	表示 DCE 接收到远程载波
20	4	PC	DTR	数据终端准备好	DTE 准备好
22	9	调制解调器	RI	响铃指示器	表示 DCE 与线路接通，出现振铃

RS-232C 接口的具体规定如下：

(1) 接口的电气特性

在 RS-232C 中任何一条信号线的电压均为负逻辑关系，即：逻辑"1"，-5～15 V；逻辑"0"，+5～15 V。噪声容限为 2 V，即要求接收器能识别低至+3 V 的信号作为逻辑"0"，高到-3 V 的信号作为逻辑"1"。

(2) 接口的物理结构

RS-232C 接口连接器一般使用型号为 DB-25 的 25 芯插头（座），通常插头在 DCE 端，插座在 DTE 端。一些设备与 PC 机连接的 RS-232C 接口，因为不使用对方的传送控制信号，只需 3 根接口线，即"发送数据"、"接收数据"和"信号地"。所以采用 DB-9 的 9 芯插头（座），传输线采用屏蔽双绞线。

(3) 传输电缆长度

由 RS-232C 标准规定在码元畸变小于 4% 的情况下，传输电缆长度应为 50 英尺，其实这个 4% 的码元畸变是很保守的，在实际应用中，约有 99% 的用户是按码元畸变 10%～20% 的范围工作的，所以实际使用中最大距离会超过 50 英尺。

9 针串口插头实物如图 7.18 所示。

图 7.18 9 针串口插头实物图

第7章 单片机的串行通信与实例仿真

AT89C52有一个全双工的串行通信口,可以实现单片机与PC机之间的串口通信。由于PC机的串口是RS-232电平的,而单片机的串口是TTL电平的,两者之间必须有一个电平转换电路,这里采用专用芯片MAX232进行转换,MAX232是Maxim公司生产的包含两路接收器和驱动器的IC芯片,只需+5 V供电,其芯片内部具有电源电压变换器,可以把输入的+5 V电压变换成为RS-232输出电平所需要的±10 V。

采用三线制连接串口,硬件电路如图7.19所示,AT89C52的P3.0(RXD)、P3.1(TXD)通过电平转换芯片MAX232连到9针D型插座上,通过9针D型插座和电缆可以与PC机进行串行通信。

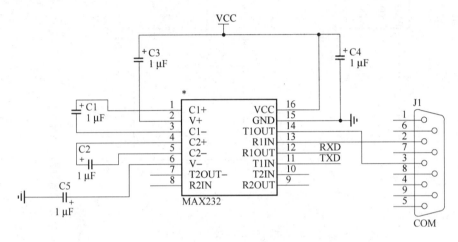

图7.19 串行通信连接图

【例7.5】 单片机与PC机串行通信的Proteus仿真及C语言程序设计。

设计要求

单片机通过串行口不停地向PC机发送字符串"Welcome to Beijing"。

单片机与PC机串行通信的电路原理图(见图7.20)

元器件选取

① AT89C52:单片机;②CONN-D9F:9针插口;③MAX232:串行通信接口芯片;④RES:电阻;⑤CRYSTAL:晶振;⑥CAP、CAP-ELEC:电容、电解电容。

C语言源程序

```
#include <reg52.h>
#include <intrins.h>
char code str[ ] = "Welcome to Beijing\ n\r";
void send_str( );
/**************主程序****************/
main( )
{
    TMOD = 0x20;          //定时器1工作于8位自动重载模式,用于产生波特率
```

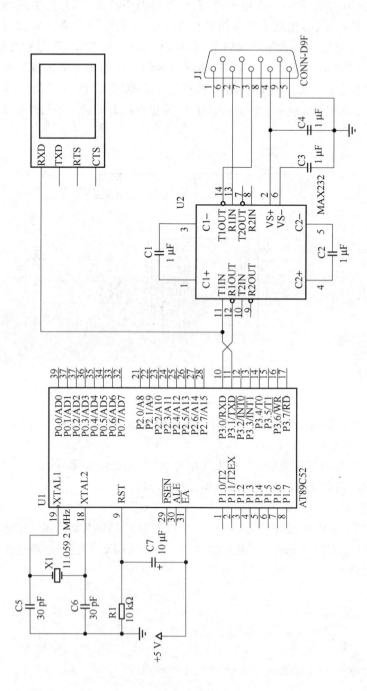

图 7.20 单片机与 PC 机串行通信的电路原理图

第7章 单片机的串行通信与实例仿真

```
    TH1 = 0xFD;              //波特率9 600 b/s
    TL1 = 0xFD;
    SCON = 0x50;             //设定串行口工作方式
    PCON& = 0xef;            //波特率不倍增
    TR1 = 1;                 //启动定时器1
    IE = 0x0;                //禁止任何中断
    while(1)
    {
        send_str();          //传送字串"Welcome to Beijing"
    }
}
void send_str()              //传送字串
{
    unsigned char i = 0;
    while(str[i]! = '\0')
    {
        SBUF = str[i];       //数据传送
        while(! TI);         //等待数据传送
        TI = 0;              //清除数据传送标志
        i ++ ;               //下一字符
    }
}
```

为了能够在PC机上看到单片机发出的数据,利用一个免费的电脑串口调试软件观察单片机串口通信,这个串口调试助手是一个绿色的软件,支持常用的波特率300~115 200 b/s,能设置校验、数据位和停止位,能以ASCII码或十六进制接收或发送任何数据或字符(包括中文),可以任意设定自动发送周期,并能将接收数据保存成文本文件,能发送任意大小的文本文件。无需安装,可以直接运行这个软件,软件界面如图7.21所示。

图7.21 串口调试助手界面

首先要设置一下串口通信的参数,将波特率调整为 9 600,选择十六进制显示。串口选择为 COM1,当然串口也要和 PC 机的 COM1 连接,将程序下载到 AT89C52 内,然后启动 AT89C52 工作,在串口调试助手软件的接收区界面中就会增加一个"Welcome to Beijing"字符,表示 AT89C52 向 PC 机发送"Welcome to Beijing"字符成功。

7.6.2 RS-485 接口

在自动化领域,随着分布式控制系统的发展,迫切需要一种总线能适合远距离的数字通信。在 RS-422 标准的基础上,EIA 研究出了一种支持多节点、远距离和接收高灵敏度的 RS-485 串行总线标准,广泛应用在干扰比较严重或传输距离较远的场合。

RS-485 通信协议具有比 RS-232C 更优良的性能。RS-485 采用平衡发送和差分接收,因此具有抑制共模干扰的能力。加上总线收发器具有高灵敏度,能检测低至 200 mV 的电压,故传输信号能在千米以外得到恢复。RS-485 采用半双工工作方式,一般只需两根连线,采用屏双绞线传输,任何时候只能有一点处于发送状态,因此,发送电路须由使能信号加以控制。RS-485 用于多点互连时非常方便,可以省掉许多信号线。RS-485 接口连接器采用DB-9 的 9 芯插头座。

由于 RS-485 具有良好的抗噪声干扰性,较长的传输距离和多站能力等优点使其成为首选的串行接口。

RS-485 标准采用平衡式发送,差分式接收的数据收发器来驱动总线,具体规格要求如下:

- 接收器的输入电阻 $R_{IN} \geqslant 12$ kΩ;
- 驱动器能输出 ±7 V 的共模电压;
- 输入端的电容 ≤50 pF;
- 在节点数为 32 个,配置了 120 Ω 的终端电阻的情况下,驱动器至少还能输出电压 1.5V(终端电阻的大小与所用双绞线的参数有关);
- 接收器的输入灵敏度为 200 mV(即 $(V_+)-(V_-) \geqslant 0.2$ V,表示信号"0";$(V_+)-(V_-) \leqslant -0.2$ V,表示信号"1")。

因为 RS-485 的远距离、多节点(32 个)以及传输线成本低的特性,使得 EIA RS-485 成为工业应用中数据传输的首选标准。

它具有以下特点:

① RS-485 的电气特性:逻辑"1"以两线间的电压差为 +2~6V 表示;逻辑"0"以两线间的电压差为 -6~-2 V 表示。接口信号电平比 RS-232C 降低了,就不易损坏接口电路的芯片,且该电平与 TTL 电平兼容,可方便与 TTL 电路连接。

② RS-485 的数据最高传输速率为 10 Mb/s。

③ RS-485 接口采用平衡驱动器和差分接收器的组合,抗共模干扰能力增强,即抗噪声干扰性好。

④ RS-485 接口的传输距离标准值为 1 219.2 m,实际上可达 3 000 m,另外 RS-232C 接口在总线上只允许连接 1 个收发器,即只有单站能力。而 RS-485 接口在总线上是允许连接多达 128 个收发器,即具有多站能力,这样用户可以利用单一的 RS-485 接口方便地建立起设备网络。

以往，PC 机与智能设备通信多借助 RS-232、RS-485、以太网等方式，主要取决于设备的接口规范。但 RS-232、RS-485 只能代表通信的物理介质层和链路层，如果要实现数据的双向访问，就必须自己编写通信应用程序，但这种程序多数都不能符合 ISO/OSI 的规范，只能实现比较单一的功能，适用于单一设备类型，程序不具备通用性。在 RS-232 或 RS-485 设备联成的设备网中，如果设备数量超过 2 台，就必须使用 RS-485 作通信介质。RS-485 网的设备间要想互通信息只有通过主(Master)设备中转才能实现，这个主设备通常是 PC 机，而这种设备网中只允许存在一个主设备，其余全部是从(Slave)设备。应用 RS-485 可以联网构成分布式系统，允许最多并联 32 台驱动器和 32 台接收器。

在同一个 RS-485 网络中，可以多达 32 个模块，某些器件可以多达 256 个甚至更多。相应地，RS-485 网络具有接收/发送控制端，RS-485 的接收控制端可以在需要接收的时候打开或者一直打开以便无条件地接收线路上的数据。RS-485 的发送控制端仅在需要发送时打开，平时应关闭发送器，因为在同一 RS-485 网络中在同一时刻仅允许一个发送器工作。在数据发送完成后关闭发送器。这可以通过以下两种方法实现：

① 在数据完全移出后，对于 PC 机为发送移位寄存器空，对于 AT89C52 为 TI 置位。这些条件既可以使用查询的方法得到，也可以在中断程序中实现。

② 将 RS-485 的接收器始终打开，这样一来，所有在 RS-485 上的数据均被接收回来，包括自己发送出去的数据。因此，当自己发送的数据完全被自己接收回来时即可关闭发送器。原则上说，这一方法无论是查询还是中断都适用。但实际上，由于 RS-485 的数据通常打包后发送，因此，使用查询的方法并不理想。这一方法非常适用于中断方式，尤其是以数据包传送的 RS-485 通信。

RS-485 的驱动接口部分通常由 Maxim 公司生产的 MAX483/485/487/489 以及 MAX490/491 系列差分平衡收发芯片构成。每种芯片均包含了一个驱动器和一个收发器，其主要特点如下：

① 使用+5 V 单电源工作；

② 低功耗，工作电流为 120～500 μA，静态电流：MAX483/487/488/489 芯片为 120 μA；MAX481/485/490/491 芯片 300 μA；

③ MAX481/483/487 三种型号芯片具有低电流关机模式(驱动器和收发器处于禁止状态)，在此模式下，芯片仅消耗 0.1 μA 电流；

④ MAX483/487/488/489 的驱动器为限斜率驱动器；

⑤ 驱动器具有过载保护功能；

⑥ 不同型号芯片兼容，可以共同组成半双工或全双工通信电路；

⑦ 通信传输线上最多可以同时挂载 128 个收发器(MAX487)；

⑧ 共模输入电压范围为-7～+12 V。

【例 7.6】 RS-485 串行通信的 Proteus 仿真及 C 语言程序设计。

设计要求

采用 RS-485 总线进行串行通信，试编写相关程序并进行仿真。

RS-485 的串行通信电路原理图(见图 7.22)

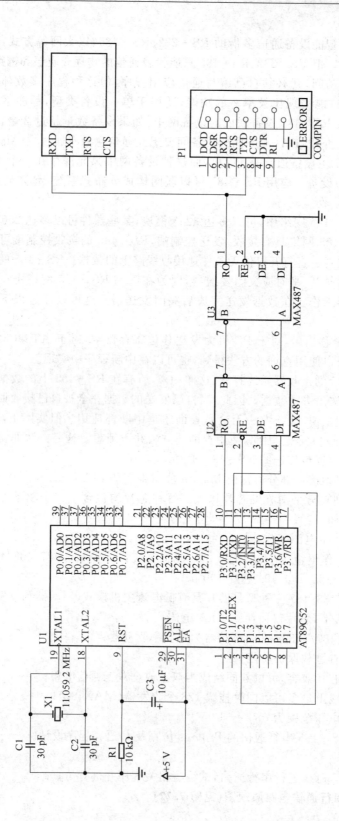

图 7.22 RS-485 串行通信原理图

在 Proteus 中使用 MAX487 芯片作为 RS-485 通信接口芯片进行仿真。

元器件选取

① AT89C52：单片机；②COMPIM：9 针插口；③MAX487：RS-485 通信接口芯片；④RES：电阻；⑤CRYSTAL：晶振；⑥CAP、CAP-ELEC：电容、电解电容。

程序设计内容

在虚拟终端每隔一段时间不断显示"ONE WORLD，ONE DREAM"的字样。

C 语言源程序

```
#include <reg52.h>
#include <intrins.h>
#define uchar unsigned char
#define uint unsigned int
sbit P12 = P1^2;
char code str[] = "ONE WORLD,ONE DREAM\ n\r";
main()
{
    uint j;
    TMOD = 0x20;
    TL1 = 0xfd;
    TH1 = 0xfd;
    SCON = 0x50;
    PCON& = 0xef;
    TR1 = 1;
    IE = 0x00;
    P12 = 1;
    while(1)
    {
        uchar i = 0;
        while(str[i]! = '\0')
        {
            SBUF = str[i];
            while(! TI);
            TI = 0;
            i++;
        }
        for(j = 0;j<50000;j++);
    }
}
```

7.6.3 用 Proteus 软件实现 PC 机和单片机串口通信仿真

一般 PC 机和单片机的串口通信系统通过一根串口连接线把带有软件的上位机

（PC 机）和下位机（单片机）连接起来进行测试，用这种调试串口通信程序比较繁琐。下面介绍一种用 Proteus 软件实现 PC 机和单片机串口通信仿真的方法，所有的调试都在一台电脑上通过软件完成。上位机由 PC 机代替，上位机软件使用串口调试助手 V2.2。下位机用 Proteus 软件中的 AT89C52 单片机仿真电路代替。串口及连接通过虚拟串口软件 Virtual Serial Ports Driver 6.9 进行连接，VSPD6.9 软件是德国 Eltima Software 公司开发的虚拟串口软件。普通的计算机主板上只有 1 个或 2 个 RS-232 串口，可以根据要求在一台计算机上产生多个虚拟 RS-232 串口，产生的虚拟串口与实际物理串口的作用及用法一样。

1. 虚拟串口的设置

安装虚拟串口软件 Virtual Serial Ports Driver 6.9 后打开，如图 7.23 所示，左上方的 COM1 和 COM3 是电脑上实际的物理串口，下面是虚拟串口，在没有设置前是空的。将界面右边的 COM2 和 COM4 串口分别改成 COM1 与 COM2，单击 Add pair 按钮后出现如图 7.24 所示界面。表示利用这个软件将计算机的串口 1 和模拟串口 2（串口调试助手 V2.2）连接了起来，这两个串口可以进行串口通信。

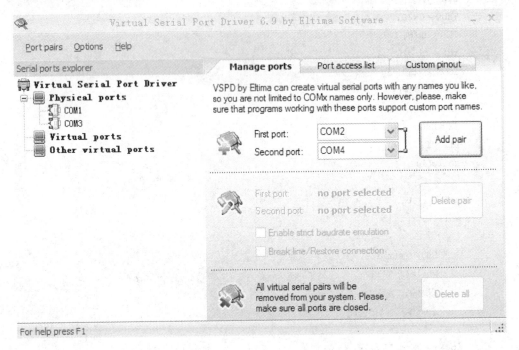

图 7.23 虚拟串口软件界面图

2. 虚拟串口电路

COMPIM 是 Proteus 中一个极其有用的虚拟元件，COMPIM 建立起一个映射，把仿真电路中的数字量映射到计算机的物理端口。COMPIM 同样具有 TXD、RXD 以及 DCD、DSR、CTS、RI 控制信号线。为简便起见，这里只关心 TXD 和 RXD。把单片机

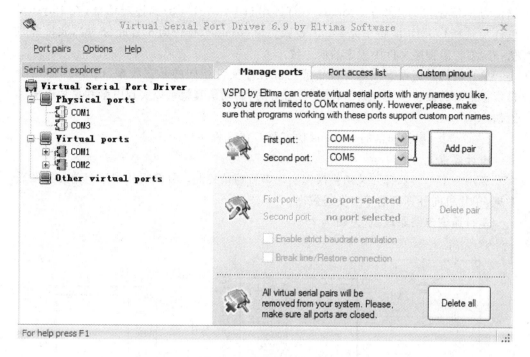

图 7.24 虚拟串口的设置

的 TXD 和 RXD 与 COMPIM 相应的线连接，就可以直接操作映射到物理端口。需要注意的是两根信号线是直通方式连接，而非交叉，因为不强调 AT89C52 与 COMPIM 数据交换的关系，只是一种映射；两个虚拟串口采用相同的标准电平，不需要加 MAX232 电平转换芯片，因此可以省略 TTL 电平向 RS-232 电平转换的仿真电路。Proteus 只需根据仿真电路的逻辑 0 和 1 直接操作物理串口。

COMPIM 的各项属性值的设置如表 7.7 所列。

表 7.7 COMPIM 属性值设置

属性名	功 能
Physical Port	映射到的物理串口
Physical Baud Rate	物理串口波特率
Physical Data Bus	物理串口数据位数
Physical Parity	物理串口校验位
Virtual Baud Rate	与单片机相连的波特率
Virtual Data Bus	与单片机相连的数据位数
Virtual Parity	与单片机相连的校验位

3. 串口通信仿真

打开串口调试助手 V2.2，修改串口为 COM2，波特率为 2 400，校验位为 None，数据位为8,停止位为1。在 Proteus 中打开串口 COMPIM 的属性对话框,在 Physical Port 后选择 COM1,波特率为2 400,校验位为 None,数据位为8,停止位为1,波特率的值一定要与源程序文件中规定的值一致。

单片机的晶振频率一定要设置成与源程序文件相同的晶振频率,Proteus 中的串口虚拟终端的波特率设置为2 400。设置好后,启动仿真就可以实现电脑和单片机串口通信。

【例7.7】 串行通信的 Proteus 仿真及 C 语言程序设计。

设计要求

利用一个单刀双掷开关切换模拟实现串行通信控制。计算机的串口向单片机发送数据,单片机向计算机的串口发送数据。

串行通信电路原理图(见图7.25)

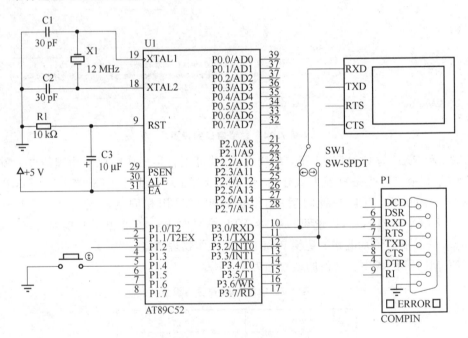

图7.25 串行通信的仿真

元器件选取

① AT89C52:单片机;②CAP、CAP - ELEC:电容、电解电容。③SW - SPDT:单刀双掷开关;④RES:电阻;⑤CRYSTAL:晶振;⑥COMPIM:虚拟串口。

程序设计内容

单片机向计算机的串口发送数据,发送数据采用外部中断的方式,用按钮开关控制数据的发送。单刀双掷开关向右边拨,单击"运行"按钮,按一下连接 P1.4 的按钮,虚拟串口终端显示单片机向计算机的 COM1 发送的数据,而计算机的 COM1 已经和 COM2 相连,因此可以在 COM2 收到单片机发送给 COM1 的数据,如图7.26所示。

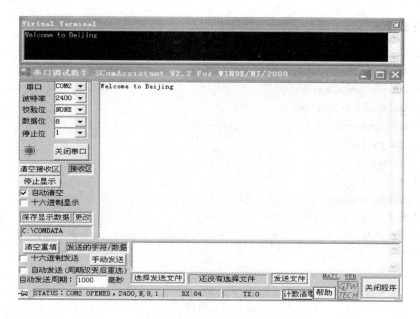

图 7.26　单片机发送数据的仿真

计算机的串口向单片机发送数据,单片机串口接收数据采用中断的方式。单刀双掷开关向左边拨,在串口调试助手 V2.2 中输入要发送的数据,比如"www.hpu.edu.cn",单击"手动发送"按钮,则字符串由 COM2 发送给计算机的 COM1,再由 COM1 发送给单片机。单片机的程序里面有回显功能,将接收到的字符串反方向发送给 COM2,因此可以在 COM2 的接收区内接收到回显的字符串,如图 7.27 所示。

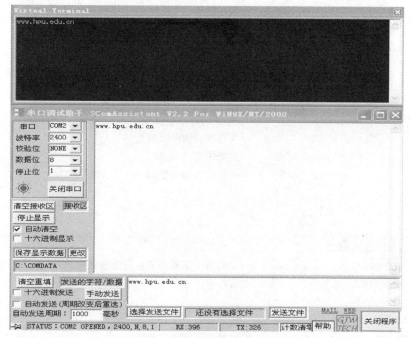

图 7.27　单片机接收数据的仿真

C 语言程序

```c
#include <reg52.h>
#include <intrins.h>
unsigned char key_s,key_v,tmp;
char code str[] = "Welcome to Beijing\ n\r";
void send_int(void);
void send_str();
bit scan_key();
void proc_key();
void delayms(unsigned char ms);
void send_char(unsigned char txd);
sbit K1 = _P1^4;
main()
{
    send_int();
    TR1 = 1;                //启动定时器1
    while(1)
    {
        if(scan_key())      //扫描按键
        {
            delayms(10);    //延时去抖动
            if(scan_key())  //再次扫描
            {
                key_v = key_s;  //保存键值
                proc_key();     //键处理
            }
        }
        if(RI)              //是否有数据到来
        {
            RI = 0;
            tmp = SBUF;         //暂存接收到的数据
            P0 = tmp;           //数据传送到P0口
            send_char(tmp);     //回传接收到的数据
        }
    }
}
void send_int(void)
{   TMOD = 0x20;            //定时器1工作于8位自动重载模式,用于产生波特率
    TH1 = 0xF3;             //波特率2 400
    TL1 = 0xF3;
    SCON = 0x50;            //设定串行口工作方式
    PCON&= 0xef;            //波特率不倍增
```

```c
        IE = 0x00;                      //禁止任何中断
    }
    bit scan_key()                      //扫描按键
    {
        key_s = 0x00;
        key_s| = K1;
        return(key_s^key_v);
    }
    void proc_key()                     //键处理
    {
        if((key_v & 0x01) == 0)         //K1 按下
        {
            send_str();                 //传送字串
        }
    }
    void send_char(unsigned char txd)   //传送一个字符
    {
        SBUF = txd;
        while(! TI);                    //等待数据传送
        TI = 0;                         //清除数据传送标志
    }
    void send_str()                     //传送字串
    {
        unsigned char i = 0;
        while(str[i] != '\0')
        {
            SBUF = str[i];
            while(! TI);                //等待数据传送
            TI = 0;                     //清除数据传送标志
            i++;                        //下一个字符
        }
    }
    void delayms(unsigned char ms)      //延时子程序
    {
        unsigned char i;
        while(ms--)
        {
            for(i = 0; i < 120; i++);
        }
    }
```

7.6.4 单片机与计算机的通信技术

在数据处理和过程控制领域中,通常需要计算机监视以单片机为核心的智能测量仪表,掌握相关设备运行情况,计算机可以对采集的数据进行存储,随时分析、统计和显示并制作各种报表,另外可以对被控制对象进行控制。因此构成了应用于工业生产过程领域的计算机测控系统作为当今工业控制的主流系统,取代常规的模拟检测、调节、显示和记录等仪器设备,并且具有较高级复杂的计算方法和处理方法。目前在Windows下开发单片机与计算机的通信技术已经成为当今工业控制领域软件的一大热点。

仪器仪表的智能化程度越来越高,大量的智能仪器提供了RS-232通信接口,并提供相应的通信协议,能够将采集的数据传输给PC机,以便进行数据存储、处理、查询和分析。目前市场上常用的上位机开发软件平台有Visual C++、Visual Basic、LabVIEW、组态王等。这里只简单介绍Visual Basic 6.0软件实现上位机与单片机通信的方法。

Visual Basic 6.0不但保留了Basic语言的全部功能,而且还增加了面向对象进行程序设计的功能,可以方便快捷地编制适用于数据处理、多媒体等方面的程序。

在Visual Basic 6.0中有一个名为Microsoft Communication Control(简称MSComm)的通信控件,在应用程序中嵌入MSComm控件,并对它的属性进行相应的设置,即可轻松实现单片机与PC之间的串口通信。

MSComm控件的添加及其属性设置如下。

1. MSComm 控件的添加

启动Visual Basic 6.0,选择"工程"→"部件",打开"部件"对话框,如图7.28所示。选择"Microsoft Comm Control 6.0",即MSComm部件,勾选后单击"确定"按钮,即可将MSComm控制添加到如图7.29所示的工具箱中。

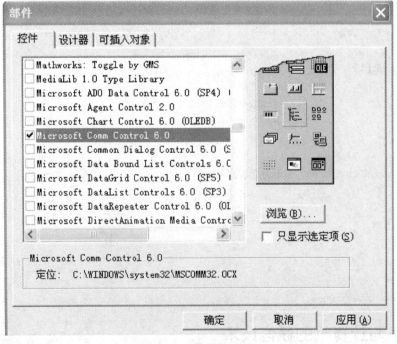

图 7.28 "部件"对话框

图 7.29 MSComm 控件的添加

接下来需要将 MSComm 控件添加到当前窗体中,单击 MSComm 控件,然后在窗体 Form1 中按住鼠标左键拖动一个小区域进行释放,可将 MSComm 控件添加到当前窗体。用鼠标右键单击窗体的任意区域,弹出如图 7.30 所示菜单,选择"属性窗口",再单击窗体中的"MSComm 控件",就可看到 MSComm 控件的属性,如图 7.31 所示。

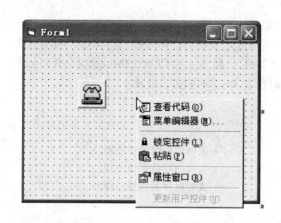

图 7.30　选择"属性窗口"命令

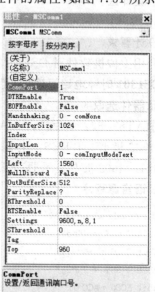

图 7.31　"MSComm 控件的属性"窗口

2. MSComm 控件的主要属性及其设置

① CommPort:设置或返回串行端口号,缺省值为 1。

② Setting:设置或返回串口通信参数,格式为"波特率,奇偶校验位,数据位,停止位"。例如:MSComm1.Setting="1200,n,8,1"。

③ PortOpen:打开或关闭串行端口,格式为:MSComm1.PortOpen:={True|False}

④ InBufferSize:设置或返回接收缓冲区的大小,缺省值为 1 024 字节。

⑤ InBufferCount:返回接收缓冲区内等待读取的字节数,可通过设置该属性为 0 来清空接收缓冲区。

⑥ RThreshold:该属性为一阈值,它确定当接收缓冲区内的字节数达到或超过该值后就产生代码为 ComEvReceive 的 OnComm 事件。

⑦ SThreshold:该属性为一阈值,它确定当发送缓冲区内的字节数少于该值后就产生代码为 ComEvSend 的 OnComm 事件。

⑧ InputLen:设置或返回接收缓冲区内用 Input 读入的字节数,设置该属性为 0 表示 Input 读取整个缓冲区的内容。

⑨ Input:从接收缓冲区读取一串字符。

⑩ OutBufferSize:设置或返回发送缓冲区的大小,缺省值为 512 字节。

⑪ OutBufferCount：返回发送缓冲区内等待发送的字节数,可通过设置该属性为 0 来清空缓冲区。

⑫ OutPut：向发送缓冲区传送一串字符。发送的字节数,可通过设置该属性为 0 来清空缓冲区。

【例 7.8】 Visual Basic 6.0 上位机程序控制 DS1302 时钟的 Proteus 仿真。

设计要求

利用上位机软件对 DS1302 时钟进行时间设置。

DS1302 时钟电路原理图(见图 7.32)

元器件选取

①AT89C52：单片机；②CAP、CAP - ELEC：电容、电解电容；③LED - RED：红色发光二极管；④ RES：电阻；⑤ CRYSTAL：晶振；⑥ COMPIM：虚拟串口；⑦ LM016L：1602 液晶显示器；⑧DS1302：时钟芯片；⑨CELL：电池。

C 语言源程序

```c
#include <reg52.h>
sbit T_CLK = P2^5;                /*实时时钟时钟线引脚*/
sbit T_IO = P2^4;                 /*实时时钟数据线引脚*/
sbit T_RST = P2^3;                /*实时时钟复位线引脚*/
sbit ACC0 = ACC^0;
sbit ACC7 = ACC^7;
sbit rs = P2^0;
sbit rw = P2^1;
sbit e = P2^2;
sbit LED = P3^7;
unsigned char code tab[] = {0x30,0x31,0x32,0x33,0x34,0x35,0x36,0x37,0x38,0x39};
void v_RTInputByte(unsigned char ucDa)
{
    unsigned char i;
    ACC = ucDa;
    for(i = 8; i>0; i--)
    {
        T_IO = ACC0;              /*相当于汇编中的 RRC*/
        T_CLK = 1;
        T_CLK = 0;
        ACC = ACC >> 1;
    }
}
unsigned char uc_RTOutputByte(void)
{
    unsigned char i;
    for(i = 8; i>0; i--)
```

第 7 章
单片机的串行通信与实例仿真

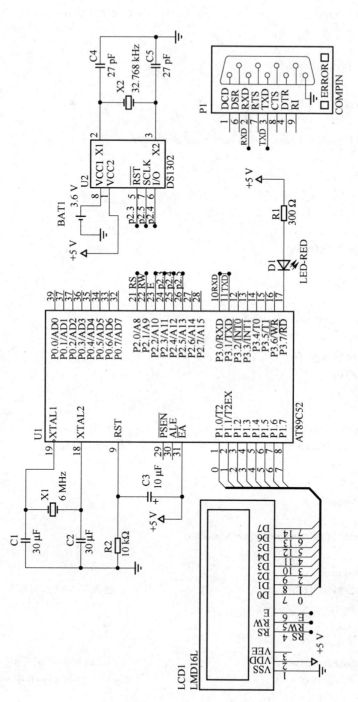

图 7.32 DS1302 时钟的仿真

```c
        {
            ACC = ACC >>1;                          /* 相当于汇编中的 RRC */
            ACC7 = T_IO;
            T_CLK = 1;
            T_CLK = 0;
        }
        return(ACC);
}
void v_W1302(unsigned char ucAddr,unsigned char ucDa)
{
    T_RST = 0;
    T_CLK = 0;
    T_RST = 1;
    v_RTInputByte(ucAddr);                          /* 地址,命令 */
    v_RTInputByte(ucDa);                            /* 写 1Byte 数据 */
    T_CLK = 1;
    T_RST = 0;
}
unsigned char uc_R1302(unsigned char ucAddr)
{
    unsigned char ucDa;
    T_RST = 0;
    T_CLK = 0;
    T_RST = 1;
    v_RTInputByte(ucAddr);                          /* 地址,命令 */
    ucDa = uc_RTOutputByte();                       /* 读 1Byte 数据 */
    T_CLK = 1;
    T_RST = 0;
    return(ucDa);
}
void v_BurstW1302T(unsigned char * pSecDa)
{
    unsigned char i;
    v_W1302(0x8e,0x00);                             /* 控制命令,WP = 0,写操作 */
    T_RST = 0;
    T_CLK = 0;
    T_RST = 1;
    v_RTInputByte(0xbe);                            /* 0xbe:时钟多字节写命令 */
    for (i = 8;i>0;i--)                             /* 8Byte = 7Byte 时钟数据 + 1Byte 控制 */
    {
        v_RTInputByte( * pSecDa);                   /* 写 1Byte 数据 */
        pSecDa ++ ;
    }
```

```c
        T_CLK = 1;
        T_RST = 0;
}
void v_BurstR1302T(unsigned char * pSecDa)
{
        unsigned char i;
        T_RST = 0;
        T_CLK = 0;
        T_RST = 1;
        v_RTInputByte(0xbf);                    /* 0xbf:时钟多字节读命令 */
        for (i = 8; i>0; i--)
        {
             * pSecDa = ucRTOutputByte();        /* 读 1Byte 数据 */
            pSecDa++;
        }
        T_CLK = 1;
        T_RST = 0;
}
void v_BurstW1302R(unsigned char * pReDa)
{
        unsigned char i;
        v_W1302(0x8e,0x00);                     /* 控制命令,WP=0,写操作 */
        T_RST = 0;
        T_CLK = 0;
        T_RST = 1;
        v_RTInputByte(0xfe);                    /* 0xbe:时钟多字节写命令 */
        for (i=31;i>0;i--)                      /* 31Byte 寄存器数据 */
        {
            v_RTInputByte( * pReDa);             /* 写 1Byte 数据 */
            pReDa++;
        }
        T_CLK = 1;
        T_RST = 0;
}
void v_BurstR1302R(unsigned char * pReDa)
{
        unsigned char i;
        T_RST = 0;
        T_CLK = 0;
        T_RST = 1;
        v_RTInputByte(0xff);                    /* 0xbf:时钟多字节读命令 */
        for (i=31; i>0; i--)                    /* 31Byte 寄存器数据 */
        {
```

```c
        * pReDa = uc_RTOutputByte();            /* 读 1Byte 数据 */
        pReDa++;
    }
    T_CLK = 1;
    T_RST = 0;
}
void v_setd1302(unsigned char * pSecDa)
{
    unsigned char i;
    unsigned char ucAddr = 0x80;
    v_W1302(0x8e,0x00);                         /* 控制命令,WP=0,写操作 */
    for(i = 7;i>0;i--)
    {
        v_W1302(ucAddr,* pSecDa);               /* 秒 分 时 日 月 年 */
        pSecDa++;
        ucAddr+=2;
    }
    v_W1302(0x8e,0x80);                         /* 控制命令,WP=1,写保护 */
}
void delay()
{
    unsigned char y;
    for(y=0;y<0xff;y++)
    {;}
}
void wc51r(unsigned char j)                     //写命令
{
    e=0;rs=0;rw=0;
    e=1;
    P1=j;
    e=0;
    delay();
}
void init()                                     //初始化
{
    wc51r(0x01);
    wc51r(0x38);
    wc51r(0x38);
    wc51r(0x0e);
    wc51r(0x06);
    wc51r(0x0c);
}
void wc51ddr(unsigned char j)                   //写数据
```

```c
    {
        e = 0;rs = 1;rw = 0;
        e = 1;
        P1 = j;
        e = 0;
        delay();
    }
    void write1602(unsigned char add,unsigned char da)    //写入显示数据
    {
        wc51r(add);wc51ddr(da);
    }
    void main(void)
    {
        unsigned char ucCurtime[7];
        unsigned char i,yearh,yearl,monh,monl,dah,dal,hoh,hol,mih,mil,seh,sel;
        unsigned char ucAddr;
        unsigned int c;
        init();
        write1602(0x84,0x43);
        for(c = 0;c<10000;c ++);
        write1602(0x85,0x41);
        for(c = 0;c<10000;c ++);
        write1602(0x86,0x4C);
        for(c = 0;c<10000;c ++);
        write1602(0x87,0x45);
        for(c = 0;c<10000;c ++);
        write1602(0x88,0x4E);
        for(c = 0;c<10000;c ++);
        write1602(0x89,0x44);
        for(c = 0;c<10000;c ++);
        write1602(0x8A,0x41);
        for(c = 0;c<10000;c ++);
        write1602(0x8B,0x52);
        for(c = 0;c<10000;c ++);               /* 显示为"CALENDAR */
        write1602(0xC2,0x77);
        write1602(0xC3,0x77);
        write1602(0xC4,0x77);
        write1602(0xC5,0x2E);
        write1602(0xC6,0x68);
        write1602(0xC7,0x70);
        write1602(0xC8,0x75);
        write1602(0xC9,0x2E);
        write1602(0xCA,0x65);
```

```c
            write1602(0xCB,0x64);
            write1602(0xCC,0x75);
            write1602(0xCD,0x2E);
            write1602(0xCE,0x63);
            write1602(0xCF,0x6E);
            for(c = 0;c<50000;c++);           /* 显示为 www.hpu.edu.cn */
            init();                            //LCD初始化
            TMOD = 0X20;
            TH1 = 0XF3;
            TL1 = 0XF3;
            SCON = 0X50;
            PCON = 0X00;
            IT0 = 1;
            EX0 = 1;
            IT1 = 1;
            EX1 = 1;
            TR1 = 1;
            EA = 1;
            ES = 1;
            while(1)
            {
                ucAddr = 0x81;
                for (i = 0;i<7;i++)
                {
                    ucCurtime[i] = uc_R1302(ucAddr);   /*格式为: 秒 分 时 日 月 年 */
                    ucAddr += 2;
                }
                yearh = ucCurtime[6]/16;
                yearl = ucCurtime[6] % 16;
                monh = ucCurtime[4]/16;
                monl = ucCurtime[4] % 16;
                dah = ucCurtime[3]/16;
                dal = ucCurtime[3] % 16;
                hoh = ucCurtime[2]/16;
                hol = ucCurtime[2] % 16;
                mih = ucCurtime[1]/16;
                mil = ucCurtime[1] % 16;
                seh = ucCurtime[0]/16;
                sel = ucCurtime[0] % 16;
                write1602(0x80,0x44);
                write1602(0x81,0x61);
                write1602(0x82,0x74);
                write1602(0x83,0x65);
```

```c
        write1602(0x84,0x3a);              //显示 date:
        write1602(0x85,tab[yearh]);
        write1602(0x86,tab[yearl]);
        write1602(0x87,0x2d);               //显示年
        write1602(0x88,tab[monh]);
        write1602(0x89,tab[monl]);
        write1602(0x8a,0x2d);               //显示月
        write1602(0x8b,tab[dah]);
        write1602(0x8c,tab[dal]);
        write1602(0xc0,0x54);
        write1602(0xc1,0x69);
        write1602(0xc2,0x6d);
        write1602(0xc3,0x65);
        write1602(0xc4,0x3a);               //显示 time:
        write1602(0xc5,tab[hoh]);
        write1602(0xc6,tab[hol]);
        write1602(0xc7,0x3a);               //显示小时
        write1602(0xc8,tab[mih]);
        write1602(0xc9,tab[mil]);
        write1602(0xca,0x3a);               //显示分钟
        write1602(0xcb,tab[seh]);
        write1602(0xcc,tab[sel]);           //显示秒
        if((ucCurtime[1] == 0)&(ucCurtime[0] == 0|ucCurtime[0] == 1|ucCurtime[0] == 2))
            LED = 0;
        else LED = 1;
    }
}
serint() interrupt 4
{
    static unsigned char k;
    unsigned char temp,year,month,date,hour,min,sec,week;
    unsigned char stemp[7] = {0};
    RI = 1;
    temp = SBUF;
    RI = 0;
    k ++ ;
    switch (k)
    {   case 1: sec = temp;
                break;
        case 2: min = temp;
                break;
        case 3: hour = temp;
                break;
```

```
            case 4: date = temp;
                    break;
            case 5: month = temp;
                    break;
            case 6: week = temp;
                    break;
            case 7: year = temp;
                    stemp[0] = (sec/10) * 16 + sec % 10;
                    stemp[1] = (min/10) * 16 + min % 10;
                    stemp[2] = (hour/10) * 16 + hour % 10;
                    stemp[3] = (date/10) * 16 + date % 10;
                    stemp[4] = (month/10) * 16 + month % 10;
                    stemp[5] = (week/10) * 16 + week % 10;
                    stemp[6] = (year/10) * 16 + year % 10;
                        v_setd1302(stemp);               //设定值
                    k = 0;
                    break;
        }
    }
```

Visual Basic 6.0 的程序设计

(1) 启动与保存

启动 Visual Basic 6.0,弹出"新建工程"对话框,新建一个"标准 EXE"文件后单击"打开"按钮,进入 VB 工程集成开发环境,当前窗体文件保存为"Form1",然后系统还会继续要求保存当前文件名,仍保存为"Form1",系统还会提示是否设置密码,选择"NO"即可。

(2) 将窗体的标题名改为"日期、时间设置"

用鼠标右击当前窗体"Form1"上的任意区域,从弹出的菜单中选择"属性窗口",则弹出"Form1"的属性窗口。将"Caption"属性设置为"日期、时间设置"。

(3) 添加属性并设置属性

本例需要添加的控件包括 1 个 Frame 控件、6 个标签(Label)控件、6 个文本(TextBox)控件和一个通信(MSComm)控件。添加完毕后,即可设置各对象的属性。

(4) 编写相关事件源程序代码

由于篇幅所限详细程序清单见光盘。

(5) 运行、调试

选择"运行"→"启动"或按下 F5 键,或单击工具栏的"启动"按钮,可进入运行状态,并得到如图 7.33 所示界面。

图 7.33 日期、时间设置界面

打开 Proteus 软件界面，运行 DS1302 时钟仿真文件，单击图 7.33 中的"设置"按钮，时钟日期和时间发生改变，同时 LED 灯发亮，如图 7.34 所示。

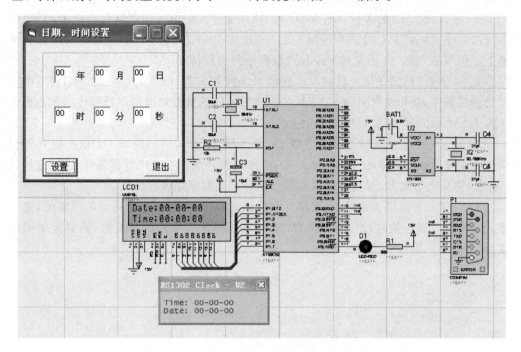

图 7.34　运行结果图

当然为了简便起见，可以在 Visual Basic 环境下生成 .exe 文件直接运行。

本章小结

本章详细讲述了串行通信的基本概念和内部结构，重点介绍了单片机串行口的工作方式及应用场合。接着讲述了单片机的双机通信和多机通信，以及如何通过 RS-232 总线、RS-485 总线与 PC 机之间进行通信，用 Proteus 软件实现 PC 机和单片机串口通信仿真的方法，而且通过一些典型的实际例子进行了介绍。

通过本章学习，要求学生熟悉串行通信接口的内部构成，熟悉与串行通信相关寄存器的功能，掌握串行通信接口的电路连接和编程方法。

思考题与习题

1. 将 AT89C52 单片机的串行口 TXD 和 RXD 相连，采用方式 1 自发自收，使发送的 0~9 这 10 个数据显示在数码管上。画出电路图并编制程序进行仿真。

2. 利用 AT89C52 串行口设计 1 位数码管显示，要求显示器每隔 1 s 交替显示 0~9。画出电路图并编制程序进行仿真。

3. 设置 AT89C52 的串行口工作在方式 3，通信波特率为 2 400，第 9 位数据用作奇偶校验位，在这种情况下，采用中断方式编写双工通信的程序并进行仿真。

4. 利用 AT89C52 的串行口工作在方式 2,编写一段从机向主机传送 16 字节数据和校验和的程序,传送前发联络信号。

5. 将 AT89C52 的串行口的 TXD 和 RXD 通过 RS-232 电平转换芯片和 PC 机的串行口相连,将 AT89C52 的串行发送的 0~9 这 10 个数的 ASCII 码显示在计算机屏幕上。编写 AT89C52 的发送程序和接收程序并进行仿真。

6. 一个 AT89C52 单片机的双机通信系统波特率为 9 600, $f_{osc}=12$ MHz,用中断方式编写程序,将甲机片外 RAM 3 400H~3AA0H 的数据块通过串行口传送到乙机的片内 RAM 4400H~4AA0H 单元中去。

7. 设计一个主从总线型通信系统(一个主机,三个从机),要求:①依次循环地把从机的温度数据送到主机上并显示出来;②依次循环地把主机的数据送到从机,送从机 1 奇数,送从机 2 偶数,送从机 3 自然数。编写相关程序并进行仿真。

8. 设计一个温度采集系统,要求:单片机端显示 DS18B20 传感器的温度值,当温度大于或小于设定值时,声光报警;PC 机端接收单片机发送的温度值,能够显示温度实时变化曲线,对报警温度进行设定。

第8章 单片机扩展技术与实例仿真

前面几章讲的都是单片机本身所带的资源。所谓资源即单片机提供给开发者使用的基本功能单元,如程序存储器、数据存储器、I/O 口、定时器/计数器、外部中断口和串行通信口等。这些资源的多少与所选的的单片机品牌型号有关,如 89C52 单片机比 89C51 单片机提供更多的资源;89S52 单片机比 89C52 单片机提供更多的资源。对于大多数项目,使用单片机的基本资源即可完成,这样的系统叫做单片机的最小开发系统。如果面对一个较大的开发项目,所选的单片机资源不够用,这时有两个解决方案:①可在众多系列单片机中选一款资源够用的;②对资源不够用的单片机进行扩展。本章要讲述单片机的扩展技术,包括数据存储器的扩展、程序存储器的扩展、I/O 口的扩展和 A/D、D/A 转换功能的扩展。

8.1 存储器的扩展实例与仿真

存储器分为只读存储器 ROM(Read Only Memory)和随机存储器 RAM(Read Access Memory)。单片机的程序存储器属于 ROM,数据存储器属于 RAM。AT89 系列单片机的程序存储器和片外数据存储器的寻址能力都为 64 KB。AT89 系列单片机片内已集成的程序存储器和数据存储器,对于一般系统已够用,对于较大的系统,常常需要进行扩展。值得指出的是,随着单片机集成存储器的不断增加,存储器扩展应用得越来越少。

8.1.1 数据存储器的扩展

1. 随机存储器 RAM

随机存储器 RAM 是一种在程序运行过程中,既能读又能写的存储器,常用来存放数据、中间结果和最终结果。RAM 中存入信息,芯片失电后,存储的内容丢失。单片机常用的 RAM 可以分为静态 RAM 和动态 RAM 两大类。单片机系统主要使用的是静态 RAM。

Intel 公司的 62 系列静态 RAM 芯片主要有 6116(2 KB×8 位)、6264(8 KB×8 位)、62128(16 KB×8 位)、62256(32 KB×8 位)。Proteus 中有并行和串行的存储器模型,元件库中的 62 系列存储器模型如图 8.1 所示。

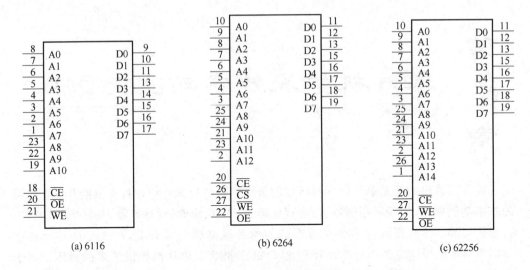

图 8.1 Proteus 中的静态 RAM 芯片模型的引脚图

6116 有 24 个引脚,6264、62128 和 62256 都是 28 个引脚。引脚的功能如下:

① 地址输入线。6116 为 11 条(2 KB,$2^{11}=2\,048=2$ K),编号为 A0~A10;6264 为 13 条(8 KB,$2^{13}=8\,192=8$ K),编号为 A0~A12;62128 为 14 条(16 KB);62256 为 15 条(32 KB)。可以看出,地址线多一条,容量增加一倍。6264 的地址线与寻址单元之间的关系如表 8.1 所列。

② 数据线 D0~D7。D7 为高位,D0 为低位。

③ 控制线。片选信号输入线$\overline{CE}$,低电平有效;读选通信号输入线$\overline{OE}$,低电平有效;写允许信号输入线$\overline{WE}$,低电平有效。6264 还有了片选输入线 CS,高电平有效。

④ 其他线。电源输入线 VCC,地线 GND。个别芯片有空引脚。

表 8.1 地址线与寻址单元之间的关系

A12	A11	A10	A9	A8	A7	A6	A5	A4	A3	A2	A1	A0	寻址字节
0	0	0	0	0	0	0	0	0	0	0	0	0	第一字节
0	0	0	0	0	0	0	0	0	0	0	0	1	第二字节
0	0	0	0	0	0	0	0	0	0	0	1	0	第三字节
⋮													⋮
1	1	1	1	1	1	1	1	1	1	1	1	1	最后字节

2. 数据存储器的扩展

通俗地讲,在访问外部存储器时,单片机和存储器之间需要传递三类信息:①要访问的是哪个单元,即单元的定位信息,即地址;②读取或写入的数据;③对存储器的访问是读还是写等控制信息。这就涉及单片机的三总线:地址总线(address bus)、数据总线(data bus)和控制总线(control bus)。

AT89 系列单片机最多 16 条地址线,存储器扩展可达 64KB。外部数据存储器的寻址空间为64KB,其中包括外部可编程器件所用地址在内。这16条地址线由P0口和P2口组成,P2口输出高8位的地址,P0口输出低8位的地址。8位的数据也是通过P0口传送,P0口是低8位地址线和数据线的复用引脚,即引脚上某些时刻出现的信号表示数据,而另外一些时刻表示地址。为了在P0口传输数据时继续为片外存储器提供低8位的地址,需要一个8位的锁存器将地址锁存起来并持续地为存储器提供地址信号。这就需要使用锁存器,74LS373是常用的8D型锁存器。AT89系列单片机的控制总线包括ALE、$\overline{PSEN}$、$\overline{EA}$、$\overline{RD}$和$\overline{WR}$。数据存储器扩展时单片机的控制总线、地址总线和数据总线都要正确连接。

【例8.1】 AT89C52用一片6264芯片扩展8 KB数据存储器并在Proteus中仿真。

元器件选取

① AT89C52:单片机;②RES:电阻;③CRYSTAL:晶振;④CAP、CAP-ELEC:电容、电解电容;⑤74LS373:锁存器;⑥6264:静态RAM。

电路原理图(见图8.2)

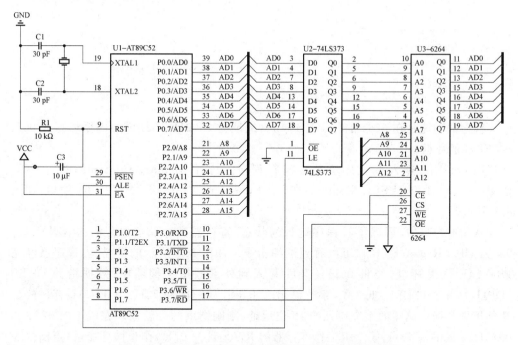

图8.2 AT89C52扩展8 KB数据存储器的电路原理图

在此系统中,由于6264只有13条地址线,P0口通过锁存器74LS373输出线与6264的A0~A7连接输出低8位地址;P2.0~P2.4输出高5位地址,P2.5、P2.6和P2.7引脚没有使用,即这三个引脚对6264的寻址无关。按照惯例,此三位作000B处理,以后存储区需要再扩展,通过3-8译码器可以再扩展7片6264。目前6264的地址空间为:0000 0000 0000 0000B~0001 1111 1111 1111B 即 0000H~1FFFH。

单片机要完成片外存储器一个具体字节单元的寻址,必须首先选择要操作的存储器芯片,这就是片选;然后,选择该芯片的字节单元。如果在同一地址空间有多片芯片时,为了保证只对一片芯片进行操作,必须进行片选,需要对片选信号进行控制。对于图8.2的系统,只有一片6264,将片选$\overline{CE}$直接接低电平,CS接高电平,使6264一直处于选中状态。

当然,也可以将单片机的P2.5引脚和6264的$\overline{CE}$引脚相连,P2.5的非(经非门反相)与CS相连,那么在P2.5为低电平时也选中了6264。也就是说,要想操作6264,必须使P2.5为低电平。单片机的P2.6和P2.7引脚没有使用,即这两个引脚对6264的寻址无关。如作00B处理,则6264的地址空间不变。这种情况就是线选法,即使用P2未使用的口线作为片选控制线。

值得注意的是:扩展使用过的P0口、P2口和P3口的部分引脚不能再做I/O口使用。

C语言源程序

```
# include <absacc.h>
main( )
{
    unsigned int i;
    for(i = 0;i <= 0X3FF;i ++)
        XBYTE[i] = i % 256;          //宏 XBYTE[]定义片外数据区地址
    while(1);
}
```

程序的功能是在6264的前1KB单元(地址为0000H~03FFH)内循环写入00H~0FFH的数据。

Proteus中,进入调试环境单步执行程序。打开Memory Contents、8051 CPU Registers、8051 CPU SFR Memory、8051 CPU Internal (IDATA) Memory窗口,如图8.3所示。

从这些窗口中,可以了解程序运行的状态、寄存器和存储器单元的内容及变化。"8051 CPU Registers"窗口可以看到汇编指令。如图8.3所示的情况是:程序已经完成了74H次循环,已经将00H~73H写入到外部数据存储器中;数据指针DPTR(DPH:高8位和DPL:低8位,字节单元地址分别为83H和82H)为0073H,存放的是片外扩展数据存储器的字节单元的16位地址,刚刚结束的一轮循环完成了向6264的0073H单元的写73H;第0组工作寄存器的R7(地址为07H)作为循环变量,当前值为73H;程序计数器PC为0809,指令为"INC R7"。继续运行程序,当运行到PC为0816H指令为"SJMP 0816"时,写存储器的循环执行完毕,完成了前1KB单元(地址为0000H~03FFH)内容的写入,如图8.4所示。从"8051 CPU Registers"可以看到,程序进入了死循环;第0组工作寄存器的R7(地址为07H)作为循环变量,当前值为00H,R6(地址为06H)作为循环变量,当前值为04H。256×4=1024,即循环变量i从0递增到1023,完成了1024次循环,即0~1023,十六进制表示为0000H~03FFH,当R6R7为0400H时跳出写循环。程序完成了对前1KB单元写数据。

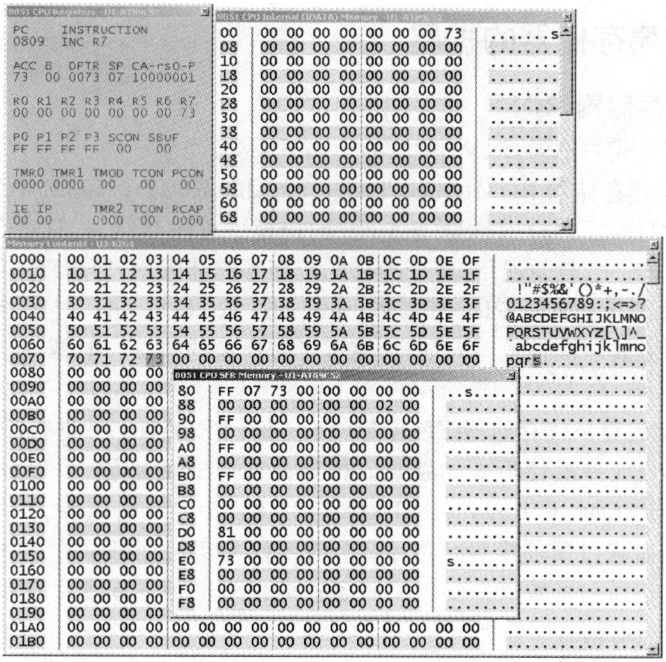

第 8 章

单片机扩展技术与实例仿真

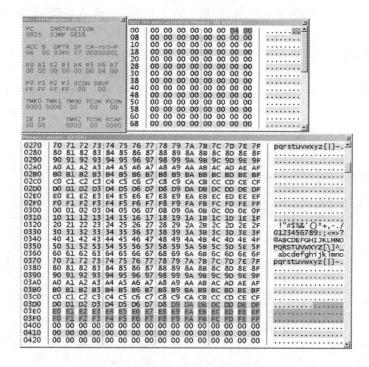

图 8.3　存储器等调试窗口

图 8.4　完成写循环后的存储器等调试窗口

8.1.2 程序存储器的扩展

1. 只读存储器 ROM

根据编程方式的不同，ROM 可以分为如下 4 类：

① 掩模只读存储器 ROM(Mask Programmable ROM)。ROM 中的信息在芯片制造掩模工艺时写入。8051 片内含有 4 KB 的掩模型程序存储器，只适合程序不需要修改的大批量生产。一般情况下，等于片内的程序存储器无用，即用户不能二次开发。

② 可编程只读存储器 PROM(Programmable ROM)。出厂时无存储任何信息，可以通过特殊的方式一次性地写入信息，克服了掩模型的缺点。但是，程序一旦被写入就无法更改。

③ 可擦除编程只读存储器 EPROM(Erasable PROM)。可进行反复擦除、反复编程，克服了 PROM 一次性写入的缺点。根据擦除方式的不同，可以分为 UVEPROM（紫外线擦除 PROM：Ultraviolet EPROM）和 E^2PROM（电擦除 PROM：Electrically EPROM）。前者通过紫外线照射芯片背部的窗口来实现。因为阳光中有紫外线，因此信息写入之后切忌阳光暴晒。E^2PROM 通过电信号进行字节或片擦除，即分别擦除一字节或芯片上所有信息。

④ 闪速存储器 FEPROM(Flash EPROM)。兼有 EPROM 优点的非易失性大容量存储器，可快速在线修改存储单元的数据。Atmel 公司的 AT89 单片机内部集成了 Flash 存储器，故又称为 Flash 单片机。如 AT89C51 和 AT89S51 片内有 4 KB 的 FEPROM，AT89C52 和 AT89S52 片内有 8 KB 的 FEPROM。

常用的 UVEPROM 芯片有 Intel 公司的 2764(8 KB×8 位)、27128(16 KB×8 位)、27256(32 KB×8 位)、27512(64 KB×8 位)。在 Proteus 中的模型如图 8.5 所示。常用的并行 E^2PROM 芯片有 Intel 公司的 2816(2 KB×8 位)、2817(2 KB×8 位)、2864(8 KB×8 位)，常用的串行 E^2PROM 芯片有 24C04A(512 B×8 位)、24C08B(1 KB×8 位)。在 Proteus 中的模型如图 8.6 所示。

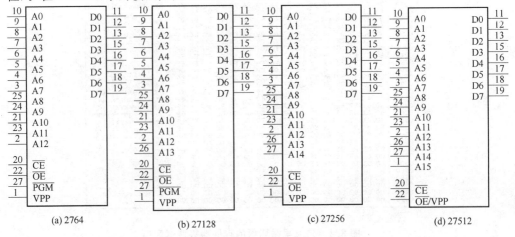

(a) 2764　　(b) 27128　　(c) 27256　　(d) 27512

图 8.5　Proteus 中的 EPROM 芯片模型的引脚图

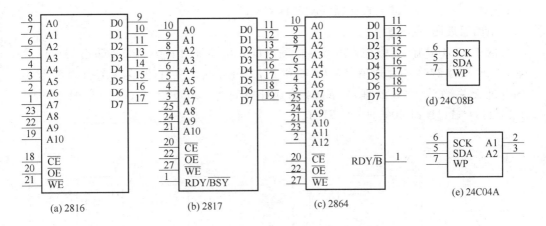

图 8.6　Proteus 中的 E^2PROM 芯片模型的引脚图

如图 8.5 所示的存储器芯片都有 28 个引脚,其中个别引脚轮空不用,如 2764 的 26 引脚。其他引脚的功能如下:

① 地址输入线。2764 为 13 条(8 KB,2^{13}＝8 192＝8 K),编号为 A0～A12;27128 为 14 条(16 KB);27256 为 15 条(32 KB);27512 为 16 条(64 KB)。可以看出,地址线多一条,容量增加一倍。

② 数据线 D0～D7。D7 为高位,D0 为低位。

③ 控制线,都是低电平有效。片选输入线 $\overline{CE}$,允许数据输出选通信号线 $\overline{OE}$,编程脉冲输入线 $\overline{PGM}$。

④ 其他线。电源输入线 VCC,地线 GND,编程电压输入线 VPP 等。

2764 有 5 种操作方式,如表 8.2 所列。

表 8.2　2764 的操作方式

工作方式＼引脚	$\overline{CE}$ (20)	$\overline{OE}$ (22)	$\overline{PGM}$ (27)	VPP (1)	VCC (8)	输出端 D0～D7
读　出	VIL	VIL	VIH	VCC	VCC	输出
维　持	VIH	×	×	VCC	VCC	高阻
编　程	VIL	VIH	VIL	VPP	VCC	输入
编程校验	VIL	VIL	VIH	VPP	VCC	输出
禁止编程	VIH	×	×	VPP	VCC	高阻

注:VIL 为 TTL 低电平,VIH 为 TTL 高电平,× 为任意(VIL/VIH)。

2. 程序存储器的扩展

【例 8.2】 AT89C52 用一片 2764 芯片扩展 8 KB 程序存储器。

元器件选取

① AT89C52:单片机;②RES:电阻;③CRYSTAL:晶振;④CAP、CAP－ELEC:电

容、电解电容;⑤74LS373:锁存器;⑥2764:ROM。

电路原理图(见图 8.7)

由于 2764 只有 13 条地址线,P0 口输出低 8 位地址;P2.0～P2.4 输出高 5 位地址,P2.5 作为 2764 的片选信号。P2.6 和 P2.7 引脚没有使用,即这两个引脚对 2764 的寻址无关,如做 00B 处理,则 2764 的地址空间为:0000 0000 0000 0000B～0001 1111 1111 1111B 即 0000H～1FFFH。

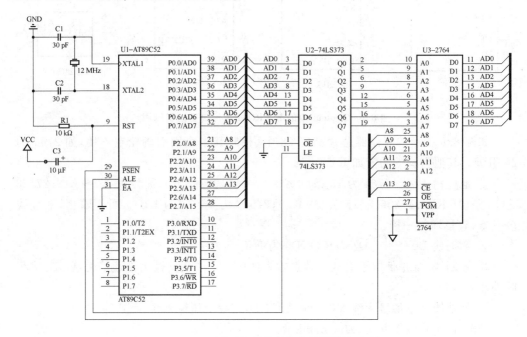

图 8.7 AT89C52 扩展 8 KB 程序存储器的电路原理图

$\overline{EA}$ 接低电平,系统复位后,从片外程序存储器开始运行程序,程序计数器 PC 指向片外 ROM 区,其值为 0000H,扩展的程序存储器的地址必须从 0000H 开始,此时片内的 8 KB 程序存储器没有使用。如果 $\overline{EA}$ 接高电平,系统复位后,从片内程序存储器开始运行程序;地址超过了 1FFFH 时,自动转向外部程序存储器。要使片内的 8 KB 程序存储器和片外扩展的 8KB 程序存储器地址连续,扩展的程序存储器的地址必须从 2000H 开始,即要用 P2.5=1 来控制片外 2764 的片选端 $\overline{CE}$。

由例 8.1 和 8.2 可以看出,在进行数据存储器和程序存储器扩展时,三总线构成如下:

地址总线:P0 口提供低 8 位地址,P2 口提供高 8 位地址。

数据总线:P0 口构成 8 位数据总线。由于 P0 口作为 8 位数据总线和低 8 位地址的分时复用线,所以 P0 口和存储器的低 8 位地址引脚要通过锁存器相连。

控制总线:P3.7、P3.6(第二功能 $\overline{RD}$、$\overline{WR}$)提供了 RAM 区读、写控制信号;$\overline{PSEN}$ 提供了 ROM 区(程序区)的只读控制信号;ALE 提供了地址数据的分离信号。

8.1.3 数据存储器和程序存储器同时扩展

【例 8.3】 AT89C52 用两片 6264 和两片 2764 扩展 16 KB 数据存储器和 16 KB 程序存储器。

(1) 线选法

选取元器件：①AT89C52：单片机；②RES：电阻；③CRYSTAL：晶振；④CAP、CAP - ELEC：电容、电解电容；⑤74LS373：锁存器；⑥74LS04：非门芯片；⑦ 6264：静态 RAM；⑧2764：ROM。

电路原理图如图 8.8 所示。片选控制采用的是线选法，由地址线 P2.5 进行 4 片存储器芯片的片选控制。因为 4 片芯片都是 8 KB，都有 13 条地址线，P0 口经锁存器 74LS373 输出低 8 位的地址，P2.0～P2.4 输出高 5 位的地址。P2.5 直接与 RAM1 和 ROM1 低电平有效的片选引脚 $\overline{CE}$ 连接，P2.5 的非（经非门 74LS04 反相）与 RAM2 和 ROM2 低电平有效的片选引脚 $\overline{CE}$ 连接。

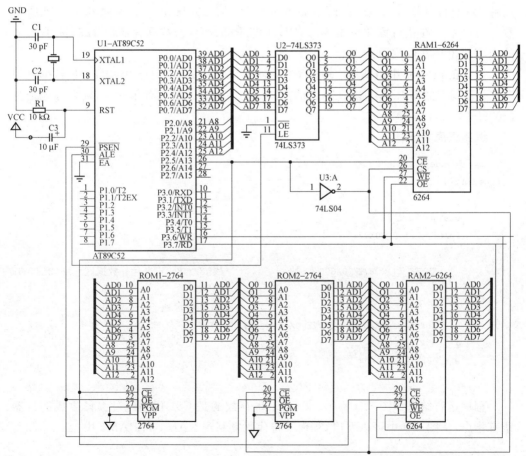

图 8.8 AT89C52 线选法扩展 16 KB 数据存储器和 16 KB 程序存储器的电路原理图

P2.6 和 P2.7 没有使用,作 00B 处理。当 P2.5＝0 时,选中 RAM1 和 ROM1,二者的地址空间为:0000 0000 0000 0000B～0001 1111 1111 1111B 即 0000H ～1FFFH;当 P2.5＝1 时,选中 RAM2 和 ROM2,二者的地址空间为:0010 0000 0000 0000B～0011 1111 1111 1111B 即 2000H～3FFFH。

RAM1 和 ROM1 的地址空间重叠,RAM2 和 ROM2 的地址空间重叠,但是在操作的时候不会造成混乱。这主要是由于 CPU 取指令或者存、取数据时所用的指令不同,分别是 MOVC 和 MOVX 指令,二者产生的控制信号不同。如执行指令:

```
CLR     A
MOV     DPTR,#1234H
MOVC    A,@A+DPTR
MOVX    A,@DPTR
```

执行第 3 条指令时,操作的对象是程序存储器,$\overline{PSEN}$有效,程序存储器 ROM 的 1234H 单元里的内容送上数据总线;尽管数据存储器 RAM1 也可获得地址总线上的地址 1234H,但是$\overline{RD}$无效,数据存储器 RAM1 的 1234H 单元里的内容不会出现在数据总线上。在执行第 4 条指令时,$\overline{RD}$有效,$\overline{PSEN}$无效,数据存储器 1234H 单元里的内容将出现在数据总线上。

下面在 Proteus 中仿真将片外程序存储器 ROM1 中的 0800H～0842H 中的数据复制到片外数据存储器 RAM1 和 RAM2 的前 0000H～0042H 的字节单元中,则目标地址为 0000H～0042H,2000H～2042H。

编制程序如下:

```
#include <absacc.h>
main()
{
    unsigned int i;
    for(i=0;i<=0X42;i++)
    {
        XBYTE[i] = CBYTE[0X800+i];        //宏 XBYTE[]定义片外数据区地址,宏 CBYTE
                                          //[]定义
                                          //片外程区地址
        XBYTE[i+0X2000] = CBYTE[0X800+i];
    }
    while(1);
}
```

程序运行结果如图 8.9 所示。ROM1 中存放的是 C51 代码经过编译生成的机器语言指令,从图 8.9 中可以看出,实现了将代码复制到 RAM1 和 RAM2 中。

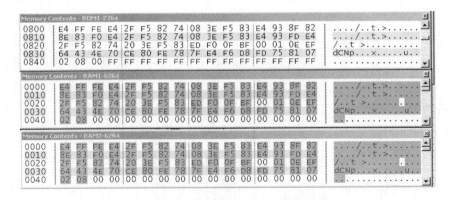

图 8.9　片外程序存储器和数据存储器等调试窗口

(2) 译码法

在扩展外围器件较多、系统复杂的场合多采用译码法。常用的译码器有 74LS138、74LS139 等。74LS138 是 3-8 译码器,有 3 个数据输入端,经译码产生 8 种状态。其引脚图如图 8.10 所示,功能如表 8.3 所列。采用译码法 AT89C52 扩展 16 KB 数据存储器和 16 KB 程序存储器的电路原理图如图 8.11 所示。

选取元器件:①AT89C52:单片机;②RES:电阻;③CRYSTAL:晶振;④CAP、CAP-ELEC:电容、电解电容;⑤74LS373:锁存器;⑥74LS138:3-8 译码器;⑦6264:静态 RAM;⑧2764:ROM。

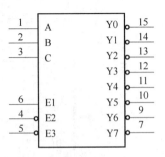

图 8.10　Proteus 中 74LS138 模型的引脚图

表 8.3　74LS138 功能表

输入						输出							
使能			选择										
E1	E2	E3	C	B	A	Y0	Y1	Y2	Y3	Y4	Y5	Y6	Y7
×	H	×	×	×	×	H	H	H	H	H	H	H	H
×	×	H	×	×	×	H	H	H	H	H	H	H	H
L	×	×	×	×	×	H	H	H	H	H	H	H	H
H	L	L	L	L	L	L	H	H	H	H	H	H	H
H	L	L	L	L	H	H	L	H	H	H	H	H	H
H	L	L	L	H	L	H	H	L	H	H	H	H	H
H	L	L	L	H	H	H	H	H	L	H	H	H	H
H	L	L	H	L	L	H	H	H	H	L	H	H	H
H	L	L	H	L	H	H	H	H	H	H	L	H	H
H	L	L	H	H	L	H	H	H	H	H	H	L	H
H	L	L	H	H	H	H	H	H	H	H	H	H	L

注:H 表示高电平,L 表示低电平,×表示无关。

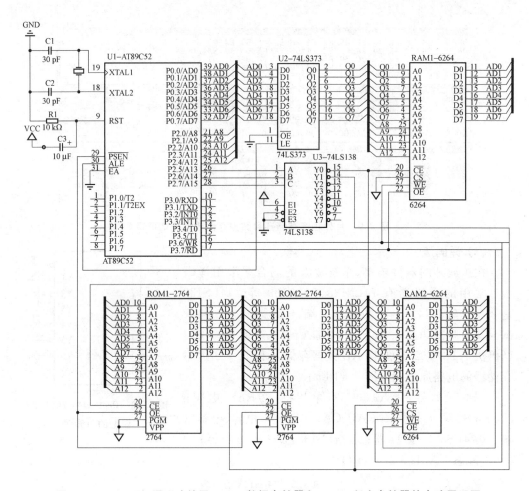

图 8.11　AT89C52 译码法扩展 16 KB 数据存储器和 16 KB 程序存储器的电路原理图

地址线 P2.5、P2.6、P2.7 与译码器 74LS138 的输入端 A、B、C 相连。译码器的 E1 接高电平,E2、E3 接低电平,当 P2.5、P2.6、P2.7 为 000 时,译码器输出端 Y0 为低电平,Y1~Y7 为高电平,选中 RAM1-6264 和 ROM1-2764;当 P2.5、P2.6、P2.7 为 001 时,译码器输出端 Y1 为低电平,Y0、Y2~Y7 为高电平,选中 RAM2-6264 和 ROM2-2764。因此,RAM1-6264 和 ROM1-2764 的地址空间为:0000 0000 0000 0000B~0001 1111 1111 1111B 即 0000H~1FFFH;RAM1-6264 和 ROM1-2764 的地址空间为:0010 0000 0000 0000B~0011 1111 1111 1111B 即 2000H~3FFFH。

RAM 和 ROM 的地址空间是连续的,都是 0000H~3FFFH。对于复杂的系统,地址译码法是一种更加常用的方法,具有可扩展芯片多、地址空间连续等优点。

8.2　I/O 接口的扩展实例与仿真

前面研究的是存储区的扩展,主要解决大程序的存放问题和大数据的存放问题。

下面解决的是控制口不够用的问题。大家知道，如果存储器不需要扩展，则 P0、P1、P2、P3 都可作控制口用，如扩展了存储器，则只剩下 P1 口和 P3 口的部分引脚可用了，I/O 接口的扩展就迫在眉睫了，通常用芯片 8255A 扩展 I/O 接口。8255A 的扩展也要用到总线连接。

8.2.1 可编程并行接口芯片 8255A

8255A 是 Intel 公司的通用的并行输入/输出接口芯片，包含三个 8 位的端口，三种工作方式。通过软件编程进行功能配置，通常不需要再附加外部电路就能直接与外部设备相连接，使用方便。

1. 引脚和内部结构

8255A 为 DIP40 封装，引脚如图 8.12 所示，引脚的代号略有差异。各引脚如下：

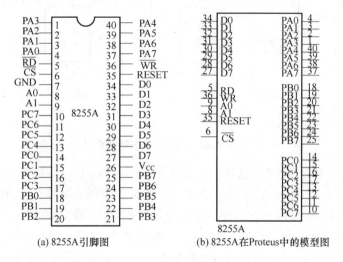

(a) 8255A 引脚图　　　(b) 8255A 在 Proteus 中的模型图

图 8.12　8255A 的引脚图及在 Proteus 中的模型图

$D7 \sim D0$：三态双向数据总线；

RESET：复位信号线，高电平有效；

$\overline{CS}$：片选信号线，低电平有效；

$\overline{RD}$：读信号线，低电平有效；

$\overline{WR}$：写信号线，低电平有效；

A0，A1：端口地址线；

$PA7 \sim PA0$：端口 A 输入/输出线；

$PB7 \sim PB0$：端口 B 输入/输出线；

$PC7 \sim PC0$：端口 C 输入/输出线；

Vcc：+5 V 电源；

GND：地线。

8255A 的内部结构如图 8.13 所示。8255A 内部结构包括如下几部分：

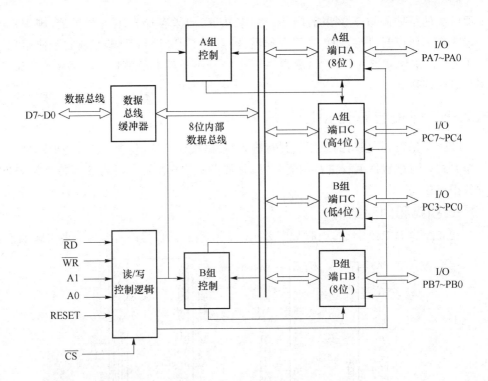

图 8.13　8255A 的内部结构

① 端口 A、B、C:8255A 包含了三个 8 位的端口 A、B、C(引脚分别为 PA7~PA0、PB7~PB0、PC7~PC0)。端口 A 包含了一个 8 位的数据输出锁存/缓冲器和一个 8 位的数据输入锁存器;端口 B 包含了一个 8 位的数据输入/输出锁存/缓冲器和一个 8 位的输入缓冲器;端口 C 包含了一个 8 位的数据输出锁存/缓冲器和一个 8 位的数据输入缓冲器(输入无锁存)。端口 C 可以被分为两个 4 位的端口,每个 4 位的端口包含了一个 4 位的锁存器,可以配合端口 A、B 作状态或控制信息的传送端口。

② 数据总线缓冲器:三态双向的 8 位缓冲器是 8255A 和系统数据总线的接口。根据 CPU 的输入输出指令,通过缓冲器进行数据的接收和发送。控制字和状态字也是通过缓冲器进行传送的。

③ 读/写控制逻辑:接收从 CPU 总线上发送过来的地址信号和控制信号,控制 I/O 口的读/写操作,输入的信号包括 $\overline{CS}$、$\overline{RD}$、$\overline{WR}$、RESET、A0 和 A1。8255A 的控制信号和端口工作状态的对应关系如表 8.4 所列。

④ A 组和 B 组控制:根据 CPU 写入的"控制字"来控制 8255A 的工作方式。A 组控制电路控制 A 口和 C 口的上半口(PC4~PC7),B 组控制电路控制 B 口和 C 口的下半口(PC0~PC3)。根据读/写控制逻辑,从内部数据总线上接收"控制字",控制字寄存器只能写而不允许读。

表 8.4　8255A 的控制信号和端口工作状态的对应关系

A1	A0	$\overline{RD}$	$\overline{WR}$	$\overline{CS}$	工作状态
0	0	0	1	0	A口→数据总线(读)
0	1	0	1	0	B口→数据总线(读)
1	0	0	1	0	C口→数据总线(读)
0	0	1	0	0	数据总线→A口(写)
0	1	1	0	0	数据总线→B口(写)
1	0	1	0	0	数据总线→C口(写)
1	1	1	0	0	数据总线→控制寄存器(写)
×	×	×	×	1	数据总线为三态
1	1	0	1	0	非法条件
×	×	1	1	0	数据总线为三态

2. 8255A 端口地址

8255A 有两条地址线 A1 和 A0，从表 8.4 可以看到，A1 和 A0 不同的组合就是对应不同的端口。当对端口 A、B、C 和控制字寄存器进行读/写操作时，必须指定相应的端口地址，这由 A1 和 A0 来区别，对应如表 8.5 所列。

表 8.5　A1 和 A0 不同组合对应的端口

A1	A0	端　口	A1	A0	端　口
0	0	端口 A	1	0	端口 C
0	1	端口 B	1	1	控制字寄存器

在 8.1 节存储器的扩展实例与仿真中曾经指出，AT89 系列单片机外部数据存储器的寻址空间为 64 KB，其中包括外部可编程器件所用地址。所以，设计电路是要统筹考虑地址问题，一般要把数据存储器的地址放在低地址端，把 I/O 口扩展地址放在高地址端。对 8255A 端口的操作使用的是对片外数据存储器操作的指令，即用 MOVX 指令读/写端口和寄存器。

3. 8255A 的控制字

8255A 有 3 种工作方式：方式 0、方式 1 和方式 2，可通过程序向控制字寄存器写入不同的控制字来设定其处于不同的工作方式。工作方式的定义和总线接口的连接如图 8.14 所示。

8255A 有两个控制字：工作方式控制字和端口 C 按位置位/复位控制字。它们的端口地址都是 A1A0＝11，它们利用控制字的最高位 D7 来区分：D7＝1 为工作方式控制字；D7＝0 为 C 口按位置位/复位控制字。寄存器的格式如图 8.15 所示。8255A 复位后全部内部寄存器，包括控制字寄存器等均清 0，端口 A、B、C 都被设为数据输入方式。

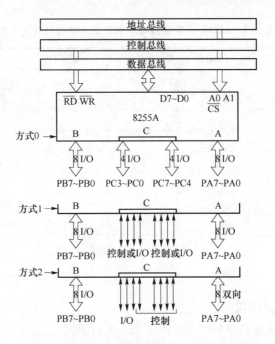

图 8.14　工作方式的定义和总线接口的连接图

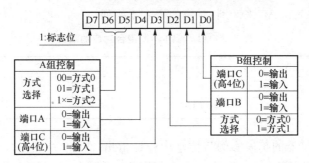

工作方式控制字的格式

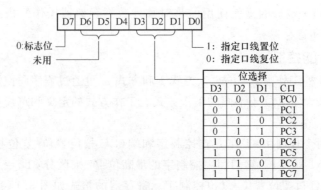

端口C置位/复位控制字的格式

图 8.15　8255A 控制字的格式

如果要将8255A设定为A组和B组都工作于方式0、A口和C口上半部分为输入，B口和C口下半部分为输出，则工作方式控制字为10011000B，即98H。只需向控制字寄存器写入98H即可设定8255A的功能。如果端口A、B、C和控制字寄存器的地址分别为7FFCH、7FFDH、7FFEH和7FFFH，则初始化的程序如下：

```
MOV DPTR, #7FFFH
MOV A, #98H
MOVX @DPTR, A
```

或C51代码

```
XBYTE[0X7FFF] = 0X98        //宏 XBYTE[]定义片外数据区地址
```

PC0～PC7置1的控制字分别为0000 0001B(01H)、0000 0011B(03H)、0000 0101B(05H)、0000 0111B(07H)、0000 1001B(09H)、0000 1011B(0BH)、0000 1101B(0DH)、0000 1111B(0FH)；PC0～PC7清0(复位)的控制字分别为0000 0000B(00H)、0000 0010B(02H)、0000 0100B(04H)、0000 0110B(06H)、0000 1000B(08H)、0000 1010B(0AH)、0000 1100B(0CH)、0000 1110B(0EH)。

4. 8255A的工作方式

① 工作方式0：基本输入/输出方式(Basic Input/Output)；

② 工作方式1：选通输入/输出方式(Strobed Input/Output)；

③ 工作方式2：选通双向输入/输出方式(Bi-Directional Bus)。

8255A的3个端口A、B、C分为两组：C口的上半部分和A口称为A组，C口的下半部分和B口称为B组。A口和B口的功能可以分别定义，C口的功能取决于A口和B口的功能定义。从图8.15可以看到，A口可工作于方式0、1和2，对应于工作方式控制字的D6D5＝00、01、1×；B口可工作于方式0、1，对应于工作方式控制字的D2＝0、1。

方式0是没有固定的用于应答的联络信号；方式1和方式2都用了端口C的某些引脚作为固定的应答联络线，C口没有使用的引脚可以用作基本的输入/输出。方式0常用于与外设无条件数据传送或查询方式数据传送。

工作方式0的基本功能如下：

- 两个8位的端口(A,B)和两个4位的端口(C口的上半部分和下半部分)；
- 任何一个口都可以设定为输入或者输出；
- 输出有锁存；
- 输入无锁存；
- 各个端口的输入、输出可构成16种组合，如表8.6所列。

表 8.6 方式 0 下各端口的定义

A		B		A组		#	B组	
D4	D3	D1	D0	端口A	C上半部		端口B	C下半部
0	0	0	0	输出	输出	0	输出	输出
0	0	0	1	输出	输出	1	输出	输入
0	0	1	0	输出	输出	2	输入	输出
0	0	1	1	输出	输出	3	输入	输入
0	1	0	0	输出	输入	4	输出	输出
0	1	0	1	输出	输入	5	输出	输入
0	1	1	0	输出	输入	6	输入	输出
0	1	1	1	输出	输入	7	输入	输入
1	0	0	0	输入	输出	8	输出	输出
1	0	0	1	输入	输出	9	输出	输入
1	0	1	0	输入	输出	10	输入	输出
1	0	1	1	输入	输出	11	输入	输入
1	1	0	0	输入	输入	12	输出	输出
1	1	0	1	输入	输入	13	输出	输入
1	1	1	0	输入	输入	14	输入	输出
1	1	1	1	输入	输入	15	输入	输入

8.2.2 8255A 的应用及仿真

【例 8.4】 AT89C52 通过 8255A 并行扩展,模拟交通灯控制并在 Proteus 中仿真。

元器件选取

① AT89C52:单片机;②RES:电阻;③CRYSTAL:晶振;④CAP、CAP-ELEC:电容、电解电容;⑤74LS373:锁存器;⑥8255A:并行接口芯片;⑦74LS07:驱动器;⑧LED-RED、LED_GREEN、LED_YELLOW:红、绿、黄色 LED。

电路原理图(见图 8.16)

车流量基本均衡的两条路交于一十字路口,设为南北路和东西路,有两组红(R)、绿(G)、黄(Y)灯指挥着车辆和行人通行。假设交通灯亮的顺序是:

南北绿灯亮、东西红灯亮→南北黄灯闪 3 下、东西红灯亮→东西绿灯亮、南北红灯亮→东西黄灯闪 3 下、南北红灯亮→南北绿灯亮、东西红灯亮→……

8255A 的端口 A 控制两组共 12 个 LED 的亮和灭,关系如表 8.7 所列。8255A 的端口 A 为基本输入/输出方式的输出。8255A 在方式 0 下数据输出具有锁存功能,只需要向端口 A 写入如表 8.7 所列的十六进制数据即可。

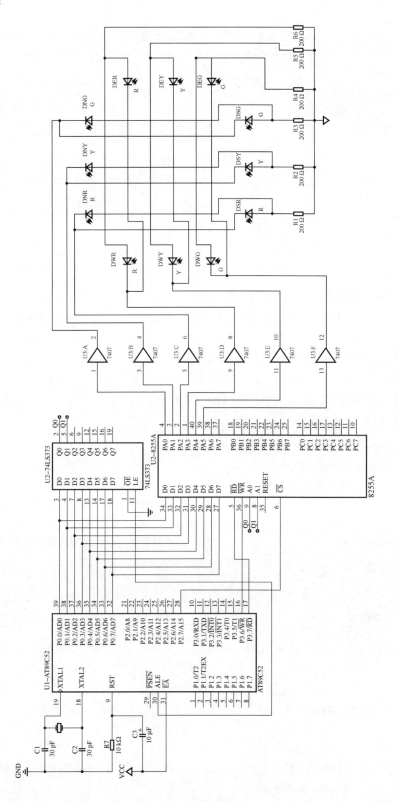

图 8.16 交通灯控制电路原理图

表 8.7 红绿灯与端口 A 的关系

状态	PA7PA6	PA5 东西绿灯	PA4 东西黄灯	PA3 东西红灯	PA2 南北红灯	PA1 南北黄灯	PA0 南北绿灯	端口 A 输出
南北绿 东西红	00	1	1	0	1	1	0	36H
南北黄 东西红	00	1	1	0	1	0	1	35H
南北红	00	1	1	1	0	1	1	3BH
东西绿 南北红	00	0	1	1	0	1	1	1BH
东西黄 南北红	00	1	0	1	0	1	1	2BH
东西红	00	1	1	0	1	1	1	37H

8255A 的两条地址线 A1、A0 与锁存器 74LS373 的输出 Q1、Q0 相连，片选$\overline{\text{CS}}$与 P2.7 相连，单片机的其他 13 条地址线与 8255A 无关，如取 1，则 8255A 端口的地址如下。

端口 A：0111 1111 1111 1100B＝7FFCH

端口 B：0111 1111 1111 1101B＝7FFDH

端口 C：0111 1111 1111 1110B＝7FFEH

控制字寄存器：0111 1111 1111 1111B＝7FFFH

编制程序（部分如下）

```
#include <absacc.h>
#define PORTA XBYTE[0X7FFC]
#define CONTROL XBYTE[0X7FFF]
void delaylong( );             //控制红灯和绿灯亮的时间长短的延时函数，
代码略
void delayshort( );            //控制黄灯闪烁的时间间隔长短的延时函数，
代码略
main( )
{
        CONTROL = 0X80;         //设定工作方式，A、B、C 都为方式 0 输出
        PORTA = 0XFF;           //关闭所有 LED
        while(1)
        {
                PORTA = 0X36;   //南北绿，东西红
                delaylong( );
                PORTA = 0X37;   //东西红
                delayshort( );
                PORTA = 0X35;   //南北黄，东西红，南北黄灯闪第 1 次
                delayshort( );
```

```
        PORTA = 0X37;              //东西红
        delayshort( );
        PORTA = 0X35;              //南北黄,东西红,南北黄灯闪第 2 次
        delayshort( );
        PORTA = 0X37;              //东西红
        delayshort( );
        PORTA = 0X35;              //南北黄,东西红,南北黄灯闪第 3 次
        delayshort( );
        PORTA = 0X1B;              //东西绿,南北红
        delaylong( );
        PORTA = 0X3B;              //南北红
        delayshort( );
        PORTA = 0X2B;              //东西黄,南北红,南北黄灯闪第 1 次
        delayshort( );
        PORTA = 0X3B;              //南北红
        delayshort( );
        PORTA = 0X2B;              //东西黄,南北红,南北黄灯闪第 2 次
        delayshort( );
        PORTA = 0X3B;              //南北红
        delayshort( );
        PORTA = 0X2B;              //东西黄,南北红,南北黄灯闪第 3 次
        delayshort( );
    }
}
```

在 Proteus 中仿真的效果如图 8.17 所示。

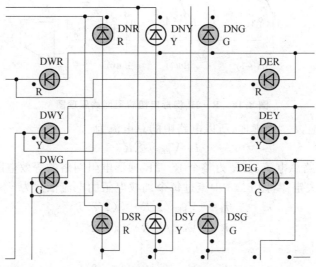

图 8.17 交通灯控制的程序运行结果

8.3　D/A、A/D接口应用实例与仿真

前面讲I/O的扩展,解决的是大量开关信号的输入/输出问题,如按键信号输入到单片机,单片机输出控制数码管等。但还有很多模拟信号问题,如0~5 V连续变化的电压信号如何输入单片机中?单片机要连续控制一个小灯泡的亮度,如何给小灯泡提供一个连续变化的0~5V电压?前者涉及模/数(A/D)转换问题,后者涉及数/模(D/A)转换问题。

8.3.1　D/A转换器

D/A转换器是将数字量转换成模拟量的装置。目前常用的D/A转换器是将数字量转换成电压或电流的形式,被转换的方式可分为并行转换和串行转换,前者因为各位代码都同时送到转换器相应位的输入端,转换时间只取决于转换器中的电压或电流的建立时间及求和时间(一般为微秒级),所以转换速度快,应用较多。

1. D/A转换器工作原理

D/A转换器是把输入的数字量转换为与输入量成比例的模拟信号的器件,为了了解它的工作原理,先分析一下如图8.18所示的R-2R梯形电阻解码网络的原理电路。在图8.18中,整个电路由若干个相同的支电路组成,每个支电路有两个电阻和一个开关,开关S-i是按二进制"位"进行控制的。当该位为"1"时,开关将加权电阻与I_{out1}输出端接通;该位为"0"时,开关与I_{out2}接通。

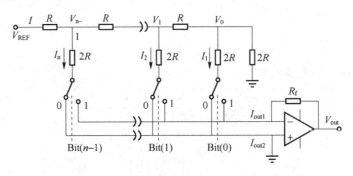

图8.18　R-2R梯形电阻解码网络原理图

由于I_{out2}接地,I_{out1}为虚地,所以电路中的总电流为

$$I = V_{REF}/\sum R$$

式中,I为电路总电流,$\sum R$为整个R-2R梯形电阻网络的等效电阻。

根据克希荷夫定律,图8.18中流过每个加权电阻的电流依次为

$$I_1 = (V_{REF}/\sum R) \times (1/2^n)$$
$$I_2 = (V_{REF}/\sum R) \times (1/2^{n-1})$$
$$\vdots$$
$$I_n = (V_{REF}/\sum R) \times (1/2^1)$$

由于I_{out1}端输出的总电流是置"1"各位加权电流的总和,I_{out2}端输出的总电流是置

"0"各位加权电流的总和,所以当 D/A 转换器的输入二进制位是全"1"时,I_{out1} 和 I_{out2} 分别为

$$I_{out1}=(V_{REF}/\sum R)\times(1/2+1/2^2+\cdots+1/2^n)$$
$$I_{out2}=0$$

当运算放大器的反馈电阻 R_{fb} 等于反相端输入电阻$\sum R$ 时,其输出模拟电压

$$U_{out1}=-I_{out1}\times R_{fb}=-V_{REF}(1/2^1+1/2^2+\cdots+1/2^n)$$

对于任意二进制码,其输出模拟电压为

$$U_{out1}=-V_{REF}(a_n/2^1+a_{n-1}/2^2+\cdots+a_1/2^n)$$

式中,$a_i=1$ 或 $a_i=0$,代表第 i 位的数字量,由上式便可得到相应的模拟量输出。

2. D/A 转换器的主要参数

(1) 分辨率

D/A 转换器的分辨率表示当输入数字量变化 1 时,输出模拟量变化的大小。它反映了计算机数字量输出对执行部件控制的灵敏程度。对于一个 n 位的 D/A 转换器,其分辨率为

$$分辨率=\frac{满刻度值}{2^n}$$

如常见的满刻度 5 V 的 8 位 D/A 转换器的分辨率为 5 V/255=0.019 6 V。

分辨率通常用数字量的位数来表示,如 8 位、10 位、12 位、16 位等。分辨率为 8 位,表示它可以对满量程的 $1/2^8=1/256$ 的增量作出反应。所以,n 位二进制数最低位具有的权值就是它的分辨率。

(2) 稳定时间

稳定时间系指 D/A 转换器中代码有满刻度值的变化时,其输出达到稳定(一般稳定到±1/2 最低位值相当的模拟量范围内)所需的时间,一般为几十纳秒到几微秒。

(3) 输出电平

不同型号的 D/A 转换器件的输出电平相差较大,一般为 5~10 V,也有一些高压输出型,输出电平为 24~30 V;还有一些电流输出型,低的为 20 mA,高的可达 3 A。

(4) 输入编码

一般二进制编码比较通用,也有 BCD 等其他专用编码形式芯片。其他类型编码可在 D/A 转换前用 CPU 进行代码转换变成二进制编码。

(5) 温度范围

较好的 D/A 转换器工作温度范围为-40~85 ℃,较差的为 0~70 ℃,按计算机控制系统使用环境查器件手册选择合适的器件类型。

3. 8 位 D/A 转换器 DAC0832

DAC0832 是双列直插式 8 位 D/A 转换器。能完成数字量输入到模拟量(以电流形式)输出的转换。如图 8.19 和图 8.20 所示分别为 DAC0832 的内部结构图和引脚图。其主要参数如下:分辨率为 8 位(满度量程的 1/256),转换时间为 1 μs,基准电压为-10~+10 V,供电电源为+5~+15 V,功耗 20 mW,与 TTL 电平兼容。

(1) DAC0832 的结构

从图 8.19 中可见,在 DAC0832 中有两级锁存器,第一级锁存器称为输入寄存器,它的锁存信号为 ILE,第二级锁存器称为 DAC 寄存器,它的锁存信号也称为通道控制信号 $\overline{XFER}$。因为有两级锁存器,所以 DAC0832 可以工作在双缓冲器方式,即在输出模拟信号的同时可以采集下一个数据,于是,可以有效地提高转换速度。另外,有了两级锁存器以后,可以在多个 D/A 转换器同时工作时,利用第二级锁存器的锁存信号来实现多个转换器的同时输出。

图 8.19 中,当 ILE 为高电平,$\overline{CS}$ 和 $\overline{WR1}$ 为低电平时,$\overline{LE1}$ 为 1,这种情况下,输入寄存器的输出随输入而变化。此后,当 $\overline{WR1}$ 由低电平变高时,$\overline{LE1}$ 成为低电平,此时,数据被锁存到输入寄存器中,这样,输入寄存器的输出端不再随外部数据的变化而变化。

对第二级锁存来说,当 $\overline{XFER}$ 和 $\overline{WR2}$ 同时为低电平时,$\overline{LE2}$ 为高电平,这时,8 位的 DAC 寄存器的输出随输入而变化。此后,当由低电平变高时,$\overline{LE2}$ 变为低电平,于是,将输入寄存器的信息锁存到 DAC 寄存器中。

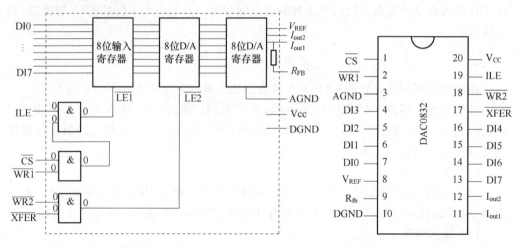

图 8.19　DAC0832 内部结构图　　　　图 8.20　DAC0832 引脚图

(2) 各引脚的功能定义

DAC0832 是 20 条引线的双列直插式 CMOS 器件,它内部具有两级数据寄存器,完成 8 位电流 D/A 转换。其引脚如图 8.20 所示。

$\overline{CS}$:片选信号,它和允许输入锁存信号 ILE 合起来决定 $\overline{WR1}$ 是否起作用。

ILE:允许锁存信号。

$\overline{WR1}$:写信号 1,它作为第一级锁存信号将输入数据锁存到输入寄存器中,$\overline{WR1}$ 必须和 $\overline{CS}$,ILE 同时有效。

$\overline{WR2}$:写信号 2,它将锁存在输入寄存器中的数据送到 8 位 DAC 寄存器中进行锁存,此时,传送控制信号 $\overline{XFER}$ 必须有效。

$\overline{XFER}$:传送控制信号,用来控制 $\overline{WR2}$。

DI7~DI0:8 位的数据输入端,DI7 为最高位。

I_{out1}:模拟电流输出端,当 DAC 寄存器中全为 1 时,输出电流最大,当 DAC 寄存器中全为 0 时,输出电流为 0。

I_{out2}:模拟电流输出端,I_{out2} 为一个常数与 I_{out1} 的差,即 $I_{out1}+I_{out2}=$ 常数。

R_{fb}:反馈电阻引出端,DAC0832 内部已经有反馈电阻,所以,R_{fb} 端可以直接接到外部运算放大器的输出端,这样,相当于将一个反馈电阻接在运算放大器的输入端和输出端之间。

V_{REF}:参考电压输入端,此端可接一个正电压,也可接负电压,范围为 -10~$+10$ V。外部标准电压通过 V_{REF} 与 T 形电阻网络相连。

V_{cc}:芯片供电电压,范围为 $+5$~$+15$ V,最佳工作状态是 $+15$ V。

AGND:模拟量地,即模拟电路接地端。

DGND:数字量地。

(3)DAC0832 与微型计算机的接口

由于 DAC0832 内部有输入寄存器和 DAC 寄存器,所以它不需要外加其他电路便可以与微型计算机的数据总线直接相连。DAC0832 有 3 种工作方式:直通、单缓冲和双缓冲。

① 直通方式

将 $\overline{WR1}$、$\overline{WR2}$、$\overline{XFER}$、$\overline{CS}$ 接地,ILE 接高电平,就能使得两个寄存器的输出跟随输入的数字量变化,DAC 的输出也同时跟随变化。直通方式常用于连续反馈控制的环路中。

② 单缓冲方式

所谓单缓冲方式就是将其中一个寄存器工作在直通状态,另一个处于受控的锁存器状态。在实际应用中,如果只有一路模拟量输出,或虽有几路模拟量但并不要求同步输出,就可采用单缓冲方式,如图 8.21 所示。

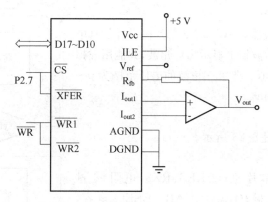

图 8.21 DAC0832 的单缓冲方式

③ 双缓冲方式

所谓双缓冲方式就是将两个寄存器都处于受控的锁存方式。数/模转换采用两步写操作来完成。可在 DAC 转换输出前一个数据的同时,将下一个数据送到输入寄存器,以提高 D/A 转换速度。还可用于多路数/模转换系统,以实现多路模拟信号同步输出的目的,其电路如图 8.22 所示。

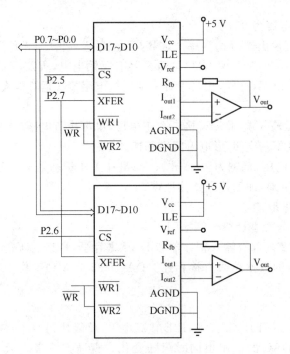

图 8.22 DAC0832 的双缓冲方式

下面以例 8.5 说明 DAC0832 单缓冲模式电路连接方式及 C 语言程序设计方法。

【例 8.5】 利用 DAC0832 转换器输出三角波的 Proteus 仿真电路和 C 语言程序设计。

设计要求

以 DAC0832 转换器和 AT89C52 单片机设计仿真电路,该电路能在虚拟示波器上显示出三角波,并能用虚拟电压表显示输出电压值。要求三角波的电压范围为 0~15 V 且周期约为 510 ms。

程序流程图

程序流程图如图 8.23 所示。

元器件选取

① AT89C52:单片机;② RES、RX8:电阻、8 排阻;③ CRYSTAL:晶振;④ CAP、CAP - ELEC:电容、电解电容;⑥ DAC0832:D/A 转换器;⑦ LM358N:运算放大器。

仿真程序设计

① 程序设计首先考虑 DAC0832 转换芯片的入口地址,地址的设置与接口电路的连接方式有关。P2.7 端口与 DAC0832 的 $\overline{CS}$ 片选端相连,要选通

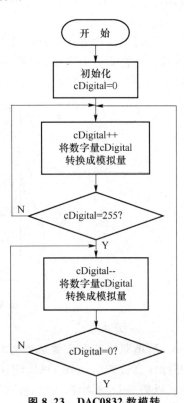

图 8.23 DAC0832 数模转换程序流程图

DAC0832，要求$\overline{CS}$引脚上为低电平，即 P2.7 端口要保持低电平，而其他引脚均为高电平，则 DAC0832 的入口地址为 0x7FFF。

② 转换程序设计，设变量 cDigital＝0，利用转换函数 TransformData(cDigital)将 cDigital＝0 转换成模拟量输出，然后 cDigital 自动加 1，延时 1 ms 继续转换 cDigital，直到 cDigital＝255 转换结束，形成上升沿。这时 cDigital 自动减 1，从 255 减少到 0，同时将 cDigital 对应的各值转换成模拟量输出，形成三角波的下降沿。重复以上过程，形成周期性的三角波。

仿真电路原理图设计

仿真电路原理图如图 8.24 所示。

C 语言程序代码

```c
#include <reg52.h>
#include <ABSACC.H>
#define DAC0832Addr 0x7FFF              //DAC0832 地址
#define uchar unsigned char             //uchar 代表无符号字符数据类型
#define uint unsigned int               //unit 代表无符号整型数据类型
void Uart_Init( void );                 //输出口初始化函数
void TransformData(uchar c0832data);    //数据转换函数
void Delay();                           //延时函数
main()
{
    uchar cDigital = 0;
    Uart_Init();
    P0 = 0xFF;                          //I/O 口初始化 0xFF
    P1 = 0xFF;
    P2 = 0xFF;
    P3 = 0xFF;
    Delay();
    while(1)
    {
        for(cDigital = 0;cDigital<255;cDigital ++ )    //产生三角波上升沿
        {
            Delay();
            TransformData(cDigital);
        }
        for(cDigital = 255;cDigital>0;cDigital -- )    //产生三角波下降沿
        {
            Delay();
            TransformData(cDigital);
        }
```

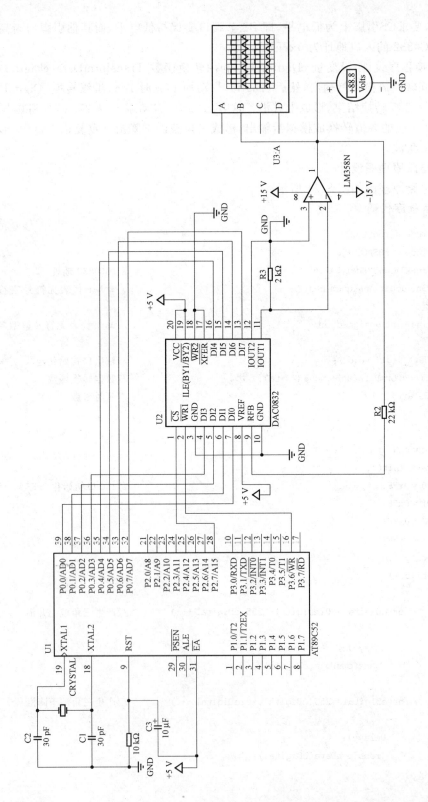

图 8.24 DAC0832 数/模转换 Proteus 仿真电路

```
        }
    }
    void TransformData(uchar c0832data)                    //数/模转换函数
    {
        *((uchar xdata *)DAC0832Addr) = c0832data;
    }
    void Uart_Init( void )
    {
        SCON = 0x52;                                       //设置串行口控制寄存器 SCON
        TMOD = 0x21;                                       //12 MHz 时钟时波特率为 2400
        TCON = 0x69;
        TH1 = 0xf3;
    }
    void Delay()                                           //延时 1 ms
    {
        uint i;
        for(i = 0;i<250;i++);
    }
```

8.3.2　A/D 转换器

A/D 转换是指通过一定的电路将模拟量转变为数字量,是 D/A 的反变换。实现 A/D 转换的方法比较多,常见的有计数法、双积分法和逐次逼近法。由于逐次逼近式 A/D 转换具有速度快,分辨率高等优点,而且采用该方法的 ADC 芯片成本较低,因此获得了广泛的应用。下面仅以逐次逼近式 A/D 转换器为例,说明 A/D 转换器的工作原理。

1. A/D 转换器的工作原理

逐次逼近式 A/D 转换器的原理如图 8.25 所示。它由逐次逼近寄存器、D/A 转换器、比较器和缓冲寄存器等组成。当启动信号由高电平变为低电平时,逐次逼近寄存器清 0,这时,D/A 转换器输出电压 V_o 也为 0;当启动信号变为高电平时,转换开始,同时,逐次逼近寄存器进行计数。

逐次逼近寄存器工作时与普通计数器不同,它不是从低位往高位逐一进行计数和进位,而是从最高位开始,通过设置试探值来进行计数。具体讲,在第一个时钟脉冲到来时,控制电路把最高位送到逐次逼近寄存器,使它的输出为 10000000,这个输出数字一出现,D/A 转换器的输出电压 V_o 就成为满量程值的 128/255。这时,若 $V_o>V_i$ 则作为比较器的运算放大器的输出就成为低电平,控制电路据此清除逐次逼近寄存器中的最高位;若 $V_o \leqslant V_i$,则比较器输出高电平,控制电路使最高位的 1 保留下来。

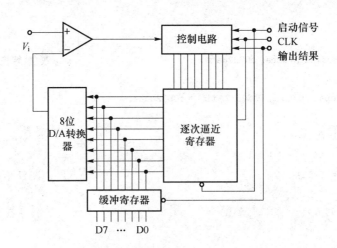

图 8.25 逐次逼近式 A/D 转换

若最高位被保留下来,则逐次逼近寄存器的内容为 10000000,下一个时钟脉冲使次低位 D6 为 1。于是,逐次逼近寄存器的值为 11000000,D/A 转换器的输出电压 V_o 到达满量程值的 192/255。此后,若 $V_o > V_i$,则比较器输出为低电平,从而使次高位域复位;若 $V_o < V_i$,则比较器输出为高电平,从而保留次高位为 1。重复上述过程,经过 N 次比较以后,逐次逼近寄存器中得到的值就是转换后的数值。

转换结束以后,控制电路送出一个低电平作为结束信号,这个信号的下降沿将逐次逼近寄存器中的数字量送入缓冲寄存器,从而得到数字量输出。

目前,绝大多数 A/D 转换器都采用逐次逼近的方法。

2. A/D 转换器的主要技术参数

A/D 转换器的种类很多,按转换二进制的位数分类包括:8 位的 ADC0801、ADC0804、ADC0808、ADC0809;10 位的 AD7570、AD573、AD575、AD579;12 位的 AD574、AD578、AD7582;16 位的 AD7701、AD7705 等。A/D 转换器的主要技术参数如下:

(1) 分辨率

分辨率通常用转换后数字量的位数表示,如 8 位、10 位、12 位、16 位等。分辨率为 8 位表示它可以对满量程的 $1/2^8 = 1/256$ 的增量作出反应。分辨率是指能使转换后数字量变化 1 的最小模拟输入量。

(2) 量 程

量程是指所能转换的电压范围,如 5 V、10 V 等。用户在使用时要通过调理电路将输入信号调制到量程范围内。

(3) 转换精度

转换精度是指转换后所得结果相对于实际值的准确度,有绝对精度和相对精度两种表示法。绝对精度常用数字量的位数表示,如绝对精度为 ±1/2 LSB。相对精度用相对于满量程的百分比表示。如满量程为 10 V 的 8 位 A/D 转换器,其绝对精度为 1/2×

$10/2^8 = \pm 19.5$ mV，而 8 位 A/D 的相对精度为 $1/2^8 \times 100\% \approx 0.39\%$。

精度和分辨率不能混淆。即使分辨率很高，但温度漂移、线性不良等原因可能造成精度并不是很高。

(4) 转换时间

转换时间是指启动 A/D 到转换结束所需的时间。不同型号、不同分辨率的器件，转换时间相差很大。一般几 μs~几百 ms，逐次逼近式 A/D 转换器的转换时间为 1~200 μs。在设计模拟量输入通道时，应按实际应用的需要和成本来确定这一项参数的选择。

(5) 工作温度范围

较好的 A/D 转换器的工作温度为 $-40 \sim 85$ ℃，较差的为 $0 \sim 70$ ℃。应根据具体应用要求去查器件手册，选择适用的型号。超过工作温度范围，将不能保证达到额定精度指标。

3. 8 位 A/D 转换器 ADC0808/0809

ADC0808/0809 是单片双列直插式集成电路芯片，是 8 通路 8 位 A/D 转换器，其主要特点是：分辨率 8 位；总的不可调误差 ± 1 LSB；当模拟输入电压范围为 0~5 V 时，可使用单一的 +5 V 电源；转换时间 100 μs；温度范围 $-40 \sim +85$ ℃；不需另加接口逻辑可直接与 CPU 连接；可以输入 8 路模拟信号；输出带锁存器；逻辑电平与 TTL 兼容。

(1) 电路组成及转换原理

ADC0808/0809 是一种带有 8 位转换器、8 位多路切换开关以及与微处理机兼容的控制逻辑的 CMOS 组件。8 位 A/D 转换器的转换方法为逐次逼近法。在 A/D 转换器的内部含有一个高阻抗斩波稳定比较器，一个带有模拟开关树组的 256R 分压器，以及一个逐次逼近的寄存器。8 路的模拟开关由地址锁存器和译码器控制，可以在 8 个通道中任意访问一个单边的模拟信号，其原理框图如图 8.26 所示。引脚功能如下。

OE：输出允许信号。当此信号被选中时，允许从 A/D 转换器锁存器中读取数字量。

CLOCK：时钟信号。

ALE：地址锁存允许，高电平有效。当 ALE 为高电平时，允许 C、B、A 所示的通道被选中，并将该通道的模拟量接入 A/D 转换器。

ADDA、ADDB、ADDC：通道号地址选择端，C 为最高位，A 为最低位。当 C、B、A 为 000 时，选中 IN0 通道接入；为 001 时，选中 IN 1 通道接入；为 111 时，选中 IN 7 通道接入。

D7~D0：数字量输出端。

ADC0809 无需调零和满量程调整，又由于多路开关的地址输入能够进行锁存和译码，而且它的三态 TTL 输出也可以锁存，所以易于与微处理机进行接口。

从图 8.26 中可以看出，ADC0809 由两大部分所组成，第一部分为 8 通道多路模拟开关，它的基本原理与 CD4051 类似。它用于控制 C、B、A 端子和地址锁存允许端子，可使其中一个通道被选中。第二部分为一个逐次逼近型 A/D 转换器，它由比较器、控制逻辑、输出缓冲锁存器、逐次逼近寄存器以及开关树组和 256R 电阻分压器组成。后两种电路(即开关树组和 256R 电阻分压器)组成 D/A 转换器。控制逻辑用来控制逐次逼近寄存器从高位到低位逐次取"1",然后将此数字量送到开关树组(8 位开关),用来控制开关 S7～S0 与参考电平相连接。参考电平经 256R 电阻分压器,则输出一个模拟电压 U_o、U_o、U_i 在比较器中进行比较。当 $U_o > U_i$ 时,本位 $D=0$;当 $U_o \leq U_i$ 时,则本位 $D=1$。因此,从 D7～D0 比较 8 次即可逐次逼近寄存器中的数字量,即与模拟量 U_i 所相当的数字量相等。此数字量送入输出锁存器,并同时发转换结束脉冲。

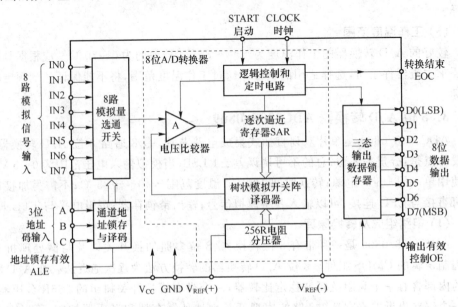

图 8.26 ADC0808/0809 原理框图

(2) ADC0808/0809 的外引脚功能

ADC0808/0809 的引脚排列如图 8.27 所示,其主要引脚的功能如下:

IN0～IN7:8 个模拟量输入端。

START:启动 A/D 转换器,当 START 为高电平时,开始 A/D 转换。

EOC:转换结束信号。当 A/D 转换完毕之后,发出一个正脉冲,表示 A/D 转换结束。此信号可用作为 A/D 转换是否结束的检测信号或中断申请信号。

OE:输出允许信号。当此信号被选中时,允许从 A/D 转换器锁存器中读取数字量。

CLOCK:时钟信号。

ALE:地址锁存允许,高电平有效。当 ALE 为高电平时,允许 C、B、A 所示的通道被选中,并将该通道的模拟量接入 A/D 转换器。

ADDA、ADDB、ADDC:通道号地址选择端,C 为最高位,A 为最低位。当 C、B、A 为 000 时,选中 IN0 通道接入;为 001 时,选中 IN1 通道接入;为 111 时,选中 IN7 通道接入。

D7～D0：数字量输出端。

$V_{REF}(+)$、$V_{REF}(-)$：参考电压输入端，分别接+、-极性的参考电压，用来提供 D/A 转换器权电阻的标准电平。在模拟量为单极性输入时，$V_{REF}(+)=5$ V，$V_{REF}(-)=0$ V；当模拟量为双极性输入时，$V_{REF}(+)=+2.5$ V、$V_{REF}(-)=-2.5$ V。

下面以例 8.6 说明 ADC0808 转换由可变电阻器引出的模拟电压的电路设计方法及 C 语言编程设计。

【例 8.6】 ADC0808 电压模/数转换 Proteus 仿真电路和 C 语言程序设计。

设计要求

以 AT89C52 单片机为核心设计 ADC0808 模/数转换仿真电路，模拟电压输入由可变电位器提供。输入电压范围为 0～4.99 V，经 ADC0808 转换成对应的 0～255 并通过数码管显示。

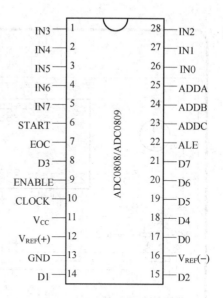

图 8.27　ADC0808/0809 引脚排列图

仿真电路原理图设计

仿真电路原理图如图 8.28 所示。

元器件选取

① AT89C52：单片机；② RES：电阻；③ CRYSTAL：12 MHz 晶振；④ CAP、CAP-ELEC：电容、电解电容；⑤ 7SEG-MPX4-CC：4 位 7 段共阴数码管；⑥ 74LS02、74LS04、74LS74、74LS373：或非门、反相器、D 触发器、地址锁存器；⑦ POT-LIN：变阻器；⑧ ADC0808：8 位 A/D 转换器。

仿真程序设计

① 将单片机的 P0.0、P0.1 和 P0.2 通过 74LS373 地址锁存器与 ADC0808 的 ADDA、ADDB 和 ADDC 相连接，选择 ADC0808 的采集通道 IN0。ADC0808 的地址由 P0 口和 P2 口提供，即 P0 口作为地址/数据复用口，提供低 8 位地址；P2 口提供高 8 位地址。由于从可变电阻器上引出的电压是从 IN0 口输入 ADC0808 的，所以要求 P0.0、P0.1 和 P0.2 初始状态为低电平。而 P2.7 控制 ADC0808 的 ALE 和 OE 端口，要求初始状态为低电平，因此 ADC0808 的地址可以定位 0x7FF8。

② ADC0808 CLK 上的时钟频率为 500 kHz。为得到此频率，AT89C52 采用 12 MHz 的时钟频率，然后经过 74LS74 芯片 4 分频得到 500 kHz，此时的转换速度为 128 μs。在程序运行时，利用 P3.2 检测 ADC0808 的 EOC 接口，判断 ADC0808 是否转换结束。若 EOC 输出一个正脉冲，则申请中断，此时取出转换地址 0x7FF8 里面的转换数据给变量 ad_data，中断结束后，通过显示模块将其转换为段码送至数码管显示。

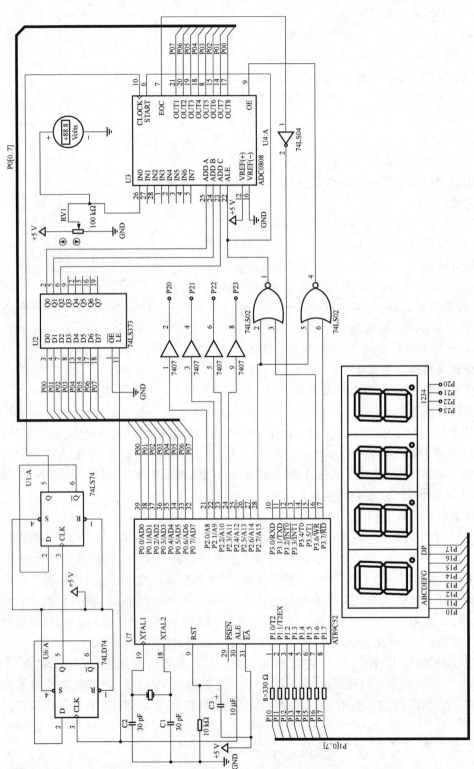

图 8.28 ADC0808 电压模/数转换 Proteus 仿真电路

C 语言程序代码

```c
#include <reg52.h>
#include <absacc.h>
#define unit unsigned int
#define uchar unsigned char
#define AD XBYTE[0x7FF8]
sbit led1 = P2^0;                          //定义数码管位控制线
sbit led2 = P2^1;
sbit led3 = P2^2;
sbit led4 = P2^3;
sbit ad_busy = P3^2;                       //P3.2用于检测EOC信号,判断是否转换结束
bit bk = 1;
unsigned char ad_data, LED1, LED2, LED3;
uchar code led_segment[12] =
    {0x3F,0x06,0x5B,0x4F,0x66,0x6D,0x7D,0x07,0x7F,0x6F,0x00,0x00};
                                           //段码
void delay(unsigned int i)                 //延时函数
{
    while( i )
    {
        i--;
    }
}
void display(void)                         //显示设置
{
    LED1 = ad_data % 10;                   //求个位上的数字
    LED2 = (ad_data/10) % 10;              //求十位上的数字
    LED3 = ad_data/100;                    //求百位上的数字
    P2 = 0xff;
    delay(2);
    P1 = led_segment[LED1];                //向数码管个位送段码
    led1 = 0;
    delay(100);
    led1 = 1;
    if((LED3 == 0)&&(LED2 == 0))           //如果十位和百位上的数字都为0,则十位上
        LED2 = 10;                         //的数码管不显示
    P1 = led_segment[LED2];
    led2 = 0;
    delay(100);
    led2 = 1;
    if(LED3 == 0)                          //如果百位上的数字为0,则不显示
```

```
            LED3 = 10;
        P1 = led_segment[LED3];
        led3 = 0;
        delay(100);
        led3 = 1;
        bk = ! bk;
    }
    void ad0808(void) interrupt 0        //中断 0 响应函数
    {
        EA = 0;
        EX0 = 0;
        ad_data = AD;                    //将 A/D 转换数据送给变量 ad_data
        EA = 1;
        EX0 = 1;
    }
    void main(void)
    {
        EA = 1;                          //中断总允许
        EX0 = 1;                         //打开外部中断 0
        ad_data = 0;
        ad_busy = 0;
        while(1)
        {
            if( bk )
            {
                AD = 0;
            }
            display();
        }
    }
```

本章小结

对于大多数项目,使用单片机的基本资源即可完成,这样的系统叫做单片机的最小开发系统。如果面对一个较大的开发项目,所选的单片机资源不够用,这时有两个解决方案:①可在众多系列单片机中选一款资源够用的;②对资源不够用的单片机进行扩展。本章主要讲述单片机的扩展技术,包括数据存储器的扩展、程序存储器的扩展、I/O 口的扩展和 A/D、D/A 转换功能的扩展。在存储器的扩展中,关键是处理好三总线(地址总线、数据总线、控制总线)的连接问题。线选法是存储芯片数量较少时比较简单的一种片选方法;但是,对于更复杂的系统,地址译码法是一种更加常用的方法,具有可扩展芯片多、地址空间连续等优点。AT89C52 有 4 个 8 位的并口,在外部器件扩展时,P0 作为地址和数据的复用引脚,P2 口为高 8 位地址引脚,P3 口常用作第二功能,可用的并口仅有 P1 口。本章介绍了使用 8255A 扩展并口的方法,给出通过 8255A 扩展并口模拟交通灯控制的实例,并在 Protues 中进行了仿真。当单片机与模拟信号打交道时,需要扩展 D/A、A/D,本章介绍了 D/A 器件 DAC0832 和 A/D 器件 ADC0808 的连接和使用。

思考题与习题

1. 将例 8.1 电路图的程序改为:

```
# include <absacc.h>
main( )
{
        unsigned int i;
        for(i=0X0000;i<=0X03FF;i++)
                XWORD[i]=i*2;
        while(1) ;
}
```

片外数据存储器里面的内容是什么?试分析并用 Proteus 仿真。

2. 在 Proteus ISIS 中作出 AT89C52 单片机采用 2 片 6264 芯片扩展 16 KB 数据存储器的电路图,指出其地址范围,在第一片 6264 中每字节单元写入本单元的地址,并将其读出写入到第二片 6264 中。编写程序,并进行仿真。

3. 对图 8.8,如果用 P2.6 作为 ROM2 和 RAM2 的片选控制线,那么 4 片存储器的地址空间是什么?如果要实现将程序代码复制到 RAM1 和 RAM2 中,请编制程序,进行仿真。如果用 P2.6/A14 作为 ROM1、ROM2 和 RAM1 的片选控制线,P2.7 作为 RAM2 的片选控制线,能否实现?试分析并用 Proteus 仿真。

4. 在图 8.16 中,如果去掉锁存器,将 8255A 的引脚 A1、A0 直接和单片机的 P2.1、P2.0 相连,系统是否可以工作?如果不可以,则说明原因;如果可以,则 8255A 的端口地址是什么?将 8255A 置为基本输入/输出方式,A 口、C 口输出,B 口输入,试确定 8255A 的工作方式控制字寄存器的内容,并初始化。编制程序在 Proteus 中仿真,从下拉菜单 Debug 的 8255 Internal Status Window 打开窗口,观察其内容。

5. 结合图 8.8 和图 8.16,如果一单片机系统,扩展了 2 片 6264、2 片 2764、2 片 8255,画出电路图,说明各芯片地址分配情况。要求第一片 8255A 的三个端口工作于方式 0 的输出,将 PC4 置 1;第二片工作于方式 1 的输入。编制程序,在 Proteus 中仿真,观察 8255 Internal Status Window 的内容。

6. 图 8.16 中 LED 采用并联连接形式,这有一定的缺点,即器件之间的特性参数存在一定的差别,受温度等影响引起的参数变化可能导致 LED 烧毁。如果改成用 8255A 的 12 个口线(原来是 6 个口线)来控制,如何实现?试修改电路原理图和程序并仿真。

7. 在 Proteus 中利用 ADC0808 转换模拟电压,并将转换结果通过虚拟示波器显示。

8. 利用 DAC0832 设计电机控制电路和 C 语言程序,实现电机正转、倒转和停止等动作。

9. 使用 ADC0808 和 DAC0832 实现滑动变阻器控制电机运转速度编程设计与 Proteus 仿真。

第9章 单片机高级应用实例

前面几章为了讲解单片机的原理,列举了许多简单的实例以便于读者的理解,它们都只是使用了 AT89C52 单片机的很少一部分资源,单片机的功能并没有得到充分的发挥。另外,在实际的项目设计中,单片机也不是简单的控制几个二极管或数码管显示,因此本章将以三个具体的实例来说明单片机在实际项目设计中的应用情况。这三个例子分别是 CAN 总线节点的设计、无源射频卡读写器的设计和基于 nRF905 的无线传输节点的设计,它们目前在许多领域里得到了广泛的应用,下面将对三个例子一一介绍,希望有兴趣、有条件的读者能根据介绍的内容,自己动手加以验证。

9.1 CAN 总线节点的设计

9.1.1 CAN 总线概述

CAN (Controller Area Network) 总线又称为控制器局域网,是 Bosch 公司在现代汽车技术中率先推出的一种多主机局域网,由于其卓越的性能、极高的可靠性、独特灵活的设计和低廉的价格,已被公认为几种最有前途的现场总线之一。

最初 CAN 被设计作为汽车环境中的微控制器通信,在车载各电子控制装置之间交换信息,形成汽车电子控制网络。比如在发动机管理系统、变速箱控制器、仪表装备、电子主干系统中,均嵌入 CAN 控制装置。CAN 总线基本设计规范要求有高的传输速率,高抗电磁干扰性,而且能够检测出产生的任何错误。当信号传输距离达到 10 km 时,CAN 仍可提供高达 5 kb/s 的数据传输速率。它是一种有效支持分布式控制或实时控制的串行通信网络,由于其卓越性能,现已广泛应用于工业自动化、多种控制设备、交通工具、医疗仪器以及建筑、环境控制等众多部门。

CAN 总线具有以下技术特性:

① CAN 以多主方式工作,网络上任意一个节点均可以在任意时刻,主动的向网络上任意一个节点发送信息,而不分主从,通信方式灵活。

② CAN 废除了传统的站地址编码,传输的报文并非根据报文发送器/接收器的节点地址识别(几乎其他的总线都是如此),而是根据报文的内容识别,同时用于识别报文的标识符也规定了优先级,可以满足不同的实时要求。

③ CAN 总线采用非破坏性总线仲裁技术,当两个节点同时向网络传送信息时,优先级低的节点主动停止发送数据,而优先级高的节点可不受影响的继续传送数据,有效避免了总线冲突。

④ CAN 总线可以点对点、一点对多点及全局广播几种方式传送和接收数据。

⑤ CAN 总线直接通信速率可达 5 kbps/10 km,最高可达 1 Mbps/40 m。

⑥ CAN 采用短帧结构,数据传输时间短,受干扰概率小,重新发送的时间短。

⑦ CAN 节点在严重错误的情况下具有自动关闭总线的功能,切断它与总线的联系,以使总线上的其他操作不受影响。

⑧ CAN 每帧信息都采用 CRC 校验及其他检错措施,保证了数据的出错率极低。

⑨ 通信介质要求低,用户接口简单,编程方便,容易构建用户系统。

⑩ 采用不归零码 NRZ(Non-Return-Zero)编码解码方式,并采用位填充方式。

9.1.2 CAN 总线分层协议

CAN 协议也是建立在国际标准组织的开放系统互连 ISO/OSI 模型基础上的,不过,考虑到作为工业控制底层网络,其信息传输量较少,实时性要求比较高,因此,CAN 的模型结构如表 9.1 所列,分为物理层、传输层和对象层。传输层和对象层包括所有由 ISO/OSI 模型定义的数据链路层的服务和功能。

物理层定义实际信号的传输方法,物理层是网络中的最低层,涉及通信系统的驱动电路、接收电路与通信介质之间的接口问题;数字信号在通信介质上的编码方式;确定与链路控制有关的硬件功能。CAN 能够使用很多物理介质,例如双绞线、光纤等。只要物理驱动器是在"开集电极"而且每个节点都能监听到它自己以及其他所有节点,那么 CAN 就能工作。最常用的信号传输线是双绞线,信号使用差分电压传输。两条信号线称为"CAN_H"和"CAN_L",静态时均为 2.5 V 左右,此时状态表示为逻辑 1,也称为"隐性"。CAN_H 比 CAN_L 高表示逻辑 0,称为"显性",此时它们的电压值通常为 CAN_H=3.5 V 和 CAN_L=1.5 V。当"显性"位和"隐性"位同时发送时,最后总线表现为"显性"。这种特性为 CAN 总线的仲裁奠定了基础。

表 9.1 CAN 总线的层结构

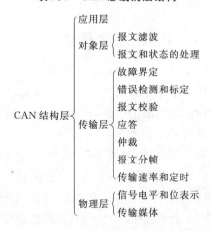

传输层是 CAN 协议的核心。它把接收到的报文提供给对象层,以及接收来自对象层的报文。传输层负责位定时及同步、报文分帧、仲裁、应答、错误检测和标定、故障界定。

对象层的功能是报文滤波以及状态和报文的处理。

9.1.3 报文传输

报文传输由以下 4 种不同类型的帧所表示和控制：
① 数据帧：数据帧携带数据从发送节点传送至接收节点。
② 远程帧：总线单元发出远程帧，请求发送具有同一识别符的数据帧。
③ 错误帧：任何单元检测到一总线错误就发出错误帧。
④ 过载帧：过载帧用以在先行的和后续的数据帧（或远程帧）之间提供一附加的延时。

下面对 4 种不同类型的帧分别加以介绍。

1. 数据帧

数据帧由 7 个不同的位场组成：帧起始、仲裁场、控制场、数据场、CRC 场、应答场、帧结尾。

(1) 帧起始

标志数据帧和远程帧的起始，由一个单独的"显性"位组成。只有在总线空闲状态下才允许站开始发送，该位用于接收状态下的 CAN 控制器的硬同步。

(2) 仲裁场

包括识别符和远程发送请求位（RTR），在标准格式和扩展格式里有所不同，这里只介绍标准格式。标识符由 11 位组成，用于提供信息地址及优先级，其发送顺序是 ID.10 至 ID.0，其最高 7 位要求不全为"隐性"。RTR 位在数据帧里必须为"显性"，而在远程帧里必须为"隐性"。

(3) 控制场

由 6 个位组成，包括数据长度代码和两个将来作为扩展用的保留位。所发送的保留位必须为"显性"。接收器接收所有由"显性"和"隐性"组合在一起的位。数据长度代码指示了数据场中的字节数量，数据长度代码为 4 位，在控制场里被发送。

(4) 数据场

由数据帧中的发送数据组成。它可以为 0～8 字节，每字节包含 8 位，首先发送最高有效位（MSB）。

(5) CRC 场

由 CRC 序列位及边界符组成。CRC 序列由循环冗余码求得的帧检查序列最适用于位数低于 127 位（BCH 码）的帧。CRC 序列之后是 CRC 界定符，它包含一个单独的"隐性"位。

(6) 应答场

长度为 2 位，包含应答间隙和应答界定符。在应答场里，发送站发送两个"隐性"位。当接收器正确地接收到有效的报文时，接收器就会在应答间隙期间，向发送器发送一"显性"位以示应答。

应答间隙:所有接收到匹配 CRC 序列的站会在应答间隙期间用一"显性"的位写入发送器的"隐性"位来作出回答。

应答界定符:应答界定符是应答场的第二个位,并且是一个必须为"隐性"的位。因此,应答间隙被两个"隐性"位所包围,也就是 CRC 界定符和应答界定符。

(7) 帧结尾

一个数据帧和远程帧均由一标志序列界定。这个标志序列由 7 个"隐性"位组成。这样接收节点就可以正确检测到一个帧的结束。

2. 远程帧

通过发送远程帧,作为某数据接收器的站,通过其资源节点对不同的数据传送进行初始化设置。远程帧由 6 个不同的位场组成:帧起始、仲裁场、控制场、CRC 场、应答场、帧末尾。与数据帧相反,远程帧的 RTR 位是"隐性"的。它没有数据场,数据长度代码的数值是不受制约的(可以标注为允许范围里 0~8 的任何数值),此数值是相对于数据帧的数据长度代码。

3. 错误帧

错误帧由两个不同的场组成。第一个场用作为不同站提供的错误标志的叠加。第二个场是错误界定符。

有两种形式的错误标志,主动错误标志和被动错误标志。主动错误标志由 6 个连续的"显性"位组成。被动错误标志由 6 个连续的"隐性"的位组成,除非被其他节点的"显性"位重写。

错误界定符包括 8 个"隐性"的位,错误标志传送以后,每一站就发送"隐性"的位并一直监视总线直到检测出一个"隐性"的位为止。然后就开始发送 7 位以上的"隐性"位。

4. 过载帧

过载帧包括两个位场:过载标志和过载界定符。

过载标志由 6 个"显性"的位组成。过载标志的所有形式和主动错误标志的相同。有两种过载条件都会导致过载标志的传送。

① 接收方在接收一帧之前需要过多的时间处理当前的数据。

② 间歇场期间检测到一"显性"位。

过载界定符包括 8 个"隐性"的位。过载界定符的形式和错误界定符的形式一样。过载标志被传送后,站就一直监视总线直到检测到一个从"显性"位到"隐性"位的跳变。此时,总线上的每一个站完成了过载标志的发送,并开始同时发送 7 个以上的"隐性"位。

5. 帧间空间

帧间空间包括间歇场、总线空闲的位场。间歇场包括 3 个"隐性"的位。间歇期间,所有的站均不允许传送数据帧或远程帧。总线空闲的时间长度是任意的。只要总线为空闲,任何等待发送信息的站就会访问总线。

9.1.4 CAN 节点硬件设计

每个 CAN 节点主要包括 CAN 控制器和 CAN 总线收发器及光耦隔离电路。目前市场上关于 CAN 总线的产品比较多,根据应用场合,可以满足不同的需要。系统选用了 SJA1000 为 CAN 控制器,CAN 通信协议主要由 CAN 控制器来完成。总线信号的收/发主要由光耦和 CAN 总线收发器 82C250 来完成。

1. CAN 控制器 SJA1000 简介

SJA1000 独立 CAN 控制器是 Philips 公司 PCA82C200 CAN 控制器的替代产品,它在完全兼容 PCA82C200 的基础上,增加了一种新的工作模式 PeliCAN,SJA1000 完全支持具有很多新特性的 CAN2.0B 协议。SJA1000 工作模式的选择是通过其内部的时钟分频寄存器中的 CAN 模式位来确定的,硬件复位默认为 BasicCAN 工作模式。

SJA1000 控制器的主要性能如下:

① 在引脚的电气特性上与 PCA82C200 CAN 控制器完全兼容;
② 与 CAN2.0B 协议兼容;
③ 支持 PCA82C200 模式即默认的 BasicCAN 模式和 PeliCAN 扩展模式;
④ 同时支持 11 位和 29 位识别码;
⑤ 扩展的接收缓冲器 64 字节先进先出 FIFO;
⑥ 24 MHz 时钟频率,位速率可达 1 Mb/s;
⑦ 可编程的 CAN 输出驱动器配置;
⑧ 工作温度范围为 0~+125 ℃。

SJA1000 与微处理器的接口非常简单,微处理器以访问外部存储器的方式来访问 SJA1000,在设计 SJA1000 的片选地址时应与其他片选地址在逻辑上无冲突。

SJA1000 有两种模式可以供微处理器访问其内部寄存器,分别是复位模式和工作模式。当硬件复位、控制器掉线、置位复位请求时,SJA1000 进入复位模式。当清除其内部寄存器中的复位请求后,SJA1000 进入工作模式。有些内部寄存器只能在复位模式下访问,有些寄存器只能在工作模式下访问,而有的两种工作模式都可访问。

SJA1000 内部寄存器分布于 0~31 连续的地址空间中,包括控制段和信息缓冲区,控制段在初始化载入时可被编程来配置通信参数,微处理器也是通过这个段来控制 CAN 总线上的通信状态。信息缓冲区分为发送缓冲区和接收缓冲区,微处理器将要发送的信息写入发送缓冲区,然后启动发送命令后,可进行报文的传送。符合接收条件的接收信息放入接收缓冲区,利用中断通知微处理器来读出这些信息进行处理。

SJA1000 提供 2 种封装:DIP-28 和 SO-28,封装图分别如图 9.1 和图 9.2 所示,引脚说明见表 9.2。

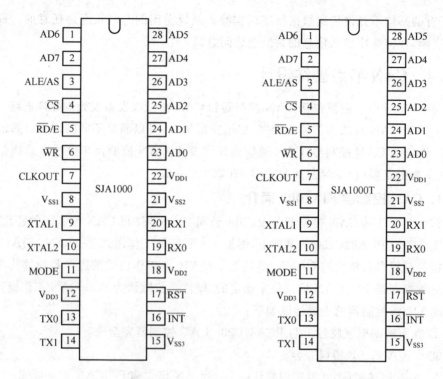

图 9.1　SJA1000 引脚图(DIP-28)　　　图 9.2　SJA1000 引脚图(SO-28)

表 9.2　SJA1000 引脚说明

符　号	引　脚	说　明
AD0~AD7	2,1,28~23	地址/数据复用总线
ALE	3	ALE 信号(Intel 方式)或 AS 信号(Freescale 方式)
$\overline{CS}$	4	片选输入,低电平允许访问 SJA1000
$\overline{RD}$/E	5	微控制器的读信号(Intel 方式)或 E 使能信号(Freescale 方式)
$\overline{WR}$	6	微控制器的写信号(Intel 方式)或读写信号(Freescale 方式)
CLKOUT	7	SJA1000 产生的提供给微控制器的时钟输出信号,此信号由内部振荡器经可编程分频器得到,可编程禁止该引脚
V_{SS1}	8	逻辑电路地
XTAL1	9	振荡放大器输入,外部振荡放大器信号经此引脚输入
XTAL2	10	振荡放大器输出,使用外部振荡信号时此引脚必须开路
MODE	11	方式选择输入端;1=Intel 方式,0=Freescale 方式
V_{DD3}	12	输出驱动器 5 V 电源
TX0	13	由输出驱动器 0 至物理总线的输出端
TX1	14	由输出驱动器 1 至物理总线的输出端

续表 9.2

符 号	引 脚	说 明
V_{SS3}	15	输出驱动器地
$\overline{INT}$	16	中断输出端,用于向微控制器提供中断信号
$\overline{RST}$	17	复位输入端,用于重新启动 CAN 接口低电平有效
V_{DD2}	18	输入比较器 5 V 电源
RX0,RX1	19,20	由物理总线至 SJA1000 输入比较器的输入端。显性电平将唤醒处于睡眠方式的 SJA1000。当 RX0 高于 RX1 时,读出为隐性电平,否则为显性电平
V_{SS2}	21	输入比较器地
V_{DD1}	22	逻辑电路 5 V 电源

SJA1000 内部结构如图 9.3 所示,主要由 7 个部分组成:

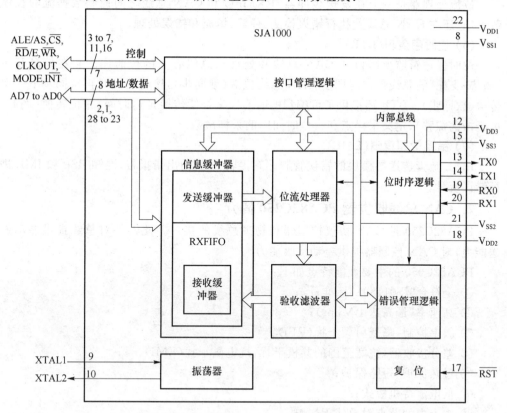

图 9.3 SJA1000 的内部结构方框图

(1) 接口管理逻辑(IML)

接口管理逻辑解释来自 CPU 的命令,控制 CAN 寄存器的寻址,向主控制器提供中断信息和状态信息。

(2) 发送缓冲器(TXB)

发送缓冲器是 CPU 和 BSP(位流处理器)之间的接口,能够存储发送到 CAN 网络上的完整信息,缓冲器长 13 字节,由 CPU 写入,BSP 读出。

(3) 接收缓冲器(RXB,RXFIFO)

接收缓冲器是验收滤波器和 CPU 之间的接口,用来储存从 CAN 总线上接收的信息。接收缓冲器(RXB,13 字节)作为接收 FIFO(RXFIFO,长 64 字节)的一个窗口,可被 CPU 访问。

CPU 在此 FIFO 的支持下,可以在处理信息时接收其他信息。

(4) 验收滤波器(ACF)

验收滤波器把它其中的数据和接收的识别码的内容相比较,以决定是否接收信息。在纯粹的接收测试中,所有的信息都保存在 RXFIFO 中。

(5) 位流处理器(BSP)

位流处理器是一个在发送缓冲器、RXFIFO 和 CAN 总线之间控制数据流的程序装置,它还在 CAN 总线上执行错误检测、仲裁、填充和错误处理。

(6) 位时序逻辑(BTL)

位时序逻辑监视串口的 CAN 总线和处理与总线有关的位时序。它在信息开头"弱势-支配"的总线传输时同步 CAN 总线位流(硬同步),接收信息时再次同步下一次传送(软同步)。BTL 还提供了可编程的时间段来补偿传播延迟时间、相位转换(例如,由于振荡漂移)、定义采样点和一位时间内的采样次数。

(7) 错误管理逻辑(EML)

EML 负责传送层模块的错误管制。它接收 BSP 的出错报告,通知 BSP 和 IML 进行错误统计。

2. CAN 总线收发器 PCA82C250 简介

PCA82C250 是 CAN 协议控制器和物理总线的接口。此器件对总线提供差动发送能力,对 CAN 控制器提供差动接收能力。

PCA82C250 的主要性能特点如下:

① 全符合"ISO11898"标准;

② 高速率(最高达 1 Mbps);

③ 斜率控制,降低射频干扰(RFI);

④ 差分接收器,抗宽范围的共模干扰,抗电磁干扰(EMI);

⑤ 过热保护、短路保护;

⑥ 低电流待机模式;

⑦ 未上电的节点对总线无影响;

⑧ 可连接 110 个节点。

在节点温度超过约 160℃时,两个发送器输出端的极限电流将减小,发送器的功耗将大大降低,因此芯片温度会迅速降低,但此时 I^2C 的其他所有部分仍在继续工作。当总线短路时,热保护可以避免器件的损坏。

Rs 允许选择 3 种不同的工作模式:高速、待机、斜率控制。

第 9 章　单片机高级应用实例

在高速工作模式下，发送器输出级晶体管将以尽可能快的速度打开、关闭。在这种模式下，不采取任何措施用于限制上升斜率和下降斜率。建议使用屏蔽电缆以避免射频干扰 RFI 问题。通过把引脚 8（Rs）接地可选择高速模式。

如果高电平被接至 Rs，则电路进入低电流待机模式。在这种模式下，发送器被关闭，而接收器转至低电流。若在总线上检测到显性位（差动总线电压＞0.9 V），RXD 将变为低电平。微控制器应将收发器转回至正常工作状态，以对此信号作出响应。

对于较低速度或较短总线长度，可使用非屏蔽双绞线或平行线作为总线。为降低射频干扰 RFI，应限制上升斜率和下降斜率。上升斜率和下降斜率可通过由 Rs 接至地的连接电阻进行控制，斜率正比于 Rs 的电流输出。当在 Rs 引脚和接地之间用一个适当的电阻时，收发器被设置成斜率控制模式。单凭经验来说这个电阻阻值要在范围 16.5 kΩ＜R＜140 kΩ 才符合 Rs 输出电流范围，也可以用公式计算得出。

3. CAN 节点硬件设计

CAN 总线系统智能节点硬件电路主要由四部分构成：微控制器 89C52、CAN 控制器 SJA1000、CAN 总线收发器 82C250 和高速光电耦合器 6N137。AT89C52 通过控制 SJA1000 实现 SJA1000 的初始化、数据的接收和发送等通信任务，SJA1000 的 AD0～AD7 连接到 AT89C52 的 P0 口，$\overline{CS}$ 连接到 P2 的一个端口（如 P2.0），它决定了 SJA1000 内部寄存器的起始地址。SJA1000 可作为片外存贮器由 CPU 选中地址操作，CPU 通过这些地址可对 SJA1000 执行相应的读写操作。SJA1000 的 $\overline{RD}$、$\overline{WR}$、ALE 分别与 AT89C52 的对应引脚相连，$\overline{INT}$ 接 AT89C52 的 INT0，AT89C52 也可通过查询方式访问 SJA1000。完整的电路如图 9.4 所示。

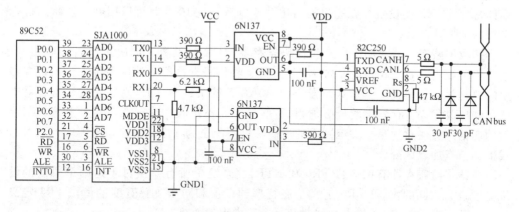

图 9.4　CAN 总线节点电路图

为了增强 CAN 总线节点的抗干扰能力，SJA1000 的 TX0 和 RX0 并不是直接与 82C250 的 TXD 和 RXD 相连，而是通过高速光耦 6N137 后与 82C250 相连，这样就很好地实现了总线上各 CAN 节点间的电气隔离。光耦部分电路所采用的两个电源 VCC 和 VDD 必须完全隔离，否则采用光耦也就失去了意义，电源的完全隔离可采用小功率电源隔离模块或带多 5 V 输出的开关电源模块实现。这些部分虽然增加了节点的复杂性，但是却提高了节点的稳定性和安全性。

82C250 与 CAN 总线的接口部分也采用了一定的安全和抗干扰措施。82C250 的 CANH 和 CANL 引脚各自通过一个 5 Ω 的电阻与 CAN 总线相连,电阻可起到一定的限流作用,保护 82C250 免受过流的冲击。CANH 和 CANL 与地之间并联两个 30 pF 的小电容,可以滤除总线上的高频干扰,同时具有一定的防电磁辐射的能力。另外在两根 CAN 总线接入端与地之间分别反接了一个保护二极管,当 CAN 总线有较高的负电压时,通过二极管的短路可起到一定的过压保护作用。82C250 的 Rs 脚上接有一个斜率电阻,电阻大小可根据总线通信速度适当调整,一般在 16~140 kΩ 之间,图 9.3 选用的电阻为 47 kΩ。

9.1.5 CAN 节点软件设计

CAN 总线节点的软件设计主要包括三大部分:CAN 节点初始化、报文发送和报文接收。熟悉这三部分程序的设计,就能编写出利用 CAN 总线进行通信的一般应用程序,当然要将 CAN 总线应用于通信任务比较复杂的系统中,还须详细了解有关 CAN 总线错误处理、总线脱离处理、接收滤波处理、波特率参数设置和自动检测以及 CAN 总线通信距离和节点数的计算等方面的内容。下面将对 CAN 节点初始化、报文发送和报文接收三大部分程序设计作一个描述,以供读者在实际应用中参考。

1. CAN 总线的初始化

程序的开始首先要通过控制寄存器进入复位工作状态,SJA1000 的初始化只有在复位模式下才可以进行,初始化主要包括工作方式的设置、接收滤波方式的设置、接收屏蔽寄存器 AMR 和接收代码寄存器 ACR 的设置、总线定时寄存器 BTR 设置和中断允许寄存器 IER 的设置。在完成初始化设置以后,SJA1000 就可以回到工作状态进行正常的通信任务。

接收屏蔽寄存器 AMR 和接收代码寄存器 ACR 的设置共同决定是否接收报文。当验收屏蔽寄存器 AMR 的某位为 1 时,对验收代码寄存器中的位和接收代码寄存器中的位是没有影响的。当验收屏蔽寄存器 AMR 的某位为 0 时,则验收代码寄存器中的位和接收代码寄存器中的位必须相等,信息才能被接收。这一点有利于上位机与节点的通信。需注意的是报文识别码的最高 7 位不能全为 1。根据这个原则就可以对总线上的节点加以区分。

总线定时寄存器有两个:BTR0 和 BTR1。系统中所有节点对于这两个总线的设置必须设为相同的值。BTR0 定义了波特率预设值和同步跳转宽度的值,BTR1 定义了每个位周期的长度,采样点的位置和每个采样点的数目。

CAN 总线初始化程序流程图如图 9.5 所示。

2. CAN 总线上的报文发送和报文接收

报文发送就是将标识符和数据送入发送缓冲区,按 CAN 协议封装成一完整 CAN 信息帧,然后置位命令寄存器 CMR 中的发送请求位 TR,通过收发器发往总线。SJA1000 的发送缓冲区写入数据时,一定要检查发送缓冲区是否处于锁定状态,如锁定,这时的数据将丢失。

报文接收时,验收滤波器单元完成接收信息的滤波。只有验收滤波通过且无差错,才把接收的信息帧送入接收 FIFO 缓冲区,且置位接收缓冲区状态标志 SR.0,表明接收缓冲区中已有成功接收的信息帧。

CAN 总线的报文发送和报文接收流程图分别如图 9.6 和图 9.7 所示。

根据以上关于 SJA1000 的介绍,可以总结出以下几点注意事项:

① 在设计微处理器与 SJA1000 的接口电路时,首先要根据微处理器选择 SJA1000 的接口模式,其次要注意 SJA1000 的片选地址应与其他的外部存储器无冲突,还应注意 SJA1000 的复位电路应为低电平有效。

② 微处理器对 SJ1000 的控制访问是以外部存储器的方式来访问 SJA1000 的内部寄存器,所以应该正确定义微处理器访问 SJA1000 时 SJA1000 内部寄存器的访问地址。

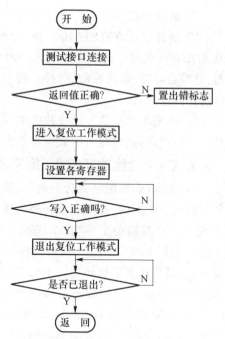

图 9.5　CAN 总线初始化流程图

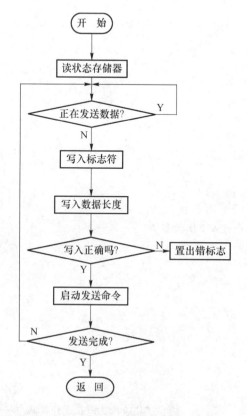

图 9.6　CAN 总线的报文发送流程图

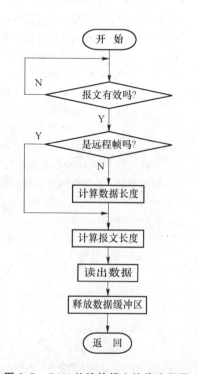

图 9.7　CAN 总线的报文接收流程图

③ 微处理器可以通过中断或轮询的方式来访问 SJA1000。

④ 微处理器访问 SJA1000 时，SJA1000 有两种不同的模式：工作模式和复位模式。对 SJA1000 的初始化只能在 SJA1000 的复位模式下进行。初始化包括：设置验收滤波器、总线定时器、输出控制、时钟分频中的特定控制等。设置复位请求后，一定要校验，以确保设置成功。

⑤ 向 SJA1000 的发送缓冲区中写入数据时，一定要检查发送缓冲区是否处于锁定状态。如锁定，这时写入的数据将丢失。

3. CAN 总线的初始化、报文发送与报文接收的 C 语言程序设计

SJA1000 的控制模式分为两种，即复位模式和工作模式，CAN 总线的初始化是在复位模式下进行的，报文发送和报文接收都工作在工作模式下。本章 9.1.4 小节介绍了 SJA1000 有两种工作模式：BasicCAN 工作模式和 PeliCAN 工作模式。BasicCAN 工作模式只支持 CAN 2.0A 协议，而 PeliCAN 工作模式支持 CAN 2.0A 和 CAN 2.0B 协议，并具有很多扩展功能。由于 CAN 总线节点的主要任务是报文发送和报文接收，因此下面的报文发送和报文接收源代码都是针对 BasicCAN 工作模式，若需要 PeliCAN 工作模式的源代码，请参阅相关资料。另外，由于篇幅的原因，本节未介绍 SJA1000 的寄存器组，详细的介绍，可查阅 SJA1000 的介绍文档。

(1) SJA1000 的初始化参考源代码

```c
//--------------------------------------------------------------
// 函数名称    SJA1000_init
// 操作寄存器  1)控制寄存器(地址 00)
//            2)收代码寄存器 ACR(地址 04)
//            3)验收屏蔽寄存器 AMR(地址 05)
//            4)总线定时寄存器 BTR0(地址 06)
//            5)总线定时寄存器 BTR1(地址 07)
//            6)输出控制寄存器 OCR(地址 08)
//            7)测试寄存器(地址 09)
//            8)时钟分频寄存器 CDR(地址 31)
// 函数功能    SJA1000 初始化设置
// 特殊要求    在复位模式进行,初始化结束进入工作状态
//--------------------------------------------------------------
void SJA1000_init(void)
{
    while(connect_OK == 0)
    {
        SJAconnect_judge();                //检测设备连接
    }
    while(SJA_workmode)
    {
        setting_SJA_resetmode();           //置 SJA1000 为复位工作模式
```

```c
    }
    while(setting_SJA_rate() == 0)
    {
        setting_SJA_rate();                     //设置总线波特率
    }
    while(setting_SJA_dataselect() == 0)
    {
        setting_SJA_dataselect();               //设置SJA接收数据的格式(标示位)
    }
    while(setting_SJA_CLK() == 0)
    {
        setting_SJA_CLK();                      //设置SJA输出时钟的形式
    }
}
//------------------------------------------------------------
// 函数名称    SJAconnect_judge
// 全局变量    connect_OK
// 操作寄存器  测试寄存器(地址09)
// 函数功能    判断SJA1000与控制器连接是否正常
//------------------------------------------------------------
void SJAconnect_judge(void)
{
    CANREG_write(0x09,0xAA);                    //写AA到测试寄存器(地址09)
    if(CANREG_read(0x09) == 0xAA)
    {
        connect_OK = 1;                         //连接正常
    }
    else
    {
        connect_OK = 0;                         //连接故障
    }
}
//------------------------------------------------------------
// 函数名称    setting_SJA_resetmode
// 全局变量    SJA_workmode
// 操作寄存器  控制寄存器(地址00)
// 函数功能    设置SJA工作在复位模式
//------------------------------------------------------------
void setting_SJA_resetmode(void)
{
  unsigned char CONTROL_REGdata;
  CONTROL_REGdata = CANREG_read(0x00);
  CONTROL_REGdata = CONTROL_REGdata|0x01;
```

```
    CANREG_write(0x00,CONTROL_REGdata);
    if((CANREG_read(0x00)&0x01) == 1)
    {
        SJA_workmode = 0;                           //置复位模式成功
    }
    else
    {
        SJA_workmode = 1;                           //置复位模式失败
    }
}
//------------------------------------------------------------------
// 函数名称      setting_SJA_rate
// 入口函数      SJA_BTR0,SJA_BTR1
// 出口函数      setting_success
// 操作寄存器    总线定时寄存器 BTR1(地址 07)和 BTR0(地址 06)
// 函数功能      设置 SJA 波特率
// 特殊要求      只能在复位工作模式下设置
//------------------------------------------------------------------
bit setting_SJA_rate(void)
{
    bit setting_success;
    while(SJA_workmode)                             //如果 SJA1000 处于工作模式
    {
        setting_SJA_resetmode();                    //设置 SJA 工作在复位模式
    }
    CANREG_write(0x06,SJA_BTR0);
    CANREG_write(0x07,SJA_BTR1);
    if((CANREG_read(0x06) == SJA_BTR0)&(CANREG_read(0x07) == SJA_BTR1))
    {
        setting_success = 1;                        //波特率设置成功
    }
    else
    {
        setting_success = 0;                        //波特率设置失败
    }
    return(setting_success);
}
//------------------------------------------------------------------
// 函数名称      setting_SJA_dataselect
// 入口函数      SJA_ACR,SJA_AMR
// 出口函数      setting_success
// 操作寄存器    验收代码寄存器 ACR(地址 04)和验收屏蔽寄存器 AMR(地址 05)
// 函数功能      设置 SJA 接收数据类型
```

```c
// 特殊要求    只能在复位工作模式下设置
//-----------------------------------------------------------------
bit setting_SJA_dataselect(void)
{
    bit setting_success;
    while(SJA_workmode)
    {
        setting_SJA_resetmode();                    //设置 SJA 工作在复位模式
    }
    CANREG_write(0x04,SJA_ACR);
    CANREG_write(0x05,SJA_AMR);
    if((CANREG_read(0x04) == SJA_ACR)&(CANREG_read(0x05) == SJA_AMR))
    {
        setting_success = 1;                        //滤波器设置成功
    }
    else
    {
        setting_success = 0;                        //滤波器设置失败
    }
    return(setting_success);
}
//-----------------------------------------------------------------
// 函数名称    setting_SJA_CLK
// 入口函数    SJA_OCR,SJA_CDR
// 出口函数    setting_success
// 操作寄存器  输出控制寄存器 OCR(地址 08)和时钟分频寄存器 CDR(地址 31)
// 函数功能    设置 SJA 输出始终类型
// 特殊要求    只能在复位工作模式下设置
//-----------------------------------------------------------------
bit setting_SJA_CLK(void)
{
    bit setting_success;
    while(SJA_workmode)
    {
        setting_SJA_resetmode();                    //设置 SJA 工作在复位模式
    }
    CANREG_write(0x08,SJA_OCR);
    CANREG_write(31,SJA_CDR);
    if((CANREG_read(0x08) == SJA_OCR)&(CANREG_read(31) == SJA_CDR))
    {
        setting_success = 1;                        //滤波器设置成功
    }
    else
```

```c
    {
        setting_success = 0;                          //滤波器设置失败
    }
    return(setting_success);
}
```

(2) SJA1000 的报文发送和报文接收参考源代码

```c
//---------------------定义 SJA1000 读写缓冲区的数据结构---------------------
---
struct BASICCAN _BUFstruct{
                unsigned char FrameID_H;
                unsigned char FrameLENTH ;
                unsigned char FrameKIND ;
                unsigned char FrameID_L3 ;
                unsigned char Frame_Data[8];
                } BASICCAN_FRAME,receive_BUF,send_BUF;
//-----------------------------------------------------------------
// 函数名称      Write_SJAsendBUF
// 入口函数      无
// 出口函数      setting_success
// 操作寄存器    发送缓存器(10～19)状态寄存器 02
// 函数功能      写发送缓存器
// 特殊要求      只能在工作模式下写
//-----------------------------------------------------------------
bit Write_SJAsendBUF(void)
{
  bit setting_success = 0;
  unsigned char i;
  while(SJA_workmode == 0)
  {
    setting_SJA_workingmode();                    //设置 SJA 在工作模式
  }
  if((CANREG_read(0x02)&0x10) == 0)
  {
    if((CANREG_read(0x02)&0x04)!= 0)
    {
        CANREG_write(0x10,send_BUF.FrameID_H);
        CANREG_write(0x11,(send_BUF.FrameLENTH<<4)||(send_BUF.FrameKIND<<3)||
        (send_BUF.FrameID_L3));
        if(send_BUF.FrameKIND == 0)
        { for(i = 0;i<send_BUF.FrameLENTH,i<8;i++ )
                CANREG_write(0x12 + i,send_BUF.Frame_Data[i]);
        }
```

```c
            CANREG_write(0x01,0x01);              //发送请求命令
            setting_success = 1;                  //发送寄存器写成功
         }
      }
    return(setting_success);
}
//-----------------------------------------------------------------
// 函数名称    read_SJAsendBUF
// 入口函数    无
// 出口函数    setting_success
// 操作寄存器  接收缓存器(20~29)状态寄存器 02
// 函数功能    读接收寄存器
// 特殊要求    只能在工作模式下读
//-----------------------------------------------------------------
bit read_SJAreceiveBUF(void)
{
  bit setting_success = 0;
  unsigned char i;
  while(SJA_workmode == 0)
  {
    setting_SJA_workingmode();                    //设置 SJA1000 在工作模式
  }
  if((CANREG_read(0x02)&0x01)!= 0)
  {
    if((CANREG_read(0x02)&0x10) == 0)
    {
      receive_BUF.FrameID_H = CANREG_read(0x20);
      receive_BUF.FrameLENTH = ((CANREG_read(0x21)&0xF0)>>4);
      receive_BUF.FrameKIND = ((CANREG_read(0x21)&0x08)>>3);
      receive_BUF.FrameID_L3 = (CANREG_read(0x21)&0x07);
      if(receive_BUF.FrameKIND == 0)
      {
        for(i = 0;i<receive_BUF.FrameLENTH,i<8;i++)
          receive_BUF.Frame_Data[i] = CANREG_read(0x22 + i);
      }
      CANREG_write(0x01,0x04);                    //释放接收缓冲区命令
      setting_success = 1;                        //接收寄存器读成功
    }
  }
  return(setting_success);
}
```

需要说明的是,以上源代码中使用了许多寄存器的相对地址,它们所对应的寄存器请查阅 SJA1000 的相关文档,或参考本书所附带的光盘中完整的源代码,该代码在 Keil μVision2 中编译通过。

9.2 Mifare 射频卡读写器的设计

Mifare 射频卡是当今世界上市场占有率第一的射频卡,以其优良的稳定性和可靠性,以及一卡多用的特性,得到广泛的应用。

Mifare 射频卡采用先进的芯片制造工艺制作,符合国际标准 ISO14443A,卡片上无需电源,与射频卡读写器非接触的进行数据和能量交换,操作距离可达到 10 cm,工作频率为 13.56 MHz,数据传输率为 106 kb/s,具有防冲突机制,支持多卡同时操作,对卡的操作时间小于 100 ms;内部具有 8 K 位的 E^2PROM,可分为 16 个扇区,每个扇区包含 4 个数据块,每块包含 16 字节,对 Mifare 卡操作时以块为单位进行,不同块可以配置不同操作,数据可以存储 10 年以上,可以改写 10 万次,可以读无数次;安全方面:射频卡与读写器之间采用三次相互认证,数据经加密后再进行通信,每个扇区拥有两套独立的密码,每张 Mifare 卡的序列号全球唯一。

Mifare 卡由天线和 ASIC(专用集成电路)组成,天线是只有几组绕线的线圈,卡上的 ASIC 由一个高速(波特率 106 kb/s)的 RF(Radio Frequence,射频)接口、一个控制单元和一个 8 K 位 E^2PROM 组成。其工作原理是:读写器向射频卡发送一组固定频率的电磁波,卡片内有一个 LC 串联谐振电路,其频率与读写器发送的频率相同,在电磁波的激励下,LC 谐振电路产生共振,从而使电容内有电荷,在这个电容的另一端,接有一个单向导通的电子泵,将电容内的电荷送到另一个电容内存储,当所积累的电荷达到 2 V 时,此电容可作为电源为其他电路提供工作电压,将卡内数据发射出去或接收读写器的数据。

9.2.1 Mifare 卡的内部结构

Mifare 卡主要由射频接口电路、数字控制部分及 E^2PROM 存储器组成,其结构如图 9.8 所示。

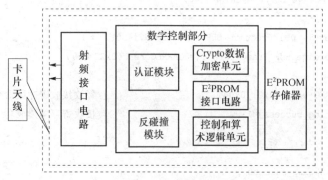

图 9.8 Mifare 卡的结构框图

1. 射频接口电路

射频接口电路主要包括波形转换模块。它可以接收读写器发出的频率为 13.56 MHz 的无线电波,一方面送调制/解调模块,另一方面进行波形转换,将正弦波转换为方波,然后对其整流滤波,由电压调节模块对电压进行进一步的处理,包括稳压等,最终输出供给卡片上的各个电路。

2. 数字控制部分

(1) 反碰撞模块

如果有多张 Mifare 卡放置在读写器的天线作用范围内时,反碰撞模块的反碰撞功能将启动工作。在程序员控制下的读写器将首先与每一张卡片进行通信,取得每一张卡片的序列号。由于每张 Mifare 卡都具有唯一的序列号,因此每张卡都不相同,读写器可根据卡的序列号来识别卡。

反碰撞模块启动工作时,读写器将得到卡片的序列号 Serial Number。序列号 Serial Number 存储在卡片的 Block0 中,共有 5 字节,实际有用的 4 字节,另一字节为序列号 Serial Number 的校验字节。

(2) 认证模块

在选中了一张 Mifare 卡后,任何对卡上存储区的操作都必须经过认证过程,只有经过密码认证才可以对数据块进行访问。Mifare 卡上有 16 个扇区,每个扇区都可分别设置各自的密码,互不干涉。因此每个扇区可独立地应用于一个场合。

(3) 控制和算术逻辑单元

这是整个 Mifare 卡的控制中心,是卡的"头脑"。它主要对整个卡片的各个单元进行微操作控制,协调卡片的各个步骤,同时它还对各种收/发的数据进行算术运算处理、递增/递减处理、CRC 运算处理等,是卡中内建的中央微处理机(MCU)单元。

(4) E^2PROM 接口

通过该接口电路连接 E^2PROM 存储器。

(5) Crypto 数据加密单元

该单元完成对数据的加密处理及密码保护,保证了卡与读写芯片之间数据通信的安全性。加密算法可以为 DES 标准算法或其他。

3. E^2PROM 存储器

E^2PROM 存储器主要用于存储数据。E^2PROM 存储器中的数据在卡失掉电源后(卡片离开读写器天线的有效工作范围内)仍被保持。用户所要存储的数据被存放在该存储器内。

Mifare 卡内部具有容量为 $1\,024\times 8$ 位的 E^2PROM 存储器,该存储器被分为 16 个扇区,每个扇区由 4 个块组成,分别为块 0、块 1、块 2、块 3,每块包含 16 字节,其存储结构如图 9.9 所示。

第 0 扇区第 0 块为厂商标识块,该块的数据不可以改变,只可以读出。其中,第 0~4 字节为卡片的序列号,第 5 字节为序列号的校验码,第 6 字节为卡片的容量"SIZE"字节,第 7、8 字节为卡片的类型号字节,即 Tag type 字节,其他字节由厂商另加定义。

每个扇区的第 3 块包含了该扇区的 A 密码(6 字节)、存取控制(4 字节)、B 密码(6 字节),是一个特殊的块。其余三个块(除扇区 0 的块 0)是一般的数据块。

图 9.9　E^2PROM 存储器的结构图

9.2.2　Mifare 卡读写器主要模块的设计

1. 当前主流的 RFID 读写芯片简介

(1) TI 公司的 TRF7960

TRF7960 是一个整合的 13.56 MHz RFID 读卡器系统的模拟前端和数据帧系统,内建编程选项,可以用于较宽范围的近耦合 RFID 系统,配置此读写器通过控制寄存器选择需要的协议,可以直接读/写所有的控制寄存器并允许调节多种不同的读卡器参数。它的特点是完全整合协议处理,内部独立的模拟与数字电源,AM 和 PM 双信号输入接收解调,读卡器与读卡器之间反冲突算法,输出功率可调 100 mW 或者 200 mW;内建带通滤波器并且用户可选择边界频率,宽输入电压设计支持 2.7～5.5 V;低功耗设计,掉电模式下电流小于 1 μA,激活状态10 mA;与微处理器接口为 8 位并行接口或者 4 线 SPI 接口使用 12 字节 FIFO;超小体积封装 32pin QFN(5 mm×5 mm),支持 ISO15693、ISO14443 - A、Tag-it 和 HF - EPC 协议。

(2) INSIDE 公司的 PICOREAD

支持整合 ISO 14443 A&B、ISO 15693、Sony Felica 协议,与 NFC 技术兼容,10 cm 操作距离,低功耗设计,工作模式 20 mA,挂起模式 50 μA,挂起模式自动监测智能卡。

(3) 复旦微电子公司的 FM17xx 系列

FM17xx 系列是复旦微电子股份有限公司设计的,基于 ISO14443 标准系列的非接触式读卡机专用芯片,采用 0.6 μm CMOS E^2PROM 工艺,可分别支持 13.56 MHz 频率下的 Type A、Type B、ISO15693 三种非接触通信协议,支持 MIFARE 和 SH 标准的加密算法,可兼容 NXP 公司的 RC500、RC531 和 RC632 等读卡机芯片,芯片内部高度集成了模拟调制解调电路,只需要最少量的外围电路就可以工作,支持 6 种微处理器接口,数字电路具有 TTL、CMOS 两种电压工作模式,适用于各类计费系统的读卡器的应用。

根据 RFID 读写芯片的性能及其开发成本,FM1702SL 读写芯片比较适合小的读卡器或智能仪表,而且它应用范围比其他的芯片更广,且资料比较齐备,因此本节选用 FM1702SL 作为射频卡读写器的读写芯片。它采用 $0.6~\mu m$ CMOS E^2PROM 工艺,支持 13.56 MHz 频率下的 typeA 非接触通信协议,支持多种加密算法,支持 SPI 接口模式,操作距离可达 10 cm,内置 512 字节的 E^2PROM,且工作稳定可靠,性价比高。其内部结构如图 9.10 所示,引脚图如图 9.11 所示。

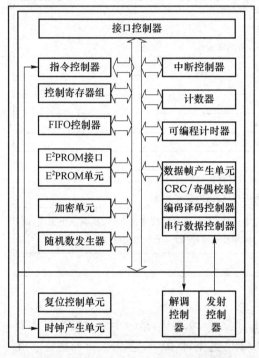

图 9.10　FM1702SL 内部结构框图

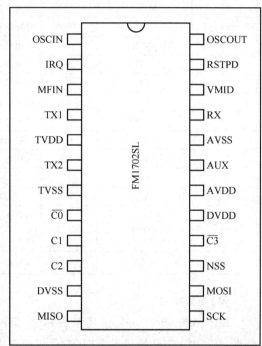

图 9.11　FM1702SL 引脚图

FM1702SL 引脚描述如表 9.3 所列,限于篇幅,这里没有对 FM1702SL 的内部寄存器作介绍,但是它对后面程序设计有着关键的作用,建议读者参阅 FM1702SL 芯片说明手册,以便了解有关 FM1702SL 更详细的介绍。

表 9.3　FM1702SL 引脚描述

引脚号	引脚名称	类型	引脚描述
1	OSCIN	I	晶振输入,$f_{osc}=13.56$ MHz
2	IRQ	O	中断请求,输出中断源请求信号
3	MFIN	I	串行输入,接收满足 ISO14443A 协议的数字串行信号

续表 9.3

引脚号	引脚名称	类型	引脚描述
4	TX1	O	发射口1,输出经过调制的 13.56 MHz 信号
5	TVDD	PWR	发射器电源,提供 TX1 和 TX2 的输出能量
6	TX2	O	发射口2,输出经过调制的 13.56 MHz 信号
7	TVSS	PWR	发射器地
8	$\overline{C0}$	I	控制信号,接低电平
9	C1	I	控制信号,接高电平
10	C2	I	控制信号,接高电平
11	DVSS	PWR	数字地
12	MISO	O	主入从出,数据输出
13	SCK	I	时钟信号
14	MOSI	I	主出从入,数据输入
15	NSS	I	接口选通,低电平有效
16	C3	I	控制信号,接低电平
17	DVDD	PWR	数字电源
18	AVDD	PWR	模拟电源
19	AUX	O	模拟测试信号输出
20	AVSS	PWR	模拟地
21	RX	I	接收口:接收外部天线耦合过来的 13.56 MHz 卡回应信号
22	VMID	PWR	内部参考电压:输出内部参考电压
23	RSTPD	I	复位及掉电信号;高电平时复位内部电路,晶振停止工作,内部输入引脚和外部电路隔离;下沿触发内部复位程序
24	OSCOUT	O	晶振输出

(4) EM4094

EM Microelectronic 隶属于 Swatch 集团,成立于1955年,是一个专业的半导体制造商,从1989年开始研发 RFID 芯片,现今 EM 已是全球 RFID 主力供货商之一。在 125 kHz 市场上,EM 已成功地拿下了最大的占有率,近年来 13.56 MHz 频段在市场上逐渐地被大量使用。EM 的 EM4094 是一个专为高频(13.56 MHz)RFID 读写器设计模拟前端集成电路 AFE(Analog Front-End integrated circuit),它可以广泛地搭配各式微处理器,支持多种通信协议,非常适合开发低成本及手持式的读写器。除了 IC,EM 提供了更完整的开发工具和读写器的设计参考,已被多家知名厂商采用。低成本的 EM4094 可操作于 3~5 V 的低供应电压,最高 200 mW 的输出功率。针对 ISOl4443B 的操作需求,内建 848 kHz BPSK(二进制相位变换调制)译码器,从而允许读写器制造商选择成本适宜的微处理器。此外,此电路还具有多重接收输入功能并提供可靠性高的通信品质。

2. 射频天线电路的设计

射频天线的设计是射频收发电路的一个重要环节,目前有两种比较常用的天线,即 50 Ω 匹配天线和直接匹配天线。读卡器的匹配天线,对读卡的距离和效果等有较大的影响,因此应该根据具体情况,选择合适的匹配天线。本节介绍的读卡器电路设计,采用直接匹配天线,其优点是:它使输出电压提高 25 %,从而减少损耗,避免在加入匹配元件时造成信号的遗失。由于 FM1702SL 的频率是 13.56 MHz,属于短波段,因此可以采用小环天线。小环天线有方形、圆形、椭圆形、三角形等,本系统采用的是方形天线。

天线部分主要包括 EMC 低通滤波器、接收电路、天线匹配电路和天线线圈。原理图如图 9.12 所示。

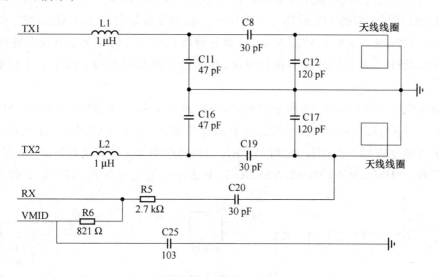

图 9.12　天线电路原理图

Mifare 的工作频率由石英晶振产生,用于给 FM1702SL 提供时钟信号,同时也驱动天线基频载波信号。由于调制的作用,会产生 13.56 MHz 的高次谐波。为了符合国际 EMC 标准,必须对输出信号进行低通滤波,EMC 低通滤波器由 L1、L2、C11、C16 组成,电感器 L1、L2 的值约为 1 μH,电容器 C11、C16 的值约为 47 pF。

FM1702SL 利用来自卡的响应信号解调出有效信息。使用内部产生的 VMID 电位作为 RX 的输入电位,为了电压稳定,在 VMID 与地之间接电容器 C25。接收电路由 C25、C20、R5、R6 组成,其中 C25 的值约为 10 nF,C20 的值约为 30 pF,R5 的值约为 2.7 kΩ,R6 的值约为 821 Ω。

天线线圈电感的计算,假设将天线设计成环形或者矩形,可以通过式(9-1)估算。

$$L_1 = 2 \times a_1 \times (\ln|a_1/b_1| - K) \times N_1^{1.8} \qquad (9-1)$$

式中,a_1 是导体环一圈的长度,单位为 cm;b_1 是导线的直径或者 PCB 导体的宽度,单位为 cm;K 是天线的形状因数(环形天线 $K=1.07$,方形天线 $K=1.47$);N 是圈数;ln 是自然对数。

天线匹配电路由 C8、C12、C17、C19 组成,C8、C19 的参考值均为 30 pF,C12、C17 的参考值均为 120 pF。天线的电感和电容的实际值取决于不同的参数,如天线的结构(PCB 的类型)、导线的厚度、线圈的距离、屏蔽层及附近环境中的金属或铁氧体。

3. 射频收发电路的设计

射频读写电路的核心是 FM1702SL 射频收发芯片,它由单片机 AT89C52 来控制,包括对 FM1702SL 的初始化、数据的收发等。由于 FM1702SLD 的接口方式是 SPI 接口,而单片机 AT89C52 不具备这种接口,因此需要选择 AT89C52 的三个 I/O 引脚用软件的方式模拟 SPI 接口,从而与 FM1702SL 相连。需要说明的是,即使采用其他带有 SPI 接口的微处理器,也建议采用软件的方式来模拟 SPI 接口,因为 FM1702SL 的 SPI 接口时序与正常的 SPI 时序有一定区别。在 SPI 通信方式下,FM1702SL 只能作 Slave 端,它的 SCL 时钟信号由 Master(微处理器)端提供,每一次上电或者硬件复位后,FM1702SL 会复位微处理器接口模块,并通过检测控制引脚上的电平来设置 SPI 接口。

射频收发电路如图 9.13 所示,FM1702SL 通过 1 和 24 引脚外接 13.56 MHz 晶振。TX1、TX2、RX、VMID 四个引脚与射频电线相连,其中 TX1、TX2 的作用是向天线发射调制过的 13.56 MHz 载波信号,RX 引脚的作用是接收天线返回的 13.56 MHz 载波信号。MISO、SCK、MOSI、NSS、RSTRF 五个引脚与单片机 AT89C52 的 P1.4、

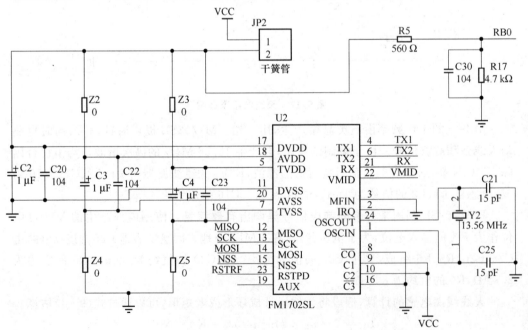

图 9.13 射频收发电路图

P1.2、P1.3、P1.1、P1.0 引脚相连,其中 MISO 和 MOSI 为单片机与 FM1702SL 的数据传送引脚,SCK 为 SPI 接口下的串行时钟,NSS 为选通 SPI 接口模式引脚,RSTRF 为复位 FM1702SL 引脚。C2、C20、C3、C22、C4、C23 构成三组滤波电路,分别对 FM1702SL 的数字电源、模拟电源和发射器电源(提供 TX1 和 TX2 的输出能量)进行滤波。Z2、Z3、Z4、Z5 四个磁珠的作用为消除射频(RF)电路对发射器电源的高频干扰。AT89C52 连接电路图如图 9.14 所示。

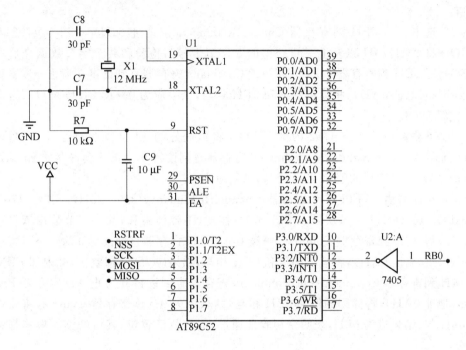

图 9.14　AT89C52 连接电路图

为了进一步降低系统的功耗,可在 FM1702SL 的供电电路上串联一个干簧管(即如图 9.12 中的 JP2),同时在射频卡的卡片上安装一小块磁铁。当没有带有小磁铁的射频卡靠近射频电线时,则整个射频电路完全没有功耗;当带有小磁铁的射频卡靠近射频电线时,干簧管吸合,向微处理器发送一个中断信号 RB0,在微处理器的中断处理程序中实现射频卡的读写操作。其具体实现电路由图 9.12 中的 JP2、R5、R17、C30 组成。

9.2.3　Mifare 卡操作流程

读写卡操作程序依次按照下列 8 个步骤编写:

① 1702SL 初始化,包括接口的初始化和一些寄存器的设置。

② 询卡(Request)。先写 07H 到寄存器 BitFraming(地址 0FH)→再写 03H 到寄存器 ChannelRedundancy(地址 22H)→再清 0 寄存器 Control 的第 3 位,即读出 Control 寄存器,然后将读出值和 0F7H 作与操作后写回到 ChannelRedundancy→清空 1702 内部 FIFO→写 52H 或 26H 到 1702SL 内部 FIFO→写 1EH 到寄存器 Command

→读 Command 寄存器直到读得 0 为止→读寄存器 FIFOLength 获得卡的应答字节数，应为 2，读 FIFO 可以获得卡的应答，应为 04H 00H。

③ 防冲突，获取卡号。写 03H 到寄存器 ChannelRedundancy（地址 22H）→清空 1702 内部 FIFO→将 93H，20H 先后写入 FIFO→写 1EH 到寄存器 Command→读 Command 寄存器直到读得 0 为止→读寄存器 FIFOLength 获得卡的应答字节数，应为 5，读 FIFO 可以获得卡号，读得的 5 字节其中前 4 字节为卡号，最后一字节为卡号的异或和。

④ 选卡。写 0FH 到寄存器 ChannelRedundancy（地址 22H）→清空 1702 内部 FIFO→将 93H，70H 以及上一步获得的 5 字节卡号与检验和共 7 字节数据先后写入 FIFO→写 1EH 到寄存器 Command→读 Command 寄存器直到读得 0 为止→读寄存器 ErrorFlag（地址 0AH），将读得的值和 0EH 相与，结果应为 0→读 FIFO 可以获得卡应答，应答为 08。

⑤ 下载密钥。清空 1702 内部 FIFO→将编码好的 12 字节密钥写入 FIFO→写 19H 到寄存器 Command→读 Command 寄存器直到读得 0 为止→读寄存器 ErrorFlag（地址 0AH），将读得的值和 40H 相与，结果应为 0。

⑥ 验证密钥。写 0FH 到寄存器 ChannelRedundancy（地址 22H）→清空 1702 内部 FIFO→将 61H，1 字节块号，4 字节卡号（注意，不带校验和）共 6 字节数据依次写入 FIFO→写 0CH 到寄存器 Command→读 Command 寄存器直到读得 0 为止→读寄存器 ErrorFlag（地址 0AH），将读得的值和 0EH 相与，结果应为 0→清空 1702 内部 FIFO→写 14H 到寄存器 Command→读 Command 寄存器直到读得 0 为止→读寄存器 ErrorFlag（地址 0AH），将读得的值和 0EH 相与，结果应为 0→读寄存器 Control，将读得值和 08H 与，结果应为 08H，表明密钥验证通过，加密位已置位，其后的读写操作都将被加密。

⑦ 读数据块。写 0FH 到寄存器 ChannelRedundancy（地址 22H）→清空 1702 内部 FIFO→将 30H 以及 1 字节块号共 2 字节数据先后写入 FIFO（注意此处的块号必须与密钥验证中所用的块号在同一扇区内）→写 1EH 到寄存器 Command→读 Command 寄存器直到读得 0 为止→读寄存器 ErrorFlag（地址 0AH），将读得的值和 0EH 相与，结果应为 0→读 FIFO 应该获得 16 字节数据，寄存器 FIFOLength 的值应为 10H。

⑧ 写数据块。写 07H 到寄存器 ChannelRedundancy（地址 22H）→清空 1702 内部 FIFO→将 0A0H 以及 1 字节块号共 2 字节数据先后写入 FIFO（注意此处的块号必须与密钥验证中所用的块号在同一扇区内）→写 1EH 到寄存器 Command→读 Command 寄存器直到读得 0 为止→读 FIFO 获得的返回值应为 0AH→清空 1702 内部 FIFO→将要写入的 16 字节数据写入 FIFO→写 1EH 到寄存器 Command→读 Command 寄存器直到读得 0 为止→读寄存器 ErrorFlag（地址 0AH），将读得的值和 0EH 相与，结果应为 0。

以上为基本的操作流程，密钥验证以及之前的操作步骤如果出错，则需从询卡开始重新操作，密钥验证通过后，读/写操作没有顺序关系。

9.2.4　FM1702SL 密钥的设计与冲突检测措施

为了系统的安全性,在读取标准卡片的数据时,要进行密钥认证。可以利用射频芯片 FM1702SL 自身具有的三重认证算法,这种算法基于密钥长度 48 比特的是私有加密数据流。当一张卡按照一定协议被选中后,用户可以按照标准协议继续操作。这种情况下,必须执行卡片认证。在卡片认证的过程中,加密算法被初始化,成功认证后与卡的通信处于加密状态。

1. FM1702SL 操作三重认证指令

三重加密算法被用于执行标准认证,在密钥缓冲器中必须储存准确的密钥以便能够进行成功的认证操作。操作分三步:

① 通过 LoadKeyE2 或者 LoadKey 加载密钥到内部密钥缓冲器;
② 启动 Authent1 指令,结束以后,检查错误标志来判断执行结果;
③ 启动 Authent2 指令,结束以后,检查错误标志以及 Crypto1On 标志来判断执行结果。

2. FM1702SL 密钥处理过程

首先把密钥下载到密钥缓冲器里,其下载方法有两种:第一种,用 LoadKeyE2 指令从 E^2PROM 中加载;第二种,直接由外部处理器通过 LoadKey 指令从 FIFO 中加载。本系统采用第二种方案。

密钥下载后即执行认证指令,FM1702SL 从内部密钥缓冲器中读取密钥,由于密钥总是从密钥缓冲器中获取,所以认证指令无需指明密钥存储地址。当然,在认证指令开始之前,用户必须保证在密钥缓冲器中已经准备好了密钥。

3. FM1702SL 冲突检测措施

系统在寻卡过程中,如果多张卡同时靠近读卡器,理论上应该同时应答。芯片 FM1702SL 支持 ISO14443-A 协议规定的算法,通过所谓防冲突循环来解决多卡的数据冲突问题。该算法的基础是检测位冲突。

FM1702SL 使用支持位冲突检测的位编码机制即曼彻斯特编码(Manchester-coding)。如果在某位的前半部分和后半部分都检测到副载波调制,就会发送不是一个 1 或一个 0,而是一位冲突信号。FM1702SL 使用 CollLevel 的设置来区分 1 或 0 和一个位冲突,即当一位收到的数据中较小的半位大于 CollLevel 的定义,则说明检测到一个位冲突。

如果数据位检测到一个位冲突,则置位错误标志 CollErr;如果检测到奇偶校验有一个位冲突,则置位错误标志 ParityErr。

接收电路不受检测到的冲突位的制约,继续接收输入的数据,译码器会发送 1 给检测到冲突的位。

当帧的第一位冲突被检测到,该位位置会存放在 CollPos-Register。

为了实现兼容 ISO14443-B 防冲突机制,可以置位 ZeroafterColl,那么所有第一个冲突位后接收到的位无论冲突或不冲突,都被强制为 0。冲突位对应值如表 10.4 所列。

表 9.4 位冲突的返回值

冲突位	CollPos-Register 的值
SOF	0
LSByte 的 LSBit	1
⋮	⋮
LSByte 的 MSBit	8
第二个 Byte 的 LSBit	9
⋮	⋮
第二个 Byte 的 MSBit	16
第二个 Byte 的 LSBit	17
⋮	⋮

由于奇偶校验位的冲突根据定义跟随在数据位的冲突后,所以奇偶校验位不包括在 CollPos 中。如果在 SOF 中检测到位冲突,则报告帧错误,而且没有数据传递到 FIFO,在这种情况下,接收电路继续监视输入信号直到收到错误输入数据流的结尾,产生正确的通知信号给微处理器。这将帮助微处理器决定什么时候允许给卡发送数据。

9.2.5 Mifare 卡读/写软件设计

在掌握了 Mifare 卡读/写操作流程后,就可以根据流程写出对应的函数,本小节给出主要的函数,以供读者参考。

```
/**********单片机控制引脚定义*********************/
sbit RF_MISO = P1^4;
sbit RF_MOSI = P1^3;
sbit RF_SCK = P1^2;
sbit RF_NSS = P1^1;
sbit RF_RST = P1^0;                    //由高变低时启动内部复位程序
#define uchar unsigned char
#define uint unsigned int
/******************************************************/
/*名称:SPIRead */
/*功能:该函数根据给定的地址读取 FM1702SL 的寄存器 */
/*输入:寄存器地址<SpiAddress>,读出值赋给<rdata> */
/*输出:读出寄存器值 */
/******************************************************/
uchar SPIRead(uchar SpiAddress)
{
    uchar data i,k,rdata,temp;
    rdata = 0;
```

```c
        SpiAddress = _crol_(SpiAddress,1);
        SpiAddress = SpiAddress | 0x80;
        RF_SCK = 0;
        RF_NSS = 0;
/*发送SPI地址,软件模拟方式实现SPI通信*/
        for(i = 0;i<8;i ++)
        {
            temp = SpiAddress&0x80;
            if(temp == 0x80) RF_MOSI = 1;
            else RF_MOSI = 0;
            RF_SCK = 1;
            SpiAddress = _crol_(SpiAddress,1);
            RF_SCK = 0;
        }
/*接收数据,赋值给rdata*/
        for(k = 0;k<8;k ++)
        {
            RF_SCK = 1;
            CY = RF_MISO;
            if(CY) rdata + = 1;
            rdata = crol(rdata,1);
            RF_SCK = 0;
            _nop_();
        }
        RF_NSS = 1;
        CY = 0;
        return(rdata);
}
/*****************************************************************/
/*名称:SPIWrite */
/*功能:该函数根据给定的地址写入FM1702SL的寄存器*/
/*输入:寄存器地址<SpiAddress>,要写入的字节< SpiData> */
/*输出:无*/
/*****************************************************************/
void SPIWrite(uchar idata SpiAddress, uchar idata SpiData)
{
        uchar data i,k,temp;
        SpiAddress = _crol_(SpiAddress,1);
        SpiAddress = SpiAddress &0x7e;
        RF_SCK = 0;
        RF_NSS = 0;
/*发送SPI地址*/
        for(i = 0;i<8;i ++)
```

```c
        {
            temp = SpiAddress&0x80;
            if(temp==0x80)RF_MOSI = 1;
            else RF_MOSI = 0;
            RF_SCK = 1;
            SpiAddress = _crol_(SpiAddress,1);
            RF_SCK = 0;
        }
/*发送数据*/
        for(k = 0;k<8;k++)
        {
            temp = SpiData&0x80;
            if(temp==0x80)RF_MOSI = 1;
            else RF_MOSI = 0;
            RF_SCK = 1;
            SpiData = _crol_(SpiData,1);
            RF_SCK = 0;
        }
        RF_NSS = 1;
        CY = 0;
}
/************************************************************/
/*名称:Init_FM1702SL*/
/*功能:该函数实现对FM1702SL初始化操作*/
/*输入:mode:工作模式,0:TYPEA模式,1:TYPEB模式,2:上海模式*/
/************************************************************/
void Init_FM1702(uchar mode)
{
    uchar temp;
    uint i;
    RF_SCK = 1;
    RF_MISO = 1;
    RF_MOSI = 1;
    RF_RST = 1;                     /* FM1702复位 */
    for(i = 0; i < 0xff; i++)
    {
        _nop_();                    /*等待约140 ms, 11.0592 MHz*/
    }
    RF_RST = 0;
    for(i = 0; i < 0xf; i++)
    {
        _nop_();
    }
    while(temp = SPIRead(Command) !=/ 0)等待 Command = 0,FM1702复位成功 */
```

```c
    {
        _nop_();
    }
    SPIWrite(Page_Sel,0x80);
    for(i = 0; i < 0x1fff; i++)      /* 延时 */
    {
        if(temp = SPIRead(Command) == 0x00)
        {
            SPIWrite(Page_Sel,0x00);
        }
    }
    SPIWrite(TimerClock,0x0b);       //address 2AH /* 定时器周期设置寄存器 */
    SPIWrite(TimerControl,0x02);     //address 2BH /* 定时器控制寄存器 */
    SPIWrite(TimerReload,0x42);      //address 2CH /* 定时器初值寄存器 */
    SPIWrite(InterruptEn,0x7f);      //address 06H /* 中断使能/禁止寄存器 */
    SPIWrite(Int_Req,0x7f);          //address 07H /* 中断请求标识寄存器 */
    SPIWrite(MFOUTSelect,0x02);      //address 26H /* mf OUT 选择配置寄存器 */
    //设置调制器的输入源为内部编码器,并且设置 TX1 和 TX2
    SPIWrite(TxControl,0x5b);        //address 11H /* 发送控制寄存器 */
    SPIWrite(RxControl2,0x01);       //接收器始终打开;使用内部解调器
    SPIWrite(RxWait,0x05);           /* 数据发送后,接收器等待 5 bit 时钟数,在这段
                                        时间内,Rx 上接收到的任何信号都被忽略 */
    if(mode == 2)
    {
        SPIWrite(TypeSH,0x01);       //上海标准选择寄存器
    }
    else
    {
        SPIWrite(TypeSH,0x00);
    }
}
/*****************************************************************/
/* 名称: Write_FIFO */
/* 功能: 该函数实现向 FM1702 的 FIFO 中写入 x bytes 数据 */
/* 输入: count,待写入字节的长度 */
/*       buff,指向待写入数据的指针 */
/*****************************************************************/
void Write_FIFO(uchar count, uchar idata * buff)
{
    uchar i;
    for(i = 0; i < count; i++)
    {
        SPIWrite(FIFO, *(buff + i));
    }
```

}
/***/
/* 名称：Read_FIFO */
/* 功能：该函数实现从 FM1702SL 的 FIFO 中读出 x bytes 数据 */
/* 输入：buff，指向读出数据的指针 */
/***/
uchar Read_FIFO(uchar idata * buff)
{
    uchar temp , i;
    temp = SPIRead(FIFO_Length);
    if(temp == 0)
    {
        return 0;
    }
    if(temp >= 24)
    {
        temp = 24;
    }
    for(i = 0; i < temp; i++)
    {
        *(buff + i) = SPIRead(FIFO);
    }
    return temp;
}
/***/
/* 名称：Judge_Req */
/* 功能：该函数实现对卡片复位应答信号的判断 */
/* 输入：*buff，指向应答数据的指针 */
/* 输出：TRUE, 卡片应答信号正确 */
/*   FALSE, 卡片应答信号错误 */
/***/
uchar Judge_Req(uchar idata * buff)
{
    uchar temp1, temp2;
    temp1 = *buff;
    temp2 = *(buff + 1);
    if((temp1 == 0x02) || (temp1 == 0x04) || (temp1 == 0x05) || (temp1 == 0x53) || (temp1 == 0x03))
    {
        if (temp2 == 0x00)
        {
            return TRUE;
        }
    }

```c
        return FALSE;
}
/*****************************************************************/
/*名称：Request */
/*功能：该函数实现对放入 FM1702 操作范围之内的卡片的 Request 操作*/
/*输入：mode：ALL(监测所有 FM1702 操作范围之内的卡片) */
/*      STD(监测在 FM1702 操作范围之内处于 HALT 状态的卡片) */
/*输出：FM1702_NOTAGERR：无卡 */
/*      FM1702_OK：应答正确 */
/*      FM1702_REQERR：应答错误 */
/*****************************************************************/
uchar Request(unsigned char mode)
{
    uchar idata temp;
    RevBuffer[0] = mode;                 /* Request 模式选择 */
    SPIWrite(Bit_Frame,0x07);
    SPIWrite(ChannelRedundancy,0x03);
    temp = SPIRead(Control);
    temp = temp & (0xf7);
    SPIWrite(Control,temp);              /* Control 复位值为 0 */
    temp = Command_Send(1, RevBuffer, Transceive);
                                         //Transceive = 0x1E/* 发送接收命令 */
    if(temp == FALSE)
    {
        return FM1702_NOTAGERR;
    }
    temp = Read_FIFO(RevBuffer);         /* 从 FIFO 中读取应答信息到 RevBuffer[]中 */
    temp = Judge_Req(RevBuffer);         /* 判断应答信号是否正确 */
    if(temp == TRUE)
    {
        tagtype[0] = RevBuffer[0];
        tagtype[1] = RevBuffer[1];
        return FM1702_OK;
    }
    return FM1702_REQERR;
}
/*****************************************************************/
/*名称：Command_Send */
/*功能：该函数实现向 FM1702 发送命令集的功能 */
/*输入：count,待发送命令集的长度 */
/*      buff,指向待发送数据的指针 */
/*      Comm_Set,命令码 */
/*输出：TRUE,命令被正确执行 */
/*      FALSE,命令执行错误 */
```

```c
/*******************************************************************/
uchar Command_Send(uchar count, uchar idata * buff, uchar Comm_Set)
{
    uint j;
    uchar idata temp, temp1;
    SPIWrite(Command,0x00);
    Temp = Clear_FIFO();
    Write_FIFO(count, buff);
    SPIWrite(Command,Comm_Set);        /* 命令执行 */
    for(j = 0; j < RF_TimeOut; j++)/* 检查命令执行否 */
    {
        temp = SPIRead(Command);
        temp1 = SPIRead(Int_Req) & 0x80;
        if((temp == 0x00) || (temp1 == 0x80))
        {
            return TRUE;
        }
    }
    return FALSE;
}
/*******************************************************************/
/* 名称：Select_Card */
/* 功能：该函数实现对放入 FM1702 操作范围之内的某张卡片进行选择 */
/* 输入：N/A */
/* 输出：FM1702_NOTAGERR：无卡 */
/*      FM1702_PARITYERR：奇偶校验错 */
/*      FM1702_CRCERR：CRC 校验错 */
/*      FM1702_BYTECOUNTERR：接收字节错误 */
/*      FM1702_OK：应答正确 */
/*      FM1702_SELERR：选卡出错 */
/*******************************************************************/
uchar Select_Card(void)
{
    uchar temp, i;
    RevBuffer[0] = RF_CMD_SELECT;
    RevBuffer[1] = 0x70;
    for(i = 0; i < 5; i++)
    {
        RevBuffer[i+2] = UID[i];
    }
    SPIWrite(ChannelRedundancy,0x0f);
    temp = Command_Send(7, RevBuffer, Transceive);
    if(temp == FALSE)
    {
```

```c
            return(FM1702_NOTAGERR);
        }
        else
        {
            temp = SPIRead(ErrorFlag);
            if((temp & 0x02) == 0x02) return(FM1702_PARITYERR);
            if((temp & 0x04) == 0x04) return(FM1702_FRAMINGERR);
            if((temp & 0x08) == 0x08) return(FM1702_CRCERR);
            temp = SPIRead(FIFO_Length);
            if(temp != 1) return(FM1702_BYTECOUNTERR);
            temp = Read_FIFO(RevBuffer);/* 从FIFO中读取应答信息 */
            temp = *RevBuffer;
            if((temp == 0x18) || (temp == 0x08) || (temp == 0x88) || (temp == 0x53) ||
               (temp == 0x0a))/* 判断应答信号是否正确 */
                    return(FM1702_OK);
            else
                    return(FM1702_SELERR);
        }
}
/***********************************************************************/
/* 名称: Authentication */
/* 功能: 该函数实现密码认证的过程 */
/* 输入: UID: 卡片序列号地址 */
/*       SecNR: 扇区号 */
/*       mode: 模式 */
/* 输出: FM1702_NOTAGERR: 无卡 */
/*       FM1702_PARITYERR: 奇偶校验错 */
/*       FM1702_CRCERR: CRC校验错 */
/*       FM1702_OK: 应答正确 */
/*       FM1702_AUTHERR: 认证有错 */
/***********************************************************************/
uchar Authentication(uchar idata *UID, uchar SecNR, uchar mode)
{
    uchar idata i;
    uchar idata temp, temp1;
    uchar temp0;
    if(SecNR >= 0x20)
    {
        temp0 = SecNR - 0x20;
        SecNR = 0x20 + temp0 * 4;
    }
        if(mode == RF_CMD_AUTH_LB)
            RevBuffer[0] = RF_CMD_AUTH_LB;
        else
            RevBuffer[0] = RF_CMD_AUTH_LA;
```

```c
        RevBuffer[1] = SecNR * 4;         //计算当前扇区的块号
        for(i = 0; i < 4; i++)
        {
            RevBuffer[2 + i] = UID[i];
        }
        SPIWrite(ChannelRedundancy,0x0f);
        temp = Command_Send(6, RevBuffer, Authent1);
        if(temp == FALSE)
        {
            return 0x99;
        }
        temp = SPIRead(ErrorFlag);         //错误标志的地址是 0x0A
        if((temp & 0x02) == 0x02) return FM1702_PARITYERR;
        if((temp & 0x04) == 0x04) return FM1702_FRAMINGERR;
        if((temp & 0x08) == 0x08) return FM1702_CRCERR;
        temp = Command_Send(0, RevBuffer, Authent2);
        if(temp == FALSE)
        {
            return 0x88;
        }
        temp = SPIRead(ErrorFlag);
        if((temp & 0x02) == 0x02) return FM1702_PARITYERR;
        if((temp & 0x04) == 0x04) return FM1702_FRAMINGERR;
        if((temp & 0x08) == 0x08) return FM1702_CRCERR;
        temp1 = SPIRead(Control);
        temp1 = temp1 & 0x08;
        if(temp1 == 0x08)
        {
            return FM1702_OK;
        }
        return FM1702_AUTHERR;
    }
```

由于篇幅有限,只给出了 Mifare 卡读写中使用到的部分函数,这些函数均在 Keil μVision3 版本中测试通过,全部的源代码请参考本书所附带的光盘。对于具体项目, 可能需要改动一些函数,请读者根据实际情况加以考虑。

9.3 基于 nRF905 的无线传输节点设计

随着无线通信技术的发展,短距离(10～100 m)的无线数据通信的应用越来越广 泛,常用于低功率遥感勘测、住宅和建筑自动控制、无线警报和安全系统、工业监测和控 制以及无线传感器网络 WSN(Wireless Sensor Net)等诸多行业。它使用 ISM(Industrial Scientific Medical)免费频段,常用的频点有 433 MHz/868 MHz/915 MHz/2 400

MHz 等,是通信技术与计算机技术相结合的产物。常用的无线传输芯片有 nRF905、nRF2401、CC1100 以及 CC2430 等。它们的功能相似,组成结构也差别不大,考虑"易学易用"的特点,本节以 nRF905 为例来介绍无线传输节点的设计与应用。

9.3.1 nRF905 简介

nRF905 是挪威 Nordic VLSI 公司推出的单片射频收发器,工作电压为 1.9～3.6 V,32 引脚 QFN 封装(5 mm×5 mm),工作于 433 MHz/868 MHz/915 MHz 三个 ISM 频道,频道之间的转换时间小于 650 μs。nRF905 由频率合成器、接收解调器、功率放大器、晶体振荡器和调制器组成,不需外加声表滤波器,ShockBurstTM 工作模式,自动处理字头和 CRC(循环冗余码校验),使用 SPI 接口与微控制器通信,配置非常方便。此外,其功耗非常低,以 -10 dBm 的输出功率发射时电流只有 11 mA,工作于接收模式时的电流为 12.5 mA,内建空闲模式与关机模式,易于实现节能。

1. nRF905 芯片结构

nRF905 片内集成了电源管理、晶体振荡器、低噪声放大器、频率合成器和功率放大器等模块,曼彻斯特编码/解码由片内硬件完成,无需用户对数据进行曼彻斯特编码,因此使用非常方便。nRF905 的详细结构如图 9.15 所示,nRF905 引脚详细描述如表 9.5 所列。

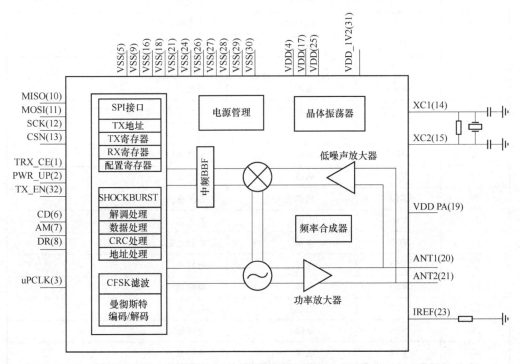

图 9.15 nRF905 结构示意图

表 9.5 nRF905 引脚描述

引脚号	引脚名称	引脚功能	引脚描述
1	TRX_CE	数字输入	使 nRF905 工作于发送或接收状态
2	PWR_UP	数字输入	工作状态选择
3	uPCLK	时钟输出	输出时钟
4	VDD	电源	电源正端
5	VSS	电源	电源地
6	CD	数字输出	载波检测
7	AM	数字输出	地址匹配
8	DR	数字输出	数据准备好
9	VSS	电源	电源地
10	MISO	SPI 输出	SPI 输出
11	MOSI	SPI 输入	SPI 输入
12	SCK	SPI 时钟	SPI 时钟
13	CSN	SPI 片选	SPI 片选,低电平有效
14	XC1	模拟输入	晶振输入引进 1
15	XC2	模拟输出	晶振输入引进 2
16	VSS	电源	电源地
17	VDD	电源	电源正端
18	VSS	电源	电源地
19	VDD_PA	输出电源	给功率放大器提供 1.8 V 电压
20	ANT1	射频	天线接口 1
21	ANT2	射频	天线接口 2
22	VSS	电源	电源地
23	IREF	模拟输入	参考输入
24	VSS	电源	电源地
25	VDD	电源	电源正端
26	VSS	电源	电源地
27	VSS	电源	电源地
28	VSS	电源	电源地
29	VSS	电源	电源地
30	VSS	电源	电源地
31	DVDD_1V2	电源	低电压正数字输出
32	TX_EN	数字输入	高电平,发送模式,低电平,接收模式

2. nRF905 工作模式

nRF905 有两种工作模式和两种节能模式。两种工作模式分别是 ShockBurstTM 接收模式和 ShockBurstTM 发送模式，两种节能模式分别是关机模式和空闲模式。nRF905 的工作模式由 TRX_CE、TX_EN 和 PWR_UP 三个引脚决定，详见表 9.6。

表 9.6　nRF905 的工作模式设置

PWR_UP	TRX_CE	TX_EN	工作模式
0	×	×	关机模式
1	0	×	空闲模式
1	1	0	ShockBurstTM 接收模式
1	1	1	ShockBurstTM 发送模式

下面对 ShockBurstTM 模式和节能模式分别介绍。

(1) ShockBurstTM

与射频数据包有关的高速信号处理都在 nRF905 片内进行，数据速率由微控制器配置的 SPI 接口决定，数据在微控制器中低速处理，但在 nRF905 中高速发送，因此中间有很长时间的空闲，这很有利于节能。由于 nRF905 工作于 ShockBurstTM 模式，因此使用低速的微控制器也能得到很高的射频数据发射速率。在 ShockBurstTM 接收模式下，当一个包含正确地址和数据的数据包被接收到后，地址匹配(AM)和数据准备好(DR)两引脚通知微控制器。在 ShockBurstTM 发送模式，nRF905 自动产生字头和 CRC 校验码，当发送过程完成后，数据准备好引脚通知微处理器数据发射完毕。由以上分析可知，nRF905 的 ShockBurstTM 收发模式有利于节约存储器和微控制器资源，同时也减少了编写程序的时间。ShockBurstTM 工作模式保证，一旦发送数据的过程开始，无论 TRX_EN 和 TX_EN 引脚是高或低，发送过程都会被处理完。只有在前一个数据包被发送完毕，nRF905 才能接收下一个发送数据包。

当正在接收一个数据包时，TRX_CE 或 TX_EN 引脚的状态发生改变，nRF905 立即把工作模式改变，数据包则丢失。当微处理器接到地址匹配引脚的信号之后，就知道 nRF905 正在接收数据包，可以决定是让 nRF905 继续接收该数据包还是进入另一个工作模式。

(2) 节能模式

nRF905 的节能模式包括关机模式和节能模式。

在关机模式，nRF905 的工作电流最小，一般为 2.5 μA。进入关机模式后，nRF905 保持配置字中的内容，但不会接收或发送任何数据。

空闲模式有利于减小工作电流，其从空闲模式到发送模式或接收模式的启动时间也比较短。在空闲模式下，nRF905 内部的部分晶体振荡器处于工作状态。nRF905 在空闲模式下的工作电流跟外部晶体振荡器的频率有关。

3. nRF905 器件配置

所有配置字都是通过 SPI 接口送给 nRF905。SPI 接口的工作方式可通过 SPI 指令进行设置。当 nRF905 处于空闲模式或关机模式时,SPI 接口可以保持在工作状态。

(1) SPI 接口配置

SPI 接口由状态寄存器、射频配置寄存器、发送地址寄存器、发送数据寄存器和接收数据寄存器 5 个寄存器组成。状态寄存器包含数据准备好引脚状态信息和地址匹配引脚状态信息;射频配置寄存器包含收发器配置信息,如频率和输出功能等;发送地址寄存器包含接收机的地址和数据的字节数;发送数据寄存器包含待发送的数据包的信息,如字节数等;接收数据寄存器包含要接收的数据的字节数等信息。

(2) 射频参数配置

射频参数配置寄存器和内容如表 9.7 所列。

表 9.7 nRF905 内部寄存器的配置

名 称	位 宽	描 述
CH_NO	9	和 HFREQ_PLL 一起进行频率设置(默认为 001101100$_b$=108$_d$),F_{RF}=(422.4+CH_NO$_d$/10)×(1+HFREQ_PLL$_d$)MHz
HFREQ_PLL	1	使 PLL 工作于 433 MHz 或 868 MHz/915 MHz(默认值为 0),"0"工作于 433 MHz 频段,"1"工作于 868 MHz/915 MHz 频段
PA_PWR	2	输出功率(默认值为 00),"00"为-10 dBm,"01"为-2 dBm,"10"为+6 dBm,"11"为+10 dBm
RX_RED_PWR	1	接收方式节能端,该位为"1"时,接收工作电流为 1.6 mA,但同时灵敏度也降低
AUTO_RETRAN	1	自动重发位,只有当 TRX_CE 和 TXEN 为高电平时才有效
RX_AFW	3	接收地址宽度(默认值为 100),"001"表示 1 字节 TX 地址,"100"表示 4 字节 TX 地址
RX_PW	6	接收数据宽度(默认值为 100000),"000001"—1 字节有效接收数据宽度,"000010"—2 字节有效接收数据宽度,……,"100000"—32 字节有效接收数据宽度
TX_PW	6	发送数据宽度(默认值为 100000),"000001"—1 字节有效发送数据宽度,"000010"—2 字节有效发送数据宽度,……,"100000"—32 字节有效发送数据宽度
RX_ADDRESS	32	接收地址(默认值为 E7E7E7E7)
UP_CLK_FREQ	2	输出时钟频率(默认值为 11),"00"—4 MHz,"01"—2 MHz,"10"—1 MHz,"11"—500 kHz
UP_CLK_EN	1	时钟输出使能
XOF	3	晶振频率,必须依照外部的晶振频率设置(默认值为 100),"000"—4 MHz,"001"—8 MHz,"010"—12 MHz,"011"—16 MHz,"100"—20 MHz
CRC_EN	1	CRC 校验允许(默认值为 1),"0"—禁止,"1"—允许
CRC_MODE	1	CRC 校验模式(默认值为 1),"0"—8 位 CRC 校验,"1"—16 位 CRC 校验

射频寄存器各位长度是固定的。然而,在 ShockBurstTM 收发过程中,TX_PAYLOAD、RX_PAYLOAD、TX_ADDRESS 和 RX_ADDRESS 四个寄存器使用字节数由配置字决定。nRF905 进入关机模式或空闲模式时,寄存器中的内容保持不变。

9.3.2 nRF905 电路原理图

由于 nRF905 内部集成了功能齐全的数字和模拟电路,因此它的外围电路比较简单,只需要电源、晶振、射频天线和少量的滤波电容等。在实际应用中,根据不同需要,电路图的设计也不完全相同。如图 9.16 所示,它是 nRF905 应用电路的一种,它的射频天线是差分连接的环形天线,可以直接印制在电路板上,不需要额外的射频天线,减少了外部的器件,降低了制造成本,也缩小了体积,但是它传输的距离也受到一定的限制。环形天线差分连接的 nRF905 的 PCB 图如图 9.17 所示。

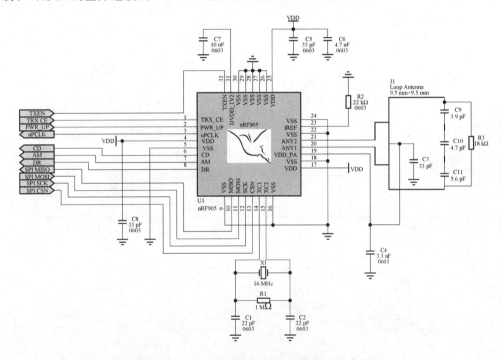

图 9.16　环形天线差分连接的 nRF905 应用电路图

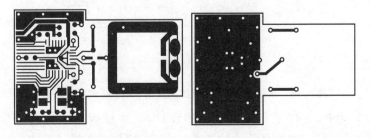

图 9.17　环形天线差分连接的 nRF905 的 PCB 图(正面与反面)

如图 9.18 所示，它是 nRF905 的另外一种应用电路图，它与图 9.16 的区别是，它的天线不是制作在电路板上，而是需要单独使用高品质的 50 Ω 阻抗天线，虽然在一定程度上增加了产品的体积和成本，但却保障了无线传输的距离，提高了系统的性能。单端连接 50 Ω 阻抗天线的 nRF905 的 PCB 图如图 9.19 所示。

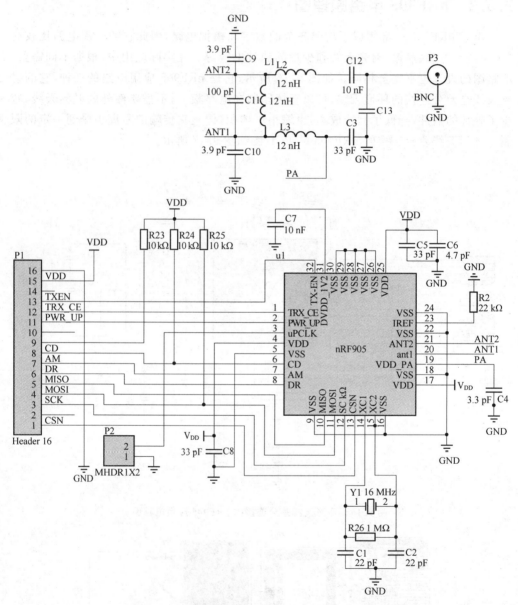

图 9.18　单端连接 50 Ω 阻抗天线的 nRF905 应用电路图

在电路设计中，省略了单片机电路的设计，主要原因是可选的单片机很多，而 AT89C51 或 AT89C52 并不是最优的选择。由于 AT89C51 或 AT89C52 工作电压是

5 V，且功耗较大，而 nRF905 工作电压为 3.3 V，因此电路中需要使用电源转换模块（如稳压二极管或者 LM1117 等），增加了电路的复杂性和功耗，实际应用中，推荐使用 3.3 V 工作电压的低功耗单片机。但是，为了全书保持一致，后面的程序仍然以 AT89C51 或 AT89C52 为例来介绍，对于其他种类单片机，需根据实际情况稍作修改。

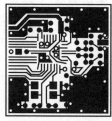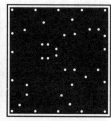

图 9.19　单端连接 50 Ω 阻抗天线的 nRF905 的 PCB 图（正面与反面）

另外，需要注意的是关于 PCB 布局应该注意的一些问题，对于初学者而言，更需要重视，很多时候，硬件设计中的细节决定成败。

① 按照电路的流程安排各个功能电路单元的位置，使布局便于信号流通，并使信号尽可能地保持一定的方向。

② 以每个功能核心元件为中心，围绕它来进行布局。元器件应均匀、整齐、紧凑地排列在 PCB 上。尽量减少和缩短各元器件之间的引线和连接。

③ PCB 设计时进行大面积的接地，模拟地、数字地要分离设计，以屏蔽 PCB 上的信号线，同时防止本身的数字模拟信号耦合干扰。

④ 电源输入端跨接 100 μF 的电解电容器，防止干扰信号由电源线串入引起对整个电路性能的影响。

⑤ 注意高频电容的布线，连线应靠近电源端并尽量粗短，否则，等于增大了电容的等效串联电阻，会影响滤波效果。注意晶振布线。晶振与时钟输入引脚尽量靠近，用地线把时钟区隔离起来，晶振外壳接地并固定。

9.3.3　nRF905 固件程序设计

在实际应用中，要实现完整的无线通信是比较复杂的，涉及通信协议（如 ZigBee、802.11 系列协议等）、信息安全（加密和解密等）以及信号处理等。在本节中，为了便于初学者掌握，只介绍 nRF905 最基本的控制程序，对于 nRF905 深层次的应用（如跳频通信等），暂不作介绍，在有一定基础后，可参考相关文献资料。

nRF905 的基本程序设计，大致分两个阶段：首先是对 nRF905 进行初始化设置，设置完成后按需要编写数据的发送或接收程序。

1. nRF905 的初始化程序设计

nRF905 的初始化主要是对它的一些配置寄存器赋设定的初值。nRF905 内部有 5 类寄存器：一是射频设置寄存器，共 10 字节，包括中心频点、无线发送功率设置、接收灵敏度、收发数据的有效字节数、接收地址设置等重要信息；二是发送数据寄存器，共 32 字节，MCU 要向外发的数据就需要写在这里；三是发送地址，共 4 字节，一对收发设备要正常通信，就需要发送端的发送地址和接收端的接收地址设置相同；四是接收数据寄存器，共 32 字节，nRF905 接收到的有效数据就存储在这些寄存器中，MCU 能在需要时到这里读取;五是状态寄存器,1字节,含有地址匹配和数据就绪的信息,一般不用。具体可参看 9.3.1 小节中表 9.7 的 nRF905 内部寄存器的配置。配置程序参考代码如下:

```
/* nRF905 寄存器配置参数 */
unsigned char idata RFConf[11] =
{
    0x00,                    //配置命令
    0x6C,                    //CH_NO,配置频段在 433.2 MHz
    0x0E,                    //输出功率为 10 db,不重发,节电为正常模式
    0x44,                    //地址宽度设置,为 4 字节
    0x03,0x03,               //接收发送有效数据长度为 3 字节
    0xE7,0xE7,0xE7,0xE7,     //接收地址
    0xDE,                    //CRC 允许,16 位 CRC 校验,外部时钟信号使能,16 MHz 晶振
};                           //RFConf[11]中具体内容可参考表 9.7 的 nRF905 内部寄存器
                             //的配置
                             //注:对于频段设置参数 CH_NO,本程序中 CH_NO[7:0]的值
                             //为 0x6c,代表使用的频点为 433.2 MHz
                             //为了达到最好的效果,软件参数上应当与硬件匹配,否则会
                             //影响通信距离
```

2. nRF905 的数据发送程序流程

发送数据时,MCU 应先把 nRF905 置于待机模式(PWR_UP 引脚为高、TRX_CE 引脚为低),然后通过 SPI 总线把发送地址和待发送的数据都写入相应的寄存器中,之后把 nRF905 置于发送模式(PWRUP、TRXCE 和 TXEN 全置高),数据就会自动通过天线发送出去。若射频设置寄存器中的自动重发位(AuTO_RETRAN)设为有效,数据包就会重复不断地一直向外发,直到 MCU 把 TRX_CE 拉低,退出发送模式为止。为了数据更可靠地传输,建议多使用此种方式。

典型的 nRF905 数据发送流程分以下几步:

① 当微控制器有数据要发送时,通过 SPI 接口,按时序把接收机的地址和要发送的数据送传给 nRF905,SPI 接口的速率在通信协议和器件配置时确定。

② 微控制器置高 TRX_CE 和 TX_EN,激发 nRF905 的 ShockBurstTM 发送模式。

③ nRF905 的 ShockBurstTM 发送:

  a. 射频寄存器自动开启;

  b. 数据打包(加字头和 CRC 校验码);

  c. 发送数据包;

  d. 当数据发送完成,数据准备好引脚被置高。

④ AUTO_RETRAN 被置高,nRF905 不断重发,直到 TRXCE 被置低。

⑤ 当 TRX_CE 被置低,nRF905 发送过程完成,自动进入空闲模式。

注意：ShockBurstTM 工作模式保证，一旦发送数据的过程开始，无论 TRX_EN 和 TX_EN 引脚是高或低，发送过程都会被处理完。只有在前一个数据包被发送完毕，nRF905 才能接收下一个发送数据包。

3. nRF905 的数据接收程序流程

接收数据时，MCU 先在 nRF905 的待机模式中把射频设置寄存器中的接收地址写好，然后置其于接收模式（PWR_UP＝1、TRX_CE＝1、TX_EN＝O），nRF905 就会自动接收空中的载波。若收到地址匹配和校验正确的有效数据，DR 引脚会自动置高，MCU 在检测到这个信号后，能改其为待机模式，通过 SPI 总线从接收数据寄存器中读出有效数据。

编写接收部分程序时，有一点应该注意，就是 CPU 在"MOSI"信号线上发出读命令字节后，在"MISO"信号线上 nRF905 会自动返回一字节数据，为本身的状态寄存器信息，后续的接收数据并不会自动跟着输出，只有 CPU 在"MOSI"上再输出一字节（能是随意值），nRF905 才会在"MISO"上返回一字节，CPU 再发，nRF905 再返回，直到读完为止。

典型的 nRF905 数据接收流程分以下几步：

① 当 TRX_CE 为高、TX_EN 为低时，nRF905 进入 ShockBurstTM 接收模式；
② 650 μs 后，nRF905 不断监测，等待接收数据；
③ 当 nRF905 检测到同一频段的载波时，载波检测引脚被置高；
④ 当接收到一个相匹配的地址时，AM 引脚被置高；
⑤ 当一个正确的数据包接收完毕时，nRF905 自动移去字头、地址和 CRC 校验位，然后把 DR 引脚置高；
⑥ 微控制器把 TRX_CE 置低，nRF905 进入空闲模式；
⑦ 微控制器通过 SPI 口，以一定的速率把数据移到微控制器内；
⑧ 当所有的数据接收完毕，nRF905 把 DR 引脚和 AM 引脚置低；
⑨ nRF905 此时可以进入 ShockBurstTM 接收模式、ShockBurstTM 发送模式或关机模式。当正在接收一个数据包时，TRX_CE 或 TX_EN 引脚的状态发生改变，nRF905 立即把其工作模式改变，数据包则丢失。当微处理器接到 AM 引脚的信号之后，并就知道 nRF905 正在接收数据包，并可以决定是让 nRF905 继续接收该数据包还是进入另一个工作模式。

nRF905 的数据发送和接收流程如图 9.20 所示。

4. nRF905 发送和接收数据的程序

以下是两片 nRF905 进行循环发送和接收数据的简单例子，它包含了单片机引脚的定义、软件模拟 SPI 接口、nRF905 初始化和数据的发送与接收。该源代码在 Keil μVision2 中编译通过，可直接应用。需要注意的是，在应用时需要让单片机引脚的定义与硬件电路中单片机引脚的连接保持一致。

//////////////////两片 nRF905 进行循环发送和接收数据//////////////////////

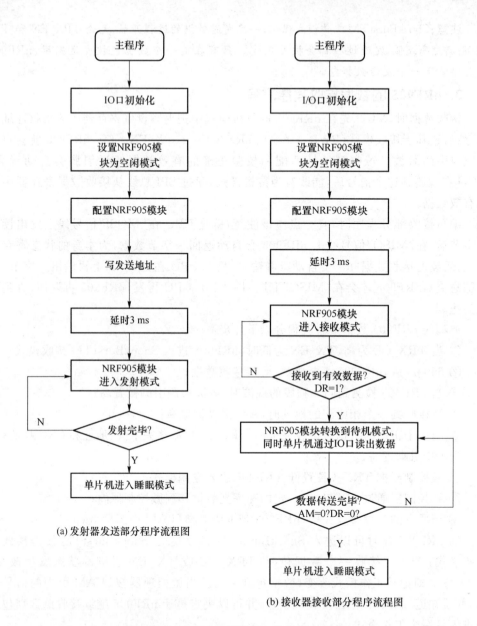

图 9.20 nRF905 数据发送与接收程序流程图

```
#include <reg52.h>
#include <ABSACC.h>
#include <intrins.h>
#include <stdio.h>
#define uint unsigned int
#define uchar unsigned char
////////////////////配置口定义////////////////////////////////
sbit TXEN = P1^7;
```

```c
sbit TRX_CE = P1^6;
sbit PWR = P1^5;
//////////////////////////SPI 口定义/////////////////////////////////
sbit MISO = P1^2;
sbit MOSI = P1^3;
sbit SCK = P1^1;
sbit CSN = P1^0;
sbit P2_0 = P2^0;
//////////////////////////状态输出口/////////////////////////////////
sbit DR = P1^4;
sbit LCD = P3^2;                      //接个发光二极管作指示,判断发送和接收数据是否一致
//////////////////////RF 寄存器配置/////////////////////////////////
unsigned char idata RFConf[11] =
{
    0x00,                     //配置命令
    0x6C,                     //CH_NO,配置频段在 433.2 MHz
    0x0E,                     //输出功率为 10 db,不重发,节电为正常模式
    0x44,                     //地址宽度设置,为 4 字节
    0x03,0x03,                //接收发送有效数据长度为 3 字节
    0xE7,0xE7,0xE7,0xE7,      //接收地址,可修改
    0xDE                      //CRC 允许,16 位 CRC 校验,外部时钟信号使能,16 MHz 晶振
}
uchar TxRxBuffer[5];
bit lcdbit;                   //接收数据验证位,验证发射和接收的数据是否相同
////////////延时//////////////////
void Delay(uint x)
{
    uint i;
    for(i = 0;i<x;i ++ ){
        _nop_();
    }
}
///////////////通过 SPI 口写数据至 nRF905 内///////////
void SpiWrite(unsigned char b)
{
    unsigned char i = 8;
    while (i-- )
    {
        Delay(10);
        SCK = 0;
        MOSI = (bit)(b&0x80);
        b<< = 1 ;
        Delay(10);
```

```
            SCK = 1;
            Delay(10);
            SCK = 0;
        }
        SCK = 0;
}
///////////////通过 SPI 口从 nRF905 内读数据////////////////
unsigned char SpiRead(void)
{
    register unsigned char i = 8;
    unsigned char ddata = 0;
    while ( i -- )
    {
        ddata<<= 1 ;
        SCK = 0;
        _nop_();_nop_();
        ddata| = MISO;
        SCK = 1 ;
        _nop_();_nop_();
    }
    SCK = 0;
    return ddata;
}
///////////////接收数据包////////////////
void RxPacket(void)
{
    uchar i;
    i = 0;
    while(DR)
    {
        TxRxBuffer[i] = SpiRead();
        i ++ ;
    }
}
/*
;写发射数据命令:20H
;读发射数据命令:21H
;写发射地址命令:22H
;读发射地址命令:23H
;读接收数据命令:24H
*/
void TxPacket(void)
{
```

```c
    TXEN = 1;
    CSN = 0;
    SpiWrite(0x22);            //写发送地址,后面跟4字节地址
    SpiWrite(0xE7);
    SpiWrite(0xE7);
    SpiWrite(0xE7);
    SpiWrite(0xE7);
    CSN = 1;
    _nop_();_nop_();
    CSN = 0;
    SpiWrite(0x20);            //写发送数据命令,后面跟3字节数据
    SpiWrite(0x01);
    SpiWrite(0x02);
    SpiWrite(0x03);
    CSN = 1;
    _nop_();_nop_();
    TRX_CE = 1;                //使能发射模式
    Delay(50);                 //等待发送完成
    TRX_CE = 0;
    while(!DR);
}
////////////////等待接收数据包////////////////////
uchar temp;
void Wait_Rec_Packet(void)
{   PWR = 1;
    TXEN = 0;
    TRX_CE = 1;
    while(1)
    {
        if(DR)                 //数据接收成功
        {
            TRX_CE = 0;        //如果数据准备好,则进入待机模式,以便SPI口操作
            CSN = 0;
            SpiWrite(0x24);    //读nRF905所接收到的数据
            RxPacket();        //保存数据
            CSN = 1;
            temp = TxRxBuffer[0] + TxRxBuffer[1] + TxRxBuffer[2];
            if(temp == 0x06)
              {
                 lcdbit = !lcdbit;//lcdbit = 0
                 LCD = lcdbit;   //如果接收的数据正确
              }
            break;
```

```c
        }
    }
}
////////////初始化配置寄存器////////////////
void Ini_System(void)
{
    uchar i;
    LCD = 0;
    Delay(10000);
    LCD = 1;                    //发光二极管,作指示用
    lcdbit = 1;
    CSN = 1;
    SCK = 0;
    PWR = 1;                    //进入掉电模式
    TRX_CE = 0;
    TXEN = 0;
    _nop_();
    CSN = 0;                    //进入 SPI 模式
    for(i = 0;i<11;i++)
    {
        SpiWrite(RFConf[i]);    //设置配置寄存器
    }
    CSN = 1;                    //关闭 SPI,进入接收状态
    PWR = 1;
    TRX_CE = 1;
    TXEN = 0;
    Delay(1000);
}
void main(void)
{
    uchar i;
    Ini_System();               //设置配置,并进入接收模式
    while(1)
    {
      Wait_Rec_Packet();        //等待接收完成,保存完接收数据(保存数据 + 地址)
      for(i = 0;i<2;i++)
      Delay(65530);
      TxPacket();               //发送数据
    }
}
///////////////////////////////////////////////////////////////////////
```

单片机高级应用实例

第 9 章

本章小结

本章主要较深入地讲解了 CAN 总线节点的设计、Mifare 射频卡读写器的设计和基于 nRF905 的无线传输节点设计。每个例子都给出了较完整的源代码以供读者参考,并对其中主要的函数作了注释说明。这三个例子涉及的都是目前应用较为广泛的技术,读者熟练掌握后,能在一定程度上缩短相关技术的开发周期。

思考题与习题

1. CAN 总线的模型总共分为几层,分别是什么?各层的主要功能是什么?
2. CAN 总线报文传输由哪 4 种不同类型的帧所表示和控制?其作用分别是什么?
3. 简述 FM1702SL 对于 Mifare 卡操作流程。
4. 简述 FM1702SL 密钥的设计。
5. 试设计完整的 nRF905 应用电路,单片机自主选择,给出设计方案和电路原理图。
6. 在习题 5 的基础上编写单片机控制 nRF905 进行无线通信的数据发送和接收的代码。

第10章 程序烧录与样机开发

本章讲述单片机系统的实际开发制作过程,以及在实际开发过程中需要了解的相关知识,如集成开发环境的建立、电路板的设计与焊接、程序的烧写下载、硬件与软件的综合调试技巧等,最后以一个综合实例来讲解整个实际开发过程。

10.1 项目开发流程

10.1.1 项目开发概述

前面章节讲述了单片机系统各部分内容的基本知识和和基本实例仿真,然而仿真的最终目的是能够更快地设计制作出实际的电路板,通过烧写编制好的程序,系统能够运行,并达到预期的功能。如何运用前面章节介绍的基本知识综合开发出一个实际的单片机系统,系统能够很好地运行,并达到预期的功能,还需要学习一些系统综合开发方面的知识。

一个实际工程项目的开发,包括用户需求分析、功能界定、总体方案设计、绘制原理图及电路板制作、软件编制和调试、程序烧录下载、软硬件综合调试、现场环境试运行等多个阶段。其中原理图设计、程序编制等基本方法在前面章节已有讲述,本章只介绍样机开发时需要考虑的几个主要过程。单片机系统实际项目的开发过程,可以用图10.1来说明。

10.1.2 需求分析

需求分析,是指在具体原理方案确定之前,充分分析客户对产品性能的需求,以期在原理方案制定阶段,选择恰当的单片机和主要功能部件,设计出合理的原理方案。对产品性能分析的内容,通常包括功能要求、技术指标要求、功耗要求、产品体积要求、运行环境、产品批量大小、产品运行期间的维护等。同时,还要适当考虑自己的开发设备和知识能力。单片机系统的原理方案设计,主要是确定单片机型号和几个主要功能部件,其余常见的功能实现,可以有较大灵活性。下面就学习阶段需要掌握的几个主要内容作详细分析。

1. 主要功能和技术指标分析

通过对系统功能和主要技术指标分析，了解系统功能复杂度，了解对系统运行速度快慢的要求、对I/O口数量及驱动能力的需求、对单片机程序存储容量大小的需求、对单片机扩展的要求等。当功能简单、速度要求不高时，常见的单片机即可胜任，这时就尽可能选择常见的单片机，如AT89S51、AT89S52等型号的单片机；若功能比较复杂、运行速度较高，则要选择一些集成度高，功能较强大、运行速度快的单片机，如AVR、C8051F及MSP430等类型的单片机。

对单片机I/O口分析，包括I/O口数量及驱动能力分析。尽量选择有足够数量I/O口的单片机，而无需进行扩展。如果I/O口具有较大的驱动能力，就可以直接用I/O口驱动外部元件，如AT89C2051的I/O口可直接驱动发光管。在设计中，I/O口不能用完，要留有余地以备将来系统功能扩展之用。尤其是P0口，最好不要用作I/O口而是留作总线用。

关于单片机存储容量的选定，现在的单片机内部大都有程序存储器，所以主要是存储空间的选择问题。根据功能复杂程度，估计程序量的大小，选择有足够容量的单片机型号。例如，如果程序量小，可以选择AT89S51单片机，AT89S51单片机内部有4 KB的程序存储器；如果程序量大，可以选择AT89S52单片机，内部有8 KB的程序存储器；如果程序量再大，则可以选用AT89S8253，其内部有12 KB Flash ROM。AT89C51RB2内部有16 KB Flash ROM，AT89C51RC2内部有16 KB Flash ROM，AT89C51AC2内部有32 KB Flash ROM，AT89C51AC3内部有64 KB Flash ROM等，可以根据具体程序的大小进行选用。对系统的主要功能模块，也要尽量采用单片机的片内功能块实现。如定时器/计数器、A/D转换器、D/A转换器、CAN总线通信、串行通信、SPI串行总线、I^2C总线、USB功能、MP3功能、PWM功能、看门狗功能等等，都可以通过选择合适的单片机，而不用外部扩展实现。例如AT89C51AC2、AT89C5115内部有10位的A/D转换器，AT89C51CC01/02/03内部带有CAN总线，还具有大容量Flash ROM，AT83C5134/35/36等型号内部集成了USB功能部件等。

2. 功耗分析

功耗分析，主要考虑系统主要部件运行时对用电的限制。当系统是固定设备，在有电源的场合运行，则功耗要求不是很重要，但也要尽量选择节能、有睡眠功能、耗电少的元器件。当系统是便携式设备，在野外工作依靠电池供电，则系统的功耗就是一个必须认真对待的问题。这时，所选择的单片机及主要元器件，就必须使用特别省电的元器件，且具有睡眠功能。

3. 系统安装空间分析

安装空间小，要求系统体积小，可以选择贴片元件或少引脚单片机。如AT89C2051只有20个引脚，内部有2 KB Flash ROM，AT89C4051也是20个引脚的单片机，内部有4 KB Flash ROM。如果有足够的安装空间，则可以选择引脚更多的单片机，以便有更多的I/O口和功能资源。中国宏晶科技公司出品的单片机在封装上非

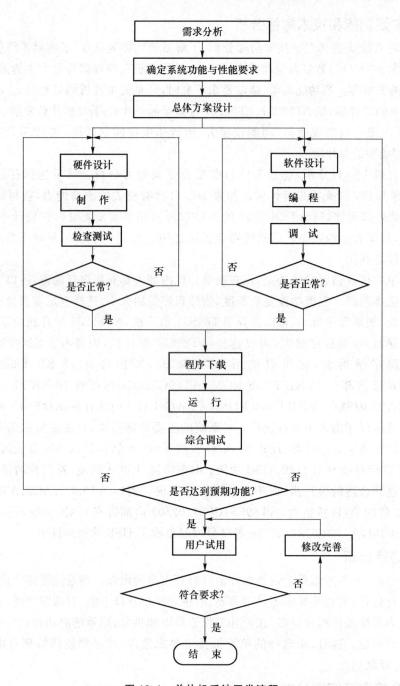

图 10.1　单片机系统开发流程

常灵活,尺寸较小的单片机有 16 引脚、18 引脚、20 引脚等各种系列,可以根据对 I/O 的需求进行选择,而这个公司的 STC15F10 系列和 STC15L10 系列单片机只有 8 个引脚,是目前引脚最少的单片机。

4. 运行环境分析

运行环境分析主要考虑系统工作的具体环境条件,包括是否有强电磁干扰,是否处于寒冷的室外环境,或工作于高温环境。有强电磁干扰的环境,要求在设计之初就必须认真设计系统的抗干扰措施,系统工作于过冷或过热环境,就必须选择工作温度范围宽的工业级或军品级元器件,确保器件在恶劣的工作环境能够正常运行。通常,商业级芯片的工作温度范围为0~70℃,工业级芯片的工作温度范围为-40~85℃,军品级芯片的工作范围为-55~125℃。工作范围越宽价格越高,可以根据具体的工作环境选用不同工作范围的芯片。如果系统是大屏幕显示,则要区分是室内屏还是室外屏。对于室外屏,要充分考虑阳光的照射,可能在室内很亮的屏幕,在室外阳光的照射下只有较低的亮度。

在满足性能指标、功耗及环境条件等要求的前提下,如果有多种元器件可供选择,还要考虑自身对哪种器件更熟悉,哪种器件容易开发。当器件开发需要专用开发设备时,还要有相应的开发设备。在学习阶段,主要目的是掌握基本原理和基本开发流程,可以暂时不用考虑这些因素。在前面章节中,因仿真工具Proteus的限制,主要使用AT89C51、AT89C52机型进行仿真开发,但在制作时推荐大家使用AT89S51、AT89S52(AT89C51、AT89C51已停产),后面以AT89S51、AT89S52单片机进行实际电路的开发与开发过程的叙述。

10.1.3 系统总体设计

在总体设计阶段需要完成以下工作:

① 划分硬件和软件任务,绘制系统总体结构框图。单片机应用系统是由硬件和软件组成的,而硬件和软件的设计是紧密相关的,有些功能必须由硬件来实现,另外一些功能必须由软件来完成,但是也有一些功能既可以由硬件来完成,也可以由软件来完成。一般来说,为了降低成本、简化硬件结构,能由软件完成的工作尽量用软件完成;若为了提高系统的实时性、可靠性,降低软件复杂程度,也可以采用硬件实现。总之,软、硬件两者是相辅相成的,要根据实际情况合理选择。

根据对软件和硬件任务的划分,可以画出系统的结构框图,包括硬件框图和软件结构框图。

② 确定机型及关键器件。选择机型要掌握几个原则:首先是能够满足应用系统的工作要求,并且性价比高。其次该机型应是应用广泛、成熟、市场供应充足,在一定时间内不会停产的产品。第三为提高效率、缩短开发周期,最好使用自己熟悉的机型。

应用系统除单片机外,通常还有传感器、A/D转换器、D/A转换器、放大器等关键器件,这些器件的选择应满足系统精度、速度和功率等方面的要求。

10.2 硬件电路设计与焊接

硬件设计的主要任务是根据总体设计要求和功能,逐一设计出每一个单元电路,最后组合起来,形成一个完整的硬件系统原理图,并通过确定电路板外观、各元器件在电路板上的布置以及各元器件之间的连线,设计出 PCB 图。如何使用工具软件设计电路原理图和 PCB 图,由专门的课程讲解,不是本章重点。

10.2.1 准备工作

1. 画原理图

首先依据需要实现的功能和实现方案绘制原理图。在不需要制板的情况下,可以把详细的电路图先画在纸上,依据电路图用万用板焊接。如果需要印刷制板,就要用到专用的电路设计工具软件,例如:Proteus、orCAD、protel99 se、protel dxp、Altium Designer 等软件。应用专用软件设计电路原理图与印刷板图可以参考相关书籍,限于篇幅现仅以万用板制作的最小系统为例,说明硬件电路设计的过程。

最小系统原理图如图 10.2 所示。最小系统是所有系统的基础,通过练习焊接好最小系统为设计开发复杂系统打下坚实的基础。

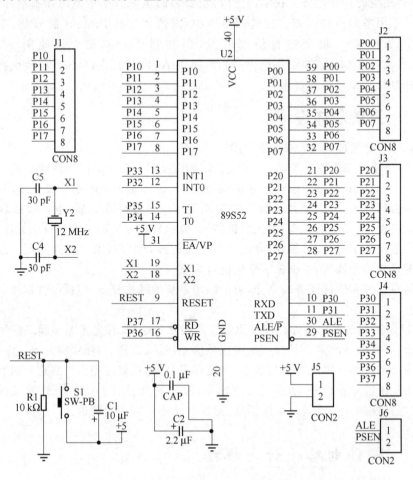

图 10.2　单片机最小系统原理图

2. 硬件准备

硬件包括主要工具、辅助工具和电子元器件等,所需要的元器件与万用板如图 10.3 所示。

① 主要工具有:数字万用表、电烙铁、焊锡、松香和导线等。

② 辅助工具有:剪刀、镊子、吸焊器等。

③ 最小系统元器件准备:AT89S52 单片机,12 MHz 晶振一个,30 pF 独石电容两个,22 μF 极性电容一个,10 μF 极性电容一个,0.1 μF 电容一个,10 kΩ 电阻一个,普通小按键一个,单列排针,管座,万能板等。

电容使用说明:两个 30 pF 独石电容与晶振相连接,用来稳定时钟频率;一个 10 μF 极性电容和 10 kΩ 电阻组合用来产生上电复位信号,可以有多种组合取值方法;0.1 μF 电容和一个 22 μF 电容是去耦电容,跨接在单片机的电源与地之间,焊接时要尽量靠近单片机。

3. 焊接前的准备与说明

(1) 电烙铁的使用及选择

- 选用合适的电烙铁(一般为 35 W 刀口烙铁或 35 W 的针形烙铁),选用焊接电子元件用的低熔点焊锡丝。
- 助焊剂,用 25% 的松香溶解在 75% 的酒精中(重量比)作为助焊剂。
- 电烙铁使用前要上锡,具体方法是:将电烙铁烧热,待刚刚能熔化焊锡时,涂上助焊剂,再用焊锡均匀地涂在烙铁头上,使烙铁头均匀地涂上一层锡。
- 焊接方法:把焊盘和元件的引脚用细砂纸打磨干净,涂上助焊剂。用电烙铁沾取适量焊锡接触焊点,待焊点上的焊锡全部熔化并浸没元件引线头后,电烙铁头沿着元器件的引脚轻轻往上一提离开焊点。
- 焊接时间不宜过长,否则容易烫坏元件,必要时可用镊子夹住引脚帮助散热。
- 焊点应呈正弦波峰形状,表面应光亮圆滑,无焊刺,锡量适中。
- 焊接完成后,要用酒精把线路板上残余的助焊剂清洗干净,以防碳化后的助焊剂影响电路正常工作。

以上是焊接线路板的要点,在焊接万用板时不用这样严格,只用松香就可以了。

(2) 排针的使用

在焊接最小系统时最好把排针也焊接上,把经常使用的端口引出来,例如电源,4个 8 位 I/O 口等,方便使用。

(3) 管座的使用

在焊接单片机时应先焊接上单片机的管座,管座最好采用 40 脚带锁定机构的管座,如果没有带锁定机构的管座,至少也要用一个直插管座,以便单片机烧写程序时的插拔。在万用板上焊接其他引脚较多的元器件时也要尽量使用管座,以便更换和重复利用。

(4) 导线的准备

用于连接两个引脚的导线,在长度上以满足连接两个引脚为度不要过长。为焊接,

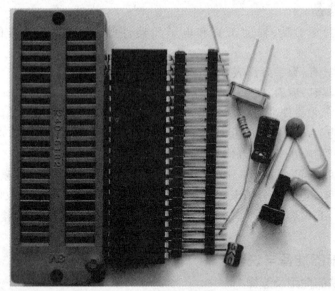

(a) 主要元器件

(b) 万用板

图 10.3　单片机最小系统的元器件及万用板

其两端要剥去一小段绝缘层露出金属导线，露出的金属导线要尽量短，能焊接上即可。在焊接前可以先在露出的导线上先附上松香，再用电烙铁沾适量的焊锡附到导线两端，让多股导线形成一个整体而不分散。这样处理可以使焊接容易、焊点光滑。

10.2.2　最小系统硬件电路焊接

① 40 脚管座的焊接：首先焊接 40 脚管座，把带锁紧机构的管座放到万用板的中间位置，在附铜面焊接即可，使用时将单片机插在管座上锁紧。这样便于后续烧写程序时随时插拔单片机，也可以防止在焊接过程中烧坏单片机。

② 晶振的连接：晶振和 30 pF 独石电容不分正负极，焊接时要尽量靠近单片机的18、19 引脚，以减少干扰。晶振一般用 11.059 2 MHz 或 12 MHz，前者在通信中经常使用利于波特率的计数，后者利于定时计算，视情况而定。

③ 复位电路的连接：复位电路可分为上电复位和手动复位。10 μF 电容和 10 kΩ 电阻组合用来产生上电复位，跨接在电容两端的小按键用于手动复位。

④ 电源引脚的焊接：在电路板的靠边位置焊上两个插针，将电路板上所有与电源正负极相连的引脚通过连线，焊接到两个插针上。一定要记着将引脚 31($\overline{EA}$/VP)连到电源正极，否则将来的系统不能运行，这是由于 AT89S52 单片机内部具有 8 KB 程序存储器，不需要外扩程序存储器。焊好之后，一定要在插接电源的两个插针旁边标注或刻上正负极，以免将来插错电源方向烧坏板上元件。

⑤ 其余元件的焊接：按照电路图，将每个引脚都焊接在电路板上，并将 4 个 8 位端口，分别连接到一个 8 根的插针上，以便在将来使用时用排线引出来。焊好的最小系统如图 10.4 所示。

图 10.4　焊接好的最小系统

10.2.3　电路板焊接效果检查

按照原理图将电路板焊接完毕，还要对电路板作认真的检查，确保相互之间该连接的引脚电气上一定相连，不该连接的引脚之间完全断开。电路板的检查是硬件焊接的基本功，在今后的所有电路板制作中，都要坚持在焊接完之后，对焊接结果进行详细的检查。

1. 检测方法

将数字万用表的功能挡位，转到二极管检测的功能位，即挡位旋钮的指针指向标记为红色的二极管和蜂鸣位置，这时，在显示屏幕的最左端显示"1"。然后用两个检测针开始检测。检测方法是，将两个检测针分别接触电路板上要检测的两个引脚，一方面听蜂鸣器是否有鸣叫声，同时观察万用表显示屏显示的两引脚之间的阻值。蜂鸣器鸣叫与被检测两引脚之间的电阻值有关，一般情况下，当两个引脚之间电阻值小于 10 Ω 时，蜂鸣器鸣叫;大于10Ω时,蜂鸣器没有鸣叫声。具体分界阻值还与每个万用表的制造特性有关。

2. 断路错误的检测

对于两个焊接在一起或通过导线相连的引脚,检查的目的是发现虚焊或漏焊。检测时蜂鸣器应该有鸣叫声,同时显示两引脚之间电阻值为0或接近于0的结果。否则表明两引脚之间有断路错误,需要重新焊接。

3. 短路错误的检测

对于两个电气上完全分离的引脚,检查的目的是发现短路。检测时蜂鸣器不应该有鸣叫声,同时显示两引脚之间电阻值很大。否则表明两引脚之间有短路错误,需要仔细检查,用电烙铁将焊接点分开。对于电源的正负极一定要认真检查,确保不能有短路现象发生,否则在电路板上电时元器件会在很短时间内发热、发烫、进而烧坏。对于电源正负极,检测时需要检测针正极(红色)接触电路板电源正极,检测针负极(黑色)接触电路板电源负极。相反相接时,蜂鸣器也会鸣叫。

4. 说 明

当电路板插上元器件之后,由于元器件内部连接特性,可能会引起电路板上没有电路相连的两引脚,在检测时出现蜂鸣器鸣叫现象,这种情况要区别对待。

从理论上说,任何两个引脚之间都要进行"通"和"断"的检测,确保任意两个引脚之间,该通的要通,该断的要断。任意两个引脚的组合是一个较大的数字,这样做很浪费时间,也没有必要。实际上,对于一个引脚,与其相连的引脚是少数,需要将这个引脚与其相连的引脚一一检测,保证相通;而与其相断开的引脚是多数,但需要检测的只是与其位置相邻的两个或几个引脚,经过检测,保证电气上断开即可。

对于万用板,引脚之间采用导线连接,如果导线端部裸露的导线较长,在检测时可能没有出现断路和短路问题,但在使用过程中,电路板震动或受压,就会使原本断开的引脚连接起来,形成短路,也有可能使原本连接的焊点断开,形成断路。因而在剥导线端绝缘层时,露出的线头要尽量短,防止电路板受压后发生短路现象。对于电路板引脚之间的"通""断"检测过程,不论是手工制板,还是印刷电路板,当焊完电路板后都要认真检测,尤其是万用板焊接更要认真检测。

10.3 软件开发

软件设计是工作量最大也是最重要的一环。设计的任务是在系统总体设计和硬件设计的基础上,确定程序结构、划分功能模块,然后进行主程序和各模块程序的设计,最后连接起来成为一个完整的应用程序。

10.3.1 软件开发过程

软件开发大体包括以下几个方面:

1. 划分功能模块及安排程序结构

软件结构设计的任务是划分各功能模块并考虑各模块之间的相互联系与关系,确定出各模块的程序结构。单片机应用系统程序一般由主程序和若干中断服务程序构成。在结构设计阶段应明确主程序和中断服务子程序完成的任务,指定各中断的优先级别以及是否允许嵌套。

模块化程序设计是单片机应用中最常用的程序方法,其中心思想是将一个功能较多、程序量较大的程序整体,按功能划分成若干个相对独立的程序段,即程序模块,分别进行独立的设计、调试和查错,各功能模块源程序以独立的文件存放。各模块独立运行正确后,再连接成一个程序整体。例如,根据系统任务,将程序大致划分成按键模块、显示模块、温度检测模块、日历时钟模块、A/D 转换模块、D/A 转换模块、串行通信模块和主模块等,各分模块在主模块中包含并调用。模块化编程方法的优点是,每个模块相对独立,不仅程序条理清晰、层次分明、结构简单,便于设计、修改和调试以及多人协作分工,也有利于模块的重复利用。

2. 画出各程序模块的详细流程图

许多同学往往不愿意画程序流程图,而是一上来就开始编程,一边思考算法一边输入程序。由于没有事先考虑成熟实现方案,结果造成不断修改程序,甚至完全废弃已编程序重新再编,造成时间的浪费。因此,在具体编程之前,要针对具体的模块功能,深思熟虑实现方案,画出详细流程图。当然,对于简单的模块功能也可以直接写出程序。

3. 编写程序

根据系统功能,编程语言可以采用 C51 编程也可以采用汇编语言编程,还可以采用 C51 与汇编的混合编程。作为高级语言 C51 功能强大,编程效率高,程序可读性强,因而一般程序通常选用 C51。而对于实时性要求高的程序段和要求精确延时的程序段,可以应用汇编语言编程。

主程序的结构一般是先进行各种初始化,然后进入循环扫描执行体中。在循环体中,根据各模块的功能和事件发生的先后关系,逐个调用各个功能函数,实现状态查询、A/D 转换、运算处理、D/A 转换、键盘扫描和显示结果等功能。期间可能被各种中断打断,转向中断服务子程序,中断服务结束,再返回主程序循环体中继续执行。设计各模块程序时,应说明模块应完成的功能、与其他模块之间的关系、用到的端口定义等。在编写子函数时,应注明各个子函数的功能以及入口与出口参数、实现的基本原理和算法等。主要程序语句应添加尽量详尽的注释,便于程序的修改和维护。

4. 调试程序

输入程序之后,总会有语法错误和逻辑错误。语法错误在编译器的提示下容易改正,但逻辑错误通常需要仔细地调试才能够发现。本节重点讲述程序调试。

5. 编写程序文档

在编写程序过程当中和之后,还要完成程序文档,如流程图、程序说明、标志定义表、端口定义、数据格式、主要变量说明、通信协议等,程序文档要标准规范,养成工程化设计软件的习惯。

10.3.2 μVision3 软件调试

前面,已经建立了项目并对其进行了编译和链接,但是编译通过仅表示源程序没有语法错误,至于源程序中的逻辑错误,必须通过调试解决。

1. 设置调试选项

μVision3 调试器可以调试用 C51 编译器和 A51 宏汇编器开发的应用程序。μVision3 调试器有两种工作模式,可以在 Options for Target→Debug 对话框中选择。在没有硬件仿真器时,通常应用软件仿真模式"Use Simulator"。在此模式下,不需要实际的目标硬件就可以模拟 51 系列单片机的很多功能,在硬件做好之前,就可以测试和调试嵌入式应用程序,实际应用中,通常选用软件仿真器。对话框 Options for Target→Debug 用于配置 μVision3 调试器,如图 10.5 所示。

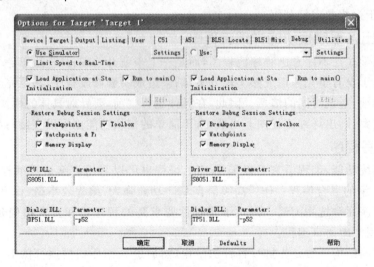

图 10.5　μVision3 调试器配置

2. 启动调试

在 μVision3 调试器中,单击调试按钮 后,工具栏中出现调试工具。用 Debug→Start/stop Debug Session 菜单命令也可以启动 μVision3 的调试模式。按照 Options for Target→Debug 的配置,μVision3 会载入应用程序并运行启动代码。如果程序停止执行,则 μVision3 会打开源文件的编辑窗口,或在反汇编窗口显示 CPU 指令。下一条可执行的语句用黄色箭头标出,如图 10.6 所示。

3. 反汇编窗口

反汇编窗口用源程序和汇编程序的混合代码或汇编代码显示目标应用程序,如图 10.7 所示,已经执行的指令都可以在 Debug→View Trace Records 中显示。设置 Debug→Enable/Disable Trace Recording 选项可以使能指令执行跟踪历史记录。

程序烧录与样机开发
第10章

如果选择Disassembly窗口作为活动窗口,则所有程序的单步(step)命令会工作在CPU的指令级而不是源程序的行。可以用工具栏按钮或上下文菜单命令在选中的文本上设置或修改断点。可以使用 Debug→Inline Assembly… 对话框修改CPU指令。它也允许在调试时纠正错误或在目标程序上进行暂时的改动。

图10.6 调试状态下对话框

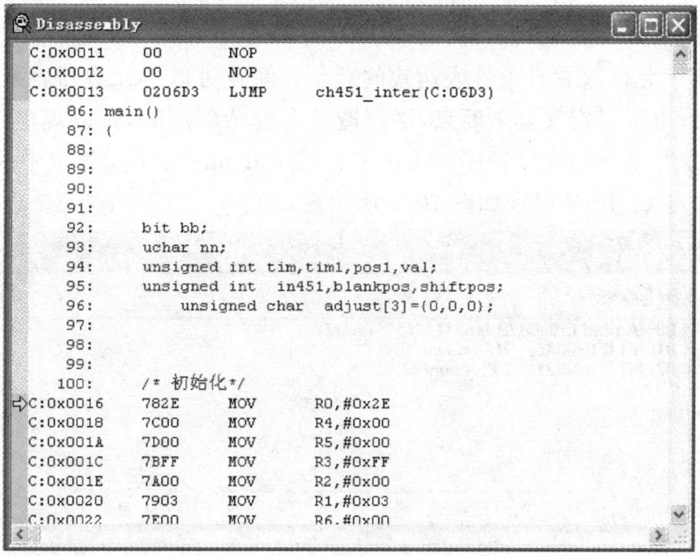

图10.7 Keil C的反汇编窗口

4. 断 点

在调试中设置断点是基本调试手段之一,所谓断点就是让程序运行到某处停止。在μVision3中有简单断点和复杂断点。

(1) 简单断点

μVision3 中允许选择一行代码,在其执行时停到此处,这就是简单断点。在调试程序时,当给出断点且程序运行到这行代码时,程序停止运行,并允许检验存储器、寄存器和变量等。设置断点时可以在工具栏上单击 ✋ 按钮或使用鼠标双击某一行,就会出现一个红色方块,如图 10.8 所示。

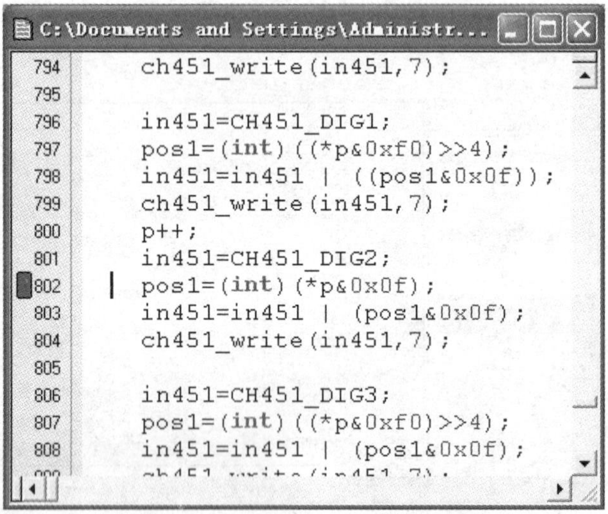

图 10.8　Keil C 中定义断点的语句

(2) 复杂断点

μVision3 中允许放置有条件表达式的断点。断点可以由计数器触发,减少到数值零时断点出现;也可以定义复杂断点,当创造一个复杂断点时,可以规定一个测试表达式、记数以及执行一条命令字符串。单击工具栏中 debug 的下拉菜单中的 Breakpoints 一项或按组合键 Ctrl+B 出现如图 10.9 所示窗口。

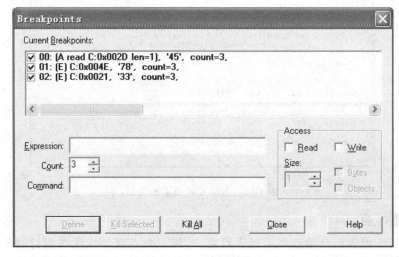

图 10.9　定义复杂断点

5. 目标程序的执行

在调试模式下，可以用几种不同的方法执行语句和函数。

① Run：全速运行，运行到断点处停下来。利用此命令可以快速运行到需要跟踪的语句，节省调试时间。

② Step：跟踪进入函数内部运行，利用此命令，可以调试单个函数是否正确。

③ Step Over：在遇到函数时，调用函数执行而不跟踪进入函数。当确信函数没有错误时，就不需要逐句运行函数语句，节省时间。

④ Run to Cursor Line：程序快速运行，到达当前光标处停下来，等待进一步命令。

6. Watch 窗口

Watch 窗口可以查看和修改程序变量，并列出当前函数的嵌套调用，如图 10.10 所示。Watch 窗口的内容会在程序停止运行后自动更新，也可以使能 View Periodic Window Update 选项，在目标程序运行时自动更新变量的值。

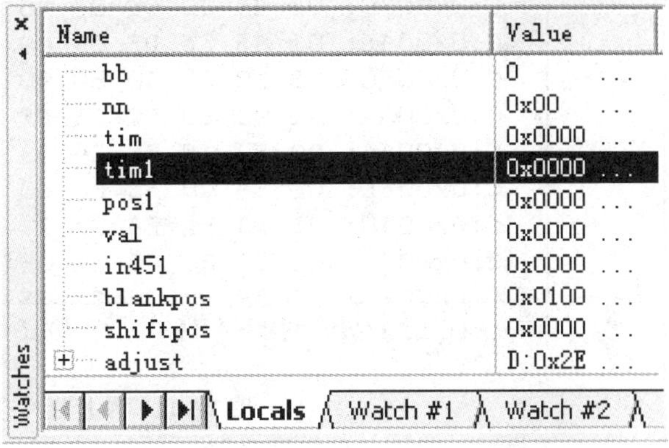

Local 页显示了当前函数的所有局部变量。Watch 页显示用户指定的程序变量，可以使用 3 种不同的方法添加变量。

① 用鼠标单击文字＜enter here＞并等待一会儿，再单击一下鼠标即进入编辑模式。此时可以添加变量。用同样的方法，可以修改变量的值。

② 用鼠标右键在编辑窗口打开上下文菜单，单击 Add to Watch Window。μVision 3 会自动选择光标位置上的变量名，也可以在使用这个命令前标记一个表达式。

图 10.10 Keil C 中的 Watch 窗口

③ 在 Output Window-Command 页，可以用 WatchSet 命令输入变量名。

要删除一个变量，单击该行并按下 Delete 按钮。

当前函数的嵌套调用显示在 Call Stack 页中。可以双击该行，在编辑窗口显示调用情况。

7. CPU 寄存器

CPU 寄存器在 Project Window→Regs 页显示，如图 10.6 左侧内容所示，各寄存器的值也可以像在 Watch Window 中的变量一样修改。

8. Memory 窗口

Memory 窗口能显示各种存储区的内容，如图 10.11 所示。最多可以通过 4 个不同的页观察 4 个不同的存储区，分别是 code 代码区、data 内存区、idata 内存区和 xdata 内存区。用上下文菜单可以选择输出格式。

在 Memory 窗口的 Address 字段,输入"特定字符:起始地址"即可查看相应内存区域。起始地址为十六进制数字,表示要显示区域的起始地址。特定字符是 C、D、I、X,不分大小写,分别表示要显示的区域是 code 区、data 内存区、idata 内存区和 xdata 内存区,如果省略字符只有数字地址,则默认要显示的区域是 code 代码区。要改变数据存储区内容,用鼠标双击该值。此时会弹出一个可以输入新存储器值的编辑窗口。使能 View–Period Window Update 项,可以在程序运行时自动更新 Memory 窗口。

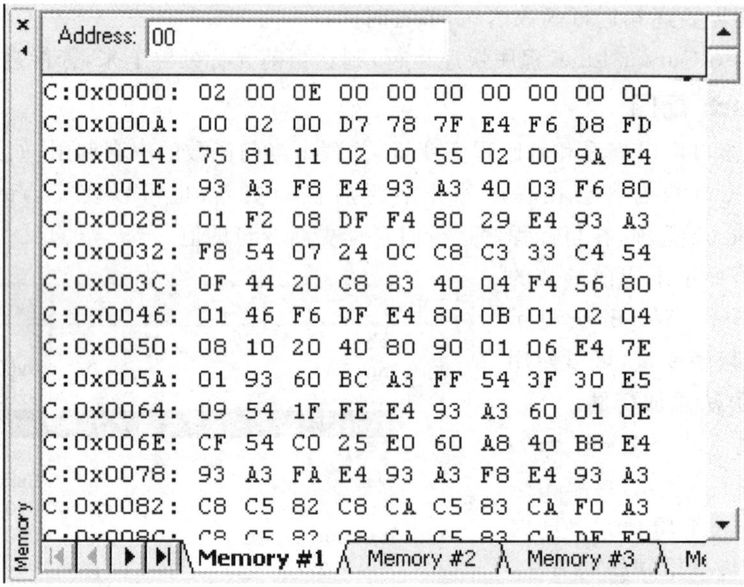

```
Address: 00
C:0x0000:  02 00 0E 00 00 00 00 00 00
C:0x000A:  00 02 00 D7 78 7F E4 F6 D8 FD
C:0x0014:  75 81 11 02 00 55 02 00 9A E4
C:0x001E:  93 A3 F8 E4 93 A3 40 03 F6 80
C:0x0028:  01 F2 08 DF F4 80 29 E4 93 A3
C:0x0032:  F8 54 07 24 0C C8 C3 33 C4 54
C:0x003C:  0F 44 20 C8 83 40 04 F4 56 80
C:0x0046:  01 46 F6 DF E4 80 0B 01 02 04
C:0x0050:  08 10 20 40 80 90 01 06 E4 7E
C:0x005A:  01 93 60 BC A3 FF 54 3F 30 E5
C:0x0064:  09 54 1F FE E4 93 A3 60 01 0E
C:0x006E:  CF 54 C0 25 E0 60 A8 40 B8 E4
C:0x0078:  93 A3 FA E4 93 A3 F8 E4 93 A3
C:0x0082:  C8 C5 82 C8 CA C5 83 CA F0 A3
C:0x008C:  C8 C5 82 C8 CA C5 83 CA DF E9
```
Memory #1 / Memory #2 / Memory #3 / Me

图 10.11 单片机内存

9. 外围部件模拟

μVision3 可以模拟很多外围部件,包括中断、外部 I/O、串行口和定时器等。启动调试后,主菜单项"Peripherals(外围设备)"可用,单击其下拉菜单,可以分别对中断、外部 I/O、串行口和定时器进行设置和仿真。这项功能对于调试串口的收发、I/O 口输入、外中断信号以及定时器/计数器功能,非常有用。

10.4 程序存储器编程

10.4.1 程序存储器编程方法

当硬件电路与软件分别制作检查和调试完毕时,就可以将可执行代码写入到单片机的程序存储器中运行了。将调试好的程序写入到单片机内部或外部程序存储器中的过程,称为对程序存储器编程,习惯上称为程序烧写或程序下载。对程序存储器进行编程的设备,称为编程器,自制的简易编程器习惯上也称为下载线。

第 10 章　程序烧录与样机开发

单片机的生产厂家及型号系列不同,单片机内部所有的存储器类型可能不同,存储器内部结构或编程接口也可能不同,程序存储器的编程方法就不同。程序存储器的编程方法常见的有两种:离线编程和在线编程 ISP(In System Programming)。

1. 离线编程

离线编程的方法是,将单片机芯片从电路板上取下来,放到专用编程器上夹紧,在相应的软件支持下,应用高压(通常是 12 V)将运行程序烧写到单片机内部的程序存储器中。例如,AT89C51/52 单片机就必须采用这种方法下载程序。这样,当需要修改单片机程序时,就必须将单片机在电路板与编程器上来回更换,修改一次程序很不方便,也容易损坏单片机,这也是建议为单片机焊接一个管座的用意之一,方便单片机在电路板上的插拔。因而这种方法逐渐被淘汰,AT89C51/52 单片机也因此不再生产。

2. 在线编程

在线编程是指单片机在编程时,不需要专用编程器,也不需要将单片机从电路板上取下来,而是通过在电路板上预留的接口与 PC 机直接相连,在相应的软件支持下,应用电路板运行时的电压,将程序烧写到单片机内部的程序存储器中。这种方法由于不需要将单片机从电路板上取下来,既方便又不易损坏单片机。例如,AT89S51/52 单片机就具有在线编程的功能。

由于离线编程的方法已逐渐被淘汰,下面只对在线编程的原理进行介绍。

10.4.2　在线编程原理

1. SPI 串行接口模式在线编程 Flash 原理

Atmel 公司的单片机 AT89S51、AT89S52、AT89S553 和 AT89S5252 等型号,采用 SPI 串行接口模式在线对内部 Flash 存储器编程,Atmel 公司的 AVR 单片机也是采用在线方法编程。Atmel 公司的 ISP 技术,是通过同步串行 SPI 通信方式,与单片机专用的串行编程接口通信,实现对单片机内部的 Flash 存储器进行编程。通过 ISP 技术,即使将单片机焊接在电路板上,只要电路板留有和上位机通信的专用编程接口,就可以实现单片机内部存储器的编程,已经编程的单片机也可以用 ISP 方式擦除或再编程,而无需再取下芯片。ISP 技术通过单片机上引出的编程线、串行数据线、时钟线等对单片机内部 Flash 存储器进行编程,编程线与 I/O 口线共用,不额外增加单片机的引脚。这里仍以 AT89S52 为例进行说明。

ISP 编程接口是一个 4 线 SPI 串行接口,信号包括 RST、SCK、MOSI(作为输入)、MISO(作为输出),编程时的接线图如图 10.12 所示。在复位引脚 RST 拉高到电源电压 Vcc 时,就可以通过 ISP 对 Flash 存储器进行串行编程,编程的时序如图 10.13 所示。当 RST 置高电平后,在能够执行其它操作之前,必须首先执行编程使能指令。对已编程存储器再次编程之前,需要首先执行擦除操作。芯片擦除操作,把程序存储器的每一字节内容都转变为 FFH。系统时钟信号既可以从 XTAL1 引脚输入,也可以在 XTAL1 和 XTAL2 之间跨接晶振产生。但要注意最大的串行时钟(SCK)频率不能高于时钟信号的 1/16,例如时钟信号频率为 24 MHz 时,SCK 最大频率为 600 kHz。对于 33 MHz 的振荡频率,最大的 SCK 频率是 2 MHz。

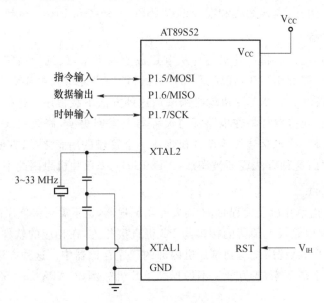

图 10.12　串行模式编程 Flash 接口图

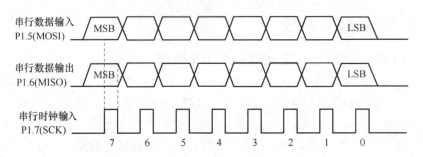

图 10.13　串行模式编程 Flash 时序图

2. UART 串行接口模式在线编程 Flash 原理

中国深圳宏晶科技有限公司生产的 STC 系列单片机,与 51 系列单片机兼容,不仅运行速度快还具有一些独特的性能。STC 系列单片机采用独特的 UART 串行接口模式在线对内部 Flash 存储器编程。由于每个单片机都至少有一个 UART 串口,而且通常单片机多需要与 PC 机进行串行通信,因而 UART 串行模式的在线编程方法,只要应用系统具有与 PC 机通信的功能,系统也就自然地具有了在线编程的功能。这种串行编程方式比上一种串行方式更简单方便。由于采用 UART 串行模式的在线编程接线,与通常的单片机通过 MAX232 芯片与 PC 机通信的接线完全一样,这里不再给出编程连接原理图。

10.4.3 应用专业编程器的程序下载

专业编程器能够烧写的单片机与存储器种类、型号多,而且在烧写过程中,性能稳定可靠,自动检错能力强,对保护芯片提供了很好的保证。但专业编程器价格较高,少则几百元,多则上千元,对于学生或个人在初学期间,一般不愿购买专业编程器。

专业生产编程器的公司很多,下面以南京西尔特公司的 SP280U 通用编程器为例,介绍专业编程器的使用方法。SP280U 编程器是一款性能优良、操作简便、支持多种类多型号、使用 USB 与 PC 接口的专业编程器。它既可以烧写并行模式编程的单片机,也可以烧写串行模式编程的单片机,编程器可以根据所选择的单片机型号,自动选择合适的烧写模式。在使用过程中,用户只需要根据所用单片机的种类和型号,选择正确的器件型号即可。

1. 安装软件

在第一次使用编程器之前,首先需要安装编程器应用软件,安装软件分步执行,用户可根据需要修改安装过程中的缺省设置。编程器与 PC 通过 USB 接口相连,编程器相当于 USB 设备,在第一次使用编程器时,将编程器插入 PC 机的 USB 接口后,Windows 系统会自动识别并为编程器安装驱动程序,待驱动程序安装完毕,就可以用来为单片机编程了。

2. 程序下载

连接好编程器 USB 电缆,运行编程器应用软件后的用户界面如图 10.14 所示。烧写器件的步骤如下:

(1) 硬件准备

在确认已正确安装编程器之后,插入要烧写的芯片并锁紧。插入芯片时要按锁紧插座旁图示的标准插法正确插入,即单片机有缺口的一端向上,单片机底端与插座最下边对齐。

(2) 选择器件

单击"选择器件(Device)"按钮或选择主菜单"器件(Device)"下的"选择器件(Device)",弹出器件选择(Select)窗口,如图 10.15 所示。

首先应选择器件类型(Device Type),如 E(E)PROM、B/PROM、SRAM、PLD 或 MCU,然后选择厂家(Manufacturer)和器件名(Device Name),单击"确定"(OK)按钮或双击器件名均可。也可通过在查找(Search)编辑框中,键入器件名缩小选择范围,快速选定器件。

(3) 将数据装入缓冲区

烧写芯片过程就是将缓冲区数据写到芯片的存储单元中的过程,数据装入缓冲区数据有两个途径。

单片机原理与应用实例仿真(第2版)

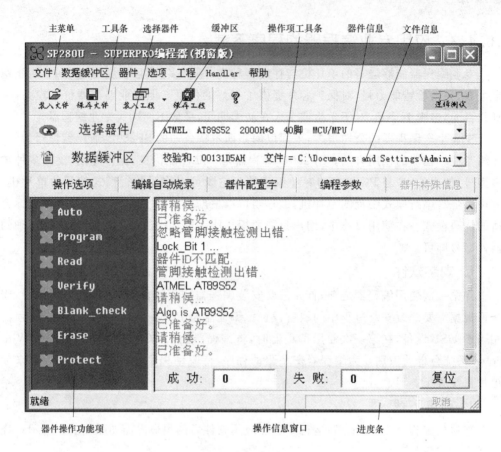

图 10.14 SP 280U 编程软件运行界面

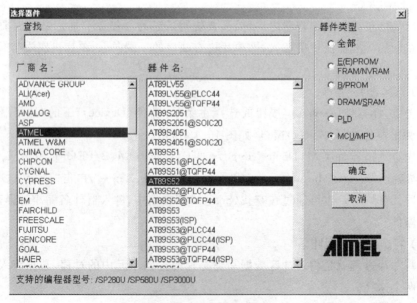

图 10.15 选择器件界面

① 从文件读取

选择主菜单"文件(File)"下的"装入文件(Load)",可装入数据文件到缓冲区。在"装入文件(Load)"对话框中键入相应的文件夹和文件名,在随后出现的"数据类型(File Type)"选择对话框中选取相应的文件格式,确认后将数据文件装入。数据装入后可以在缓冲区编辑窗口中检查数据是否正确。

② 从母片中读取数据

选择器件后,放置好母片,在"器件操作功能项"窗口中,单击"读(Read)"功能项,它将芯片中的数据复制到缓冲区。此时可进入缓冲区编辑窗口,检验数据是否正确。这些数据可存盘,以备后需。

注意:有些器件没有读出功能,或者已被加密,就无法从母片中读出数据。

(4) 设置选项

① 操作选项包括:

- 引脚接触检测选择,在烧录芯片之前是否检查引脚接触状态。
- 检查器件 ID 选择,在烧录芯片之前是否检查器件 ID。
- 蜂鸣器提示选择,在操作成功或失败后,是否需要蜂鸣器发声提示。
- 自动序列号递增功能,如果选择烧录芯片时,在指定的位置以累加数写入,使烧录后的每片芯片都有不同的标号。
- 改变器件需要烧写区域的起始和结束地址,一般用缺省值不必改变。
- 校验模式选择,根据数据手册的要求,为了检验烧录芯片的正确性,选择特定 V_{CC} 的电压值校验。

② 编辑自动烧录方式:

在器件操作功能项窗口中,所有器件都有一个基本的操作 Auto,它的作用是把器件其他的操作功能按编辑好的顺序依次执行。一般器件都选择如下的自动烧录方式:擦除(Erase)、空检查(Blank_check)、写入(Program)、校验(Verify)、加密(Security 或 Protect)

(5) 下　载

经过以上步骤操作,确认无误后,单击操作功能项按钮 Auto 即可。

烧写过程中如果检测到错误,例如某个引脚没有和编程器上插座引脚接触好、或者选错了型号等,编程器根据所发生错误给出提示。如果烧写成功,编程器给出烧写成功的信息提示;如果烧写失败,编程器也会给出烧写失败的提示,用户可以根据提示信息,纠正错误再次烧写。如果多次提示校验错误,则可能表明芯片已经损坏。

10.4.4　STC 系列单片机的程序下载

由于 STC 系列单片机应用 UART 串口模式在线下载程序,这种下载方式只需要单片机与 PC 机的串口通信线,下载过程简便不需要专用设备,而且单片机型号系列多、价格便宜、应用广泛,很受学生欢迎。下面叙述 STC 系列单片机的下载过程。

首先从宏晶科技有限公司网站(http://www.mcu-memory.com/)上免费下载

"STC-ISP下载编程烧录软件"的最新免安装版本STC-ISP-V4.83-NOT-SETUP-CHINESE.exe,解压到计算机的某个目录中,其可执行文件为STC-ISP.exe,运行此文件即可对STC系列单片机进行编程。STC-ISP.exe的运行界面如图10.16所示,经过5个步骤即可完成程序下载,具体步骤如下。

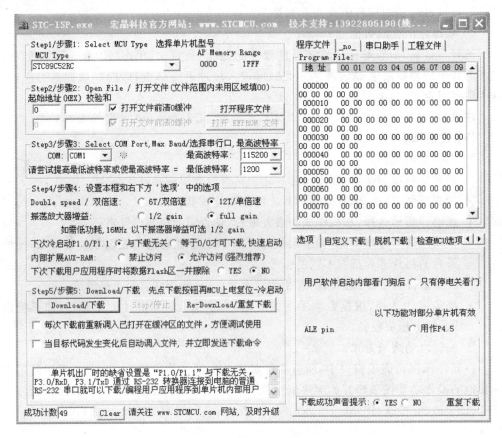

图10.16　STC-ISP软件运行界面

1. 硬件准备

STC系列单片机程序下载的硬件准备非常简单,即应用串行通信线将单片机与PC机按照普通的串行通信方式连接好,同时单片机系统能够正常启动运行,硬件就准备好了。

2. 运行软件并设置

运行STC-ISP.exe,按照界面上的步骤①~步骤⑤一步步顺序执行即可。

① 单击"选择单片机型号"的相应下拉列表框,选择所使用的单片机型号,例如STC89C52RC。

② 单击"打开程序文件"按钮,调入要烧写的HEX文件。

③ 选择串口及通信波特率,一般情况只需要选择串口,波特率采用默认值即可。

④ 设置一些选项,采用默认值即可。

⑤ 单击"下载"按钮，即开始下载。按照本步骤的动态提示进行操作：如果单片机系统没有上电，这时下载软件会提醒上电操作；如果单片机系统正在运行，需要将单片机系统断电然后重新上电操作。

当以上步骤正确完成后，这时在进度条内可以看到烧录进度的变化。当运行结束时，系统给出发生错误或下载成功的提示。如果下载失败，最可能的原因可能是单片机型号的选择与实际型号不符或串口通信有问题，通过检查修正，重新下载即可。

10.5 综合调试

综合调试是指按照一定的步骤和方法，对已经制作完成而不能正常运行的系统，进行逐步排错直至系统运行成功的过程。经过硬件电路板的焊接和检查、程序的输入和调试以及可执行程序的下载等步骤，系统就可以运行了。但通常很难一次性保证系统能够运行成功，系统总是还存在硬件错误或软件错误或软硬件同时有错误，造成系统不能正常运行。由于不能一下子判断是硬件错误还是软件错误抑或是软硬件都有错误，给系统排错造成一定困难。这时就需要综合调试，逐步找出错误原因并排除，直至系统运行成功，达到预期功能。综合调试的能力需要长期经验积累，这里介绍一些常见的方法。

通常，综合调试的顺序是：首先保证电源正常；其次是最小系统能够正常工作；第三是调试显示部分，在调试其他复杂功能之前，保证显示器能够正常显示信息，依次是调试其他各项功能，最后调试按键功能。

1. 上电检查

系统制作完成，第一次上电时要特别小心。在上电前，要再次检查电路板上电源焊接是否有短路。为防止电源有短路在上电时烧坏单片机和其他元件，在上电时，要一手操作上电按钮，一手摸着单片机上表面，一旦感到单片机发热烫手，说明有短路就赶快断电。如果有短路现象，需要认真排除。

正常上电后，如果系统没有正常运行，要首先检查单片机电源是否正常。用万用表测量单片机的电源(40)和地(20)引脚，正常的电压为 5 V 左右。如果没有电压，或电压过大过小，要认真检查电源电路和电源本身。

2. 启振检查

系统制作完成，首先要保证最小系统工作，即单片机能够启振。如果有示波器，用示波器检测单片机 ALE(30)引脚，如果有均匀的脉冲，表明系统已经启振。如果最小系统没有工作，而电源电压又正常，则说明复位电路和时钟电路可能有问题，而最大可能是复位电路有问题，这时需要认真检查复位电路和时钟电路。当采用电容与电阻组成的简易复位电路时，要保证电容的正极接电源正极，电阻一端接地。如果手边没有示波器，可以采用下面的方法判断。

3. 显示功能调试

当手边没有示波器和硬件仿真器时，系统是否启振无从判断。各项功能中，要首先调试显示功能,使之工作正常。借助特定的显示内容,判断其他功能错误所在。

调试显示功能的方法是,从程序上暂时屏蔽掉其他功能,只留下最简单的显示功能,这样容易保证程序上一定没有错误。如果系统仍不能正常显示,这时发生错误的最大可能性就是系统的启振或显示硬件部分。经过检查硬件排除错误,使显示功能正常,为其他各项功能的排错提供信息提示。

4. 其他各项功能的调试

经过调试显示功能,已经确保最小系统和显示部分正常工作。借助显示内容的提示就可以较为容易地调试其他功能部分。调试方法是,在调试某项功能时,暂时屏蔽其他功能的对应程序,只留下显示功能和要调试的功能,同时在功能实现的中间加入适当的显示内容,借此反映功能程序是否正常运行。在功能程序最小化前提下,容易保证程序没有错误。如果运行仍不能成功,则首先检查硬件。检查硬件的方法是,首先检测功能芯片的电源是否正常,其次是检查各接线是否有错。在多次检查硬件没有错误仍不能运行时,再反过来检查程序,判断程序的逻辑是否确实正确。通过硬件、软件的多次交替检查和试运行,最终消除错误。

5. 最终调试

当各项功能以及按键都已分步调试通过,各部分硬件已经保证没有错误时,就可以将所有功能程序同时加载,作最后的综合调试。如果系统运行不正常,这时原因多是程序错误,根据运行错误状况,对程序作针对性调试即可。

10.6 综合实例——掉电不丢失日历时钟

10.6.1 系统功能要求

在综合实例中,要求设计一个家庭用日历时钟,并能检测显示环境温度,具体要求如下:

① 电子日历时钟,可以正确显示日历的年、月、日和时间的时、分、秒。
② 系统停电时仍能保持时钟的正常运行,再上电后系统继续运行,并保证时钟正确。
③ 能够检测、显示正常的家庭环境温度。
④ 有简单的按键操作,可以用来校对时钟。
⑤ 体积小,耗电少,操作简单方便。

10.6.2 功能分析及主要元器件确定

从系统功能要求可知,此系统设计难度不大,系统主要任务可以归纳为几项:实时时钟、温度检测、内容显示、按键设置。下面针对各项功能进行分析设计并选定主要元器件。

1. 单片机选择

本设计是一个家庭用日历时钟,系统运行环境较好,有交流电源,没有强电磁干扰,系统功能对单片机性能要求不高,常见单片机 AT89S51/52 即可满足要求,考虑 AT89S52 内部程序存储器为 8 KB,系统内存为 256 字节,且价格与 AT89S51 一样,为方便今后扩展,单片机选择 AT89S52。

2. 时钟功能设计

本设计的一个主要功能就是实现日历时钟,要实现日历时钟可以有软件和硬件两种方法,本系统采用 DS12C887 专用日历时钟芯片。DS12C887 具有完整的日历时钟功能,内部自带电池,在外部掉电情况下,内部时钟可以运行 10 年。采用 DS12C887 芯片,电路简单,编程方便,且不用担心掉电问题,因而系统采用此芯片提供实时日历时钟信息。

3. 温度检测功能设计

温度检测的原理、方法较多,有模拟检测和精密数字检测。家庭环境温度适宜且范围较窄,采用数字温度传感器比较合适。精密数字温度传感器也有多种型号,而常用的 DS18B20 数字温度传感器,采用一线总线,且在一线总线上可以挂接多个传感器,能检测 $-55 \sim +125\ ℃$ 范围内温度,在 $-10 \sim +85\ ℃$ 范围内检测精度为 $\pm 0.5\ ℃$。因而系统采用 DS18B20 检测温度。

4. 显示按键功能设计

为减少芯片使用数量和降低编程复杂性,应用显示按键驱动芯片 CH451,来实现数码管显示驱动和按键驱动。应用一片 CH451,即可动态驱动 8 个数码管或 64 个发光二极管,同时可实现 64 个按键的输入检测。系统选用一片 CH451 驱动 8 个数码管来显示时钟信息和温度信息,其中两位显示温度,其余 6 位分时显示年、月、日和时、分、秒。利用 CH451 同时还驱动 4 个小按键,用来校准日历时钟。

10.6.3 主要元器件性能介绍

1. DS12C887 日历时钟芯片

(1) DS12C887 主要特性

- 可作为 IBM AT 计算机的时钟和日历。
- 自带晶体振荡器及电池,在没有外部电源情况下可工作 10 年。
- 可计算到 2100 年前的秒、分、时、星期、日期、月、年 7 种日历信息并带闰年补偿。
- 可选用夏令时模式,可选用二进制码或 BCD 码表示日历和闹钟信息。
- 数据/地址总线复用,可以应用于 Freescale 和 Intel 两种总线。
- 内建 128 字节 RAM,其中 15 字节为时钟控制寄存器,113 字节为通用 RAM。
- 可编程方波输出。
- 总线兼容中断信号($\overline{IRQ}$)。
- 三种可编程中断:时间性中断,可产生每秒一次直到每天一次;周期性中断,$122 \sim 500$ ms;时钟更新结束中断。

(2) DS12C887 的引脚布置

如图 10.17 所示,各引脚名称如下:

- AD0~AD7:地址/数据复用总线。
- NC:空脚。
- $\overline{IRQ}$:中断请求输出。
- SQW:方波输出。
- $\overline{CS}$:片选。
- MOT:总线类型选择,接高平选 Freescale 总线方式,接低电平,选 Intel 总线方式。
- AS:地址锁存,对于 Intel 总线接 ALE。
- DS:Intel 总线下,作为读信号 $\overline{RD}$。
- $R/\overline{W}$:Intel 总线下,作为写信号 $\overline{WR}$。
- $\overline{RESET}$:复位信号。
- V_{CC}:+5 V 电源。
- GND:电源地。

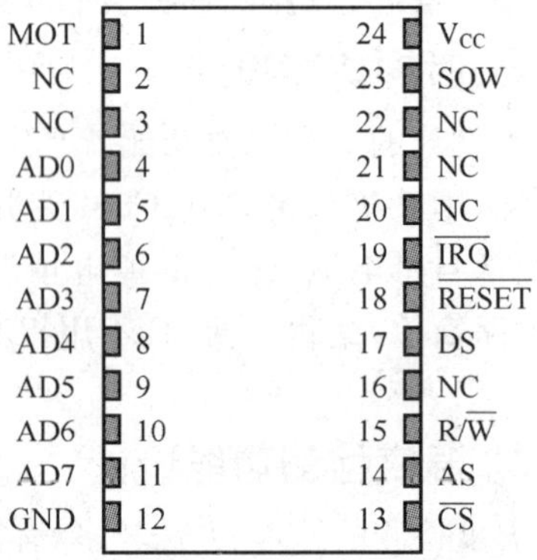

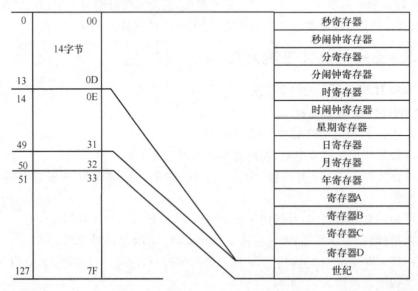

图 10.17　DS12C887 引脚布置图

(3) 芯片内存地址分布

芯片内存地址分布如图 10.18 所示。其中 15 字节是 15 个特殊功能寄存器,剩余的 113 字节是非易失性通用 RAM,没有特殊功能,可以在任何时候读写,并且也具有掉电不丢失性能,用户可用来保存设置的参数。

图 10.18　DS12C887 内存地址分布图

2. CH451 显示按键驱动芯片

(1) 主要特性

CH451 是南京沁恒公司生产的众多接口芯片产品之一，CH451 是一个整合了数码管显示驱动和键盘扫描控制以及 μP 监控的多功能外围芯片。具体性能如下：

① 显示驱动
- 内置大电流驱动级，段电流不小于 25 mA，字电流不小于 150 mA。
- 动态显示扫描控制，直接驱动 8 位数码管或者 64 只发光管 LED。
- 可选数码管的段与数据位相对应的不译码方式或者 BCD 译码方式。
- 数码管的字数据左移、右移、左循环、右循环。
- 各数码管数字独立闪烁控制。
- 通过占空比设定提供 16 级亮度控制。
- 支持段电流上限调整，可以省去所有限流电阻。
- 扫描极限控制，支持 1~8 个数码管，只为有效数码管分配扫描时间。

② 键盘控制
- 内置 64 键键盘控制器，基于 8×8 矩阵键盘扫描。
- 内置按键状态输入的下拉电阻，内置去抖动电路。
- 键盘中断，低电平有效输出。
- 提供按键释放标志位，可供查询按键按下与释放。

③ 其 他
- 高速的 4 线串行接口，支持多片级联，时钟速度从 0~10 MHz。
- 串行接口中的 DIN 和 DCLK 信号线可以与其他接口电路共用，节约引脚。
- 完全内置时钟振荡电路，不需要外接晶体或者阻容振荡。
- 内置上电复位和看门狗 Watch-Dog，提供高电平有效和低电平有效复位输出。

(2) CH451 的引脚布置

CH451 有贴片和双列直插两种封装形式，分别对应型号 CH451S 和 CH451L，CH451L 的引脚布置图如图 10.19 所示。

- SEG7~SEG0：三态输出及输入。数码管的 8 位段驱动，高电平有效；同时也是键盘扫描输入，高电平有效，内置下拉。
- DIG7~DIG0：输出。数码管的位驱动，低电平有效；键盘扫描输出，高电平有效。
- LOAD：输入。串行接口的数据加载，内置上拉电阻。
- DIN：输入。串行接口的数据输入，内置上拉电阻。
- DCLK：输入。串行接口的数据时钟，内置上拉

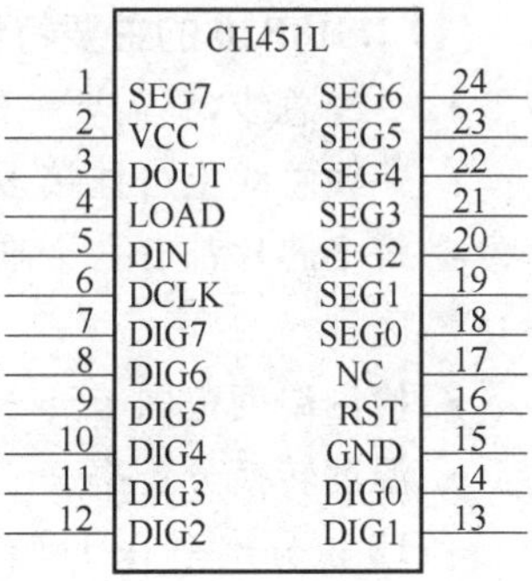

图 10.19 CH451L 引脚布置图

电阻;同时用于看门狗的清除输入。
- DOUT:输出。串行接口的数据输出和键盘中断。当未启用按键扫描功能时,DOUT 用于多片 CH451 串行级联时的串行接口数据输出,当启用按键扫描功能时,DOUT 用于键盘中断。
- VCC:电源正极,持续电流不小于 200 mA。
- GND:电源负极,持续电流不小于 200 mA。
- RST:输出。上电复位和看门狗复位,高电平有效。
- NC:空脚,未使用,禁止连接。

(3) CH451 的操作命令

CH451 的操作命令如表 10.1 所列。

表 10.1 CH451 的操作命令

操作命令	位11	位10	位9	位8	位7	位6	位5	位4	位3	位2	位1	位0
空操作	0	0	0	0	×	×	×	×	×	×	×	×
芯片内部复位	0	0	1	0	0	0	0	0	0	0	0	1
字数据左移	0	0	1	1	0	0	0	0	0	0	0	0
字数据右移	0	0	1	1	0	0	0	0	0	0	1	0
字数据左循环	0	0	1	1	0	0	0	0	0	0	0	1
字数据右循环	0	0	1	1	0	0	0	0	0	0	1	1
设定系统参数	0	1	0	0	0	0	CKHF	0	WDOG	KEYB	DISP
设定显示参数	0	1	0	1	MODE	LIMIT			INTENSITY		
设定闪烁控制	0	1	1	0	D7S	D6S	D5S	D4S	D3S	D2S	D1S	D0S
加载字数据	1	DIG_ADDR			DIG_DATA							
读取按键代码	0	1	1	1	×	×	×	×	×	×	×	×

3. 数字温度传感器 DS18B20

(1) DS18B20 的主要特性

- 一线总线,只需要一线与 MCU 通信。
- 一线总线上可挂接多个芯片构成分布式温度传感器网络。
- 每个芯片都有一个唯一的 64 位序列号,挂接在一线上的多个芯片依据序列号区别。
- 检测温度范围−55~+125 ℃,在−10~+85 ℃ 范围内,检测精度±0.5 ℃。
- 温度转换分辨率 9~12 位可编程。
- 12 位分辨率 A/D 转换时间最大 750 ms。
- 待机模式 0 功耗。
- 电源电压 3.0~5.5 V。

(2) DS18B20 的引脚布置

如图 10.20 所示，各引脚功能名称如下。

- DQ：一线通信线，用于数据输入和输出。
- VCC：电源电压。
- GND：电源地。

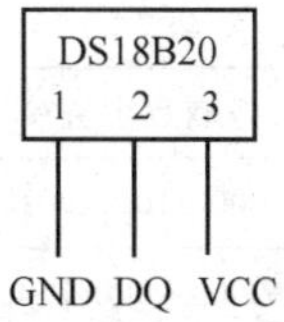

图 10.20 DS18B20 的引脚图

(3) 温度检测

DS18B20 的核心功能是直接到数字的温度传感器，通过向 DS18B20 发送转换命令[44H]，开始一次温度转换，转换需要一定时间才能完成，转换时间的长度与转换分辨率有关。DS18B20 的转换分辨率可配置为 9～12 位，默认值为 12 位，不同的分辨率对应的转换时间不同。配置寄存器的结构如图 10.21 所示，分辨率的位数由 R1 和 R0 的组合决定，其余位为无关位，分辨率位数及其对应转换时间如表 10.2 所列，通过向 DS18B20 发送设置命令[4EH]，可以设置配置寄存器中 R1 与 R0 的值，选择不同的分辨率。

| 0 | R1 | R0 | 1 | 1 | 1 | 1 | 1 |

图 10.21 分辨率配置寄存器结构

表 10.2 分辨率与转换时间

R1	R0	分辨率/位	最大转换时间/ms
0	0	9	93.75
0	1	10	187.5
1	0	11	375
1	1	12	750

温度转换结果的数字值，以 2 字节长度存放在 DS18B20 的暂存器第一、第二字节内，以 12 位分辨率为例，其结构如图 10.22 所示。温度值

| S | S | S | S | S | 2^6 | 2^5 | 2^4 | 2^3 | 2^2 | 2^1 | 2^0 | 2^{-1} | 2^{-2} | 2^{-3} | 2^{-4} |

图 10.22 温度数据寄存器结构

以补码形式存放，寄存器第二字节为温度值的高字节，高字节的高 5 位 S 表示符号位。S=0 表明温度为正值，此时实际温度值就是寄存器的数据值。S=1 表明温度为负值，此时实际温度值的绝对值为：按位取反+1。寄存器低字节（第一字节）的低 4 位 2^{-1}～2^{-4}，表示温度的小数位。分辨率不同，温度转换时小数位包含的有意义位数不同，9 分辨率小数位只有 2^{-1} 位有意义，其余位为 0，精确到 0.5 ℃，12 位分辨率小数位 4 位都有意义，精确到 0.062 5 ℃。两字节中的 2^6～2^0 表示温度的整数部分。由两字节二进制值计算温度值的示例如表 10.3 所列。

表 10.3 温度值的计算示例

二进制数字值	十六进制数字	温度值
0000 0111 1101 0000	07D0H	+125 ℃=111 1101.0000
0000 0101 0101 0000	0550H	+85 ℃=101 0101.0000
0000 0001 1001 0001	0191H	+25.0625 ℃=001 1001.0001

续表 10.3

二进制数字值	十六进制数字	温度值
0000 0000 1010 0010	00A2H	$+10.125\ ℃=000\ 1010.0010$
0000 0000 0000 1000	0008H	$+0.5\ ℃=000\ 0000.1000$
0000 0000 0000 0000	0000H	$0\ ℃=000\ 0000.0000$
1111 1111 1111 1000	FFF8H	$-0.5\ ℃=-(\overline{111\ 1111.1000}+1)$ $=-000\ 0000.1000$
1111 1111 0101 1110	FF5EH	$-10.125\ ℃=-(\overline{111\ 0101.1110}+1)$ $=-000\ 1010.0010$
1111 1110 0110 1111	FF6FH	$-25.0625\ ℃=-(\overline{110\ 0110.1111}+1)$ $=-001\ 1001.0001$
1111 1100 1001 0000	FC90H	$-55\ ℃=-(\overline{100\ 1001.0000}+1)$ $=-011\ 0111.0000$

通过向 DS18B20 发送读温度命令[BEH]，可以读取这两字节的温度值，读取时先读取的一字节为低字节。

(4) 操作命令

通过一线总线访问 DS18B20 的协议包括：初始化、ROM 操作命令、内存 RAM 操作命令。

① 初始化

在对 DS18B20 进行任何操作之前，必须首先初始化 DS18B20。初始化序列包括一个发送到 DS18B20 的复位信号和紧跟着由 DS18B20 返回的应答信号，表明芯片已准备好接收或发送数据。如果单片机没有接收到来自 DS18B20 的应答，则不能进行对 DS18B20 的下一步操作。

② ROM 操作命令

DS18B20 内部有 64 位 8 字节 ROM，记录着每个 DS18B20 芯片全球唯一的序列号，依据序列号，就可以对挂接在一线总线上的多个 DS18B20 进行区分。针对 64 位 ROM 的操作命令有 5 个，其中重要的有 4 个。

读 ROM 命令[33H]：为了区分挂接在一线总线上的多个 DS18B20，必须预先知道每个芯片的各自序列号。通过发送读 ROM 命令，DS18B20 返回 64 位序列号。在读取序列号时，一线总线上只能有一个 DS18B20。

匹配 ROM 命令[55H]：在对同一总线上多个 DS18B20 的特定某个进行 RAM 操作时，必须首先发送该芯片的 64 位序列号，只有序列号完全一致的芯片才能接受后续的 RAM 操作。应用此命令时首先发送匹配命令，接着发送特定的 64 位序列号。

跳过 ROM 命令[CCH]：当一线总线上只有一个 DS18B20 时，由于不可能产生混淆就没有必要再发送匹配 ROM 命令，为了节省时间，就发送一个跳过序列号匹配命令。当总线挂接多个芯片时，不能跳过序列号匹配过程，即必须先选择特定的芯片。

搜索 ROM 命令[F0H]：此命令搜索总线上挂接芯片的数量并获取各个芯片的序列号。当总线上只有一个芯片时，用读 ROM 命令来获取其 64 位序列号，当总线上同时有多个芯片，必须用搜索命令。但此命令的执行过程非常繁琐，最好应用读 ROM 命令分别读取序列号。

③ RAM 操作指令

DS18B20 内部有 9 字节暂存器 RAM，记录着当前转换的温度值、对芯片的配置设置等内容，如表 10.4 所列为暂存器分布结构。其中重要的是第一字节和第二字节，存放转换的温度值，第三、四、五存放用户对芯片的设置值。针对 RAM 的操作命令有 6 个，其中重要的有 3 个。

表 10.4 暂存器分布结构

字节序号	内容	字节序号	内容
0	温度值低字节	5	保留
1	温度值高字节	6	保留
2	TH/用户字节 1	7	保留
3	TL/用户字节 2	8	CRC 校验值
4	配置		

写暂存器命令[4EH]：该命令用来写用户的配置参数到 DS18B20 中，用户配置参数为 3 字节，执行此命令时必须完整写入 3 字节内容。

读暂存器命令[BEH]：读命令用来读取温度值，温度值存放在 2 字节内存中，读取时第一次读取的是温度低字节，第二次读取的是温度高字节。也可以连续读出暂存器的所有 9 字节，通常，只读出存放温度值的头两字节。

温度转换命令[44H]：转换命令用来启动一次温度转换，将当前的物理温度转换为数字值。根据配置的分辨率不同，转换一次所需要的转换时间不同，在读取温度前，要等待本次温度转换结束，才能读出正确的当前温度值。因此在编程时，要首先调用温度转换命令启动温度转换，然后延时相应于分辨率的转换时间再来读取温度值。

10.6.4 硬件设计

依据以上主要元件原理，以及各元件对数据总线、I/O 口、外部中断、内存等资源的占用，合理分配资源，设计原理图如图 10.23 所示。根据原理图，准备一块万用板和各种元件，然后焊接电路板。电路板焊接好后要按照前面所述的检查方法仔细地检查，确保电路板焊接正确，焊接好的硬件电路板如图 10.24 所示。出于万用板空间考虑并且仅是为了演示开发的整个过程，焊接数码管时 8 位连在了一起，最左两位显示温度，右边 6 位分时显示年、月、日和时、分、秒，在焊接时可以将 8 位数码管按内容分隔一定距离。

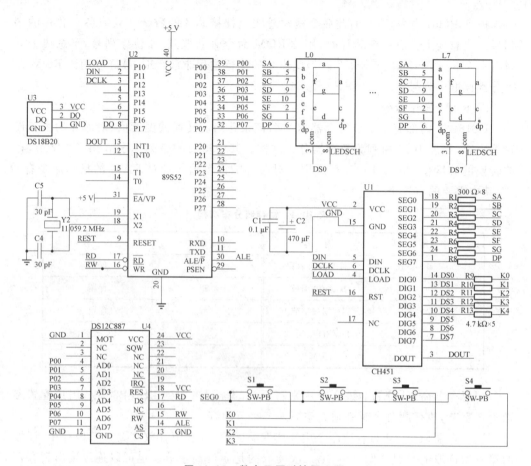

图 10.23 数字日历时钟原理图

图 10.24 正在运行的数字日历时钟

10.6.5 软件设计

所有程序都已在 Keil μVision3 系统编写、调试通过,经过在如图 10.24 所示的电路板上运行,证明系统能够运行并能实现预期的功能,系统运行效果如图 10.24 所示。限于篇幅,源程序及可执行程序都包含在本书配套光盘中,下面仅对源程序的结构及主要函数功能作出解释。

程序设计为模块化结构,每个主要功能芯片对应一个模块,每个模块以一个独立的文件存储,这样的程序结构清晰,便于重复利用和程序管理,应用时将各模块包含在主模块内即可。按功能整个程序分为四个模块,包括:时钟模块、显示按键驱动模块、温度检测模块和主程序模块。每个模块以该功能芯片名称命名,分别是 DS12C887.C、CH451.C、DS18B20.C 和 main.C。

1. 子文件"DS12C887.C"

文件内容为初始化和设置时钟芯片 DS12C887,以及读、写日期和时间。主要有以下 3 个函数:

① void setup12C887(void),初始化函数。如果时钟芯片还没有启动,则启动时钟,并设置时钟芯片的工作方式。一旦启动时钟芯片,则芯片内时钟将一直走下去,即使不接电源,也可以走 10 年。

② void write12C887(uchar * p),写函数。参数 P 是一个指针,指向存放新的日期、时间的连续 7 字节的内存首地址,7 字节内存按顺序存放:秒、分、时、星期、日、月、年。函数将指针 P 所指内容写入时钟芯片相应寄存器中,时钟芯片从下一时刻将按照新的日期时间运行。当校准时钟时调用此函数写入新的日期和时间。

③ void read12C887(uchar * p),读函数。由时钟芯片内读出当前的日期、时间,存入指针 P 指向的连续 7 字节内存。7 字节内存按顺序存放:秒、分、时、星期、日、月、年。

2. 子文件"CH451.C"

文件内容为初始化、设置显示按键驱动芯片 CH451,以及读、写芯片。主要有以下 3 个函数:

① void CH451_init(void),初始化函数。CH451 在能够正常工作之前,必须在数据线上加载一个上升沿信号,本函数实现此功能。

② void CH451_write(unsigned int command),写函数。对 CH451 写入操作命令,包括设置芯片工作方式命令和显示内容命令。在 CH451 能够按照意愿正常显示之前,必须首先调用此函数,设置芯片的工作方式,主要包括显示位数、是否启动按键功能、显示亮度、是否 BCD 自动译码等。

③ unsigned char CH451_read(void),读函数。读取并返回按键值。

3. 子文件"DS18B20.C"

文件内容为初始化、设置数字温度传感器芯片,以及读、写芯片。主要有以下 5 个函数:

① void Init_DS18B20(void)，初始化函数。在一线总线上的任何事务开始之前，必须先进行初始化。

② void WriteOneChar(unsigned char dat)，写函数。对 DS18B20 发送一字节数据。

③ unsigned char ReadOneChar(void)，读函数。从 DS18B20 读一字节数据。

④ void StartConvert(void)，调用写函数，对芯片写入启动温度转换命令，启动 DS18B20 开始一次温度转换，将模拟量转换为数字量。

⑤ unsigned char ReadTemperature(void)，从 DS18B20 读取当前温度值，只读取温度的整数部分。

4. 主文件"main. C"

文件内容为 main 主函数的实现，即主程序。在主程序中进行 I/O 口的定义和分配、实现对按键功能的解释、对所有任务的调度以及对所有子文件中函数的调用。

本章小结

本章以 51 系列单片机为例，详细讲述了单片机系统实际开发过程的相关知识和技巧，主要包括需求分析与总体方案设计、硬件焊接、硬件检查、软件调试、程序烧录、综合调试等几个主题。为了方便今后的实际开发，还详细介绍了 STC 系列及 AT 系列等单片机程序烧录原理及过程，最后给出了一个完整的综合设计实例。只要同学们按照原理图制作出电路板，利用配套光盘中的源程序或可执行程序，就能自制一个实用的日历时钟，并且可以检测温度。

思考题与习题

1. 单片机系统的实际开发过程包括哪几个阶段？
2. 电路板焊接完毕，需要进行哪些内容的检查，简单的检测方法是什么？
3. AT89S52 Flash 存储器有几种编程方法？编程原理是什么？
4. AT89S52 Flash 存储器的编程过程是什么？
5. STC 系列单片机 Flash 存储器的编程原理是什么？
6. STC 系列单片机 Flash 存储器的编程过程是什么？
7. 应用时钟芯片 DS12C887 及实例给出的源程序，制作一个校园打铃系统。
8. 应用 DS18B20 芯片及实例给出的源程序，制作一个烧开水系统。

附录 A 主要单片机生产商网址及相关信息网址

主要单片机生产商网址及相关信息网址如表 A.1 所列。

表 A.1 主要单片机生产商网址及相关信息网址

美国国家半导体公司	http://www.national.com
Atmel 公司	http://www.atmel.com
MicroChip 公司	http://www.microchip.com
Motorola 公司	http://www.mot.com
Zilog 公司	http://www.zilog.com
Scenix 公司	http://www.scenix.com
Epson 公司	http://www.epson.com
LG 公司	http://www.lgs.co.kr
三星公司	http://www.samsungsemi.com
华邦公司	http://www.winbond.com.tw
建荣科技公司	http://www.buildwin.com.cn
广州周立功单片机发展有限公司	http://www.zlgmcu.com
武汉力源信息技术有限公司	http://www.icbase.com
万利电子(南京)有限公司	http://www.manley.com.cn
南京西尔特电子有限公司	http://www.xeltek-cn.com

附录 B 常用数码对应关系表

常用数码对应关系表如表 B.1 所列。

表 B.1 常用数码对应关系表

十六进制数	BCD 码	二进制机器码	ASCⅡ码	七段码	
				共 阳	共 阴
0	0000	0000	30H	C0H	3FH
1	0001	0001	31H	F9H	06H
2	0010	0010	32H	A4H	5BH
3	0011	0011	33H	B0H	4FH
4	0100	0100	34H	99H	66H
5	0101	0101	35H	92H	6DH
6	0110	0110	36H	82H	7DH
7	0111	0111	37H	F8H	07H
8	1000	1000	38H	80H	7FH
9	1001	1001	39H	90H	6FH
A		1010	41H	88H	77H
B		1011	42H	83H	7CH
C		1100	43H	C6H	39H
D		1101	44H	A1H	5EH
E		1110	45H	86H	79H
F		1111	46H	8EH	71H

注：七段码使用时,接口的低 7 位与相应字段相连,共阴七段码的最高位定义为 0,共阳七段码的最高位定义为 1。

附录 C Proteus VSM 元件库和常用元器件说明

Proteus VSM 常用元器件及元件库说明如表 C.1 和表 C.2 所列。

表 C.1 Proteus VSM 常用元器件说明

元件名称	中文名	说明
7407	驱动门	
1N914	二极管	
74LS00	与非门	
74LS04	非门	
74LS08	与门	
74LS390	TTL 双十进制计数器	
7SEG - BCD	4 针 BCD - LED	输出从 0～9 对应于 4 根线的 BCD 码
7SEG - COM - AN - BLUE	7 段共阳蓝色数码管	
7SEG - COM - CAT - BLUE	7 段共阴蓝色数码管	
ALTERNATOR	交流发电机	
AMMETER - MILLI	mA 安培计	
AND	与门	
BATTERY	电池/电池组	
BUTTON	按键	
BUS	总线	
CAP	电容	
CAP - ELEC	通用电解电容	
CAP - VAR	可变电容	
CLOCK	时钟信号源	
COMPIM	COM 口物理接口模型	
CRYSTAL	晶振	
D - FLIPFLOP	D 触发器	
FUSE	保险丝	
GROUND	地	

续表 C.1

元件名称	中文名	说明
LAMP	灯	
LED-RED	红色发光二极管	蓝色发光二极管为 LED-BLUE、绿色、黄色类推
LM016L	2 行 16 列液晶	可显示 2 行 16 列英文字符,有 8 位数据总线 D0~D7,RS、R/W 和 EN 三个控制端口(共 14 线),工作电压为 5V。没背光,与常用的 1602B 功能和引脚一样(除了调背光的二个线脚)
LOGIC ANALYSER	逻辑分析器	
LOGICPROBE	逻辑探针	
LOGICPROBE[BIG]	逻辑探针(大)	用来显示连接位置的逻辑状态
LOGICSTATE	逻辑状态	用鼠标单击,可改变该方框连接位置的逻辑状态
LOGICTOGGLE	逻辑触发	
MASTERSWITCH	按钮	手动闭合,立即自动打开
MATRIX-8×8-BLUE	蓝色 8×8 点阵	
MOTOR	马达	
PG12864F	128×64 图形 LCD 显示模型	
POT-LIN	三引线可变电阻器	
POWER	电源	
RES	电阻	
RESISTOR	电阻器	
SWITCH	开关	注意和 BUTTON(按键)区别
SWITCH-SPDT	二选通一开关	
VOLTMETER	伏特计	
VOLTMETER-MILLI	mV 伏特计	

表 C.2　PROTEUS VSM 元件库说明

元件库	中文名	说明
Analog Ics	模拟电路集成芯片	
Capacitors	电容器	
CMOS 4000 series		

续表 C.2

元件库	中文名	说明
Connectors	排座,排插	
Data Converters	数据转换器件	ADC,DAC 等器件
Debugging Tools	调试工具	
ECL 10000 Series	各种常用集成电路	
Electromechanical	电机	
Laplace Primitives	拉普拉斯变换	
Memory ICs	存储器	
Microprocessor Ics	微控制器	
Miscellaneous	各种器件	AERIAL－天线；BATTERY－电池组；CELL－电池；CRYSTAL－晶振；FUSE－保险丝；METER－仪表等
Modelling Primitives	各种仿真器件	是典型的基本元器模拟,不表示具体型号,只用于仿真,没有 PCB
Optoelectronics	各种光电器件	发光二极管,LED,液晶等
PLDs & FPGAs	可编程逻辑控制器件	
Resistors	各种电阻	
Simulator Primitives	常用的仿真器件	
Speakers & Sounders	扬声器、蜂鸣器	
Switches & Relays	开关、继电器、键盘	
Switching Devices	晶闸管	
Transistors	晶体管(三极管,场效应管)	
TTL 74 series		
TTL 74ALS series		
TTL 74AS series		
TTL 74F series		
TTL 74HC series		
TTL 74HCT series		
TTL 74LS series		
TTL 74S series		

附录 D C 语言的关键字

ANSI C 标准关键字如表 D.1 所列。C51 编译器的扩展关键字如表 D.2 所列。

表 D.1 ANSI C 标准关键字

关键字	用途	说明
auto	存储种类说明	用以说明局部变化，默认值为此
break	程序语句	退出最内层循环
case	程序语句	switch 语句中的选择项
char	数据类型说明	单字节整型数或字符型数据
const	存储类型说明	在程序执行过程中不可更改的常量值
continue	程序语句	转向下一次循环
default	程序语句	switch 语句中的失败选择项
do	程序语句	构成 do…while 循环结构
double	数据类型说明	双精度浮点型
else	程序语句	构成 if…else 选择结构
enum	数据类型说明	枚举
extern	存储种类说明	在其他程序模块中说明了的全局变量
float	数据类型说明	单精度浮点型
for	程序语句	构成 for 循环语句
goto	程序语句	构成 goto 转移语句
if	程序语句	构成 if…else 选择语句
int	数据类型说明	基本整型数
long	数据类型说明	长整型数
register	存储种类说明	使用 CPU 内部寄存的变量
return	程序语句	函数返回
short	数据类型说明	短整型数
signed	数据类型说明	有符号数，二进制数据的最高位为符号位
sizeof	运算符	计算表达式或数据类型的字节数

C 语言的关键字
附录 D

续表 D.1

关键字	用途	说明
startic	存储种类说明	静态变量
struct	数据类型说明	结构类型数据
switch	程序语句	构成 switch 选择结构
typedef	数据类型说明	重新进行数据类型定义
union	数据类型说明	联合类型数据
unsigned	数据类型说明	无符号数据类型
void	数据类型说明	无该类型数据
volatile	数据类型说明	该变量在程序执行中可被隐含地改变
while	程序语句	构成 while 和 do…while 循环语句

表 D.2 C51 编译器的扩展关键字

关键字	用途	说明
bit	位标量说明	声明一个位标量或位类型的函数
sbit	位标量声明	声明一个可位寻址变量
sfr	特殊功能寄存器声明	声明一个特殊功能寄存器
sfr16	特殊功能寄存器声明	声明一个 16 位的特殊功能寄存器
data	存储器类型说明	直接寻址的内部数据存储器
bdata	存储器类型说明	可位寻址的内部数据存储器
idata	存储器类型说明	间接寻址的内部数据存储器
pdata	存储器类型说明	分页寻址的内部数据存储器
xdata	存储器类型说明	外部数据存储器
code	存储器类型说明	程序存储器
interrupt	中断函数说明	定义一个中断函数
reentrant	再入函数说明	定义一个再入函数
using	寄存器组定义	定义芯片的工作寄存器

附录 E　C51 的库函数

　　C51 编译器的运行库中包含丰富的库函数，使用库函数可以大大简化用户的程序设计工作，提高编程效率。由于 51 系列单片机本身的特点，某些库函数的参数和调用格式与 ANSI C 标准有所不同，例如函数 isdigit 的返回值类型为 bit 而不是 char。每个库函数都在相应的头文件中给出了函数原型声明，用户如果需要使用库函数时，必须在源程序的开始处采用预处理指令 #include 将有关的头文件包含进来。如果省略了头文件，将不能保证程序的正确运行。C51 库函数中类型的选择考虑到了 51 系列单片机的结构特性，用户在自己的应用程序中应尽可能地使用最少的数据类型，以最大限度地发挥 51 系列单片机的性能，同时可减少应用程序的代码长度。下面将 C51 库函数分类列出并作了必要的解释。

E.1　一般 I/O 函数 STDIO.H

　　C51 库中含有字符 I/O 函数，它们通过 51 系列单片机的串行接口工作，如果希望支持其他 I/O 接口，只需要改动 getkey() 和 putchar() 函数，库中所有其他 I/O 支持函数都依赖于这两个函数模块，不需要改动。另外需要注意，在使用 51 系列单片机的串行口之前，应先对其进行初始化。例如以波特率 2 400(12 MHz 时钟频率)初始化串行口如下：

```
SCON = 0x52;        /* SCON 置初值 */
TMOD = 0x20;        /* TMOD 置初值 */
TH1  = 0xf3;        /* T1 置初值 */
TL1  = 0xf3;        /* T1 置初值 */
TR1  = 1;           /* 启动 T1 */
```

当然也可以采用其他波特率来对串行口进行初始化。

　　注意：此处使用了定时器/计数器 1，若用户程序中使用了定时器/计数器 0，则应注意两者不能相互影响，因为 TMOD 寄存器同时管理着定时器/计数器 0 和 1。

　　函数原型：extern char_getkey();

　　再入属性：reentrant

　　功　　能：从 8051 的串口读入一个字符，然后等待字符输入，这个函数是改变整个输入端口机制时应作修改的唯一一个函数。

函数原型:extern char getchar();
再入属性:reentrant
功　　能:getchar 使用_getkey 从串口读入字符,并将读入的字符马上传给 putchar 函数,其他与_getkey 函数相同。putchar 函数在下面找。

函数原型:extern char * gets(char * s,int n);
再入属性:non-reentrant
功　　能:该函数通过 getchar 从串口读入一个长度为 n 的字符串并存入由 s 指向的数组。输入时一旦检测到换行符就结束字符输入。输入成功时返回传入的参数指针,失败时返回 NULL。

函数原型:extern char ungetchar(char);
再入属性:reentrant
功　　能:将输入字符回送输入缓冲区,因此下次 gets 或 getchar 可用该字符。成功时返回 char,失败时返回 EOF,不能用 ungetchar 处理多个字符。

函数原型:extern char ungetkey(char);
再入属性:reentrant
功　　能:将输入的字符送回输入缓冲区并将其值返回给调用者,下次使用 getchar 时可获得该字符,不能写回多个字符。

函数原型:extern char putchar(char);
再入属性:reentrant
功　　能:通过 8051 串行口输出字符,与函数_getkey 一样,这是改变整个输出机制所需修改的唯一一个函数。

函数原型:externtnt printf(const char * ,…);
再入属性:non-reentrant
功　　能:printf 以一定的格式通过 8051 的串行口输出数值和字符串,返回值为实际输出的字符数。参数可以是字符串指针、字符或数值,第一个参数必须是格式控制字符串指针。允许作为 printf 参数的总字节数受 C51 库限制,由于 51 系列单片机结构上存储空间有限,在 SMALL 和 COMPACT 编译模式下最大可传递 15 字节的参数(即 5 个指针,或 1 个指针和 3 个长字);在 LARGE 编译模式下,最多可传递 40 字节的参数。格式控制字符串具有如下形式(方括号内是可选项):

%[flags][width][.precision]type

格式控制串总是以％开始。

flags 称为标志字符，用于控制输出位置、符号、小数点以及八进制和十六进制数的前缀等，其内容和意义如表 E.1 所列。

width 用来定义参数欲显示的字符数，它必须是一个正的十进制数，如果实际显示的字符数小于 witdh，在输出左端补以空格，如果 width 以 0 开始，则在左端补以 0。

precision 用来表示输出精度，它是由小数点"."加上一个非负的十进制整数构成的。指定精度时可能会导致输出值被截断，或在输出浮点数时引起输出值的四舍五入。可以用精度来控制输出字符的数目、整数值的位数或浮点数的有效位数。也就是说对于不同的输出格式，精度具有不同的意义。

type 称为输出格式转换字符，其内容和意义如表 E.2 所列。

表 E.1　flags 选项及其意义

flags 选项	意　　义
－	输出左对齐
＋	输出如果是有符号数值，则在前面加上＋/－号
空格	输出如果为正则左边补以空格，否则不显示空格
＃	如果它与 0、x 或 X 联用，则在非 0 输出值前面加上 0、0x 或 0X。当它与值类型字符 g、G、f、e、E 联用时，使输出值中产生一个十进制的小数点
b,B	当它们与格式类型字符 d、o、u、x 或 X 联用时，使参数类型接受为[unsigned]char，如％bu、％bx 等
l,L	当它们与格式类型字符 d、o、u、x 或 X 联用时，使参数类型被接受为[unsigned]long，如％ld、％lx 等
＊	下一个参数将不作输出

表 E.2　type 选项及其意义

格式转换字符	类　　型	输出格式
d	int	有符号十进制数(16 位)
u	int	无符号十进制数
o	int	无符号八进制数
x,X	int	无符号十六进制数
f	float	[－]ddddd.ddddd 形式的浮点数
e,E	float	[－]d.ddddE[sign]dd 形式的浮点数
g,G	float	选择 e 或 f 形式中更紧凑的一种输出格式
c	char	单个字符
s	pointer	结束符为"0\"的字符串
p	pointer	带存储器类型标志和偏移的指针 M：aaaa。其中，M：＝C(ode),D(ata),I(data),P(data),a＝指针偏移量

例：

printf("Int_val％d,Char_val％bd,Long_val％ld",i,c,l)
printf("Pointer％p",&Array[10])

函数原型：extern int sprintf(char * s,const char * ,…);

再入属性：non-reentrant

功　　能：sprintf 与 printf 的功能相似,但数据不是输出串行口,而是通过一个指针送入可寻址的内存缓冲区,并以 ASCⅡ码的形式储存。sprintf 允许输出参数总字节数与 printf 完全相同。

函数原型：extern intputs(const char * ,…);

再入属性：reentrant

功　　能：将字符串和换行符写入串行口,错误时返回 EOF,否则返回一个非负数。

函数原型：extern int scanf(const char * ,…);

再入属性：non-reentrant

功　　能：scanf 在格式控制串的控制下,利用 getchar 函数从串行口读入数据,每遇到一个符合格式控制串规定的值,就将它按顺序存入由参数指针指向的存储单元。**注意**：每个参数都必须是指针。scanf 返回它所发现并转换的输入项数,若遇到错误则返回 EOF。

格式控制串具有如下形式(方括号内为可选项)：

$$\%\,[flags]\,[width]\,type$$

格式控制串总是以％开始。

flags 称为标志符,它的内容和意义如表 E.3 所列。

width 是一个十进制的正整数,同来控制输入数据的最大长度或字符数目。

type 称为输入格式转换字符,其内容和意义如表 E.4 所列。

表 E.3　flags 选项及其意义

flags 选项	意　义
*	输入被忽略
b,h	用作格式类型 d、o、u、x 或 X 的前缀,用这个前缀可将参数定义为字符指针,指示输入整数型,如％bu,％bx
l	用作格式类型 d、o、u、x 或 X 的前缀,用这个前缀可将参数定义为长指针,指示输入整形数,如％lu,％lx

表 E.4　type 选项及其意义

格式转换字符	类　型	输入格式
d	ptr to int	有符号的十进制数
u	ptr to int	无符号的十进制数
o	ptr to int	无符号的八进制数
x	ptr to int	无符号的十六进制数
f,e,g	ptr to float	浮点数
c	ptr to char	一个字符
s	ptr to string	一个字符串

例：

scanf("%d%bd%ld",&i,&c,&l)

scanf("%3s%c",&string[0],&character)

函数原型：extern int sscanf(char * s,const char * ,…)

再入属性：non-reentrant

功　　能：sscanf 与 scanf 的输入方式相似,但字符串的输入不是通过串行口,而是通过另一个以空格结束的指针。sscanf 参数允许的总字节数受 C51 库的限制,在 SMALL 和 COMPACT 编译模式下,最大允许传递 15 字节的参数(即 5 个指针,或 2 个指针、2 个长整型和 1 个字符型);在 LARGE 编译模式下,最大允许传递 40 字节的参数。

E.2　绝对地址访问 ABSACC.H

函数原型：#define CBYTE((unsigned char *) 0x50000L)

　　　　　#define DBYTE((unsigned char *) 0x40000L)

　　　　　#define PBYTE((unsigned char *) 0x30000L)

　　　　　#define XBYTE((unsigned char *) 0xE0000L)

再入属性：reentrant

功　　能：上述宏定义用来对 51 系列单片机的存储器空间进行绝对地址访问,可以作字节寻址。CBYTE 寻址 CODE 区,DBYTE 寻址 DATA 区,PBYTE 寻址分页 XDATA 区(采用"MOVX @R0"指令),XBYTE 寻址 XDATA 区(采用"MOVX @DPTR"指令)。例如下列指令在外部存储器区域访问地址 0x1000：

xval = XBYTE[0x1000];

```
                    XBYTE[0x1000] = 20;
```

通过使用♯define 预处理命令,可采用其他符号定义绝对地址,例如:
♯define XIO XBYTE[0x1000]即将符号 XIO 定义成外部数据存储器地址 0x1000。

函数原型:♯define CWORD((unsigned int ＊) 0x50000L)
　　　　　♯define DWORD((unsigned int ＊) 0x40000L)
　　　　　♯define PWORD((unsigned int ＊) 0x30000L)
　　　　　♯define XWORD((unsigned int ＊) 0x20000L)

再入属性:reentrant

功　　能:这个宏与前面一个宏相似,只是它们指定的数据类型为 unsigned int。通过灵活运用不同的数据类型,所有的 8051 地址空间都可以进行访问。

E.3　内部函数 INTRINS.H

函数原型:unsigned char_crol_(unsigned char val,unsigned char n);
　　　　　unsigned int_irol_(unsigned int val,unsigned char n);
　　　　　unsigned long_irol_(unsigned long val,unsigned char n);

再入属性:reentrant/intrinsc

功　　能:_crol_、_irol 和_lrol_将变量 val 循环左移 n 位,它们与 8051 单片机的"RL A"指令相关。这些函数的不同之处在于参数和返回值的类型不同。

例:

```
#include<intrins.h>
main()
{
  unsigned int y;
  y = 0x00ff;
  y = _irol_(y,4); /* y 的值成为 0x0ff0 */
}
```

函数原型:unsigned char_cror_(unsigned char val,unsigned char n);
　　　　　unsigned int_iror_(unsigned int val,unsigned char n);
　　　　　unsigned long_lror_(unsigned long val,unsigned char n);

再入属性:reentrant/intrinsc

功　　能:_cror_、_iror 和_lror_将变量 val 循环右移 n 位,它们与 8051 单片机的"RRA"指令相关。这些函数的不同之处在于参数和返回值类型不同。

例:

```
#include<intrins.h>
main()
{
  unsigned int y;
  y = 0xff00;
  y = ._iror_(y,4); /* y 的值成为 0x0ff0 */
}
```

函数原型:void_nop_(void);

再入属性:reentrant/intrinsc

功　　能:_nop_产生一个 8051 单片机的 NOP 指令,该函数用于 C 语言程序中的时间延时,C51 编译器在程序调用_nop_函数的地方,直接产生一条 NOP 指令。

例:

```
p0 = 1;
_nop_(); /* 等待一个时钟周期 */
p0 = 0;
```

函数原型:bit_testbit_(bit x);

再入属性:reentrant/intrinsc

功　　能:_testbit_产生一个 8051 单片机的 JBC 指令,该函数对字节中的一位进行测试。如果该位置位则函数返回 1,同时将该位复位为 0,否则返回 0。_testbit_函数只能用于可直接寻址的位,不允许在表达式中使用。

例:

```
#include<intrins.h>
char val;
bit flag;
main()
{
    if(!_testbit_(flag)) val--;
}
```

E.4　数学函数 MATH.H

函数原型:extern int abs(int val);
　　　　　extern char cabs(char val);
　　　　　extern float fabs(float val);
　　　　　extern long labs(long val);

再入属性:reentrant

功　　能：abs 计算并返回 val 的绝对值，如果 val 为正，则不作改变就返回；如果为负，则返回相反数。这 4 个函数除了变量和返回值类型不同之外，其他功能完全相同。

函数原型：extern float exp(float x);
　　　　　extern float log(float x);
　　　　　extern float log 10(noat x);
再入属性：non - reentrant
功　　能：exp 返回以 e 为底 x 为幂，log 返回 x 的自然对数(e＝2.718282)，log10 返回以 10 为底 x 的对数。

函数原型：extern float sqrt(float x);
再入属性：non - reentrant
功　　能：sqrt 返回 x 的正平方根。

函数原型：externtnt rand();
　　　　　extern void srand(int n);
再入属性：reentrant/non - reentrant
功　　能：rand 返回一个 0 到 32 767 之间的伪随机数，srand 用来将随机数发生器初始化成一个已知(或期望)值，对 rand 的相继调用将产生相同序列的随机数。

函数原型：extern float cos(float x);
　　　　　extern float sin(float x);
　　　　　extern float tan(float x);
再入属性：non - reentrant
功　　能：cos 返回 x 的余弦值，sin 返回 x 的正弦值，tan 返回 x 的正切值，所有函数的变量范围都是 $-\pi/2 \sim +\pi/2$，变量的值必须在 $\pm 65\,535$ 之间，否则产生一个 NaN 错误。

函数原型：extern float acos(float x);
　　　　　extern float asin(float x);
　　　　　extern float atan(float x);
　　　　　extern float atan2(float y,float x);
再入属性：reentrant/non - reentrant
功　　能：acos 返回 x 的反余弦值，asin 返回 x 的反正弦值，atan 返回 x 的反正切值，它们的值域为 $-\pi/2 \sim +\pi/2$。atan2 返回 x/y 的反正切值，其值域

为 $-\pi \sim +\pi$。

函数原型:extern float cosh(float x);
    extern float sinh(float x);
    extern float tanh(float x);
再入属性:non-reentrant
功 能:cosh 返回 x 的双曲余弦值,sinh 返回 x 的双曲正弦值,tanh 返回 x 的双曲正切值。

函数原型:extern void fpsave(struct FPBUF * p);
    extern void fprestore(struct FPBUF * p);
再入属性:reentrant
功 能:fpsave 保存浮点子程序的状态,fprestore 恢复浮点子程序的原始状态,当中断程序中需要执行浮点运算时,这两个函数是很有用的。

函数原型:extern float ceil(float x);
再入属性:non-reentrant
功 能:ceil 返回一个不小于 x 的最小整数(作为浮点数)。

函数原型:extern float floor(float x);
再入属性:non-reentrant
功 能:floor 返回一个不大于 x 的最大整数(作为浮点数)。

函数原型:extern float modf(float x,float * ip);
再入属性:non-reentrant
功 能:modf 将浮点数 x 分成整数和小数两部分,两者都含有与 x 相同的符号,整数部分放入 *ip 中,小数部分作为返回值。

函数原型:extern float pow(float x,float y);
再入属性:non-reentrant
功 能:pow 计算 x^y 的值,如果变量的值不合要求,则返回 NaN。当 x=0 且 y≤0 或当 x<0 且 y 不是整数时会发生错误。

E.5　字符函数 CTYPE.H

在 C51 函数库中,下列函数被定义为子程序,而不是通常的宏,函数原型声明包含在文件 ctype.h 中。

  函数原型:extern bit isalpha(char);
  再入属性:reentrant
  功 能:检查参数字符是否为英文字母,是则返回 1,否则返回 0。

  函数原型:extern bit isalnum(char);
  再入属性:reentrant
  功 能:检查参数字符是否为英文字母或数字字符,是则返回 1,否则返回 0。

  函数原型:extern bit iscntrl(char);
  再入属性:reentrant
  功 能:检查函数数值是否在 0x00~0x1f 之间或等于 0x7f,如果为真则返回值
      为 1,否则返回值为 0。

  函数原型:extern bit isdigit(char);
  再入属性:reentrant
  功 能:检查参数的值是否为数字字符,是则返回 1,否则返回 0。

  函数原型:extern bit isgraph(char);
  再入属性:reentrant
  功 能:检查参数是否为可打印字符,可打印字符的值域为 0x21~0x7e,为真时
      返回 1,否则返回值为 0。

  函数原型:extern bit islower(char);
  再入属性:reentrant
  功 能:检查参数字符的值是否为小写英文字母,是则返回 1,否则返回 0。

  函数原型:extern bit isupper(char);
  再入属性:reentrant
  功 能:检查参数字符的值是否为大写英文字母,是则返回 1,否则返回 0。

  函数原型:extern char tolower(char);
  再入属性:reentrant
  功 能:将大写字符转换成小写形式,如果字符变量不在 A~Z 之间,则不作转
      换而直接返回该字符。

  函数原型:extern char toupper(char);

再入属性：reentrant

功　　能：将小写字符转换为大写形式，如果字符变量不在 a～z 之间则不作转换而直接返回该字符。

E.6　字符串函数 STRING.H

字符串函数通常接收指针串作为输入值。一个字符串应包括 2 个或多个字符，字符串的结尾以空字符表示。在函数 memcmp、memcpy、memchr、memccpy、memset 和 memmove 中，字符串的长度由调用者明确规定，这些函数可工作在任何模式。

函数原型：extern void * memchr(void * s1,char val,int len);

再入属性：reentrant/intrinsic

功　　能：memchr 顺序搜索字符串 s1 的头 len 个字符以找出字符 val，成功时返回 s1 中指向 val 的指针，失败时返回 NULL。

函数原型：extern void * memcpy(void * s1,void * s2,int len);

再入属性：reentrant/intrinsic

功　　能：memcmp 逐个字符比较串 s1 和 s2 的前 len 个字符，成功（相等）时返回 0，如果 s1 大于或小于 s2，则相应地返回一个正数或一个负数。

函数原型：extern void * memcpy(void * dest,void * src,int len);

再入属性：reentrant/intrinsic

功　　能：memcpy 从 src 所指向的内存中复制 len 个字符到 dest 中，返回指向 dest 中最后一个字符的指针。如果 src 与 dest 发生交迭，则结果是不可预测的。

函数原型：extern void * memccpy(void * dest,void * src,char val,int len);

再入属性：non - reentrant

功　　能：memccpy 复制 src 中 len 个元素到 dest 中。如果实际复制了 len 个字符则返回 NULL。复制过程在复制完字符 val 后停止，此时返回指向 dest 中下一个元素的指针。

函数原型：extern char * strchr(char * s1,char * c);
　　　　　extern int strops(char * s1,char * c);

再入属性：reentrant

功　　能：strchr 搜索 s1 串中第一个出现字符"c"，如果成功则返回指向该字符的指针，否则返回 NULL。被搜索的字符可以是串结束符，此时返回值是指向串结束符的指针。strpos 的功能与 strchr 类似,但返回的是字符"c"在串 s1 中第一次出现的位置值或 −1,s1 中首字符的位置值是 0。

E.7 访问 SFR 和 SFR_bit 地址 REGXXX.H

头文件 REGXXX.H 中定义了多种 8051 单片机中所有的特殊功能寄存器(SFR)名,从而可简化用户的程序。实际上用户也可以自己定义相应的头文件。下面是一个采用头文件 reg51.h 的例子:

```
#include<reg51.h>
main()
{
    if(P0==0x10)P1=0x210; /* P0、P1 已在头文件 reg51.h 中定义 */
}
```

附录 F MCS-51 指令表

MCS-51 指令如表 F.1～表 F.5 所列。

表 F.1 数据传送类指令

助记符	功能	字节数	机器周期	机器码
MOV A,Rn	寄存器送累加器	1	1	E8～EF
MOV A,direc	直接寻址单元送累加器	2	1	E5 direct
MOV A,#data	立即数送累加器	2	1	74 data
MOV A,@Ri	间接寻址 RAM 送累加器	1	1	E6～E7
MOV Rn,A	累加器送寄存器	1	1	F8～FF
MOV Rn,direct	直接寻址单元送寄存器	2	2	A8～AF direct
MOV Rn,#data	立即数送寄存器	2	1	78～7F data
MOV direct,A	累加器送直接寻址单元	2	1	F5 direct
MOV direct,Rn	寄存器送直接寻址单元	2	2	88～8F direct
MOV direct1,direct2	直接寻址单元送直接寻址单元	3	2	85direct2direct1
MOV direct,#data	立即数送直接寻址单元	3	2	75 direct data
MOV direct,@Ri	间接寻址 RAM 送直接寻址单元	2	2	86～87 direct
MOV @Ri,A	累加器送间接寻址 RAM	1	1	F6～F7
MOV @Ri,direct	直接寻址单元送间接寻址 RAM	2	2	A6～A7 direct
MOV @Ri,#data	立即数送间接寻址 RAM	2	1	76～77 data
MOV DPTR,#data16	16 位立即数送数据指针	3	2	90 datah data1
MOVC A,@A+DPTR	查表数据送累加器(DPTR 为基址)	1	2	93
MOVC A,@A+PC	查表数据送累加器(PC 为基址)	1	2	83
MOVX A,@Ri	外部 RAM 单元送累加器(8 位地址)	1	2	E2～E3
MOVX A,@DPTR	外部 RAM 单元送累加器(16 位地址)	1	2	E0
MOVX @Ri,A	累加器送外部 RAM(8 位地址)	1	2	F2～F3
MOVX @DPTR,A	累加器送外部 RAM(16 位地址)	1	2	F0
PUSH direct	直接寻址单元压入栈顶	2	2	C0 direct
POP direct	栈顶弹出直接寻址单元	2	2	D0 direct
XCH A,Rn	累加器与寄存器交换	1	1	C8～CF
XCH A,direct	累加器与直接寻址 RAM 交换	2	1	C5 direct
XCH A,@Ri	累加器与间接寻址 RAM 交换	1	1	C6～C7
XCHD A,@Ri	累加器与间接寻址 RAM 交换低 4 位	1	1	D6～D7
SWAP A	累加器高 4 位与低 4 位交换	1	1	C4

附录 F MCS-51 指令表

表 F.2　算数运算类指令

助记符	功　能	字节数	机器周期	机器码
ADD　A,Rn	累加器加寄存器	1	1	28～2F
ADD　A,@Ri	累加器加间接寻址 RAM	1	1	26～27
ADD　A,direct	累加器加直接寻址单元	2	1	24data
ADD　A,#data	累加器加立即数	2	1	25direct
ADDC A,Rn	累加器加寄存器和进位标志	1	1	38～3F
ADDC A,@Ri	累加器加间接寻址 RAM 和进位标志	1	1	36～37
ADDC A,#data	累加器加立即数和进位标志	2	1	24data
ADDC A,direct	累加器加直接寻址单元和进位标志	2	1	35direct
INC　A	累加器加 1	1	1	04
INC　Rn	寄存器加 1	1	1	08～0F
INC　direct	直接寻址单元加 1	2	1	05direct
INC　@Ri	间接寻址 RAM 加 1	1	1	06～07
INC　DPTR	数据指针加 1	1	2	A3
DA　A	十进制调整	1	1	D4
SUBB A,Rn	累加器减寄存器和进位标志	1	1	98～9F
SUBB A,@Ri	累加器减间接寻址 RAM 和进位标志	1	1	96～97
SUBB A,#data	累加器减立即数和进位标志	2	1	94data
SUBB A,direct	累加器减直接寻址单元和进位标志	2	1	95direct
DEC　A	累加器减 1	1	1	14
DEC　Rn	寄存器减 1	1	1	18～0F
DEC　@Ri	间接寻址 RAM 减 1	1	1	15direct
DEC　direct	直接寻址单元减 1	2	1	16～17
MUL　AB	累加器乘寄存器 B	1	4	A4
DIV　AB	累加器除以寄存器 B	1	4	84

表 F.3　逻辑运算类指令

助记符	功　能	字节数	机器周期	机器码
XRL A,direct	累加器异或直接寻址单元	2	1	65direct
XRL direct,A	直接寻址单元异或累加器	2	1	62direct
XRL direct,#data	直接寻址单元异或立即数	3	2	63directdata
RL　A	累加器左循环移位	1	1	23
RLC　A	累加器连进位标志左循环移位	1	1	33
RR　A	累加器右循环移位	1	1	03
RRC　A	累加器连进位标志右循环移位	1	1	13
CPL　A	累加器取反	1	1	F4
CLR　A	累加器清零	1	1	E4

表 F.4 控制转移类指令类

助记符		功 能	字节数	机器周期	机器码
ACALL	addr11	2 KB 地址范围内绝对调用	2	2	*1 addr(7~0)
AJMP	addr11	2 KB 地址范围内绝对转移	2	2	△1 addr(7~0)
LCALL	addr16	64 KB 地址范围内长调用	3	3	12 addr(15~0)
LJMP	addr16	64 KB 地址范围内长转移	3	3	02 addr(15~0)
SJMP	rel	相对短转移	2	2	80 rel
JMP	@A+DPTR	相对长转移	1	2	73
RET		子程序返回	1	1	22
RETI		中断返回	1	1	32
JZ	rel	累加器为零转移	2	2	60 rel
JNZ	rel	累加器为非零转移	2	2	70 rel
CJNE	A,#data,rel	累加器与立即数不等转移	3	2	B4 data rel
CJNE	A,direct,rel	累加器与直接寻址单元不等转移	3	2	B5 data rel
CJNE	Rn,#data,rel	寄存器与立即数不等转移	3	2	B8~BFdatarel
CJNE	@Ri,#data,rel	间接寻址 RAM 与立即数不等转移	3	2	B6~B7datarel
DJNZ	Rn,rel	寄存器减 1 不为 0 转移	2	2	D8~DF rel
DJNZ	direct,rel	直接寻址单元减 1 不为 0 转移	3	2	D5 direct rel
NOP		空操作	1	1	00

注：*=a10a9a80，△=a10a9a80

表 F.5 布尔操作类指令

助记符		功 能	字节数	机器周期	机器码
MOV	C,bit	直接寻址位送 C	2	1	92bit
MOV	bit,C	C 送直接寻址位	2	1	A2bit
CLR	C	C 清 0	1	1	C3
CLR	bit	直接寻址位清 0	2	1	C2
CPL	C	C 取反	1	1	B3
CPL	bit	直接寻址位取反	2	1	B2
SETB	C	C 置位	1	1	D3
SETB	bit	直接寻址位置位	2	1	D2
ANL	C,bit	C 逻辑与直接寻址位	2	2	82bit
ANL	C,/bit	C 逻辑与直接寻址位的反	2	2	B0bit
ORL	C,bit	C 逻辑或直接寻址位	2	2	72bit
ORL	C,/bit	C 逻辑或直接寻址位的反	2	2	A0bit
JC	rel	C 为 1 转移	2	2	40rel
JNC	rel	C 为 0 转移	2	2	50rel
JB	bit,rel	直接寻址位为 1 转移	3	2	20 bit rel
JNB	bit,rel	直接寻址为 0 转移	3	2	30 bit rel
JBC	bit,rel	直接寻址位为 1 转移并清该位	3	2	10 bit rel

附录 G 光盘及光盘内容说明

G.1 光盘说明

本光盘为《单片机原理及应用实例仿真(第 2 版)》的配套光盘,包含以下内容:
① 本书主要章节所列举的程序源代码、电路原理图或 Proteus 仿真图;
② 单片机编程常用的一些子程序;
③ 一些应用广泛的单片机实例的 Proteus 仿真电路图和对应的程序源代码;
④ CAN 总线节点设计、Mifare 射频卡读写器设计和基于 nRF905 芯片的无线传输节点设计的完整源代码;
⑤ 单片机其他的一些资料。

光盘中电路和源代码都经过作者检测通过,使用的工具为 Proteus7.2 和 Keil μVision3,读者可以从互联网上下载这两个工具软件,使用其他版本的 Proteus 软件仿真光盘上的电路时,由于部分元器件的模型库文件不同,会导致少部分电路仿真不能通过,读者可以更新其库文件。以上电路、源代码和资料有部分来自互联网,仅供读者参考使用,具体系统的开发需要读者作一定的修改。

G.2 光盘内容说明

第一部分　教材各章节实例与仿真
　　第 4 章　单片机的 I/O 及 Proteus 简介
　　　例 4.1　闪烁灯的 Proteus 仿真及 C 语言程序设计
　　　例 4.2　模拟开关灯的 Proteus 仿真及 C 语言程序设计
　　　例 4.3　报警器的 Proteus 仿真及 C 语言程序设计
　　　例 4.4　广告灯(利用查表方式)的 Proteus 仿真及程序设计
　　　例 4.5　I/O 并行口直接驱动数码管显示的 Proteus 仿真及 C 语言程序设计
　　　例 4.6　动态数码管显示的 Proteus 仿真及 C 语言程序设计
　　　例 4.7　8×8 LED 点阵图形显示 Proteus 仿真电路及 C 语言程序设计
　　　例 4.8　4×4 矩阵键盘扫描 Proteus 仿真电路和 C 语言程序设计
　　第 5 章　单片机的中断系统与实例仿真

例 5.1　外部中断 0 的 Proteus 仿真及 C 语言程序设计
例 5.2　外部中断在不同触发方式下的 Proteus 仿真及 C 语言程序设计
例 5.3　流水灯的 Proteus 仿真及 C 语言程序设计
例 5.4　两位计数数码管的 Proteus 仿真及 C 语言程序设计

第 6 章　定时器/计数器原理及实例仿真
例 6.1　基于定时器的闪烁灯的 Proteus 仿真及 C 语言程序设计
例 6.2　利用定时器产生脉冲的 Proteus 仿真及 C 语言程序设计
例 6.3　简易车辆里程表的 Proteus 仿真及 C 语言程序设计
例 6.4　利用定时器/计数器增加中断源仿真举例
例 6.5　利用定时器 2 测量脉冲宽度的 Proteus 仿真及 C 语言程序设计
例 6.6　音符播放的 Proteus 仿真及 C 语言程序设计
例 6.7　直流电机控制的 Proteus 仿真及 C 语言程序设计
例 6.8　控制步进电机转速的 Proteus 仿真及 C 语言程序设计

第 7 章　单片机的串行通信与实例仿真
例 7.1　串入并出芯片 74164 的 Proteus 的仿真及 C 语言程序设计
例 7.2　串行口自检的 Proteus 仿真及 C 语言程序设计
例 7.3　单片机与单片机之间的串行通信 Proteus 仿真及 C 语言程序设计
例 7.4　多机通信的 Proteus 仿真与 C 语言程序设计
例 7.5　单片机与 PC 机串行通信的 Proteus 仿真及 C 语言程序设计
例 7.6　RS-485 串行通信的 Proteus 仿真及 C 语言程序设计

第 8 章　单片机的扩展应用与仿真
例 8.1　AT89C52 用一片 6264 芯片扩展 8 KB 数据存储器并在 Proteus 中仿真
例 8.2　AT89C52 用一片 2764 芯片扩展 8 KB 程序存储器
例 8.3　AT89C52 用两片 6264 和两片 2764 扩展 16 KB 数据存储器和 16 KB 程序存储器
例 8.4　AT89C52 通过 8255A 并行扩展,模拟交通灯控制并在 Protcus 中仿真
例 8.5　DAC0832 数/模转换
例 8.6　ADC0808 电压模/数转换

第 9 章　单片机高级应用实例
例 9.1　CAN 总线节点的 C 语言程序设计
例 9.2　Mifare 射频卡读写器的 C 语言程序设计

第 10 章　程序烧录与样机开发
例 10.1　掉电不丢失日历时钟的 C 语言程序设计

第二部分　常用单片机实例与仿真
例 1　多路开关控制的 Proteus 仿真电路及 C 语言程序设计
例 2　00~99 计数器的 Proteus 仿真电路及 C 语言程序设计

光盘及光盘内容说明
附录 G

例 3　00～59 秒计时器的 Proteus 仿真电路及 C 语言程序设计
例 4　数字钟的 Proteus 仿真电路及 C 语言程序设计
例 5　变速跑马灯的 Proteus 仿真电路及 C 语言程序设计
例 6　4 按键实现 4 级变速跑马灯的 Proteus 仿真电路及 C 语言程序设计
例 7　单按键实现 10 级变速跑马灯的 Proteus 仿真电路及 C 语言程序设计
例 8　按键计数的 Proteus 仿真电路及 C 语言程序设计
例 9　"滴滴…"声光报警的 Proteus 仿真电路及 C 语言程序设计
例 10　救护车报警的 Proteus 仿真电路及 C 语言程序设计
例 11　交通灯(数字计时式)的 Proteus 仿真电路及 C 语言程序设计
例 12　交通灯(光柱渐熄式)的 Proteus 仿真电路及 C 语言程序设计
例 13　8 音符的 Proteus 仿真电路及 C 语言程序设计
例 14　8 按键控制 8 音符的 Proteus 仿真电路及 C 语言程序设计
例 15　单按键控制 8 音符的 Proteus 仿真电路及 C 语言程序设计
例 16　音乐播放系统的 Proteus 仿真电路及 C 语言程序设计
例 17　8×8 点阵 LED 显示数字 0～9 的 Proteus 仿真电路及 C 语言程序设计
例 18　16×8 点阵 LED 显示数字 0～9 的 Proteus 仿真电路及 C 语言程序设计
例 19　16×32 点阵显示 2 个汉字的 Proteus 仿真电路及 C 语言程序设计
例 20　多位数码管静态显示的 Proteus 仿真电路及 C 语言程序设计
例 21　单个 DS18B20 测温的 Proteus 仿真电路及 C 语言程序设计
例 22　多个 DS18B20 测温的 Proteus 仿真电路及 C 语言程序设计
例 23　带存储功能的 DS1621 数字温度计的 Proteus 仿真电路及 C 语言程序设计
例 24　6 位数显频率计数器的 Proteus 仿真电路及 C 语言程序设计
例 25　电子密码锁的 Proteus 仿真电路及 C 语言程序设计
例 26　DS1302 计时的 Proteus 仿真电路及 C 语言程序设计
例 27　LED 万年历的 Proteus 仿真电路及 C 语言程序设计
例 28　1602LCD 字符显示的 Proteus 仿真电路及 C 语言程序设计
例 29　12864LCD 图文与汉字显示的 Proteus 仿真电路及 C 语言程序设计
例 30　单片机与 PC 机串行通信的 Proteus 仿真电路及 C 语言程序设计

参 考 文 献

[1] 崔光照.单片机原理与接口技术[M].北京:北京邮电大学出版社,2007.

[2] 杜树春.单片机应用系统开发实例详解[M].北京:机械工业出版社,2007.

[3] 黄惟公,邓成中,王燕.单片机原理与应用技术[M].西安:西安电子科技大学出版社,2007.

[4] 周立功.增强型 80C51 单片机速成与实践[M].北京:北京航空航天大学出版社,2003.

[5] 求是科技.8051 系列单片机 C 程序设计完全手册[M].北京:人民邮电出版社,2006.

[6] 王为青,程国钢.单片机 Keil C×51 应用开发技术[M].北京:人民邮电出版社,2007.

[7] 霍孟友,王爱群,孙玉德,等.单片机原理与应用[M].北京:机械工业出版社,2004.

[8] 孙育才,王荣兴,孙华芳.ATMEL 新型 AT89S52 系列单片机及其应用[M].北京:清华大学出版社,2005.

[9] 贾好来.MCS-51 单片机原理及应用[M].北京:机械工业出版社,2006.

[10] 刘文涛.单片机语言 C51 典型应用设计[M].北京:人民邮电出版社,2005.

[11] 马忠梅,籍顺心,张凯.单片机的 C 语言应用程序设计[M].北京:北京航空航天大学出版社,2007.

[12] 刘文涛.单片机应用开发实例[M].北京:清华大学出版社,2005.

[13] 余永权.ATMEL89 系列单片机应用技术[M].北京:北京航空航天大学出版社,2002.

[14] 边春元,李文涛,江杰,杜平.C51 单片机典型模块设计与应用[M].机械工业出版社,2008.

[15] 周润景.Proteus 在 MCS-51&ARM7 系统中的应用百例[M].北京:电子工业出版社,2006.

[16] 周润景,张丽娜,刘印群.Proteus 入门实用教程[M].北京:机械工业出版社,2007.

[17] 于京,张景璐.51 系列单片机 C 程序设计与应用案例[M].北京:中国电力出版社,2006.

[18] 欧阳文.ATMEL89 系列单片机的原理与开发实践[M].北京:中国电力出版社,2007.

[19] 戴佳,戴卫恒.51 单片机 C 语言应用程序设计实例精讲[M].北京:电子工业出版社,2006.

[20] 季宏锋,吴军辉,徐立鸿.I^2C总线技术及应用实例[J].微型机与应用,2002,21(12).

[21] 郑爱华,孙雨.一种新型的SPI显示控制驱动器[J].电脑开发与应用,2000,13(8).

[22] 张华林.MAX7221的原理与应用[J].漳州师范学院学报:自然科学版,2004,17(3).

[23] 欧伟明.基于MCU、FPGA、RTOS的电子系统设计方法与实例[M].北京:北京航空航天大学出版社,2007.

[24] 赵建领.51系列单片机开发宝典[M].北京:电子工业出版社,2007.

[25] 冯建华,赵亮.单片机应用系统设计与产品开发[M].北京:人民邮电出版社,2005.

[26] 王守中.51单片机开发入门与典型实例[M].北京:人民邮电出版社,2007.

[27] SJA1000独立CAN控制器,广州周立功单片机发展有限公司.

[28] SJA1000 CAN控制器BasicCAN模块,广州周立功单片机发展有限公司.

[29] 陆永宁.非接触IC卡原理与应用[M].北京:电子工业出版社,2006.

[30] FM1702SL specification,上海正勤电子有限公司.

[31] LQ8110无线通信模块使用说明书,山东力创科技有限公司.

[32] 李泉溪.单片机原理与应用实例仿真[M].北京:北京航空航天大学出版社,2009.

[33] 周明德.单片机原理与技术[M].北京:人民邮电出版社,2008.